JN219767

エキゾチック
臨床
Vol.
0
監修 三輪恭嗣
著 中田真琴
エキゾチック動物の
飼養管理と看護
［小型哺乳類編］
学窓社

著者プロフィール

三輪恭嗣(みわ やすつぐ)

日本エキゾチック動物医療センター(みわエキゾチック動物病院)院長
東京大学附属動物医療センターエキゾチック動物診療科

2000年3月宮崎大学農学部獣医学科卒業，2000年4月東京大学大学院農学生命科学研究科研究生(獣医外科)，2002年4月同研究員(エキゾチック動物)を経て2005年4月から同大学附属動物医療センターエキゾチック動物診療科教員(現,特任准教授)となり，2006年10月みわエキゾチック動物病院開業．2011年9月東京大学大学院にて獣医学博士号取得．2021年から宮崎大学農学部獣医臨床教授を併任し，2022年病院を増改築し，名称を日本エキゾチック動物医療センターと改める．

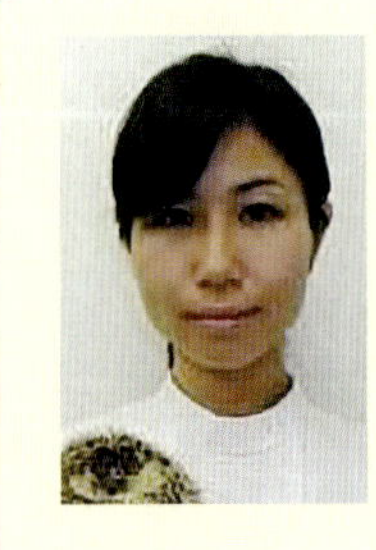

中田真琴(なかた まこと)

日本エキゾチック動物医療センター(みわエキゾチック動物病院)副院長

2003年日本大学生物資源科学部獣医学科卒業後，同大学附属動物病院にて3年間有給研修医にて二次診療に従事．2010年3月日本大学大学院にて博士号(獣医学)取得．同年4月よりみわエキゾチック動物病院に勤務．2012年より日本大学非常勤講師としてエキゾチックアニマル学の講義を担当．2016年4月～2020年3月帝京科学大学アニマルサイエンス学科にて動物看護教育に従事．2020年より現職にてエキゾチック動物診療に従事

序文

本シリーズの「Vol.0エキゾチック動物の飼養管理と看護」の2冊目として哺乳類編が完成した．Vol.0作成の背景は「爬虫類編」の序文を参照して頂きたい．本書は既刊号で取り上げた，フェレット，ウサギ，ハリネズミ，小型げっ歯類など一般的に来院する動物種の解剖・生理や飼養管理，看護の注意点，主な疾患についてまとめ，必要に応じて加筆した．また，ミーアキャットやサル類など既刊で扱っていない種についても概要を追記した．本書は疾患や治療法の詳細ではなく，主な疾患やその動物種の特徴，取り扱いや入院時の対応など，これからエキゾチック哺乳類の診察を始めようとしている獣医師や動物看護師が1冊で概要を知ることができるようにまとめた．そのため内容的に既刊号と重複する部分もあるがより詳細を知りたい読者は既刊号を参照して頂ければ幸いである．

「エキゾチック動物」は犬猫，家畜以外の一般家庭で飼育されている動物種を指す言葉であるが，明確な定義はない．当院のような専門病院でも来院する種のほとんどはウサギ，ハムスターやセキセイインコ，文鳥などの昔から飼育されている種であり，近年増えてきているハリネズミやフクロモモンガ，ヒョウモントカゲモドキなどもペット用に飼育下で繁殖した種である．しかし，一般的なイメージとして「エキゾチック動物＝野生動物」という認識があり，これらの動物の飼育に対する議論が生じている．近年では法が整備され飼育できる種も限られてきている．とはいえ，現実的には野生採取個体や密輸などによって合法，違法を問わず国内に持ち込まれる事例もあり，ペットとしての飼育に適さない動物が流通しているのも事実である．エキゾチック動物の診療に携わる者は，他の獣医療関係者以上にこれらの問題と社会的な責任を理解し，飼い主はもちろん一般の人々にも正しい情報を伝えるなど適切な対応を行う必要があると考えている．そのため，本書ではエキゾチック動物の法的な側面についても触れることにした．ただ，法律は改定や改正が繰り返されるため，最新の情報を確認することが重要である．本書が，エキゾチック動物を飼育する人々や，これらの動物の健康と福祉に尽力する獣医師や看護師にとって有益な指針となることを心より願っている．

最後に，2人の子育てを行いながら当院の副院長として診療業務を行い，さらに講演や講義，論文執筆を行いながら本書を執筆した中田真琴先生，写真撮影などに協力して頂いた当院スタッフ，本シリーズの出版に当たり多大な御尽力を頂いた学窓社の山口勝士社長にこの場を借りて厚く御礼申し上げます．

令和6年9月吉日

三輪恭嗣

エキゾチック臨床 Vol.0

エキゾチック動物の飼養管理と看護［小型哺乳類編］

目次

第1章 エキゾチック哺乳類の飼養管理と看護

第2章 関連法規

第3章 小型哺乳類の飼養管理と看護

第1章　エキゾチック哺乳類の飼養管理と看護

はじめに

エキゾチック動物とは明確な定義はないが，一般的には犬や猫以外の愛玩動物全般を指す．そのため哺乳類，鳥類，爬虫類，両生類と多岐に渡る．エキゾチック動物は動物種にもよるが，犬・猫に比べて広いスペースを必要とせず，大きな鳴き声を発さない，散歩を必要としないなど，集合住宅でも飼育しやすく都市部でも飼育しやすい利点が挙げられる．代表的なエキゾチック動物の小型哺乳類としてウサギ，フェレット，ハムスター，モルモットなどが挙げられるが，これらの動物は飼育方法も難しくないため比較的飼育されている頭数も多い．またウサギやモルモットなどは学校飼育動物として古くから親しまれている歴史がある．

エキゾチック動物の飼い主の中にはSNSの普及とともにこれまで直接目にすることの少なかった一般的ではない種の飼育が誰でも気軽にみられるようになり，「可愛いから」「珍しいから」といった理由だけで安易に飼育する飼い主が少なからず存在する．一方でエキゾチック動物の飼育をよく理解し，犬や猫と同等に家族の一員として大切に飼育している飼い主も多く，動物病院に対しては犬や猫と同等の高度獣医療を求める機会が増えている．

動物病院として様々な患者に対応できるよう飼養管理と看護について中心に記載する．

エキゾチック動物飼育の現状

多くのエキゾチック動物は，犬とは異なり飼育するにあたって行政への登録を必要としないため，実際の飼育頭数は不明であるが，ペットショップの「小動物コーナー」には多くの種類が並んでいる．また covid-19の流行により自宅から出ない時間が増えたことにより，犬や猫も含めて動物を飼育し始める人が増えたと言われており，エキゾチック動物の飼育者を調査対象としたあるインターネット調査では，対象者の3割程度がコロナ禍をきっかけに新しく飼育もしくは飼育数を増やした人がいるとしている（https://news.mynavi.jp）．

動物病院によく来院する動物種のうち，ウサギ，フェレット，ハムスターなどの小型哺乳類や，セキセイインコなどの小型鳥類などはエキゾチック動物の中でも比較的来院件数が多い．これらの動物種は愛玩動物としての歴史も古く，飼養管理関連のグッズや専用フードの販売の品揃えが多く，飼育本なども多数出版されている．また愛玩動物としての歴史は浅いが，ハリネズミやフクロモモンガ，デグーなどの人気が高くなっている．そのため今までは海外メーカーが主であったこれら動物種の専用フードなどは，ここ近年では国内メーカー生産のものも増えている．

小型哺乳類以外では，一般社団法人ペットフード協会が，2021年に調査した全国犬猫飼育実態調査結果によると犬，猫，魚類（メダカ，金魚，熱帯魚，鯉，淡水魚等）に続いて爬虫類の飼育頭数が多くなっているという調査結果が出ている．実際爬虫類の販売は，ペットショップなどの店舗にもトカゲやカメなどの爬虫類が並ぶことが増えたのに加え，展示即売会の開催数が以前よりも増加している．これら展示即売会の来場者数も増加傾向にあり，イベントに参加した爬虫類飼育初心者の飼い主が増えているともいわれている（WWF 調べ）．爬虫類の輸入件数も財務省の統計データ（https://www.customs.go.jp/toukei/info/）から見ると人気のあるヒョウモントカゲモドキなどを含むトカゲ亜目はここ数年で3倍近くに増えており爬虫類の輸入件数自体も年々増えている傾向がある．ヒョウモントカゲモドキ以外にはフトアゴヒゲトカゲ，クレステッドゲッコーなどがよく飼育されている（アニコム『家庭どうぶつ白

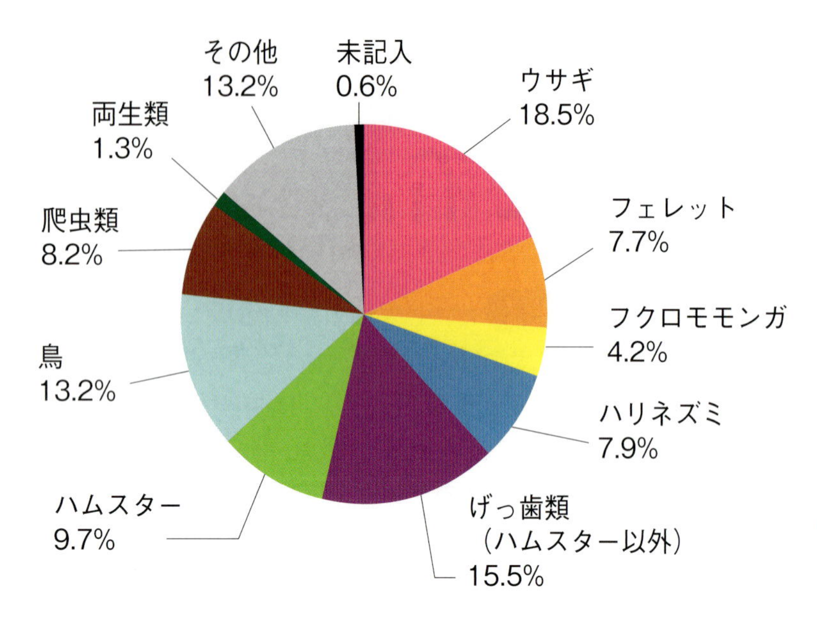

図1-1　エキゾチックアニマル専門病院（当院）における15年間（2008～2022年）の来院総数（24,834頭）の内訳

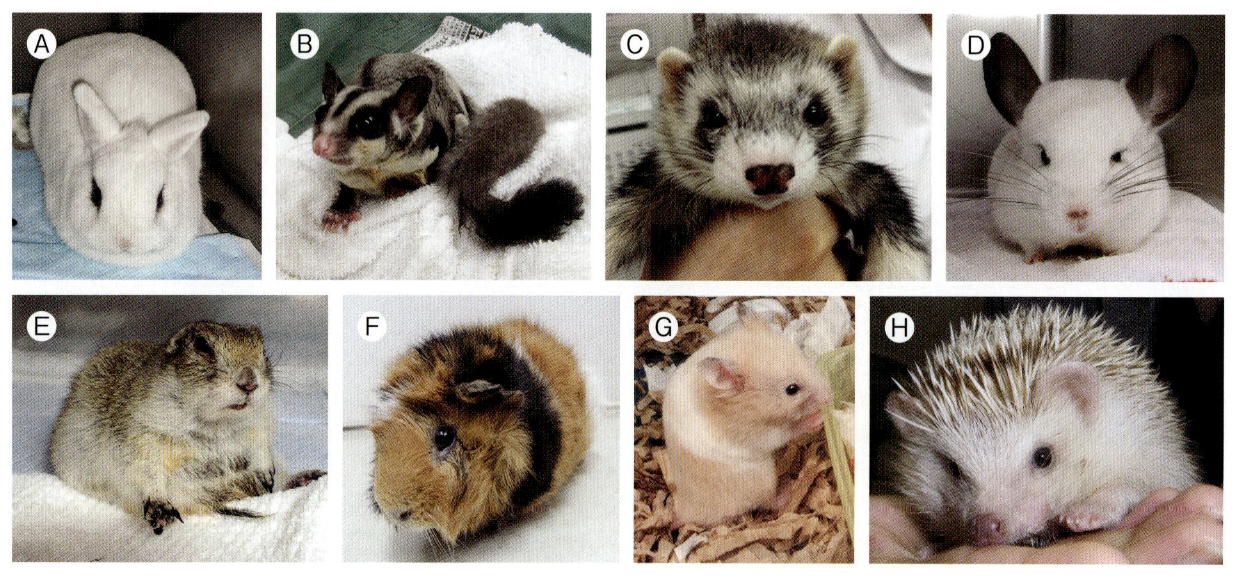

図1-2　動物病院に一般的に来院するエキゾチック動物
A：ウサギ　B：フクロモモンガ　C：フェレット　D：チンチラ　E：リチャードソンジリス　F：モルモット
G：ゴールデンハムスター　H：ヨツユビハリネズミ
これらの動物種は比較的来院することが多い．

書2021』）．カメ目では陸棲カメと水棲カメいずれも人気があり，ヘビ亜目では性格が比較的おとなしくしハンドリングしやすい小型のコーンスネークやボールパイソンなどが人気である．このように小型哺乳類のみならず爬虫類でもエキゾチック動物としての人気が高まっているのがわかる．

当院での過去15年間の来院件数を調べてみた．当院は犬と猫の診療は行わないエキゾチック動物専門の病院であり，1病院のデータがそのまま全体の飼育件数の傾向に反映されるわけではないが，来院する動物種に流行り廃りの傾向がみられる．過去15年間の当院に来院した動物種の割合は，ウサギが最も多く18.5%で，次いでハムスター以外のげっ歯類（モルモット，チンチラ，デグー，マウス，ラット，シマリスなど）が15.5%，鳥類13.2%，以下ハムスター，爬虫類，ハリネズミ，フェレット，フクロモモンガ，両生類となった．その他の動物種としては珍しいものでフェネック，コモンマーモセット，リスザル，ショウガラゴなどのサル類，ミニブタ，カワウソ，ダマワラビーなど来院している（**図1-1～3**）．

1年間に来院する症例数は年ごとに増えているため，1年間に来院した総数に対する各動物種の割合を比較した．ウサギやハムスターは毎年比較的安定した来院数（それぞれ全体来院数の20%，10%

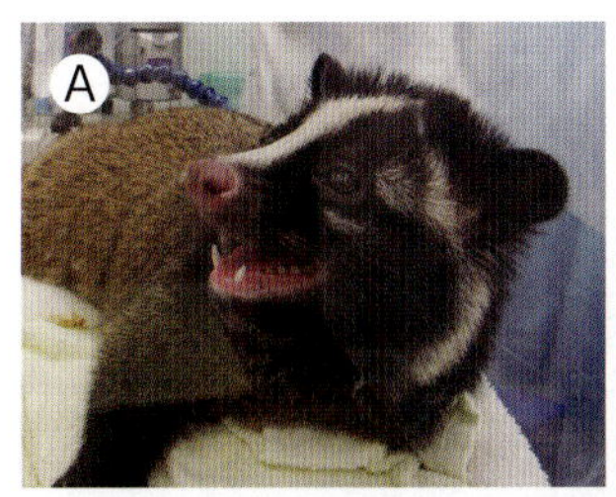

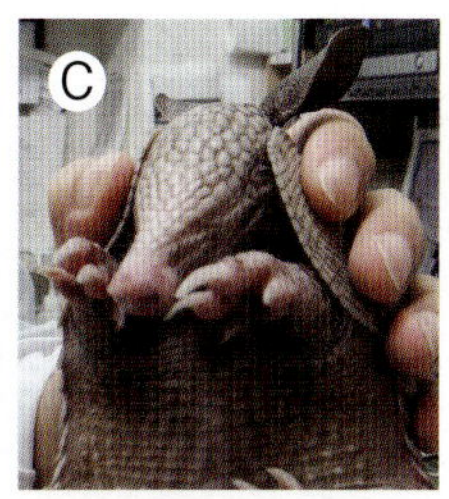

図1-3　動物病院に稀に来院するエキゾチック動物
A：ハクビシン　B：フェネック　C：ミツオビアルマジロ　D：マイクロブタ　E：ミーアキャット
F：ヒメハリテンレックG：シマスカンク
一般的に来院することは稀ではあるものの時折来院することがある．これらの種はウサギやフェレットのように気軽に触れないこともあり身体検査のために麻酔が必要となることもある．

前後）であった．15年前に比べて明らかに増えた動物種としては小型げっ歯類が2014年頃より増加しており，これはデグーの来院件数が増えていることが影響している．一方でフェレットは明らかな来院件数の減少がみられている．フェレットは2000年頃には国内で愛玩動物として急増し一時的なブームになっていた．15年前では全体来院数の21%であったが，直近では5～6%程度に減少している．実際フェレットの輸入頭数は，2007年に16,266頭であったのをピークに次第に減少し，2014年では9,205頭と減少している．さらに2020年以降は6,000頭前後であり，販売されている個体のほとんどが輸入であるフェレットでは輸入件数の減少からしても飼育数が減少している可能性がある．

一方で上記の通りデグーの来院件数の増加に加えて，ハリネズミの来院件数が2013年頃より急激に増加していた．コロナ禍前のハリネズミカフェやSNSの普及でよく慣れたハリネズミの動画などが増えたことにより飼育する人が増加した可能性がある．しかし，ハリネズミはデグーとは異なり2017年をピークに少しずつ来院数は減少傾向にある．

エキゾチック動物診療における動物看護の役割と重要性

近年ではエキゾチック動物の飼育に対する飼い主の意識が高まっている．いくつかのペット保険も様々なエキゾチック動物種が対象となり，寿命の短いハムスターに対してもペット保険に加入する人が増えている．また疾患や予防医学に関する獣医学的な情報もここ十数年で書籍や学会発表などの情報が増えてきたことによりエキゾチック動物の獣医学の発展がめざましい．

一方でエキゾチック動物における飼育や食餌管理は非常に重要であり多くのエキゾチック動物，特に爬虫類や両生類では飼養管理が不適切もしくは不十分なことによる病気がいまだに多くみられる．そのため哺乳類，鳥類，爬虫類，両生類と多岐に渡るエキゾチック動物では，それぞれの動物種について詳細な生態やその飼養管理を知る必要がある．

なかでも食餌管理は非常に重要であり，エキゾチック動物といってもウサギ，モルモット，デグー，ジリスなどのように完全草食性の種もいれば，犬や猫と同様にフェレット，ハリネズミなどの肉食性の動物，さらにハムスター，フクロモモンガ，シマリス，マウス，ラット，サル類などの雑食性の動物もいる．また犬や猫と異なり専用ペレットを準備するのみでは不十分である動物種もいるため適切な食餌内容もしくは野生下での食餌内容を把握しておく必要がある．

温度，湿度，飼育ケージの広さや高さなど飼育環境も重要であり，対象とする動物種の野生下（原産地）での環境や生態を理解しておく必要がある．エキゾチック動物診療の看護に携わるためにはこれらの情報や知識は最低限覚えておく必要がある．

そのため，エキゾチック動物を取り扱う動物看護スタッフはこれらの知識を持ち合わせた上で看護の経験を積んでいくことが望まれる．しかし，エキゾチック動物は犬や猫に比べると愛玩動物としての歴史は短く，飼育情報が未だ不十分である動物種もいる．獣医師にも言えることだが，自分自身での飼育経験は，取り扱い方を含め，様々なことを知ることができるため非常に重要である．実際各動物の習性や行動パターンなどは，獣医師よりも飼い主の方が詳しいこともある．動物看護スタッフとして例えば興味のある動物種のみを追求し，特定の動物のみでもスペシャリストとなれば，獣医師以上の知識や保定などの取り扱いができ，エキゾチック動物専門看護師として活躍することが期待できる．現在の獣医療では，しつけ，行動学や栄養学などを専門に活躍する動物看護スタッフや愛玩動物看護師は，獣医師以上の知識で独自に活動し専門的な立場として活躍されている人も多い．エキゾチック動物専門の動物看護師はまだ活躍の場が少ないが，エキゾチック動物についてより適切な飼養管理について飼い主に指導し，症例の状態に合わせた看護を行うことでエキゾチック動物の獣医療に貢献できると思われる．

また動物看護スタッフとしての役割は，上記以外にも犬猫を診療している動物病院とは基本的に大きく変わらず，チーム獣医療の一員として愛玩動物の看護や愛護および適正飼養に加えて診療の補助が求められる．動物看護スタッフとして，上記で述べたような飼い主への適切な食餌や飼育環境の指導に加えて，来院もしくは入院中の動物の把握やこと細かなケアを行うことができるとよい．例えば身体に付着した便や尿，眼脂などをそのままにせず気づいてあげられるかなど，些細なことではあるが動物と飼い主のことを考えて行動する力が必要であると思われる．

エキゾチック動物の専門性を持った動物看護スタッフが，決して獣医師の補助のみの存在ではなく，動物看護スタッフにしかできないことを確立させていける院内環境が重要である．

エキゾチック哺乳類の飼養管理と看護の概要

動物病院に来院するエキゾチック動物は非常に多岐に渡り様々である．それぞれに動物の特性や特徴があり，当然ながら最適飼育環境や食餌内容は各動物種によって異なるため，上記に記載した通り看護を行う上ではこれらの知識が必要となる．

今回，来院件数の多いウサギ，フェレット，さらにモルモット，チンチラ，ハムスターなどの小型げっ歯類，ハリネズミ，フクロモモンガについて記載する．各動物種ついて既刊本に記載している内容とも一部重複しているため，本書では要約して記載した．さらなる詳細については本シリーズの既刊本を参照頂きたい．また一般的に来院することは稀であると思われるが，近年人気のあるミーアキャット，フェネック，サル類などについても簡潔に記載する．

動物が被捕食動物か捕食動物かの違いや，食性が草食性か肉食性かの違いによって多少異なる点があるものの，診察の基本的な問診，身体検査，注意すべき点については犬や猫と同様である．各動物の性格や行動パターンなどを踏まえた上で検査や処置を進めていく必要がある．

飼養管理

飼育環境

各動物種の至適環境や温度は野生下での環境を基に考慮する．さらに昼行性か夜行性かの違いや，単独飼育もしくは複数飼育の方が望ましいかなど様々な視点から環境を整えることが重要である．基本的にはどの動物もケージ内で飼育している時間が多く，飼育ケージの選択は行動パターンによっても異なる．広さや高さのみならず，ケージ内に入れる寝具や食器，小屋などの安全性も考慮する必要がある．また，飼育下では難しい点も多いが環境エンリッチメントに配慮した環境を作ることで自咬症などの疾患を抑制したり，軽減できる可能性がある．

エキゾチック動物では，夏季，冬季など季節や気温，気温差による熱中症や低体温症の問題がある．中でもシマリスやハムスター，ジリスなどでは休眠や冬眠が誘引されることがある．また朝と夜との寒暖差は身体的にストレスを感じることがあり，草食動物では鬱滞の原因となることがある．これらの問題を防ぐために保冷剤，エアコン，パネルヒーター，保温球などを用い，一定の温度になると通電するシステムのサーモスタットを利用して調整することが推奨される．

昼行性動物では紫外線照射が必要な動物に対しては，日光浴ができれば太陽光に含まれる紫外線照射を行うことで，カルシウム代謝や骨の形成に関与す

イネ科牧草

マメ科牧草

図1-4　牧草の種類
エキゾチック動物の飼育によく与えられる牧草は主にイネ科とマメ科にわけられる．一般的なイネ科の牧草にはチモシーがあり，その他にはウエスタンチモシー，オーツヘイ，オーチャードグラスなどがある．代表的なマメ科にはアルファルファがある．

るビタミンD合成することができるが，現実的に日光浴が難しいようであれば紫外線ランプを使用する．

食餌

専用フード

エキゾチック動物の中でも飼育数がある程度多い動物種については専用フードが販売されている．以前は海外から輸入したものが主体であったものも国内メーカーによる専用フードが流通するようになり入手しやすくなった．しかし，実際飼育下での栄養学的情報が不十分な動物種もおり，また一般的に専用フードは嗜好性の問題で好まない個体もいるため専用フードのみに頼らず野菜，果物，活餌など動物に合わせた食餌内容を考慮する必要がある．

牧草（図1-4）

ウサギ，モルモット，デグーなど草食動物は牧草の給餌が必要となる．牧草は主にイネ科とマメ科の植物に分けられる．イネ科の植物としてチモシーやオーチャードグラス（カモガヤ），バミューダグラス（ギョウギシバ）やオーツヘイ，大麦などの麦類などが知られている．最も一般的なイネ科の牧草はチモシーである．チモシーは刈り取った順に1番刈り（春から初夏に収穫），2番刈り（1番刈り収穫後に再び生えたものを夏の終わりから秋に収穫），3番刈り（2番刈り収穫後に再び生えたものを冬に収穫）の名前がつけられており，1，2，3番刈りの順に栄養価が下がり，柔らかくなる．チモシーの栄養価は粗蛋白質が7.5～9.5%，粗脂肪が2～3%，粗繊維が28～35%，総繊維が52～68%，カルシウムが0.35～0.55%，リンが0.22～0.28%である[1]．また，オーチャードグラスやバミューダグラスはチモシーより柔らかく，歯科疾患に罹患した個体にも有用である．バミューダグラスは寝床にも用いられている．

マメ科植物の代表としてはアルファルファ（ムラサキウマゴヤシ）が挙げられる[1]．アルファルファは蛋白質（15～20%），カルシウム（0.9～1.5%）およびビタミンAやビタミンKが豊富であるが，チモシーなどに比べてシュウ酸が多い[1,2]．このため成長期や妊娠期のウサギには適しているが，妊娠中ではない成ウサギに与えると肥満やカルシウムの多給による尿路結石，軟部組織への石灰沈着の原因になるため，給餌量には注意が必要である[1,2]．

一般的には流通量も多く比較的安価に入手できる

種子類

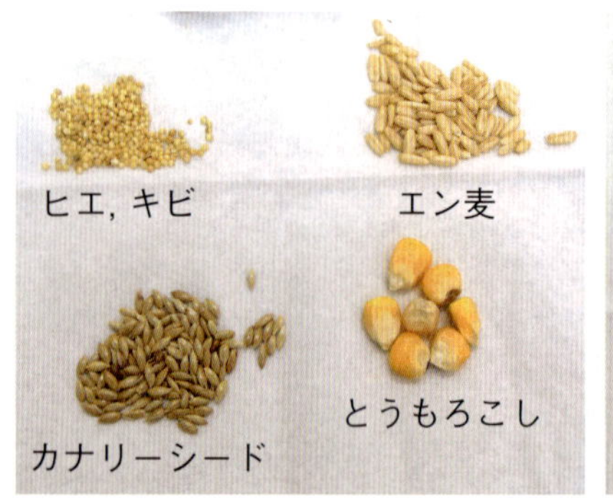

昆虫類

様々な副食（おやつ）

図1-5　種子類，昆虫類，副食
様々な動物種では専用ペレットの給餌以外に補助的にこれらの種子類，昆虫類を与えることがある．小動物用で販売されている副食は嗜好性の高いものが多く，飼い主の楽しみとしても与えることが多いが多給させないようにする．

チモシーを主体として給餌していることが多い．様々な理由でチモシーの採食量が減少した際には牧草の種類を変更して与えてみることが推奨される．

また，生牧草は水分含有量も多くビタミンAやビタミンCが破壊されずに摂取できるため，生牧草の定期的な入手が可能なら与えてやるとよい．

野菜

草食動物（ウサギ，モルモット，チンチラ，デグー，ジリスなど）や雑食動物（ハムスター，シマリス，フクロモモンガ，サル類など）では食餌の一部として野菜を給餌する．個体や動物種によっては多給することによって軟便や下痢を起こすことがあるため注意する．一般的な野菜として小松菜，青梗菜，セロリ，ブロッコリー，人参や大根の葉，水菜，サラダ菜，人参などを与えることができる．緑黄色野菜の中には，カルシウムが豊富に含まれている野菜も多く，カルシウム由来の尿路結石ができやすいウサギやモルモットなどの個体に対しては多給することは控えた方がよい．野菜だけではなく，ケール，ナズナ，タンポポなどの野草もカルシウム含有量が多いため注意が必要である．また小型げっ歯類やフクロモモンガに対して冷凍食品のミックスベジタブルを利用して与えることができる．

その他（図1-5）

種子類は一般的にハムスターやシマリスなどでは副食として与える．種子類は単独でも販売されているが，シードミックスとしてヒエ，アワ，キビ，カナリーシード，えん麦，小麦，大麦，大豆，麻の実，ヒマワリの種などが混合されていることが多い．ここに専用ペレットも一緒に混合されていることもあるが，嗜好性の問題からヒマワリの種のみを選り好んで食べることが多いため偏食にならないような工夫が必要である．

昆虫食の動物では，ワーム（ミールワーム，ジャイアントミールワーム，ハニーワーム）やコオロギ（フタホシコオロギ，ヨーロッパイエコオロギ）などを与える．これらの昆虫を活餌として与えると採食する楽しみにもなりエンリッチメントにも繋がるが，活餌を維持する必要があるため困難な場合には乾燥ワームや冷凍コオロギを使用することもできる．昆虫自身はタンパク源にはなるがそのままではカルシウムが少なく，リンが過剰になるとされている．その際には昆虫表面にカルシウム剤を振り掛ける（ダスティング）．また昆虫自体の栄養分を高めるために昆虫の餌にドッグフードとカルシウム剤を添加し栄養価を高めたものを昆虫に採食させる方法（ガットローディング）を用いて給餌する．

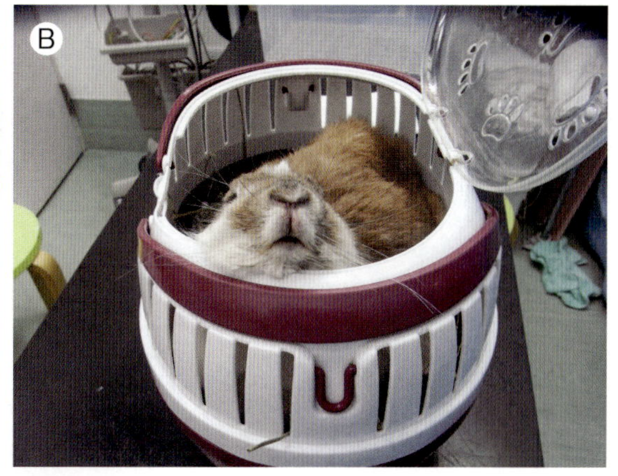

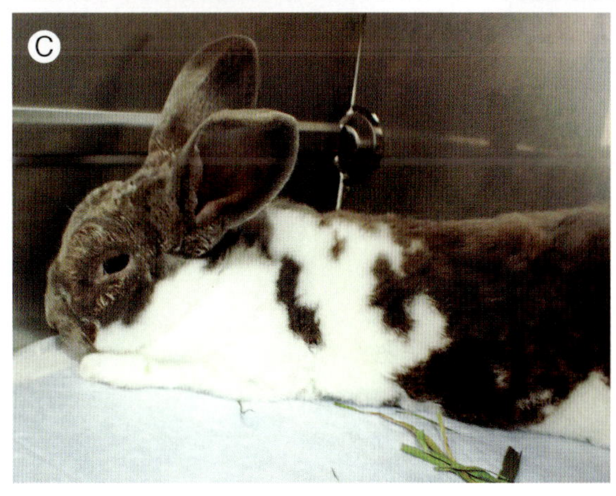

図1-6　呼吸や全身状態の悪い動物
A：ゴールデンハムスター
B：ウサギ
C：ウサギ
診察時には保定する前にこれらの状態を見極めておく必要がある.（A）心疾患により胸水が貯留している症例. 腹部のへこみが大きく（矢印）努力性呼吸がみられている.（B）キャリー内で頭を上げているが, 全身に力が入っていない様子. 呼吸状態が悪く鼻先を上に向けている.（C）衰弱した状態で頭を床に落としている.

診察

問診, 視診

問診の目的は診断に必要な情報を飼い主から適切に得ることであり, 実施方法の原則は犬猫と同様である. 問診を適切に行うことで, 正確な診断や治療を実施できるだけではなく診察時間を短縮でき, 不要な検査に伴う動物側のストレス軽減や飼い主側への経済的な負担なども軽減できる. 問診は最初に飼養管理や症例の活動性, 食欲, 排泄などに関する全身的な状況を聴取した後, 今回来院した主訴（臨床症状）について具体的に症状や経過などを聴取する. その際, 既往歴や他院での検査, 治療歴などがあればそれらについても聴取する. 特に皮膚症状や消化管症状を呈した症例では具体的な床材の内容, トイレ砂や砂浴び用の砂を入れているか, 砂を食べている可能性がないかなど確認をする. またその症状がいつから出ているのか, 進行や悪化しているのか, 症状の出る頻度などを正確かつ簡潔に確認する必要がある.

また問診方法は具体的かつ客観的に評価できるように行うことが重要である. 例えば食欲が落ちたという症例の場合, 正常時の何割程度, いつ頃から落ちたのか, 嗜好性の変化があったのかなど具体的に聴取する.

来院時, 身体検査をする前にキャリー内での動物の様子を観察する. ウサギやモルモットなどの被捕食動物は病院内のなれない環境下では周囲を警戒する様子がみられる. またハリネズミやフクロモモンガでは移動により酔ったことで時折少量吐くことがある. 特に重要なのは各動物とも呼吸状態や嗜眠傾向の有無などを確認することである. 明らかに呼吸状態や全身状態が悪い症例では, 保定をせずにできる視診や聴診を実施し, 保定や検査に伴うリスクを飼い主に説明する. また必要に応じて, 酸素吸入をあらかじめ行っておくなどの検討が必要である.

身体検査

身体検査はどの動物も共通ではあるが, 小さな動物であり, 保定のストレスが影響を受けやすいためなるべく短時間で終わらせることを心掛ける必要がある. 呼吸状態が悪い症例や衰弱している症例では保定により症状を悪化させる可能性が高いため（**図1-6**）, 可能な範囲での身体検査に留める. 身体検査の手順はそれぞれ独自に決めている方法で実

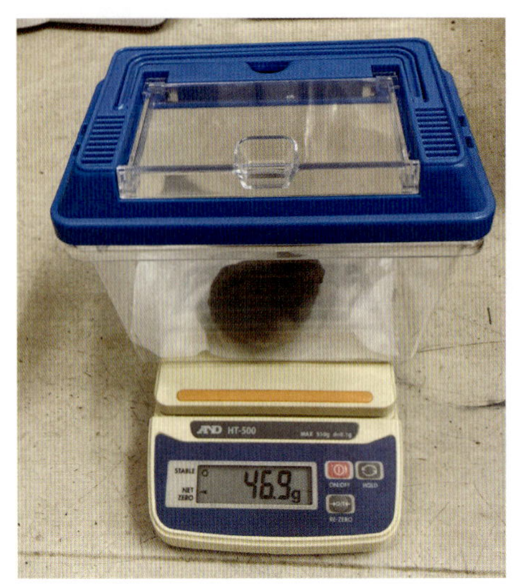

図1-7　体重100 g以下の動物の体重測定
小数点第一位まで測定することを推奨する.

施して良いが，大切なことは全身の評価をしっかりと行い，身体検査での漏れをなくすことである．身体検査の原則は犬猫と同様であり，体重測定を行い，吻側から尾側，体の中心である腹部から四肢など自分で決めた順に全身の状態を視診や触診により確認することで検査漏れなどをなくすことができる．

体温測定については，いずれの動物種でも当院では稟告や症状から必要と思われる症例以外ではルーチンに実施していない．

体重測定については，50～100 g以下の動物種ではわずかな違いも重要となってくるため，可能な限り小数点第一位のグラム数までの体重を測定するとよい(**図1-7**)．

臨床検査

臨床検査は犬や猫と同様に糞便検査，尿検査，血液検査，X線検査や超音波検査，CT検査，MRI検査などの画像検査などを実施するが，各動物種により異なる点を理解しておくことが必要である．

尿検査は，草食動物と肉食動物とでは尿のpHに違いがある．草食動物の尿のpHはアルカリ性を示すが，肉食傾向が強ければpHは酸性に傾く傾向がある．またウサギ[3]などカルシウム代謝の違いにより通常でもカルシウム結晶が析出する．さらに動物種によって色素が多く排泄されると赤色や橙色に尿の色が変化するため，血尿(出血)と間違わないようにする．

エキゾチック動物は，動物種によっては体重が少なく血液量が十分に取れない可能性や麻酔下での採血になる動物もいる．このため，血液検査には限界がある．採血部位はエキゾチック動物でも一般的に橈側皮静脈，外側伏在静脈，頸静脈，前大静脈，内股静脈，耳介動静脈，尾静脈，切歯下静脈などを用いる．動物種ごとによく用いられる血管があるが，より負担が少なく短時間で迅速に採血できる血管を採血者の技術と合わせて選択するとよい．

画像検査の評価は基本的には各動物種の解剖学を理解した上で犬や猫と同様に評価を行っていくが，X線検査や超音波検査時では小型種の保定が難しいことがある．また体格の小さい動物では十分な評価ができないこともある．呼吸が悪い動物や衰弱している動物では，X線検査や超音波検査で保定する負担をかけるよりCT検査を実施することがある．当院にあるCT装置は最短18秒で撮影できるため特にウサギやモルモットなどは多くの場合，無麻酔にてCTを撮影できる．

処置

投薬方法

投薬のうち，皮下，筋肉，静脈などの経路での投薬は犬や猫と同様に実施できる．経口投与については，どのように飲ませたら良いかと飼い主から質問されることが多い．そのため病院スタッフが飼い主へ実際に投薬する様子をみせて説明するとよい．エキゾチック動物では体重が犬や猫と比べると少なく，薬剤を錠剤単位で処方することは稀である．そのため粉薬もしくは点眼瓶に入れた液体の薬として処方することが多い．

ウサギ，モルモット，チンチラなどに粉薬として処方する場合には水や100%の野菜ジュース，リンゴジュースなどで溶解したものを1 mLのシリンジに吸い取り直接経口投与する．下記に記載した強制給餌の方法と同様にタオルなどで身体を保定し動物の下顎と後頭部を保持する．これらの動物は犬歯がないため切歯と臼歯の歯間隙に斜めにシリンジを挿入し投薬する(**図1-8**)．飼い主がこの方法での投薬が困難な場合には好きな野菜や果物の上に粉薬を振り掛けて食べさせてもよい．最近では草食動物用のピューレなどが販売されており，少量を内服薬と混ぜて投薬することも可能である．フェレットやハリネズミでもシリンジを用いて投薬することはあるが，通常は嗜好性の高いペーストなどに混ぜて飲ませることが多い．フェレットでは強制的に投薬するため，

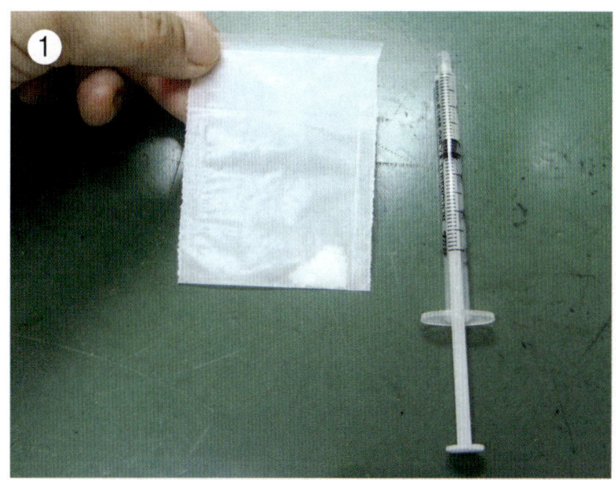

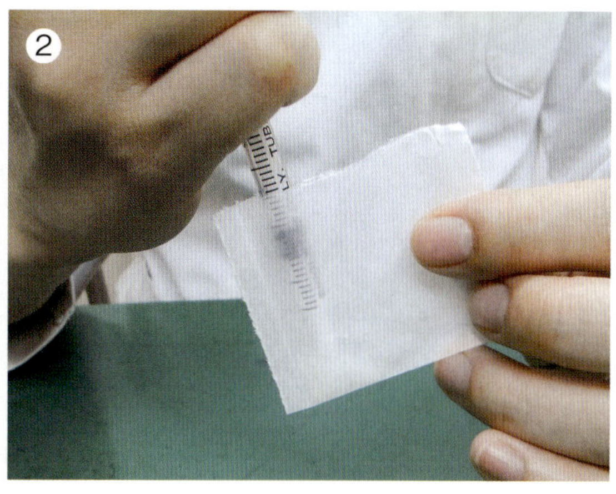

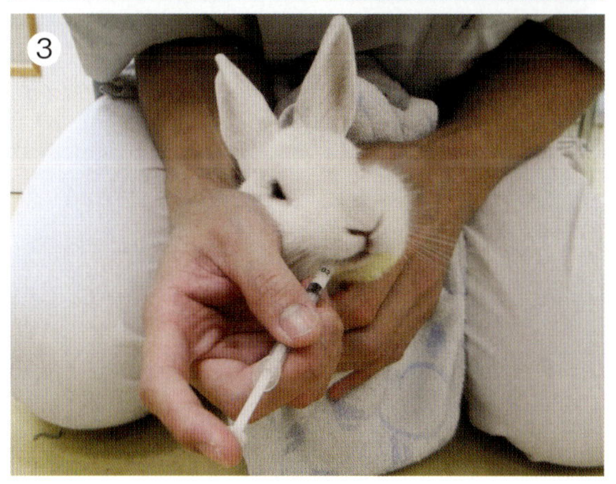

図1-8　投薬方法
①分包された粉薬と1 mL シリンジ
②分包紙は中が耐水性になっているため水や100％ジュースなどをシリンジに入れて分包紙の中で溶かす．
③口唇から切歯を避けてシリンジを挿入し飲ませる．

頸部背側皮膚を掴んで身体をぶら下げる一般的な保定（第3章の「フェレット」の項目を参照）をしながらシリンジを使って口元から飲ませることもある．しかしこの投薬方法はフェレットへ与えるストレスも大きく，誤嚥するリスクもあるため注意が必要である．

ハムスター，デグー，シマリスなどの小型げっ歯類，フクロモモンガなどは体重の関係上，上述の通り粉薬で分包するには1回量が少ないため困難である．そのため点眼瓶に入れて1回1～2滴程度に設定して処方し，おおよそ体重300 g 以下の場合に適応することが多い．5 mL 入る点眼瓶の中に粉にした粉薬を入れ5 mL のところまで水もしくは一部シロップを混ぜて溶解し，1回2滴（当院で使用している点眼瓶では，1滴が約0.05 mL となる）で計算すると，50回分になる．この点眼瓶に入れて作成する方法についての詳細は小型げっ歯類の項目で別途記載した．

鳥類に内服薬を処方する際，飲水投与として飲み水50～100 mL を計りそこに飲水投与用として薬剤計算した粉薬を処方することがあるが当院では小型哺乳類で飲水投与を指示することはほとんどない．

強制給餌

草食動物は常に消化管内に食物が入っており，消化管の蠕動運動が継続してみられる．このため，何らかの原因で採食ができなくなる，もしくは採食量が著しく低下すると正常な消化管の蠕動運動に影響を与え，食滞（機能的イレウス）やそれに伴う鼓腸，肝リピドーシスやケトアシドーシスなどにつながる．このため，食欲が低下した動物では正常な消化管機能の維持や代謝を維持するため流動食を半強制的に給餌する強制給餌を実施することが多い．また強制給餌（force feeding）ではなく，補助給餌（アシストフィーディング〈assist feeding〉）として動物のペースに合わせ，自発的に食べるよう促すように給餌していく方法も考慮する必要がある．

流動食は通常与えているペレットを水でふやかして作成することも可能であるが，近年では風味を変えたものや繊維の大きさを変えたものなど，水と混ぜることによりすぐに利用できる強制給餌用のパウダー状フードがいくつか市販されている（**図1-9**）．これらの製品は使い勝手がよく嗜好性も高く，必要な成分が含まれており利用しやすいがペレットを用いるよりも高価である．またモルモットで強制給餌

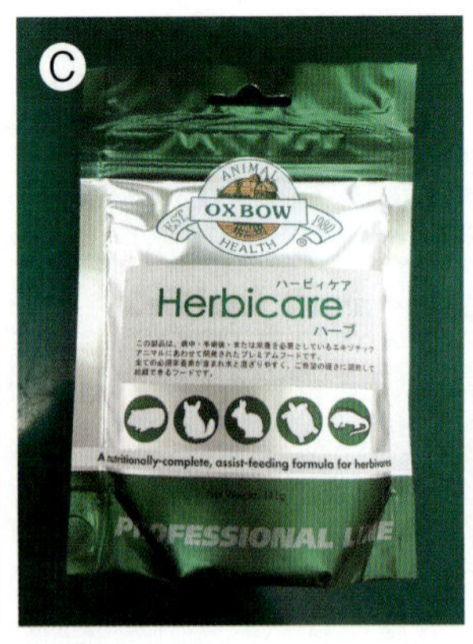

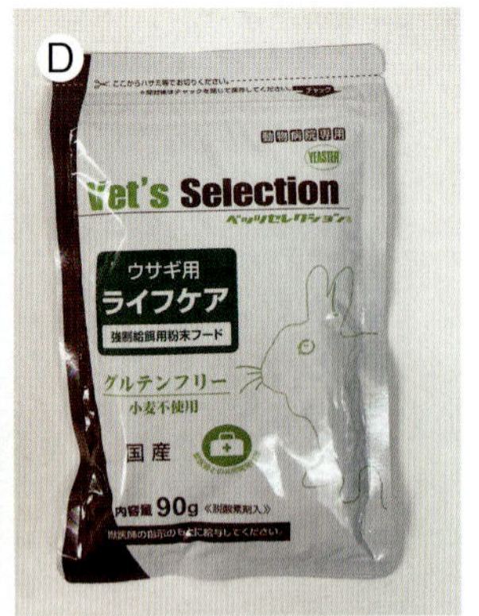

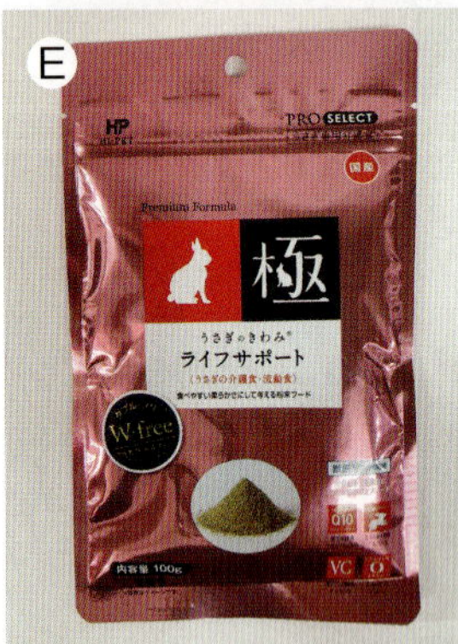

図1-9　強制給餌に使用する粉末フード
A：OX BOW 社　Herbicara（ファイングラインド）
B：OX BOW 社　Herbicara（アップル ＆ バナナ）
C：OX BOW 社　Herbicara（ハーブ）
D：ハースター社（ライフケア）
E：ハイペット社（うさぎのきわみ　ライフサポート）

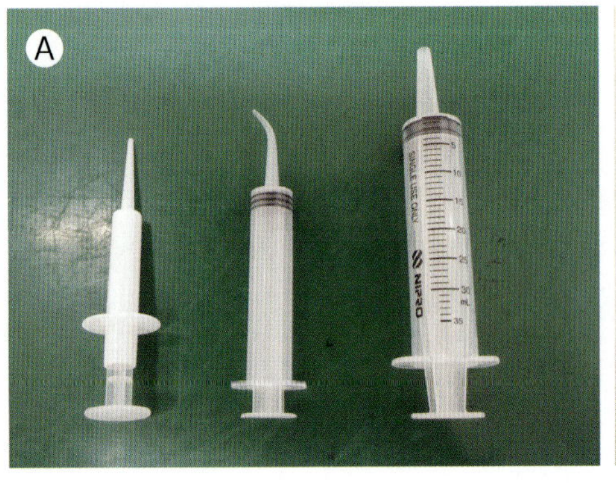

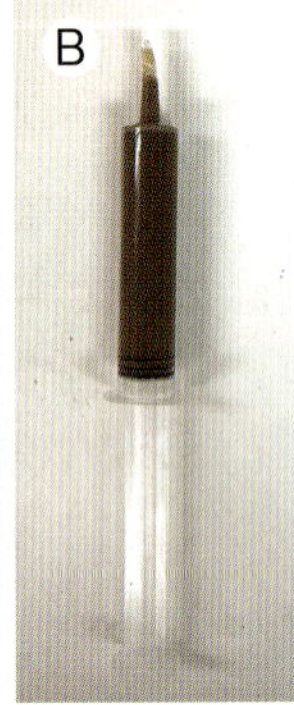

図1-10　強制給餌や補助給餌の準備
（A）強制給餌に用いるシリンジ．左から5 cc，12 cc，35 ccまで入れられる．カテーテルの先端がやや太めになっているので目詰まりをおこしにくい．（B）12 ccのシリンジにペースト状にしたフードをいれた状態．必要に応じて2～3本準備する．強制は給餌用の粉末フードを水で溶いていく．かたさについては症例の状態に合わせて決定する．

を実施する場合，これらの粉末フードにはビタミンCが添加されていないため，ビタミンCを体内合成できないモルモットに対しては経口的にビタミンCを入れる必要がある．

流動食の準備において水と混ぜる割合は強制給餌の目的により調整する．目的が経口的な水分摂取が主なものであれば水分量を多くし，繊維質の補給やカロリーの補給であれば水分量を減らして濃度を濃くする．1回の給餌量は体重あたり必要な給餌量は異なるが，それ以外にも自食している量や消化管の状態によって異なってくるため個体の状態と目的を考慮しその都度給餌量を検討する必要がある．1日の給餌回数についても同様に検討が必要であり1日1～3回を目安にする．当院での強制給餌の実施方法を手技に示す（**図1-10，手技1**）．

参考文献

1. Meredith A., Crossley A.D. (2005)：ウサギ in BSAVA エキゾチックペットマニュアル　第四版 (Meredith A., Redrobe S.)，橋崎文隆，深瀬徹，山口剛士，和田新平 訳，89-108, 学窓社
2. Meredith A. (2009)：第1章 生物学と飼育管理 in BSAVA ウサギの内科と外科マニュアル 第二版 (Meredith A., Flecknell P.)，斎藤久美子 訳，1-20, 学窓社
3. Donnelly TM, Vella D.(2020). Basic Anatomy, physiology, and Husbandry of Rabbits in : Ferrets, Rabbits and Rodentselimical Medicine and surgery (Quesenberry KG, orcutt CJ, Mans C etal). pp131-149, ELSEVIER

◉手技1　強制給餌（写真はウサギ）

❶床にタオルを敷く．

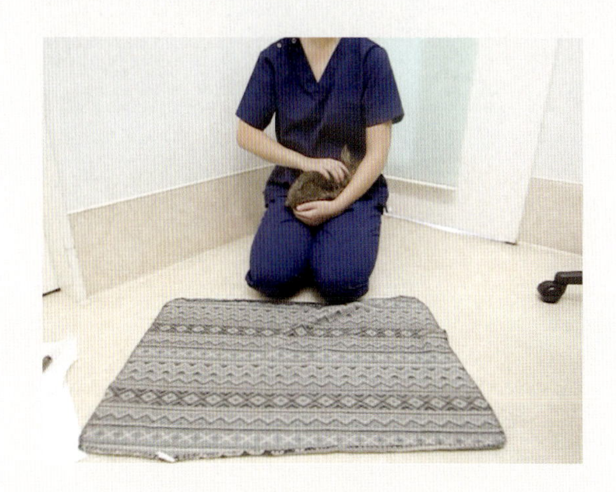

❷タオルの真ん中やや前方にウサギを置く．

❸タオルの端を持ちウサギの顎の下に沿わせるように引き寄せる．

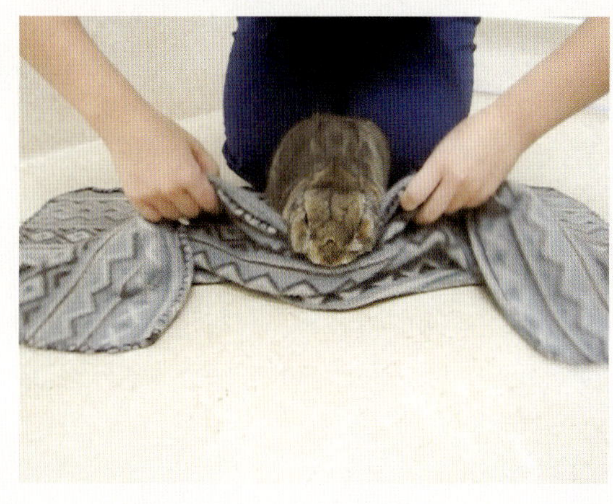

❹タオルを顎に沿わせた状態で左右順番に身体を覆う．

❺最後に臀部側もタオルで覆う．

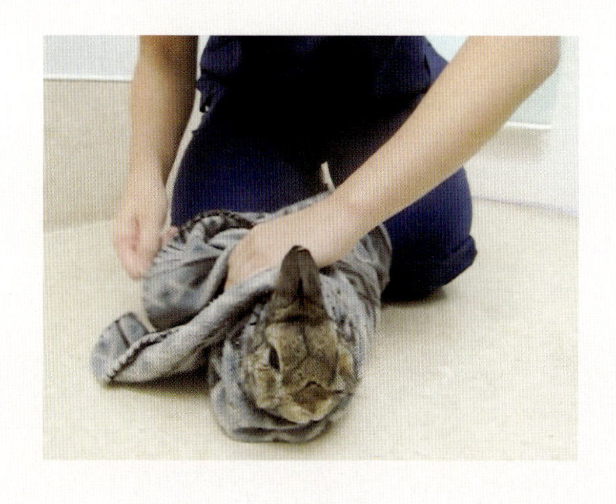

❻保定が安定したら準備していたシリンジを持ち，もう一方の手で顔を固定する．

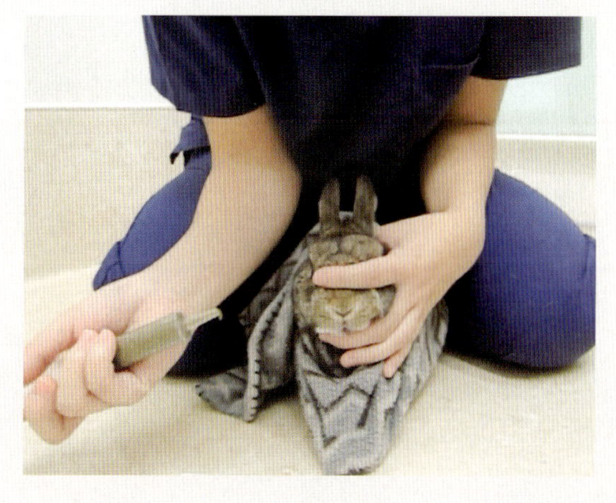

❼顔が動く場合には顔を下顎，鼻，後頭部を支点として顔を掴み固定させる．

❽切歯と臼歯の間の歯間隙からシリンジを挿入し少しづつ流動食を口に入れる．

❾口に入れたあとは咀嚼しやすいように固定していた顔を外す．

第2章　関連法規

はじめに

エキゾチック動物のうち一般的に飼育されているウサギ，モルモット，ハムスターなどは国内繁殖が多く流通経路も把握できることが多い．一方，野生動物などの海外から輸入された個体では国内に流通するまでに様々な国の業者や複数の航路を経て取り引きされることもあり，正確な販売経路を辿ることが困難である．それらの動物種の中には後述する絶滅危惧種，特定動物とする危険動物，特定外来生物種も含まれており，国際間や国内でそれぞれ輸入や取引・飼育・販売自体が規制されている動物種が存在する．また海外からの野生動物以外にも国内の野生動物で絶滅のおそれのある希少種を守る法律もある．

エキゾチック動物の飼育においてどのような動物が飼育の規制対象となっているのかを把握する必要がある．また，これらの情報は数年で変化する可能性があるため，これまで登録や制限なく飼育できていた動物種が法律改正により，今後届出が必要になる，もしくは飼育が規制される可能性がある．エキゾチック動物が関わってくる法律には，種の保存法やワシントン条約，外来生物法，感染症法，動物愛護管理法，鳥獣保護法，文化財保護法（天然記念物に関与する法律）などがある．各法令や法律についての詳細は環境省のHP（https://www.env.go.jp/nature/），感染症法は厚生労働省（https://www.mhlw.go.jp/stf/seisakunitsuite/bunya/kenkou_iryou/kenkou/kekkaku-kansenshou/kekkaku-kansenshou11/02.html）．文化財保護法については文化庁（https://www.bunka.go.jp/seisaku/bunkazai/）を参照して頂きたいが，ここではエキゾチック動物診療に関連するものについて概要を記載した．

種の保存法［国内での取引等の規制に関するもの］

種の保存法は，正式には「絶滅のおそれのある野生動植物の種の保存に関する法律」のことである．国内に生息，生育する種または外国産の稀少な野生動植物を保全するために必要な措置を制定し，環境省が担当している．種の保存の対象となる希少野生動植物としては，レッドリスト等に基づく国内希少野生動植物種，ワシントン条約附属書Ⅰ掲載種，二国間渡り鳥等保護条約・協定に基づき相手国から絶滅のおそれのある鳥類として通報のあった種に基づく国際希少野生動植物種が指定されている．種の保存法のうち「個体等の取り扱い規制」の中には輸出入の禁止，販売目的の陳列や広告の禁止，譲渡し等の禁止，捕獲等の禁止（国内希少種）の項目が含まれている．

種の保存法で指定された国際希少野生動植物種については，種の保存法の規制適用前に国内で取得した個体等，関税法の許可を受けて輸入された個体等，国内で繁殖された個体等については，登録（**図2-1, 2**）を受けることによって譲渡し等の取引や取引につながる販売・頒布目的の陳列や広告が可能となる．また一部の種を除き，哺乳類，鳥類，爬虫類，両生類のうちのオオサンショウウオ属の生きている個体では，環境省令により定められた個体等識別措置（マイクロチップや足環など）を行った上で飼育することが可能である．登録せず飼育，譲渡し等や販売等がされた場合には罰則がある．2015年より生きた動物種の登録の有効期限が導入され，5年ごとに登録の更新が必要であり，登録票の管理等に違反すると30万円以下の罰金が課せられる．

ワシントン条約（CITES）［国際的な輸出入の規制に関するもの］

正式には絶滅の恐れのある野生動植物の種の国際取引に関する条約（Convention on International

図2-1　種の保存法に関する環境省の HP（環境省の HP より）
国内に生息，生育する種又は外国産の稀少な野生動植物を保全するために必要な措置を制定している．

Trade in Endangered Species of Wild Fauna and Flora: CITES）といい，野生動植物の国際取引の規制を輸出国と輸入国とが協力して実施することにより，採取や捕獲を抑制して絶滅の恐れのある野生動植物の保護を図ることを目的としている．1975年に発効され，日本は1980年に加入した．これは国際法であり，条約に対応した国ごとの国内法は様々であり，その施行方法も異なる．規則内容と対象動植物種は絶滅危機の基準によって附属書Ⅰ，Ⅱ，Ⅲに分かれている（**表2-1**）．附属書Ⅰは最も規制が厳しく，商業取引を原則禁止としている．附属書ⅠおよびⅡの掲載種は2～3年ごとに開催される締約国会議で見直しが行われ，審議を経て改正されていく．外為法と関税法でワシントン条約附属書掲載種の国際取引の管理と，日本独自で附属書ⅠとⅡ掲載の生きている動物の輸入については経済産業省によ

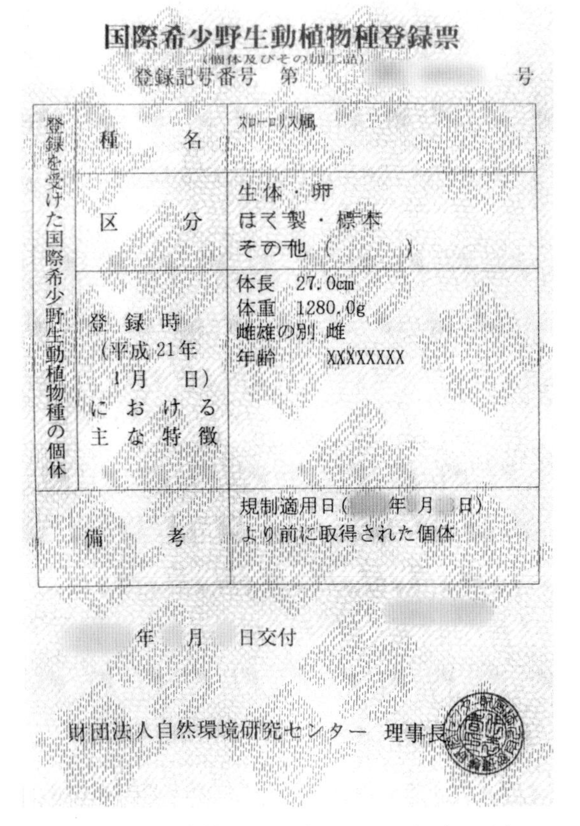

国際希少野生動植物種登録票
（個体及びその加工品）
登録記号番号　第　　　号

登録を受けた国際希少野生動植物種の個体	
種名	スローロリス属
区分	生体・卵 はく製・標本 その他（　　）
登録時（平成21年1月　日）における主な特徴	体長　27.0cm 体重　1280.0g 雌雄の別　雌 年齢　XXXXXXXX
備考	規制適用日（　年　月　日）より前に取得された個体

年　月　日交付

財団法人自然環境研究センター　理事長

図2-2　種の保存法により定められた飼育の登録証
環境省令により定められた個体等識別措置（マイクロチップや足環など）を行い登録を受けることによって飼育が可能となる．

る輸入の事前確認措置を義務づけている．

日本はアメリカやヨーロッパと並ぶ希少動物種の消費国であり，上記の規制により簡単に入手が不可能な動物種では，違法な入手方法で国内に持ち込まれる動物も多数存在する．これに関して2020年に日本のエキゾチック動物の輸入に関するレポートが発表されている（WWF, Traffic report: Crossing the Red Line）．2007年から2018年までに税関で差し止められた件数は78件で1,161頭の対象種が含まれていた．差し止められた動物種の割合は91％が附属書Ⅱに分類された動物種であるが，附属書Ⅰに分類された動物種も少なからず存在している．対象となった動物のうち爬虫類が74％を占め，ついで哺乳類が20％，鳥類が6％となっている．このレポートにもあるように日本のみならず諸外国で希少な野生動物の需要により商業規模の成長を遂げてきたエキゾチック動物市場は，野生に生息する多くの種の存続を脅かすのみではなく，外来種の移入によって在来の生物多様性の破壊も招いている[1]．またこれらの輸入動物がヒトで問題となる感染症の病

表2-1　ワシントン条約附属書Ⅰ～Ⅲ

附属書Ⅰ	・絶滅のおそれのある種で取引によって影響を受けているもしくは受けることのあるもの ・商業取引を原則禁止する ・取引に際しては輸入国および輸出国の許可が必要
附属書Ⅱ	・現在必ずしも絶滅のおそれがある種ではないが，その標本の取引を厳重に規制しなければ絶滅のおそれのある種となるおそれのある種またはこれらの種の標本の取引を効果的に取り締まるために規制しなければならない種 ・輸出国の許可を受けて商業取引を行うことが可能
附属書Ⅲ	・いずれかの締約国が捕獲または採取を防止し又は規制するための規制を自国の管轄内において行う必要があると認め，かつ取引の取締のために他の締約国の協力が必要であると認める種 ・当該種を掲げた国と取引を行う場合，許可を受けて行うことが可能

原体の宿主や病原体を媒介する動物種である可能性がある．実際これまでに飼育されていた動物で近年規制対象となり届出が必要となった動物種として，スローロリス，ワタボウシタマリン，ヨウム，ボウシインコ（一部は除く），オオバタン，コバタン，コンゴウインコ（一部は除く），オニコノハズク，モリコキンメフクロウ，パンケーキリクガメ，インドホシガメ，マダガスカルホシガメ，ビルマホシガメ，クモノスガメ，チズガメなどが挙げられる（**図2-3**）．コツメカワウソはテレビ番組やカフェ，SNSなどで人気が高まり愛玩動物としての需要が高まったことで，密輸が増えた．かつて密輸されるカワウソのうち約半数以上が日本に向けたものであったと報告されている[2]．国際的にもカワウソ類の取引が問題視されていたことから，2019年に附属書Ⅰへアップリストされた．

国際希少種の個体等識別登録については一般財団法人自然環境研究センター（http://www.jwrc.or.jp/index.htm）で行っている．その際各動物種に対して種ごとに必要な写真が異なり詳細な指定がある（**図2-4**）．マイクロチップの埋め込み部位も動物種ごとに異なるため装着前には必ず確認が必要となる（**図2-5**，**表2-2**）．

図2-3　近年，規制対象となり国への届出が必要となった動物
A：ワタボウシタマリン　B：スローロリス　C：コツメカワウソ　D：パンケーキリクガメ　E：インドホシガメ
F：キエリボウシインコ　G：ヨウム

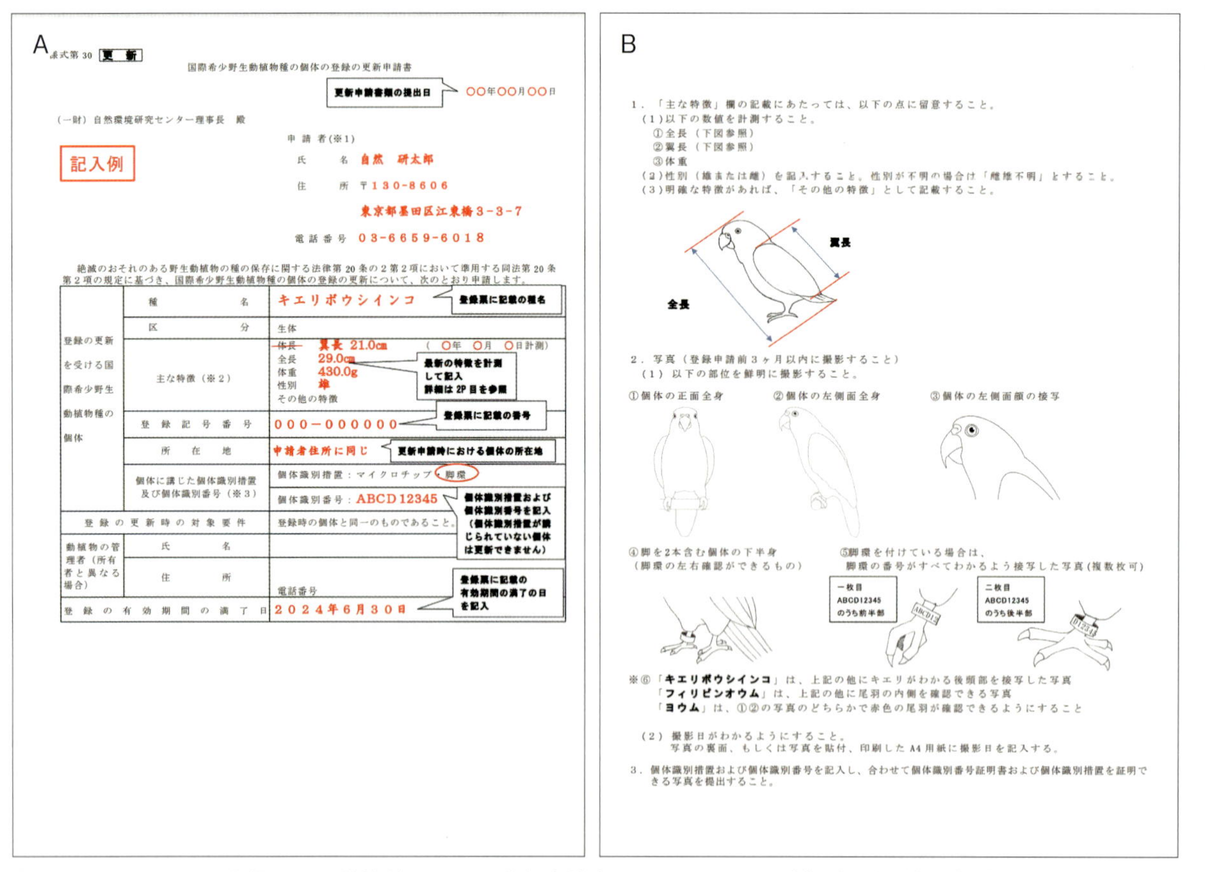

A 様式第30 **更　新**

国際希少野生動植物種の個体の登録の更新申請書

更新申請書類の提出日　〇〇年〇〇月〇〇日

(一財) 自然環境研究センター理事長　殿

記入例

申請者(※1)
氏　名　自然　研太郎
住　所　〒130-8606
東京都墨田区江東橋3-3-7
電話番号　03-6659-6018

絶滅のおそれのある野生動植物の種の保存に関する法律第20条の2第2項において準用する同法第20条第2項の規定に基づき、国際希少野生動植物種の個体の登録の更新について、次のとおり申請します。

登録の更新を受ける国際希少野生動植物種の個体	種名	キエリボウシインコ　（登録票に記載の種名）
	区分	生体
	主な特徴（※2）	~~体長~~ 翼長 21.0cm　（〇年　〇月　〇日計測） 全長 29.0cm 体重 430.0g 性別 雄 その他の特徴 （最新の特徴を計測して記入 詳細は2P目を参照）
	登録記号番号	000−000000　（登録票に記載の番号）
	所在地	申請者住所に同じ　（更新申請時における個体の所在地）
	個体に講じた個体識別措置及び個体識別番号（※3）	個体識別措置：マイクロチップ・脚環 個体識別番号：ABCD12345　（個体識別措置および個体識別番号を記入（個体識別措置が講じられていない個体は更新できません））
登録の更新時の対象要件		登録時の個体と同一のものであること。
動植物の管理者（所有者と異なる場合）	氏名	
	住所	電話番号
登録の有効期間の満了日		2024年6月30日　（登録票に記載の有効期間の満了の日を記入）

B

1．「主な特徴」欄の記載にあたっては、以下の点に留意すること。
（1）以下の数値を計測すること。
①全長（下図参照）
②翼長（下図参照）
③体重
（2）性別（雄または雌）を記入すること。性別が不明の場合は「雌雄不明」とすること。
（3）明確な特徴があれば、「その他の特徴」として記載すること。

翼長
全長

2．写真（登録申請前3ヶ月以内に撮影すること）
（1）以下の部位を鮮明に撮影すること。
①個体の正面全身　②個体の左側面全身　③個体の左側面顔の接写
④脚を2本含む個体の下半身（脚環の左右確認ができるもの）
⑤脚環を付けている場合は、脚環の番号がすべてわかるよう接写した写真(複数枚可)
一枚目 ABCD12345 のうち前半部
二枚目 ABCD12345 のうち後半部
※⑥「**キエリボウシインコ**」は、上記の他にキエリがわかる後頭部を接写した写真
「**フィリピンオウム**」は、上記の他に尾羽の内側を確認できる写真
「**ヨウム**」は、①②の写真のどちらかで赤色の尾羽が確認できるようにすること

（2）撮影日がわかるようにすること。
写真の裏面、もしくは写真を貼付、印刷したA4用紙に撮影日を記入する。

3．個体識別措置および個体識別番号を記入し、合わせて個体識別番号証明書および個体識別措置を証明できる写真を提出すること。

図2-4　CITES Ⅰに分類される動物種における登録申請書とマイクロチップ（一般財団法人自然環境研究センターのHPより）（続く）
A：申請書の表紙（オウム目）　B：オウム目

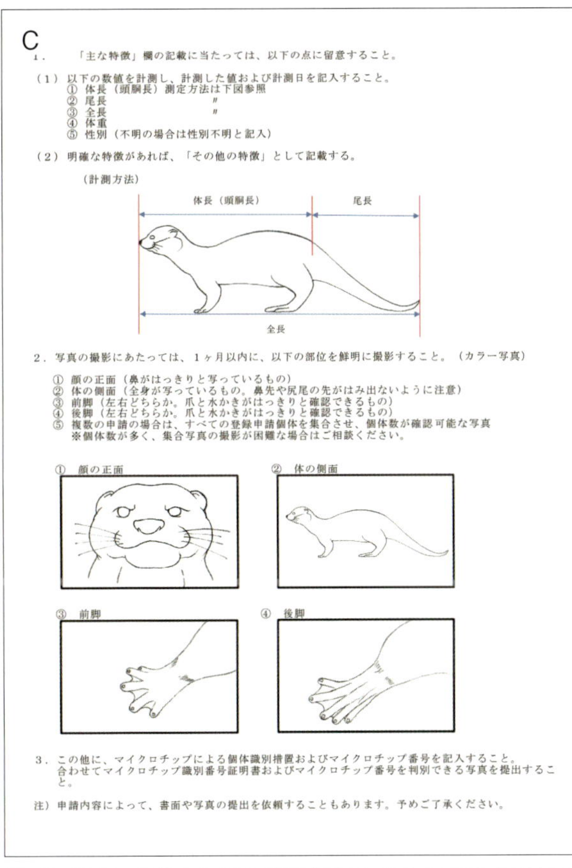

C

1．「主な特徴」欄の記載に当たっては、以下の点に留意すること。

（1）以下の数値を計測し、計測した値および計測日を記入すること。
① 体長（頭胴長）測定方法は下図参照
② 尾長 〃
③ 全長 〃
④ 体重
⑤ 性別（不明の場合は性別不明と記入）

（2）明確な特徴があれば、「その他の特徴」として記載する。

（計測方法）

2．写真の撮影にあたっては、1ヶ月以内に、以下の部位を鮮明に撮影すること。（カラー写真）

① 顔の正面（鼻がはっきりと写っているもの）
② 体の側面（全身が写っているもの。鼻先や尻尾の先がはみ出ないように注意）
③ 前脚（左右どちらか。爪と水かきがはっきりと確認できるもの）
④ 後脚（左右どちらか。爪と水かきがはっきりと確認できるもの）
⑤ 複数の申請の場合は、すべての登録申請個体を集合させ、個体数が確認可能な写真
※個体数が多く、集合写真の撮影が困難な場合はご相談ください。

3．この他に、マイクロチップによる個体識別措置およびマイクロチップ番号を記入すること。
合わせてマイクロチップ識別番号証明書およびマイクロチップ番号を判別できる写真を提出すること。

注）申請内容によって、書面や写真の提出を依頼することもあります。予めご了承ください。

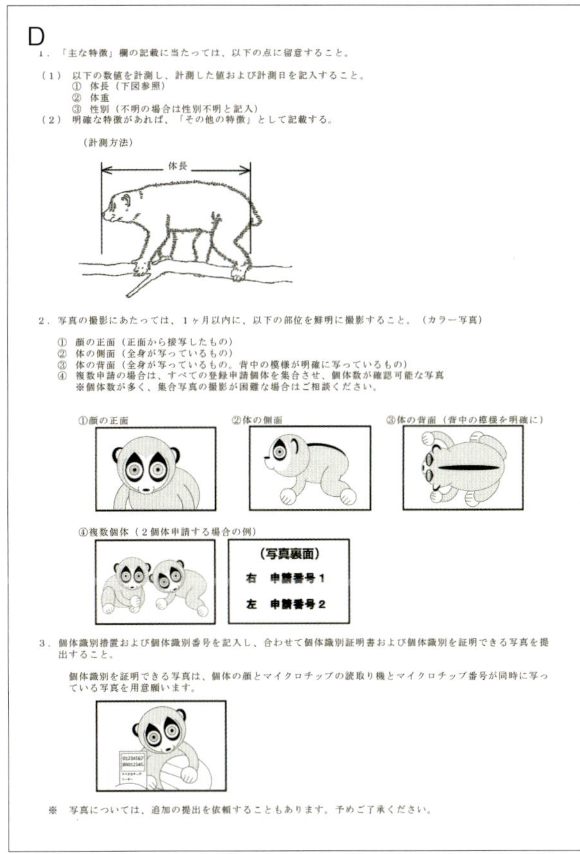

D

1．「主な特徴」欄の記載に当たっては、以下の点に留意すること。

（1）以下の数値を計測し、計測した値および計測日を記入すること。
① 体長（下図参照）
② 体重
③ 性別（不明の場合は性別不明と記入）

（2）明確な特徴があれば、「その他の特徴」として記載する。

（計測方法）

2．写真の撮影にあたっては、1ヶ月以内に、以下の部位を鮮明に撮影すること。（カラー写真）

① 顔の正面（正面から接写したもの）
② 体の側面（全身が写っているもの）
③ 体の背面（全身が写っているもの。背中の模様が明確に写っているもの）
④ 複数申請の場合は、すべての登録申請個体を集合させ、個体数が確認可能な写真
※個体数が多く、集合写真の撮影が困難な場合はご相談ください。

3．個体識別措置および個体識別番号を記入し、合わせて個体識別証明書および個体識別を証明できる写真を提出すること。

個体識別を証明できる写真は、個体の顔とマイクロチップの読取り機とマイクロチップ番号が同時に写っている写真を用意願います。

※ 写真については、追加の提出を依頼することもあります。予めご了承ください。

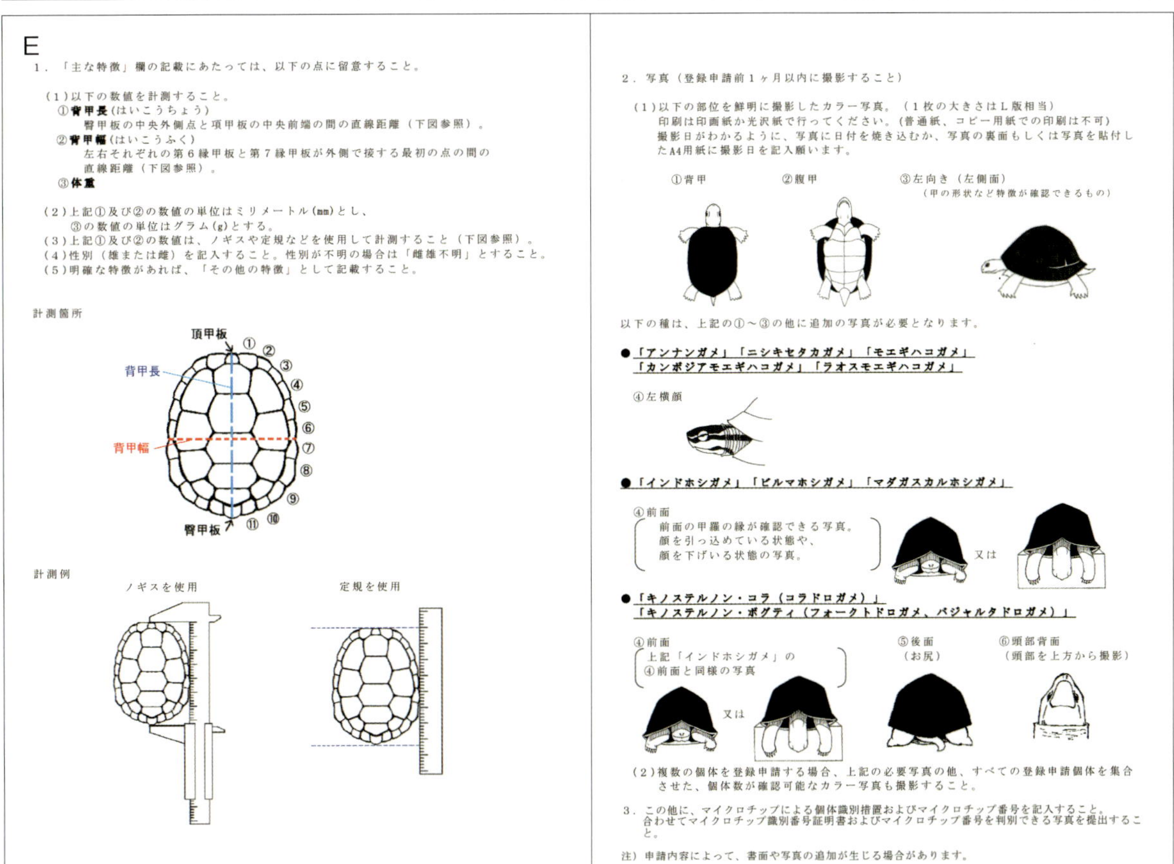

E

1．「主な特徴」欄の記載にあたっては、以下の点に留意すること。

（1）以下の数値を計測すること。
①**背甲長**（はいこうちょう）
臀甲板の中央外側点と項甲板の中央前端の間の直線距離（下図参照）。
②**背甲幅**（はいこうふく）
左右それぞれの第6縁甲板と第7縁甲板が外側で接する最初の点の間の直線距離（下図参照）。
③**体重**

（2）上記①及び②の数値の単位はミリメートル(mm)とし、
③の数値の単位はグラム(g)とする。
（3）上記①及び②の数値は、ノギスや定規などを使用して計測すること（下図参照）。
（4）性別（雄または雌）を記入すること。性別が不明の場合は「雌雄不明」とすること。
（5）明確な特徴があれば、「その他の特徴」として記載すること。

計測箇所

計測例

2．写真（登録申請前1ヶ月以内に撮影すること）

（1）以下の部位を鮮明に撮影したカラー写真。（1枚の大きさはL版相当）
印刷は印画紙か光沢紙で行ってください。(普通紙、コピー用紙での印刷は不可)
撮影日がわかるように、写真に日付を焼き込むか、写真の裏面もしくは写真を貼付したA4用紙に撮影日を記入願います。

以下の種は、上記の①～③の他に追加の写真が必要となります。

● 「アンナンガメ」「ニシキセタカガメ」「モエギハコガメ」
「カンボジアモエギハコガメ」「ラオスモエギハコガメ」

④左横顔

● 「インドホシガメ」「ビルマホシガメ」「マダガスカルホシガメ」

④前面
前面の甲羅の縁が確認できる写真。
顔を引っ込めている状態や、
顔を下げいる状態の写真。

● 「キノステルノン・コラ（コラドロガメ）」
「キノステルノン・ボグティ（フォークトドロガメ、パジャルタドロガメ）」

④前面
上記「インドホシガメ」の
④前面と同様の写真

⑤後面
（お尻）

⑥頭部背面
（頭部を上方から撮影）

（2）複数の個体を登録申請する場合、上記の必要写真の他、すべての登録申請個体を集合させた、個体数が確認可能なカラー写真も撮影すること。

3．この他に、マイクロチップによる個体識別措置およびマイクロチップ番号を記入すること。
合わせてマイクロチップ識別番号証明書およびマイクロチップ番号を判別できる写真を提出すること。

注）申請内容によって、書面や写真の追加が生じる場合があります。

図2-4 （続き）CITES Ⅰに分類される動物種における登録申請書とマイクロチップ（一般財団法人自然環境研究センターのHPより）
C：コツメカワウソ　D：スローロリス属　E：カメ類

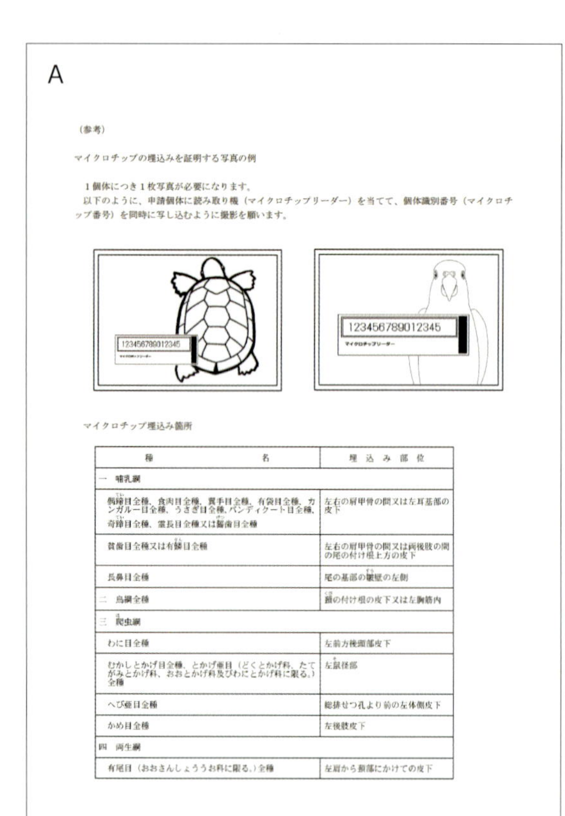

A

（参考）

マイクロチップの埋込みを証明する写真の例

1個体につき1枚写真が必要になります。
以下のように、申請個体に読み取り機（マイクロチップリーダー）を当てて、個体識別番号（マイクロチップ番号）を同時に写し込むように撮影を願います。

マイクロチップ埋込み箇所

種名	埋込み部位
一　哺乳綱	
偶蹄目全種、食肉目全種、翼手目全種、有袋目全種、カンガルー目全種、うさぎ目全種、バンディクート目全種、奇蹄目全種、霊長目全種又は齧歯目全種	左右の肩甲骨の間又は左耳基部の皮下
貧歯目全種又は有鱗目全種	左右の肩甲骨の間又は両後肢の間の尾の付け根上方の皮下
長鼻目全種	尾の基部の皺壁の左側
二　鳥綱全種	頸の付け根の皮下又は左胸筋内
三　爬虫綱	
わに目全種	左前方後頸部皮下
むかしとかげ目全種、とかげ亜目（どくとかげ科、たてがみとかげ科、おおとかげ科及びわにとかげ科に限る。）全種	左鼠径部
へび亜目全種	総排せつ孔より前の左体側皮下
かめ目全種	左後肢皮下
四　両生綱	
有尾目（おおさんしょうう科に限る。）全種	左肩から頸部にかけての皮下

図2-5　CITES Ⅰ申請のためマイクロチップ埋め込み箇所の詳細と照明写真
A：個体識別措置を証明する書類(記入例)
B：コツメカワウソ(左右肩甲骨の間)
C：ヘビ(総排泄孔より前の左体側皮下)

表2-2　個体識別措置が必要な種と法令で認められた個別識別措置の方法

対象種	個別識別措置
哺乳綱全種(一部例外あり)	マイクロチップ
鳥綱全種	マイクロチップまたは足環(クローズドリングに限る)
爬虫類全種(一部例外あり)	マイクロチップ
オオサンショウウオ属全種	マイクロチップ

ほとんどの場合マイクロチップ埋め込みが対象となるが，鳥では足環も可能である．この際クローズドリング(全周がリングになっているもの)に限られ，一部隙間が開いているC型になった足輪は認められない．

感染症法

感染症法(感染症の予防及び感染症の患者に対する医療に関する法律)では，感染症の病原体を媒介するおそれのある動物の輸入に関する措置として第54～56条で輸入禁止および輸入検疫，検査に基づく処置などが制定されている．特にエキゾチック動物診療においてはサル類とプレーリードッグが関連している．サルはエボラ出血熱とマールブルグ病，プレーリードッグはペスト感染症が対象感染症であり，これらの動物は輸入禁止となっている．サルについては試験研究用，展示用であれば特定地域のみ検疫を経た上で輸入できる．そのためプレーリードッグは2003年3月，愛玩用のサルは2005年7月以降については国内で繁殖した個体以外は入手できなくなっている．それ以外に本法で輸入禁止措置をとられている対象動物はイタチアナグマ，タヌキ，ハクビシン，コウモリ，ヤワゲネズミがある(**図2-6**)．

また感染症法に基づく輸入規制として輸入届出制度が2005年から施行され，犬，猫，ウサギ，家畜，アライグマ，キツネ，スカンクを除く陸生哺乳類とげっ歯類の死体は，ペスト，狂犬病，サル痘，腎症候性出血熱，ハンタウイルス症候群，野兎病，レプトスピラ症の対象感染症に対してこれらの疾病に関する衛生証明書の提出が必要となる．また家禽を除く鳥類はウエストナイル熱，高病原性鳥インフルエンザ，低病原性鳥インフルエンザの対象感染症に対する衛生証明書を届出をする必要がある．これは愛玩動物に対しても海外から国内にエキゾチック動物を持ち込むためには届出が必要となる(**図2-7**)．

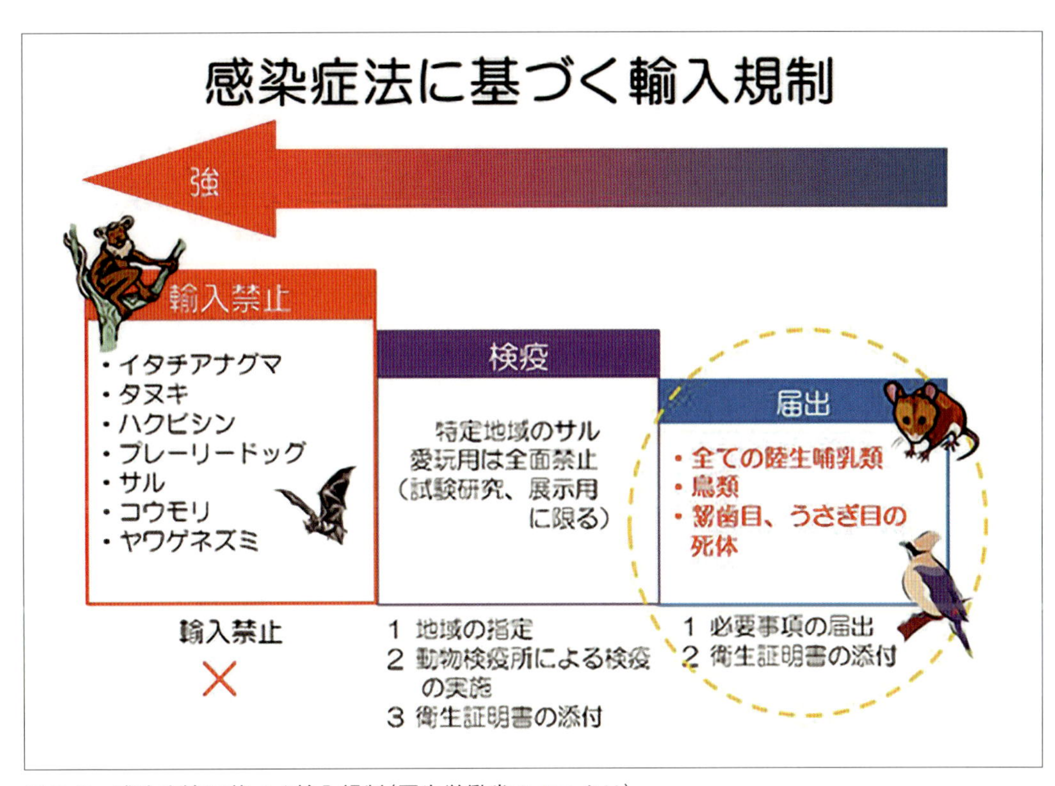

図2-6　感染症法に基づく輸入規制（厚生労働省の HP より）
届出対象のものから輸入禁止措置のものまで動物によって規制が異なる.

図2-7　輸入届出制度（厚生労働省の HP より）
海外から国内にエキゾチック動物を持ち込むには愛玩目的でも届出が必要となる.

外来生物法

外来生物法は海外起源の外来生物を特定外来生物として指定し，その飼養や栽培，保管，運搬，輸入を規制し特定外来生物の防除等を行うことを目的として，生態系，人の生命・身体，農林水産業への被害を防止し，生物の多様性の確保，人の生命・身体の保護，農林水産業の健全な発展に寄与することを

図2-8　外来生物法（環境省のHPより）
生態系被害防止外来種リストとして公表されている（①）．特定外来生物は愛玩動物として飼育することはできない（②）．

通じて国民生活の安定向上に資するための法律である（**図2-8**）．特定外来生物は生きているものに限られており，かつて国内でも飼育されていたタイワンリス，タイリクモモンガ，イシガメとハナガメの交雑種などが規制対象となっている．特定外来生物以外にも生態系，人の生命・身体，農林水産業への被害を及ぼす疑いがある，もしくは実態がよくわかっていない海外起源の外来生物については「未判定外来生物」に指定されており，輸入には事前に届出が必要となる．国内でも飼育が可能なフェレット

(*Mustela putorius furo*)は，飼育の制限はないもののフェレットを含むイタチ属は未判定外来生物に分類されている．またオポッサム科のジネズミオポッサム属に分類されているピグミーオポッサムも国内での飼育は可能であるが，同じオポッサム属の全種は未判定外来生物種に指定されている．そのため，今後これらの動物種が野外に放たれることにより生態系に影響を及ぼすと，国内の飼育が制限される可能性もある．実際に，エキゾチック動物診療ではハリネズミを診察することも多いが，この「ハリネズミ」も特定外来生物種に指定されている．ハリネズミ科(*Erinaceidae*)はいくつかの属に分かれているが，ハリネズミ属(*Erinaceus*)の全種は特定外来生物種に指定されている．特にハリネズミ属のアムールハリネズミ(別名マンシュウハリネズミ)は冬眠することができるため，静岡県や神奈川県を中心にすでに国内で定着が確認されおり，鳥類の卵や雛，昆虫などを捕食し生態系へ影響を与えていることから特定外来生物に指定された．その他，アフリカハリネズミ属(*Atelerix*)，オオミミハリネズミ属(*Hemiechinus*)，メセキヌス属(*Mesechinus*)は未判定外来生物に指定されている．国内で一般的に飼育されているハリネズミはアフリカハリネズミ属に分類されるヨツユビハリネズミ(*Atelerix albiventris*)であるが，これのみ未判定外来生物種からも除外されているため国内で飼育が可能である．しかし，今後ヨツユビハリネズミも，飼育が制限される可能性を考慮しておく必要がある．

また，特定外来生物のうち，エキゾチック動物診療では比較的身近であるミシシッピアカミミガメ(通称ミドリガメ)(**図2-9**)とアメリカザリガニは，特定外来生物に関する規制を一部適用除外するとする「条件付特定外来生物(通称)」に指定されており，一般家庭で飼育している場合には申請，許可，届出等は不要でこれまでの飼育が可能であるが，野外への放出や販売，頒布，購入などについて規制がかかり違反した場合は罰則対象となる．

図2-9　ミシシッピアカミミガメ
特定外来生物に関する規制を一部適用除外とする「条件付特定外来生物」となった．

動物愛護管理法

動物愛護管理法は，みだりに動物を虐待することがないようにするのみではなくヒトと動物が共存していける社会を目指し動物の習性をよく理解した上で適正に取り扱うように定めたものである．本法の概要を以下に示す．

①飼い主の責任について

動物の健康と安全を確保するように努めること，みだりに繁殖することを防止するための不妊手術等を実施すること，動物の感染症についての予防のために必要な注意を払うこと，所有者の情報を明らかにするためのマイクロチップ装着の推進について言及

②動物の飼養および保管等に関するガイドラインの制定

③動物取扱業者の規制

販売される犬や猫に対してマイクロチップを装着し，所有者情報の登録の義務化，動物取扱業における犬猫の適正な飼養管理に係る基準省令の概要を設定

④周辺の生活環境の保全

⑤特定(危険)動物の飼養規制

人に危害を加えるおそれのある危険な動物とその交雑種は愛玩目的等で飼養することが禁止され，動物園や試験研究施設などの特定目的でのみ許可を得て飼育することが可能．哺乳類では霊長目，食肉目などが対象で，鳥類，爬虫類など合わせて約650種が対象

⑥犬猫の引取り等

⑦罰則等の制定

愛護動物をみだりに殺す，もしくは傷つけた場合には懲役や罰金などの罰則が設けられている．この愛護動物は犬猫同様にいえうさぎ(飼育下のウサギ)のほか，人が占有している動物で哺乳類，鳥類，爬虫類に属するものが含まれているためエ

キゾチック動物も含まれる．

⑧その他，協議会などの推進や基本方針の制定

上記の①～⑧の中でエキゾチック動物は主に③と⑤の内容が関連する．

愛護動物としてすべてのエキゾチック動物が対象であるが，両生類と魚類については対象外とされている．現在は第一種動物取扱業者および第二種動物取扱業者が取り扱う動物の管理の方法等の基準を定める省令が制定されているが，犬や猫の飼養管理が中心ではあった．しかし犬や猫以外の哺乳類の使用管理基準策定に向けた検討が始まり，また爬虫類についてもワーキンググループの作成とともに検討が始まっている．その他，エキゾチック動物の取引や飼育においては，⑤の特定(危険)動物に該当する可能性があるため対象動物の確認が必要となる

その他

エキゾチック動物に含まれる希少野生生物の国内流通管理に係る法令として，上記に挙げたもの以外には，文化財保護法，天然記念物に指定されている動物に対する法律，鳥獣保護法(鳥獣の保護及び管理並びに狩猟の適正化に関する法律)がある．鳥獣保護法には鳥類または哺乳類に属する野生動物(ネズミ，モグラ類，海棲哺乳類を含む)に対する保護，狩猟の適正化，管理などの内容が含まれている．狩猟には免許の取得と登録が必要であり，狩猟対象となる鳥獣が決められている．これらの法令にもエキゾチック動物や野生動物が関連することを理解しておくことが必要である．

マイクロチップの装着について

エキゾチック動物のマイクロチップ装着義務の発生は，上述した法令に関連してCITES Iに分類されている動物に対し，種の保存法に沿ってマイクロチップの装着が必要となる場合と，特定外来生物や特定動物(危険動物)(これらの動物は新規で愛玩動物として飼育はできない)に対して指定動物となる前から飼育していた個体に装着が必要となる場合がある．CITES I分類種に対する申請やマイクロチップ装着については上述した通り詳細な設定があるため，必ず動物ごとに環境省のHPを確認する必要がある．動物種や個体により，慣れている個体であれば無麻酔でマイクロチップの装着も可能であるが，必要に応じて鎮静や麻酔下で処置を行う．装着後登録番号を表示したマイクロチップリーダーを動物の近くに置いて写真撮影を行う必要がある(**図2-5**)が，鎮静や麻酔下で実施した場合，閉眼した状態で撮影を行うと，登録が許可されないこともあるため注意が必要である．

特定外来生物や特定動物(危険動物)へのマイクロチップ埋込み技術マニュアルが各動物で環境省のHPで公表(https://www.env.go.jp/nature/dobutsu/aigo/2_data/pamph/h1804.html)されている．特定外来生物や特定動物の登録手続きは管轄の都道府県または政令指定都市の動物愛護管理行政担当部局へ行う．

犬や猫のマイクロチップの装着は動物愛護法の改正により令和4年6月以降から義務化された．ブリーダーやペットショップ等で販売される犬，猫についてはマイクロチップの装着と環境大臣が指定する指定登録機関である公益社団法人日本獣医師会の「犬と猫のマイクロチップ情報登録」へ情報登録することが義務化された．これは犬と猫の登録先であることから，マイクロチップを装着したエキゾチック動物が登録する必要はない．

一方，公益社団法人日本獣医師会は犬・猫の指定登録機関になる前から民間登録のAIPOを運営しており，これは義務による法定登録機関とは異なり任意での登録となる．民間のマイクロチップ情報の登録機関はAIPOのみではないが，AIPOは動物愛護センターや警察署などの公的機関以外にも獣医師による飼い主検索が可能である．そのため動物病院に持ち込まれた迷子動物や交通事故にあった動物，災害時の避難所やシェルターでの保護動物の救済等に広く対応が可能である．実際に昨今の震災で多くのエキゾチック動物が迷子になったとされている．マイクロチップの登録をしている動物は飼い主への連絡が取れ，飼い主の元へ戻る可能性が高くなる．そのため，マイクロチップを装着したエキゾチック動物では装着しただけではなく，登録することに意味があることを飼い主に伝える必要がある．手続きに関して，獣医師はマイクロチップを装着後，装着証明書を発行し，登録は飼い主自身で行う(獣医師による代行は可能)．中でもフェレットは，一部のファーム(マーシャルフェレット，各論のフェレッ

表2-3　行政や民間機関への登録が必要な個体と登録先

登録個体	関連する法律・法令	管轄先	登録先
国際希少種の個体等識別登録個体	種の保存法	環境省	一般財団法人自然環境研究センター
特定外来生物種	外来生物法	環境省	管轄する環境省地方環境事務所等
特定動物種	動物愛護管理法	環境省	管轄の都道府県もしくは政令指定都市の動物愛護管理行政担当に連絡
上記以外のマイクロチップ装着個体	—	—	AIPO（公益社団法人日本獣医師会が運営）

トの項を参照）から輸入された個体については必ずマイクロチップが埋め込まれた状態で国内に入ってくる．マイクロチップが装着されていることを知っている飼い主はいるもののAIPOなどへの民間登録を行なっていない飼い主も多いため，飼い主にインフォームし登録することを推奨する．またマイクロチップ装着および登録義務が発生する上記のエキゾチック動物（CITES Ⅰ分類種，特定外来生物，特定動物など）は，指定登録機関とは別にAIPOにも登録することが推奨される．

上記の登録個体と登録先等については**表2-3**に記載した．

参考文献

1. Lockwood, J. L., Welbourne, D. J., Romagosa, C. M.,et al. (2019). When pets become pests: the role of the exotic pet trade in producing invasive vertebrate animals. Front Ecol Environ, 17(6), 323-330
2. https://www.wwf.or.jp/activities/activity/3769.html

第3章　小型哺乳類の飼養管理と看護

はじめに

動物病院に来院するエキゾチック動物は非常に多岐に渡り，その中で小型哺乳類に絞ってもウサギやモルモットなどの草食動物からフェレットやハリネズミなどの肉食傾向の強い動物まで様々である．
それぞれに動物の特性や特徴があり，当然ながら最適飼育環境や食餌内容は各動物種によって異なるため，飼育管理や看護を行う上ではこれらの知識を持っておくことは必要であり最も重要である．
今回，来院件数の多いウサギ，モルモット，チンチラ，ハムスターなどの小型げっ歯類，フェレット，ハリネズミ，フクロモモンガについて記載する．各動物種ついては既刊本に記載している内容とも一部重複しているため，本書では要約して記載した．さらなる詳細については既刊本を参照頂きたい．また一般的に来院することは稀であると思われるが，近年人気のあるミーアキャット，フェネック，サル類などについても簡潔に記載する．

ウサギ

生物学的分類と特徴および品種

ウサギはウサギ目ウサギ科に属する動物の総称である．現在，愛玩目的で飼育されているカイウサギ(イエウサギ)はヨーロッパアナウサギ(*Oryctolagus cuniculus*)を家畜化したものであり，自然界に棲息するナキウサギ(*Ochotonidae* 科)，ニホンノウサギやユキウサギ(*Lepus brachyurus*, *L. timidus* とは別種である[1]．以下，特に記載がなければ本書ではカイウサギ(ヨーロッパアナウサギ)をウサギと記載する．

紀元前1世紀頃はヨーロッパアナウサギが地中海沿岸地方で数多く生息していたが，11世紀頃よりヨーロッパで食用，毛皮採取を目的に飼育繁殖を始めたのが家畜化の始まりと言われている[1,2]．15～17世紀に入ると愛玩動物として世界中に広がり，愛玩用や観賞用に多数の品種が作出され，現在では世界中に分布している．日本には16世紀頃に食用，毛皮採取を目的にオランダから持ち込まれたものが始まりとされるが，現在は主に愛玩用，実験用として飼育されている[1]．

19世紀からオランダなどを中心にウサギの品種改良が進み，150種類以上の品種が知られているが[3]，現在でも選択交配や複数交配，突然変異により新たな品種が作出され続けており，品種の数は増え続けている．愛玩動物としての品種は The American Rabbit Breeders Association（ARBA：アメリカうさぎ協会）では49品種，The British Rabbit Council(BRC：イギリスうさぎ協会)では50品種以上が公認種として登録されている(2022年時点)．国内で飼育されている品種は小型種が多く，ネザーランドドワーフ(**図3-1**)，ホーランドロップ(**図3-2**)，ミニレッキス(**図3-3**)，ジャージーウーリー(**図3-4**)，ドワーフホト(ホトト)(**図3-5**)，ダッチ(**図3-6**)などが人気の品種である．また「ミニウサギ」(**図3-7**)とは，特定の品種ではなく，ウサギの雑種を指す．大型種ではフレンチロップ，レッキス，フレミッシュジャイアント(**図3-8**)などが知られている．またジャパニーズホワイト(**図3-9**)やニュージーランドホワイト(**図3-10**)は実験動物としてよく用いられる．

ウサギの寿命

海外の報告[4~6]によると，飼い主への調査や一次病院の診療記録から推定されたウサギの寿命の平均は4.2～5.6歳齢であった．一方，当院のデータでは，寿命の平均は6.6歳齢，中央値は7.0歳齢で10歳齢以上の症例が全症例の18％であった．海外

図3-1　ネザーランドドワーフ
小型な短頭種で丸い顔と耳が短いのが特徴である．ピーターラビットのモデルになったウサギである．様々な毛色があり人気が高い．体重0.8～1.2 kg

図3-2　ホーランドロップ
たれ耳で頭が大きい．頭頂部から後頭部にかけて「クラウン」と呼ばれる太い帯状に毛の盛り上がった部分(矢印)があるのが特徴で，様々な毛色や模様がある．体重1.6～2.0 kg

図3-3　ミニレッキス
特徴的なビロードのような肌触りの被毛を持ち，ひげが縮れている(矢印)．様々な毛色や模様があり，筋肉質(肉付きがよい)のが特徴である．体重1.5～2.0 kg

図3-4　ジャージーウーリー
頭の被毛は体幹より短く丸みを帯びており，体幹はウール状の長い被毛に覆われている．体重1.3～1.6 kg

図3-5　ドワーフホト
白毛に特徴的なアイリング状の被毛(アイバンド)を持つ．体重1.0～1.3 kg

図3-6　ダッチ
頭部は左右対称性に鼻と口唇部は白く，それ以外は黒い．また胴体は上半身は白く下半身は黒く，ツートンカラーなっている．黒い部分は黒以外にもグレー，ブルー，チョコレートなどのカラーがある．「パンダウサギ」とはこのダッチをもとにした雑種の総称である．体重1.5～2.5 kg

図3-7　ミニウサギ
特定の品種ではなく，雑種のウサギを指す．体格や毛色は多種多様である．

図3-8　フレミッシュジャイアント
最大種のウサギの1つであり，耳は大きく，四肢はがっしりとしている．ブラック，サンディ，ライトグレーなどのいくつかの毛色がある．体重7～10 kg．海外では10 kgを超えることは珍しくない．

図3-9　日本白色種(ジャパニーズホワイト)
白い被毛と赤眼が特徴である．ニュージーランドホワイトとフレミッシュジャイアントとの交雑種で日本で作出された．体重3.0～6.0 kg

図3-10　ニュージーランドホワイト
日本白色種よりやや耳が小さい．体重3.0～4.0 kg

と国内における寿命の平均の違いは，飼育方法の相違(国内では屋内飼育が一般的だが，海外では屋外飼育も比較的多いなど)に起因すると考えられる．すなわち，屋外飼育では季節による温度差や感染症の罹患，事故の遭遇，寿命を縮める要因が室内飼育よりも多いと考えられる．

解剖生理学的特徴

外皮

品種，年齢，性別，部位によって皮膚の厚さが異なる．基本的にはウサギの皮膚はとても繊細であり，被毛は細かい．剃毛する際，バリカンの刃が斜めに当たるだけで皮膚を傷つけてしまうことがあり，特に肛門や外陰部周囲は注意が必要である．一方で高齢の未去勢雄の皮膚は弾力性がなく，特に背側部の皮膚は硬く肥厚している．

ウサギの皮膚は規則正しく周期的に発毛しており，成熟したウサギでは大抵年に2回換毛する．換毛は通常2週間程度で終了するが，環境や栄養状態によっても換毛期間は異なる．経験的に性腺除去したウサギ，特に避妊雌では1年の内で明らかな換毛期が消失し，持続的に換毛することが多くなる．そのため換毛には，性ホルモンバランスが関わっていると思われる．通常換毛は頸部から体幹背側，腹側へと順に生え変わる傾向がある[7]．また，広範囲に剃毛した際に均一に発生せず，島状(斑状)に局所的発毛がみられる．毛嚢の数や成長速度の違いによって起こる現象で「アイランドスキン」と呼ばれる(**図3-11**)．

ウサギでは頸部腹側の喉元付近に「肉垂」と呼ばれる大きく盛り上がった皮膚がみられる(**図3-12**)．

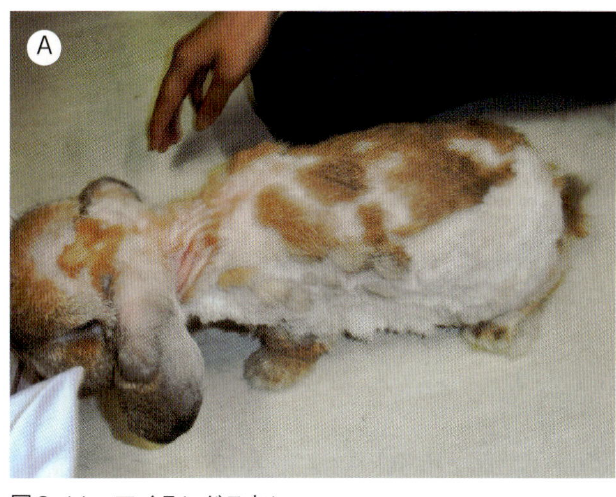
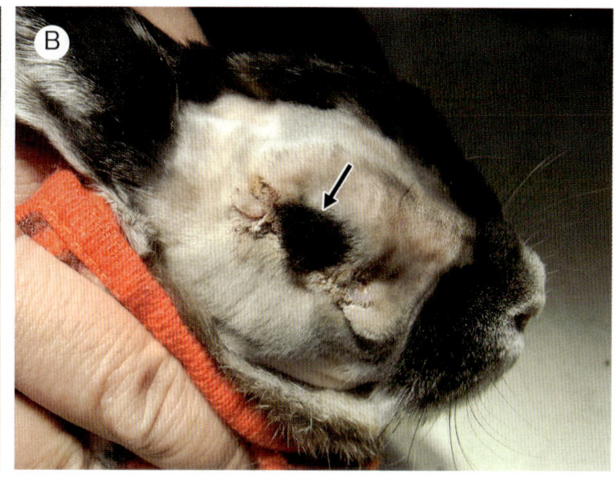

図3-11　アイランドスキン
(A)剃毛後にみられた局所的発毛．(B)眼摘後にみられた局所的発毛．術創の眼瞼部位(矢印)のみ発毛が先に始まっている．

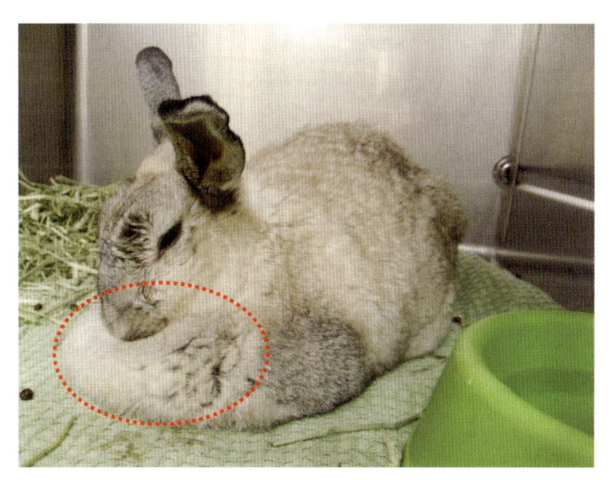

図3-12　ウサギの肉垂(点線)

図3-13　ウサギの足底と過長した爪
足底は全体的に被毛で覆われており，明らかな肉球(蹠球)を持たない．また大抵の場合，爪は定期的に切る必要がある．

妊娠中の雌は出産前に肉垂の被毛を自己抜毛し巣作りの準備をする．肉垂は皮下についた脂肪が主体で，妊娠出産時や野生下での越冬時にエネルギーを蓄えておく役目があるといわれている．特に高齢の未避妊雌で大きく発達する傾向がある．

足底は犬や猫とは異なり，明らかな肉球(蹠球)は存在せず全体的に硬めの被毛で覆われており，爪は収納できず過長していくので定期的な爪切りが必要である(**図3-13**)．

臭腺は下顎腺，鼠径腺，肛門腺の3つが存在する．ウサギはマーキングを行い，この行為はアンドロゲン依存性であるため雌よりも雄でみられる頻度が高い．ウサギは縄張り意識が強く，様々なところに下顎を擦り付ける行動がみられることがあるが，これはチンマークと呼ばれる下顎腺によるマーキング行動のひとつである．鼠径腺は外陰部の両外側に存在し，同部に黒褐色の固く臭いのある分泌物の塊が詰まっていることがある．分泌物自体は問題ではないため，これを傷や痂皮と見間違わないようにする(**図3-14**)．

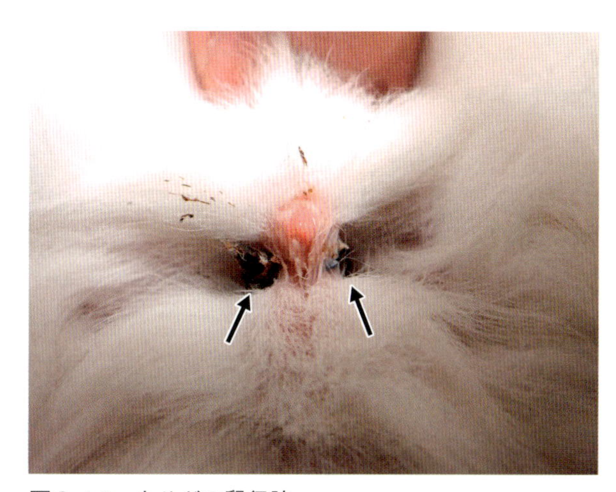

図3-14　ウサギの鼠径腺
通常でも黒褐色の固く臭気のある分泌物の塊(矢印)が詰まっていることがある．

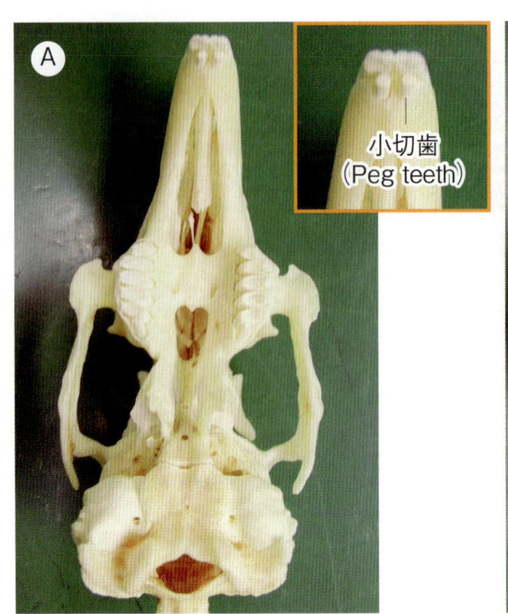

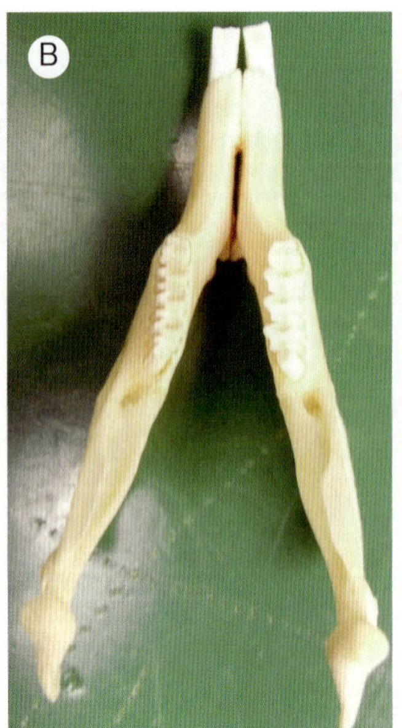

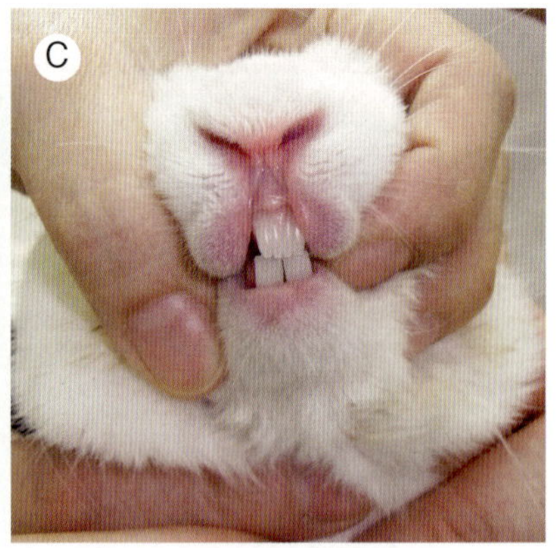

図3-15　ウサギの歯の構造
A：上顎腹側面
B：下顎骨(背側面)
C：正面

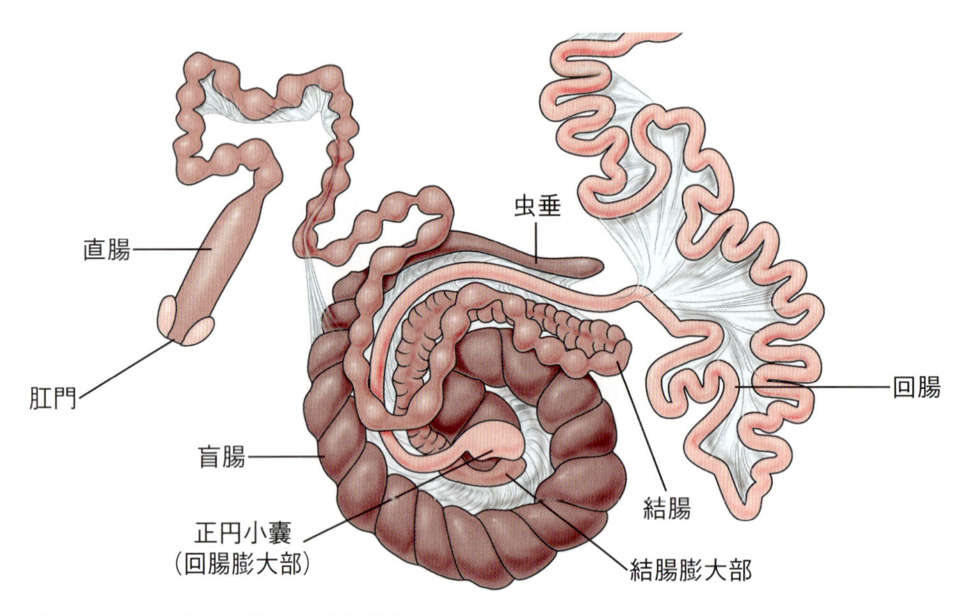

図3-16　ウサギの大腸の解剖模式図

消化器

歯式は2(I 2/1 C 0/0 P3/2 M 3/3)の計28本からなる．ウサギがげっ歯目ではなく重歯目に分類される理由として，上顎切歯にはpeg teethと呼ばれる小切歯が，正面からみえる大切歯の裏側に存在する(**図3-15**)．ウサギの切歯は黄色いエナメル質は持たず白い．

胃の容積は，大きく消化管全体の約15%を占める[8~10]．発達した胃底部が噴門の左背側に大きく張り出して胃盲嚢を形成し，食物の貯蔵的な役割を担う．加えて噴門孔と幽門孔が細く噴門括約筋が発達しているためウサギは嘔吐ができない．成ウサギの胃のpHは1～2であり，ほぼ無菌である[8, 11, 12]．小腸は十二指腸，空腸，回腸からなり，長さは約3.5 mで腸全長の3分の2を占め，容積は消化管全体の約12%を占める[8, 11]．回腸末端部は肥厚しており，正円小嚢(sacculus rotundus)と呼ばれる筋性のやや細長い袋状構造で，回腸，結腸および盲腸の結合部にあたる．大腸は結腸，盲腸，直腸からなる(**図3-16**)．近位結腸は，縦走する筋性の腸紐により縦方向に縮められた形となり，そのため腸紐で仕切られた間の結腸壁は結腸膨起(sacculations/haustra)と呼ばれる外側への膨らみを形成する[13]．結腸括約部(fusus coli)は神経が密に分布している長さ約4 cmの筋性の管腔であり，盲腸便と硬便の排泄を調節している[8]．粘膜には杯細胞が多く存在して，盲腸便を取り囲むゼラチン状の粘液を分泌する．盲腸は非常に大きく，長さは30～40 cmで全消化管容積の約40%を占め

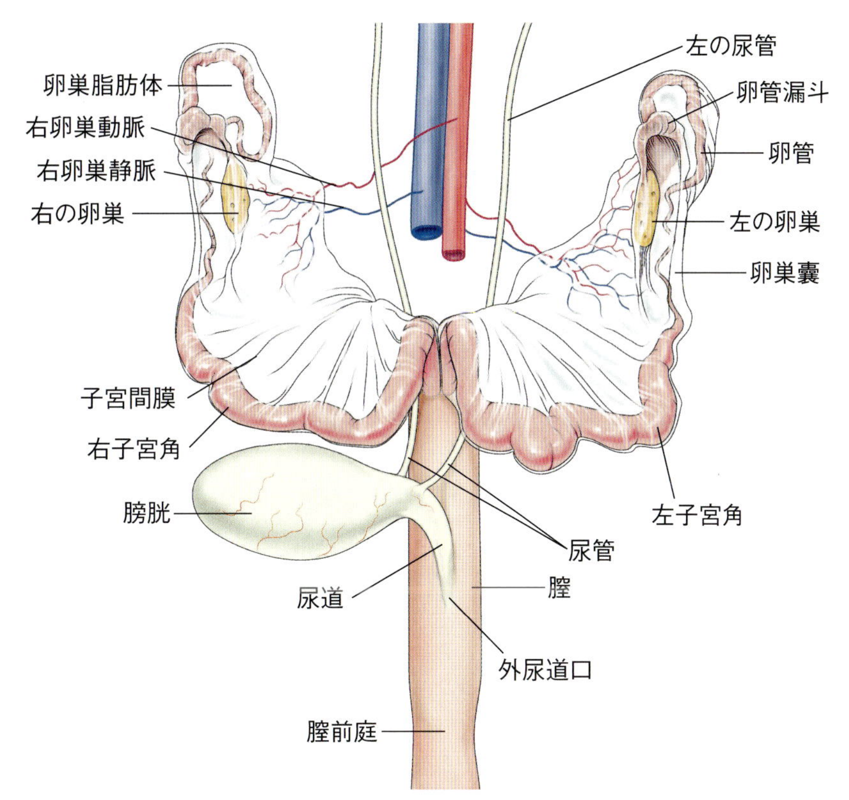

図3-17　雌性生殖器解剖と模式図
膣は筒状の構造で，膣前庭で膀胱からの外尿道口が開口し，外陰部へと開口する．

る[8, 11, 12, 14]．盲腸壁は薄く，内壁に螺旋状に筋性の盲腸紐が存在する．盲腸の先端に虫垂が存在し，虫垂は細長く約10 cmであり，内部は空である．壁にはリンパ小節が密集して食物を介して入り込む細菌や抗原物質に対応している．また虫垂は盲腸の酸を緩衝する重炭酸塩と水分を分泌する[8, 11]．消化管関連のリンパ組織は全リンパ組織の約50%を占め，その中でも特に虫垂(約40%)に集中している[12, 14]．

肝臓は外側左葉，内側左葉，右葉，方形葉および尾状葉の5葉で構成されているが，右葉が分葉し6葉と記載されていることもある[15]．

泌尿器

ウサギの腎臓は単一の腎葉からなる単葉腎であり，腎乳頭が単一構造で1つの腎乳頭と1つの腎杯だけが，直接尿管につながっている．

生殖器

雌は左右1対の卵巣と卵管を有し，卵巣は解剖学的に卵巣と卵管の子宮への進入部を繋ぐ固有卵巣索，卵巣と骨盤側壁を繋ぐ卵巣堤索，卵巣間膜に支持されている．子宮は左右の子宮角が完全に分離し，それぞれ子宮頸部に開口して膣へとつながる重複子宮の構造をしている(**図3-17**)．膣は筒状の構造で，膣前庭で膀胱からの外尿道口が開口しており外陰部へと開口する．乳頭は通常8個(4対)，多くて12個(6対)存在する[14](**図3-18**)．

雄は，1対の精巣，精巣上体，精管，副生殖腺(精嚢および精嚢腺，前立腺，尿道球腺)から構成されている(**図3-19**)．精巣は左右均一の大きさを有し，陰嚢内に位置している．通常ウサギは陰嚢内に精巣が下降しても，鼠径輪が十分に閉鎖しないため，精巣が腹腔内へ出たり陰嚢内へ戻ったりすることがある．雄の陰嚢内への精巣下降はおおよそ10～14週齢で起こる[14]．ウサギの陰茎は陰茎骨を持たず精巣は陰茎よりも頭側に位置するのが特徴である．

呼吸器

肺は左側(前葉，中葉，後葉)が3葉，右側が4葉(前葉，中葉，後葉，副葉)のため，左肺は右肺の3分の2の大きさである[14, 16]．ウサギの喉頭は中咽頭の背側に位置するため鼻咽頭と接近しており，この解剖学的な位置関係により鼻呼吸が優位になっている．また，ウサギの口腔の咽頭部は狭く，舌根部も厚いため喉頭を視認することが難しく，喉頭も狭いため気管挿管は困難である[17]．

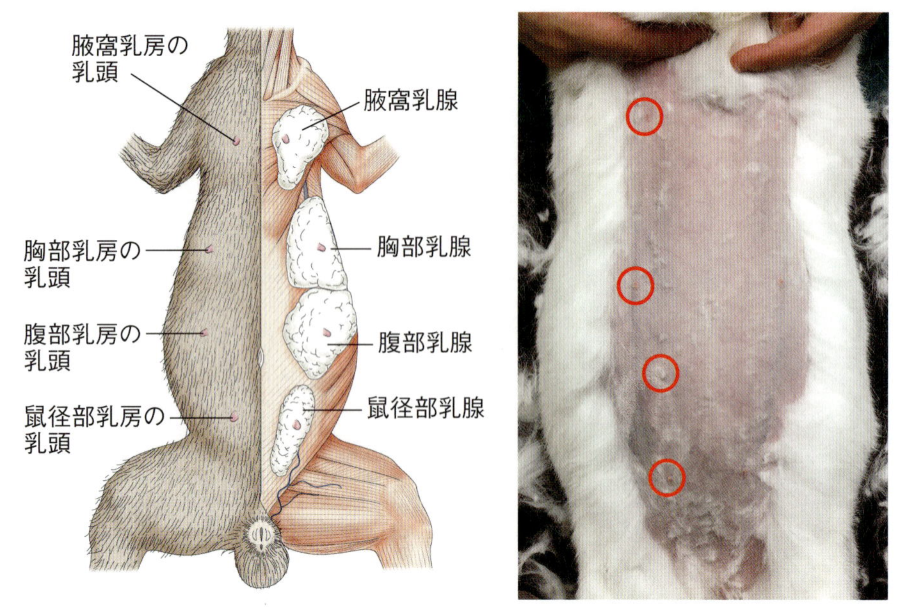

図3-18　ウサギの乳腺
通常，ウサギの乳腺は4対で合計8つあるが，多いものでは6対合計12つ存在する．

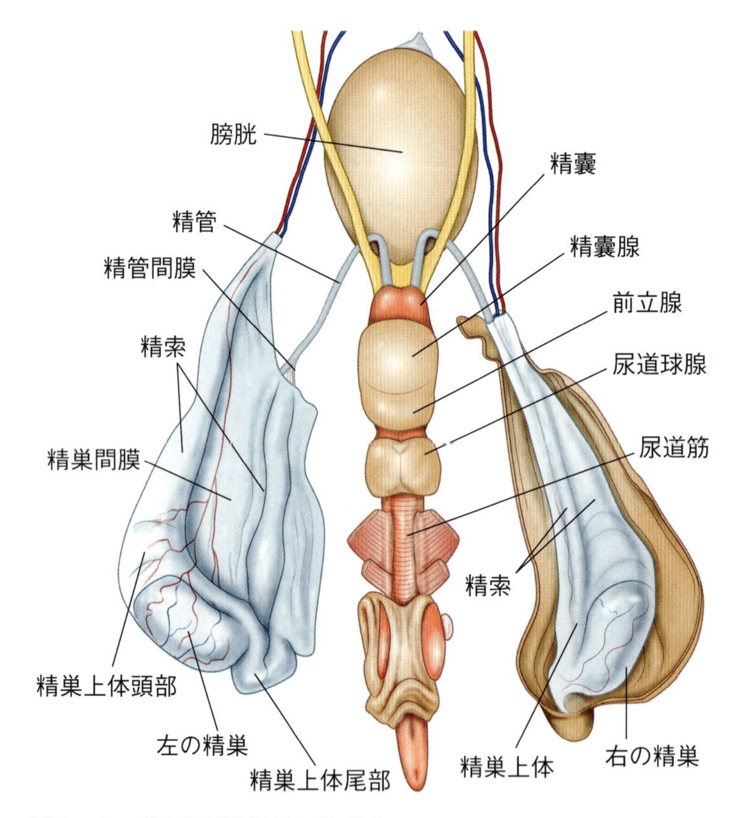

図3-19　雄性生殖器解剖と模式図
1対の精巣，精巣上体，副生殖腺(精巣嚢，前立腺，尿道球腺)から構成されている．

循環器

ウサギの心臓は，体に対する比率が他の動物に比べて小さく，犬の心臓が体重の0.76%であるのに対し，ウサギではわずか0.2～0.4%程度である[14, 18]．また弁の構造は，犬や猫では右心房と右心室の間の房室弁は三尖弁であるが，ウサギでは二尖で構成されている．

筋骨格

被捕食動物であるウサギは捕食動物から素早く逃れるため，骨を軽くし筋力を強化している．このため，ウサギの骨皮質は同体重の犬猫と比べても薄い．

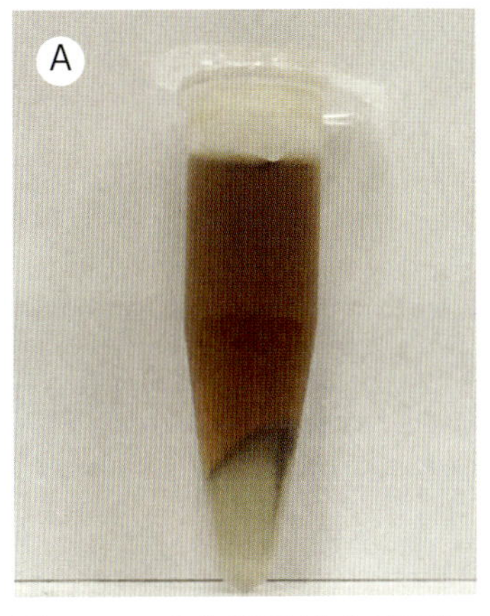

図3-20　血色素尿（有色素尿）
A：遠心後　B：ペットシーツに広がる橙色の尿
ウサギの尿は，ポルフィリンやビリルビン誘導体などの色素により正常でも赤色，茶褐色，橙色などを呈し，血尿のように見えることがある．

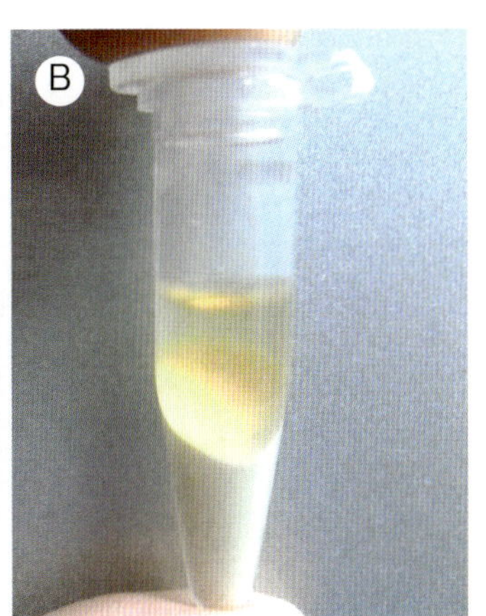

図3-21　カルシウム砂が多い泥状の尿
A：採取した尿　B：遠心後

体重に対する骨重量の占める割合が猫では12～13%であるのに対しウサギでは7～8%であることが知られている[19, 20]．さらに同体重の犬に比べて大腿骨自体の長さも長い．また，迅速に動くために後肢骨格や腰椎などを強力で豊富な筋肉が覆っており，ウサギの体重に占める骨格筋の重量は50%に達すると報告[7]されている．

ウサギの尿

ウサギの正常な尿量は食餌内容や運動量，環境温度にもより，20～350 mL／kg／日や40～100 mL／kg／日とされているが平均130 mL／kg程度である[14]．ウサギの尿は犬や猫とは異なり，色素の影響により正常でも赤色，茶褐色，橙色などを呈することがある[21]（**図3-20**）．尿色素にはポルフィリンやビリルビン誘導体などが含まれているとされ[22]，色素尿は食餌内容，投薬，脱水などの代謝異常などが原因となり得る．

また，ウサギのカルシウム代謝は他の動物と異なり，小腸でのカルシウム吸収はビタミンD_3値に依存していない[21]．そのためカルシウム吸収のフィードバック機序がなく，食餌中のカルシウム摂取量が血清カルシウム値に反映される[21]．ウサギでは体内の過剰なカルシウムは主に尿中に排泄され，食餌中のカルシウム量の増加により尿中へ排泄されるカルシウム量も増加する．犬猫の尿中へのカルシウム排泄割合が2%程度であるのに対し，ウサギは45～60%になる[14]．ウサギは草食性であり，尿のpHは常にアルカリ性である．アルカリ性の尿中では，排泄されたカルシウムは炭酸カルシウムとして沈殿する．このため，ウサギは正常でも尿中にカルシウムの沈殿物を排泄することがあり，さらに排泄量が大量になるとクリーム状になることもある（**図3-21**）．

食糞行動について

ウサギは完全な草食動物で，解剖学的および生理学的にカロリー密度の低い高繊維質の食餌に含まれる栄養素を効率的に利用できる消化管を持っている．その1つが後腸発酵であり，繊維の粒子を分別できる特殊な消化管システムにより，エネルギー源を効率よく利用している．ウサギは回腸末端部の正円小嚢および結腸分離機構(wash-back 型)により，繊維質を消化性繊維質(小型の粒子)と不消化性繊維質(大型の粒子)に分離する．分離された消化性繊維質は盲腸に移動して多くの腸内微生物によって発酵され，繊維質の消化，エネルギーである揮発性脂肪酸(Volatile Fatty Acid: VFA)，アミノ酸やビタミンの産生が行われる．盲腸は内容物から生成されたVFAあるいは水分や電解質などを吸収し，吸収されなかった成分は盲腸便として再摂取する．したがって，ウサギは不消化性繊維質の塊である硬便と盲腸便の2種類の糞便を排泄する(**図3-22**)．

通常みられる糞便は硬便で，不消化性繊維質の塊であるため便臭が少ない．一方，盲腸便は黒色のペースト状の小型糞塊で，それぞれの糞塊がゼラチン状の膜で付着してブドウの房状になって排泄される．盲腸便には豊富なアミノ酸やビタミンB群が含まれ，ウサギは肛門に直接口をつけて盲腸便を食べる．この行為は食糞と呼ばれる．摂取された盲腸便は胃底部に3～6時間留まるが，胃内の強酸性の状況下でも粘膜の保護により発酵は維持され，エネルギーである乳酸を生成し，小腸でアミノ酸やビタミンB群とともに吸収する．そのめ，ウサギにとって食糞は必須の行為である．

食糞は2～3週齢から始まり，6週齢で確立する[8]．盲腸便が排泄されるタイミングは日中の生活リズムや採食時間により変化するが，多くの個体では朝夕の食餌の約4時間後，昼間の安静時や夜間など活動していない時間帯に1～2回程排泄される．硬便の排泄過程では盲腸便の生成は低下し，反対に盲腸便を排泄する時間帯には硬便は排泄されない．つまり一定の時間にはどちらか一方の過程しか活発にならない．

図3-22　ウサギの正常便
A：硬便(硬糞)　B：盲腸便(盲腸糞)
ウサギは硬便と呼ばれるコロコロし乾燥した便(A)と盲腸便と呼ばれるブドウの房様にいくつかの便がくっつき光沢のある粘膜に包まれた便(B)を排泄する．

食糞の行動はフードや代謝産物，ホルモンなどに深く関与する．食餌が不足すると盲腸便はすべて消費される．繊維質が不足している場合などには，硬便の食糞もみられる．食糞という二重消化機能は，進化の過程で栄養価の低い植物から必要なエネルギーを得るために，獲得したと考えられる．

繁殖生理

雌の性成熟は生後4～12カ月であるが，小型種では4～5カ月，中型種は4～8カ月，大型種は9～12カ月と幅がある[23]．雄の性成熟は生後7～8カ月であり，望まない妊娠を避けるために雌雄は生後4カ月以降には隔離した方が望ましい[23]．ウサギは交尾排卵動物であり，交尾後9～13時間で排卵する[3, 14, 23, 24]．またウサギは後分娩発情がみられる[14, 24]．妊娠期間は30～35日で，雌は妊娠後期になると営巣行動を始める．産床は自分の肉垂や

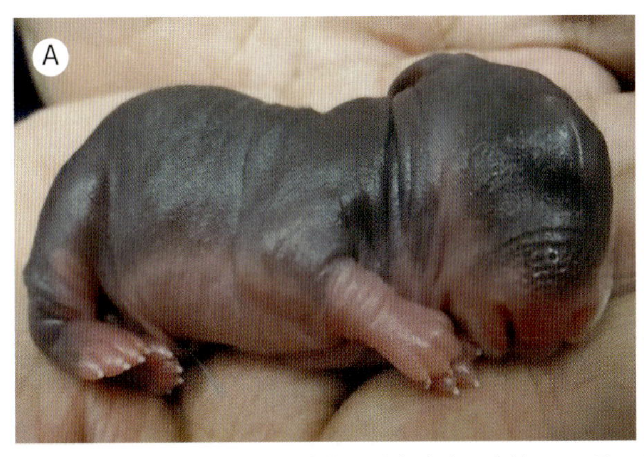
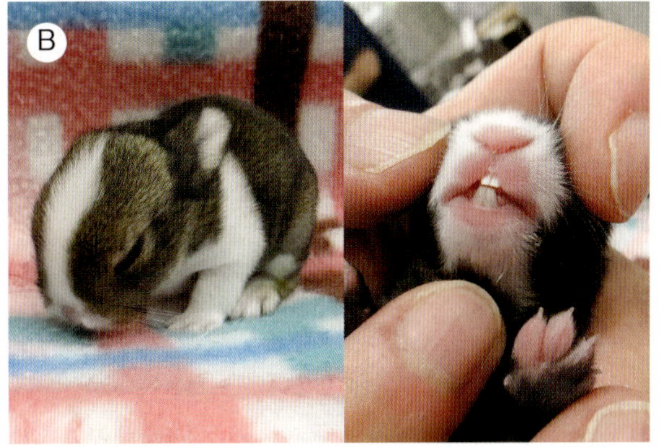

図3-23　帝王切開で摘出直後の胎仔(A)と生後10日目の仔ウサギ(B)
帝王切開にて摘出した直後の胎仔(A)．直後は被毛は生えておらず，眼も耳も閉じている．生後10日目には被毛が生えそろい，歯も生え始める(B)．

乳腺周囲の被毛を抜いて用いる[3, 24]．乳腺周囲の被毛を抜くことは乳頭をわかりやすくすることで新生仔が乳頭を見つけやすくなることにもつながる．出産は明け方に行われ，30分以内に終わることが多い[3, 14, 24]．難産になることは稀で出産数は4〜12頭(平均7.5頭)であるが小型種では4〜5頭，大型種は8〜12頭と幅があり，大型種の方がより多い傾向にある[3, 14, 24]．ウサギは晩成性で新生仔は被毛が生えておらず（**図3-23A**），眼も耳も閉じた状態で生まれる．母ウサギは自身の臭腺を新生仔にこすりつけ，他のウサギの新生仔と区別する[14]．ウサギの母乳は非常に栄養価が高く授乳は22時間に1〜2回程で20時から6時の間に行われる[14, 25]．授乳時間は1回2〜5分と短いが，この短時間に子うさぎは体重の20%の量を飲むことがあり，生後10日までは母乳以外一切摂食しない[14, 25]．生後2〜3日で被毛が生え始め，生後10〜13日までに眼が開き母ウサギの糞便を摂取することで良質な腸内細菌叢が形成される[2, 14]（**図3-23B**）．食糞は生後約3週から始まり生後4週から徐々に自力採食を始め，消化機能が完全に発達するのは生後6週以降で完全な離乳は生後8週以降が理想である[2, 3]．

飼養管理

飼育環境

飼育下での適温は16〜22℃であり，湿度は30〜70%が好ましい．ウサギは，耐寒性がある一方，暑さには弱く環境温度が30.5℃を超えることで熱ストレス，40.5℃を超えることで熱中症を起こしやすいため放射熱や直射日光のあたる場所にケージを置かないようにする[2, 14, 23]．

社会性のある動物であるが，血縁関係のない雌同士や未去勢の雄同士は喧嘩する危険性があるため[3, 23]複数飼育は推奨されない．ケージやケージ内の備品は，ウサギの体格によって異なるが，手足が十分伸ばせること，さらに立ち上がってもぶつからないサイズのケージにし，最低でも150×60×105 cm以上が好ましい[2, 25]．木材やプラスチック製のケージは齧って誤食する危険性もあるため，ステンレス製の丈夫なケージの利用が推奨される(**図3-24**)．ケージが狭くなってしまう場合には，ケージの周囲をサークルなどで囲み，ケージの扉を開けて運動できるスペースを増やすことでストレスを軽減する．また，部屋の中を散歩させる時間を毎日作ってやることもケージの狭さを補うことができる．

床の素材は，足裏に負荷がかかる金網は足底皮膚炎の原因となることがあるため，タオルや牧草を敷き詰めるなどして柔らかくしておくことが好ましい(**図3-25**)．また，噛じることを好むため感電のリスクを考慮し電気コードなどは除去する必要がある．

食餌

ウサギは食欲に日周期性があることが知られており，野生下では夕暮れ時と夜明けに採食量が増える．個体差はあるが飼育下でも日中より夕方から夜明けの方が採食量は多い．飼育下では牧草を主体とし，その他専用ペレットなどを主に与える[23, 26]．ペレットの量は成ウサギの場合は1日あたり体重の1.5%を目安とし，成長期は体重の2.5%を目安とする．高齢ウサギは年齢が上がるにつれてペレットの量を体重の約0.5〜1%に減らすのが好ましい[26]．野菜

図3-24　ケージレイアウト例①
ステンレス製の丈夫なケージが好ましい．ウサギの体格に対して若干狭いため，部屋の中を運動させる時間を毎日つくるとよい

図3-25　ケージレイアウト例②
床材は金網やすのこを用いるが誤食しないならタオルなどを用いる場合もある．

や果物は多給せずに，また尿石症を引き起こす可能性があるため，カルシウムやシュウ酸含有量の少ないものを選び，様々な種類のものを与える[27]．

ウサギの栄養要求量は成書によってやや異なるが，粗蛋白質が12～20％(ただし成長期は15～16％，妊娠期および泌乳期は18～19％)，粗脂肪が2～5％，粗繊維が15～24％以上(ただし成長期および妊娠期は14％，泌乳期は12％．肥満防止のために18～25％以上を推奨する意見もある[2, 14, 27]．その他にはカルシウムが0.5～1.0％，リンが0.4～0.8％である．カルシウムとリンの比率は1～2：1が推奨されている[23]．

炭水化物のでんぷんが過剰であると胃や小腸で消化吸収されなかった分が盲腸内で発酵し，グルコースに変化する[23]．グルコースは *Clostridium spiroforme* が腸毒素血症の原因となるイオタトキシンを産生する際に必要とするものであり，また過剰な蛋白質も *C. spiroforme* の増殖を促す[23, 27]．このため炭水化物や蛋白質の過剰摂取はウサギでは腸毒素血症の一因となる危険性があるため控えた方がよい．

牧草は正常な歯や消化機能を維持するために重要な食餌であり，主食として与えなければならない[23]．ウサギの繊維の消化率は極めて低いが，可消化性繊維も不消化性繊維もウサギにとって不可欠である[23, 26]．可消化性繊維は細菌の盲腸内発酵の原料となり，細菌が揮発性脂肪酸(酢酸塩，酪酸塩，プロピオン酸塩)を産生することでエネルギー源となるだけでなく(note「食糞行動について」を参照)，盲腸内pHが低く保たれるため盲腸内の病原性細菌の増殖が抑制される[26]．不消化性繊維は消化管運動促進だけでなく，歯の摩耗や盲腸便の摂食を促す[23, 26]．繊維の摂取量とウサギの食欲および盲腸便摂取量が比例することが知られており[23]，繊維の摂取量が少ないと腸炎に罹患する危険性が高くなる．この傾向は成ウサギに比べて消化管内pHが高い幼若ウサギに特に認められ，繊維の摂取量が不足すると成長不良になる危険性があるため食餌中の粗繊維は10％を下回ってはならない[26]．

ウサギの1日の飲水量の参照値は50～150 mL／kg／日または体重の10％とされるが，食餌内容や外気温などの環境要因にも影響されるため，常に新鮮な水を飲めるようにする[3, 25]．

診療時

来院時の注意点

ウサギの診察時，飼い主はおとなしい性格だと認識していても，病院に来院すると興奮して暴れたり

図3-26　ペレット単食のウサギの便
牧草をよく食べているウサギの便(図3-22)が大きく黄褐色〜薄い萌黄色をしているのに対し，ペレット単食のウサギの便は小さめで黒っぽい色をしている．

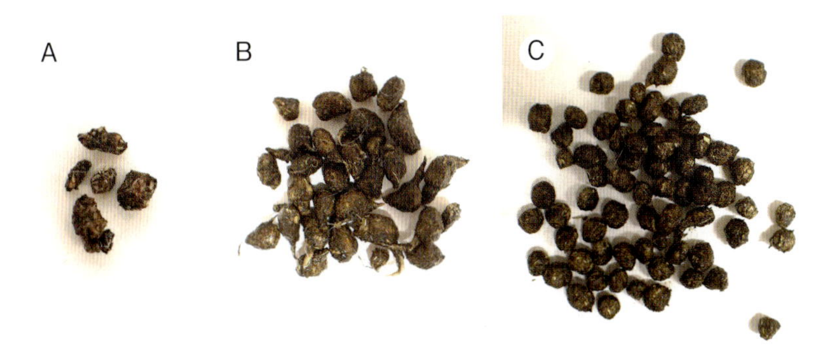

図3-27　消化管うっ滞時の便の変化(同一症例)
A：食欲低下，排便量低下により症状を呈した初日
B：うっ滞治療(点滴や強制給餌)3日目
C：臨床症状が改善してきた5日目
うっ滞経過とともにサイズや量，涙型のいびつな便が改善している．

パニックになったりする可能性がある．ウサギはほとんどの場合キャリーに入って来院するため，問診中はなるべくキャリー内に入れておき，問診が終わったら身体検査をする．

適切な問診や身体検査を行うためには犬猫とは異なるウサギの特徴を理解しておかなければならない．また，身体検査や臨床検査を実施する場合にはウサギを適切に保定する必要があるため，知っておくべき問診，身体検査，保定方法や臨床検査について紹介する．

問診，視診，身体検査法

問診は具体的かつ客観的に評価できるように行うことが重要である．例えば食欲が落ちたという症例の場合，正常時の何割程度，いつ頃から落ちたのか，嗜好性の変化があったのかなど具体的に聴取する．ウサギの場合，牧草のみ食べなくなったという主訴も多いため内訳の確認も必要となる．ウサギでは消化管疾患も多いことから排便状態の確認は重要である．ウサギの便は体格にもよるが，食餌内容により大きさや硬さ，色などが異なる．牧草をよく食べているウサギの便は大きく黄褐色〜薄い萌黄色をしているのに対し，ペレット単食のウサギの便は小さめでより黒っぽい色をしている(**図3-26**)．正常なウサギは1日に100個以上の硬便を排泄し，個々の糞便の大きさや形はほぼ均一である．消化器疾患や体調不良によりウサギでは下痢，軟便やサイズ，形が不正な便の排泄がみられるため異常な便がどのようなものか知っておくことは重要である(**図3-27**)．これらを考慮し，異常と思われる便の排泄が常時みられるのか，時間帯により異なるタイプの便がみられるのか，硬便に交じって軟便や下痢，粘液の付着などがみられるのか，排泄される便のすべてが異常便なのかなどを問診により確認する．

歯科疾患の多いウサギでは，食べ方にも着目する必要がある．普段の食べ方と異なる点，例えば「餌が口からポロポロ落ちる」，「上を向いて流し込むように食べる」，過剰に咀嚼回数が増えて「口をくちゃくちゃさせる」ことがないかなどを具体的に飼い主がわかりやすい表現方法で問診することで正確な情報を聴取できる．

また，食欲は正常だが便が小さい，数が少ないなど排泄量が極端に少ない場合などは，飼い主が食べていると思っているが実は十分な量を採食できていない可能性もあるため，問診を取りながら必要な情報をさらに詳細に聴取していくことが必要である．

保定法

ウサギは骨密度の低さや強靭な筋肉を持つ構造のため，もともと骨折しやすい動物であり，不適切な保定により骨折するリスクが犬猫に比べると高い．また，被捕食動物であるウサギは移動や保定に伴うストレスの感受性が高く，興奮により血中カテコラミンの上昇や呼吸促拍などに陥りやすい．ウサギの性格は個々に異なり，近年では比較的穏やかな性格の個体が多いが，若齢や人に慣れていないウサギでは人に抱き上げられることに対して激しく抵抗する個体もいる．特に，キャリー内を走り回ったり，鳴き声を上げたり，突然飛び上がるような個体では無理に保定を試みず，時間をおいて一度落ち

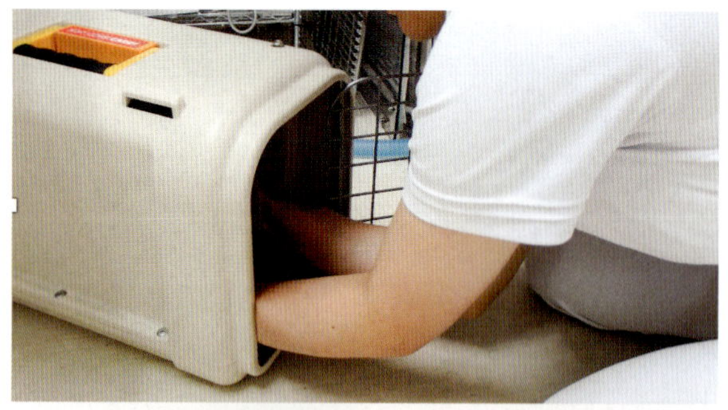

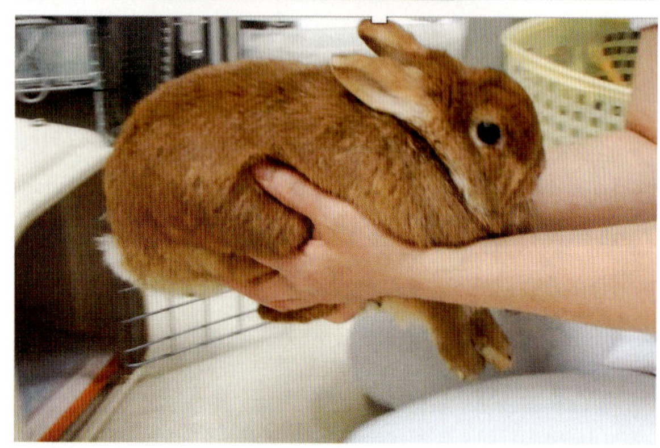

図3-28　キャリーから出す際の保定
前方1か所のみ開くタイプのキャリーでは取り出す際に足を引っ掛けて爪が折れたりする可能性があるため，足が広がるのを防ぎながら後肢を全体的に掴むようにして軽く掴み，ゆっくり取り出す．

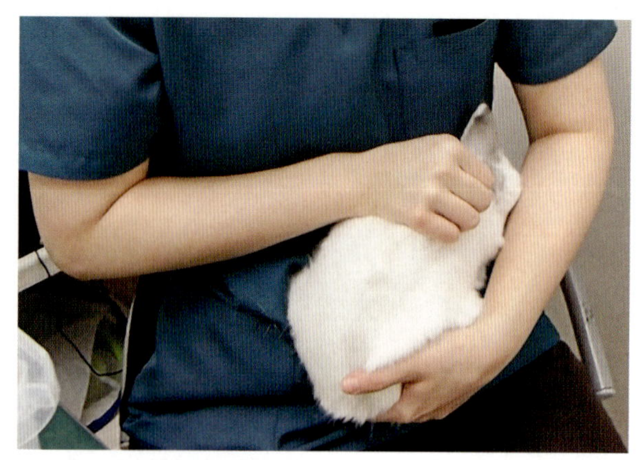

図3-29　基本の保定方法
頸部の背側皮膚を掴み，もう一方の手で腰を支えて動きをコントロールする．

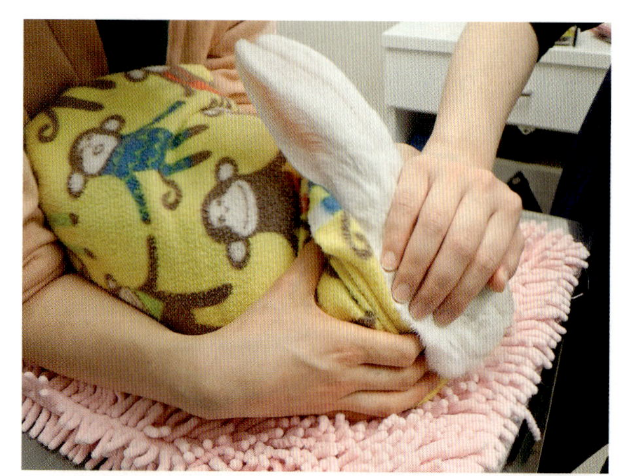

図3-30　目隠し
ほとんどのウサギが目隠しにより落ち着くため必要に応じて目隠しを行う．

着かせたり，鎮静剤の使用(後述)を検討する．

保定者がウサギの取り扱いに慣れていない場合には締め切った部屋で床の上や診察台を低くして診察し，逃走や落下を防ぐ工夫も必要である．また，ウサギを入れてきたキャリーのタイプによっては出し入れしづらく，出す時に爪を引っ掛けたりすることがあるためキャリーに合わせて対応する必要がある(**図3-28**)．

当院におけるウサギを保定する際の基本は，頸部背側の皮膚を掴み，もう一方の手で腰を支えて動きをコントロール(**図3-29**)する．ほとんどのウサギが目隠しをされると落ち着く習性があるため(**図3-30**)，上記の基本の保定の際に，保定者の脇に頭を押し付けるようにして頭(眼)を隠して安定させる．ウサギの後肢の筋力は非常に強く後肢を蹴り上げることで椎骨や四肢骨の骨折が生じることがあるため，腰を不安定にさせないように後躯をしっかり支えることが重要である．ウサギに限ったことではないが，特にウサギではその性質上，保定時に抵抗された場合には動きを制御しようと無理に押さえつけたりせず，別の保定方法や鎮静剤の使用を検討したり，一

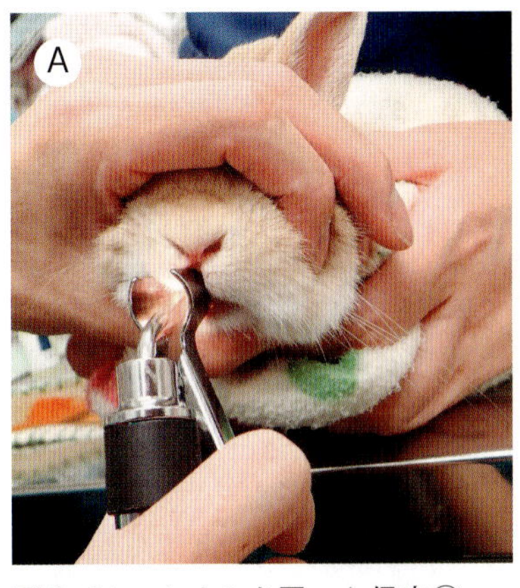

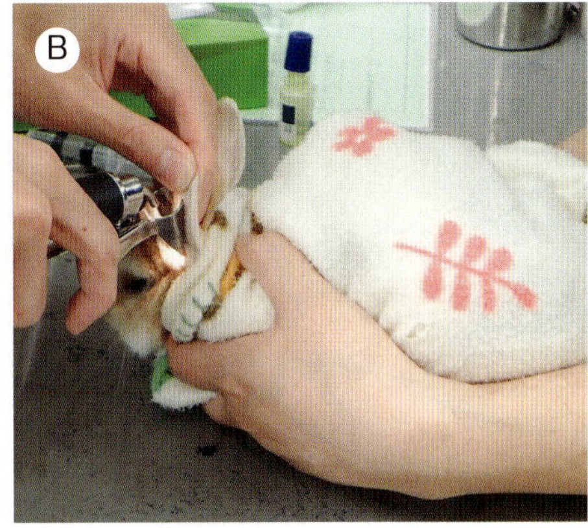

図3-31　タオルを用いた保定①
口腔内視診(A)や耳道内(B)の検査を行う際にはタオルを用い，ウサギの頭部だけタオルから出す保定(C)が有効なことが多い．

図3-32　タオルを用いた保定②
医原性骨折のリスクがある症例では診察台の上にクッション性のあるものを厚めに敷いたうえでタオルを用いた保定することでリスクを軽減できる．

度休ませるなどの対応が必要である．

処置内容に応じ保定法にはいくつかあり，口腔内視診や耳顔周りの処置をする際にはタオルで全身を包んで行う保定，爪切りや腹側皮膚の処置の際の仰臥位の保定，採血時の保定，X線検査時の保定などがある．

口腔内視診や耳道内の検査や処置を行う際のタオルを用いた保定方法を示した(**図3-31**)．タオルに包むまでに動いてしまうようであれば目隠しなどをして素早く行うとよい．またタオルで包んだ状態でも跳ぶなどの抵抗する傾向のある症例や高齢で骨質の悪い症例などではタオルの下にクッション性のあるものを厚めに敷いたうえで保定することで突発的に後肢に力をかけても腰や脊椎などへの負担による骨折リスクを軽減することができる(**図3-32**)．

多くのウサギが仰臥位に保定(**図3-33**)するとおとなしくなる．実験動物のウサギを用いた調査では仰臥位の保定は心拍数や呼吸数，コルチゾール値の上昇や筋の強直の原因となることが報告されている[28]．これらを把握したうえで筆者らは，しばしばウサギを仰臥位に保定し腹側部や陰部の検査，爪切りなどを実施しているが今のところ臨床的な問題に遭遇してはいない．

血液検査時の保定

一般的に用いられる採血部位は外側伏在静脈から行う(**図3-34**)．その他に臨床的に選択されるウサギの採血部位は主に耳介動静脈，橈側皮静脈，頸静脈が挙げられる．外側伏在静脈からの採血時の保定は，保定者は椅子の上に座り基本の保定方法でウサギを持つ．安定したのち腰を支えていた手の親指で採血する後肢の膝関節を伸ばし，そのまま残りの指で軽く後肢尾側を圧迫して駆血する．採血後，ウサギは後肢を引っ込めようと暴れるが，止血を怠る

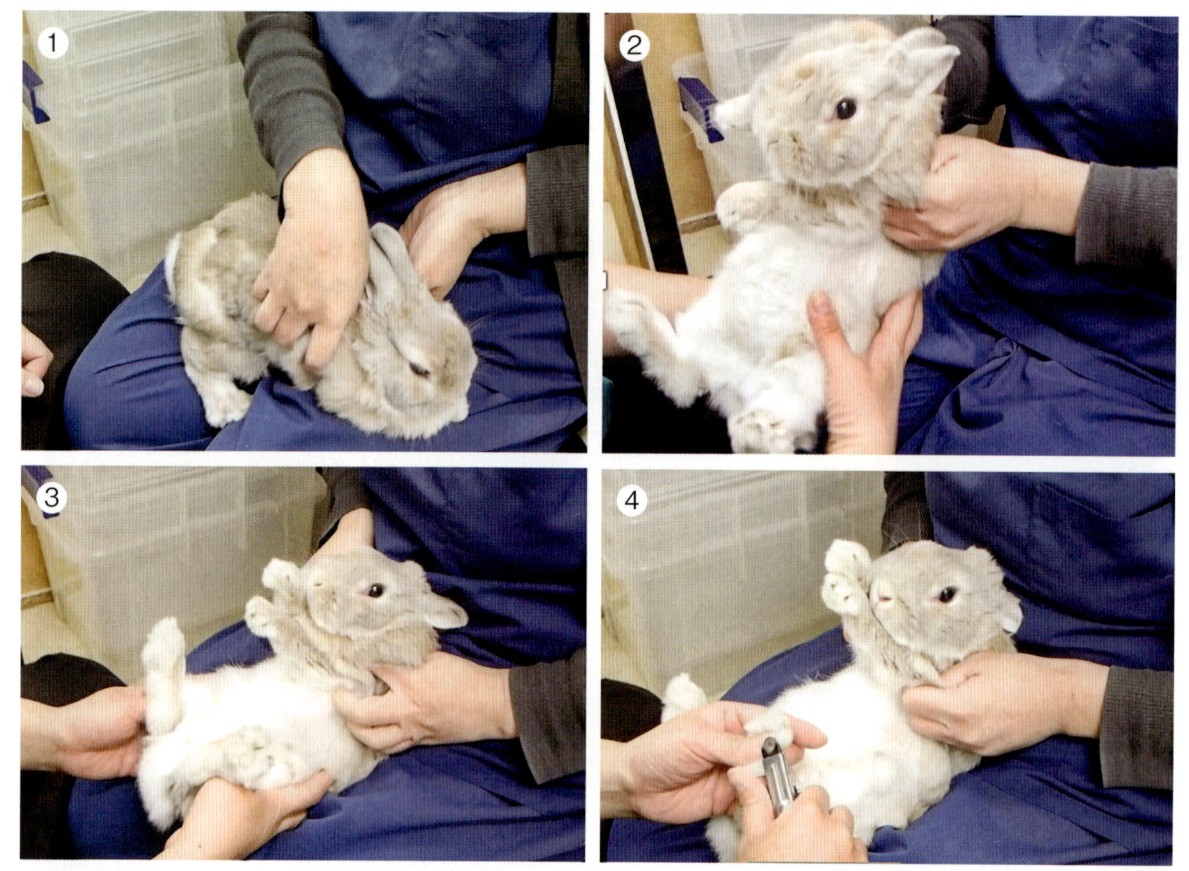

図3-33　仰臥位保定の手順
①ウサギを膝の上に乗せて両手で肩甲部付近の皮膚を掴む．この際，前肢は掴まず背側皮膚のみを掴む．
②仰向けにするのと同時にもう一方の人が腰を支える．
③膝の上に背中をつけて安定させる．
④保定が安定したら爪切りなどの処置を行う．

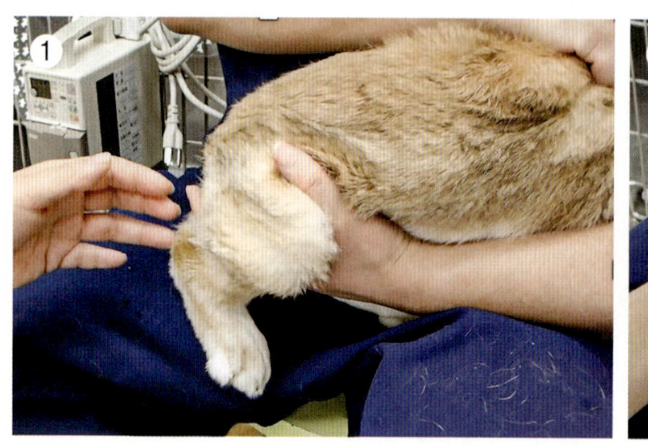

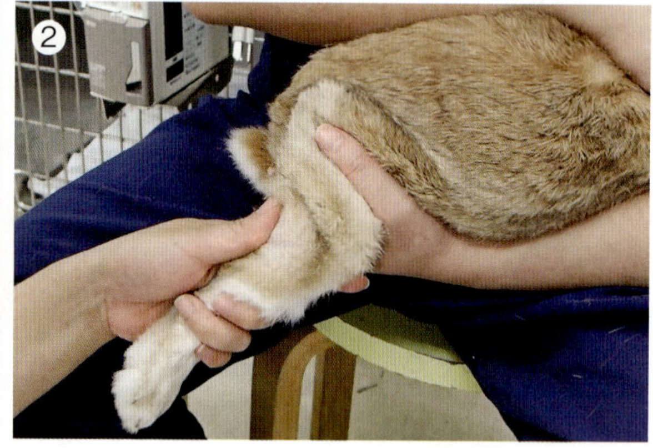

図3-34　採血時の保定法（外側伏在静脈からの採血）（続く）
①保定者は椅子の上に座り基本の保定方法でウサギを持つ．
②安定したのち親指で採血する後肢の膝関節を伸ばし，そのまま残りの指で軽く後肢尾側を圧迫して駆血する．

と巨大な血腫が生じるため最後まで細心の注意を払う必要がある[25]．その他には，耳介動静脈からの採血時の保定はタオルを用いた保定と同様である（**図3-35**）．橈側皮静脈からの採血時の保定は，保定者はウサギを伏臥位にして前肢を伸ばし，肘を引かれないように固定しながら採血部位より近位で駆血し，血管を怒張させて採血を行う（**図3-36**）．この保定法はストレスがかかり抵抗する症例も多く，保定が困難なことが多い．頸静脈からの採血時の保定は，犬猫と同様であるが，これも保定時のストレスが強く，比較的保定が困難である（**図3-37**）．頸静脈からの採血は大量の血液を採取する際に用いる

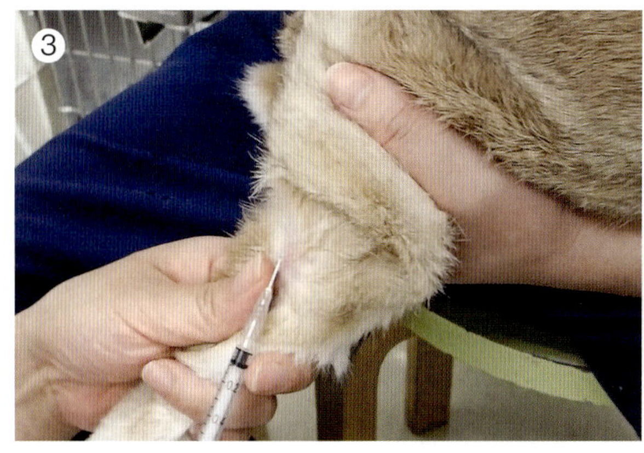

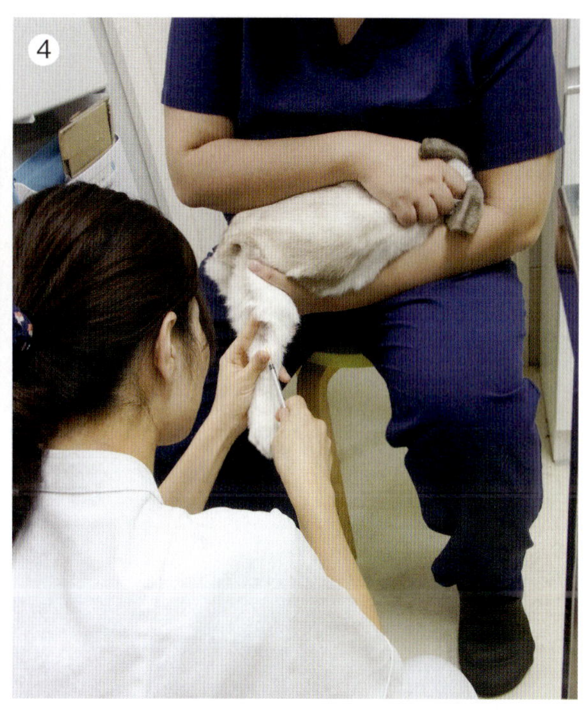

図3-34 (続き)採血時の保定法(外側伏在静脈からの採血)
③血管を確認したら採血する. ④採血中の全体像

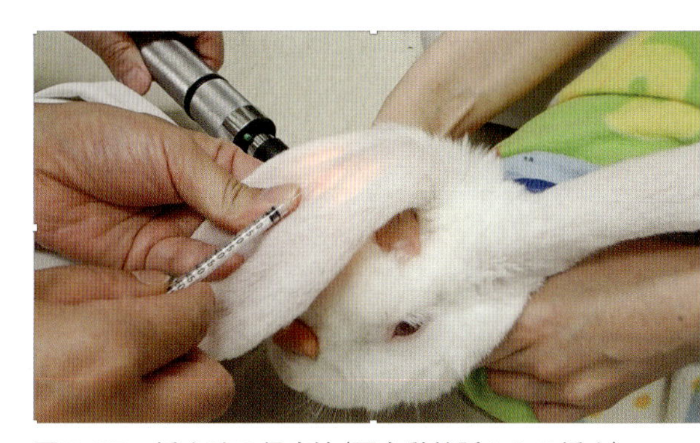

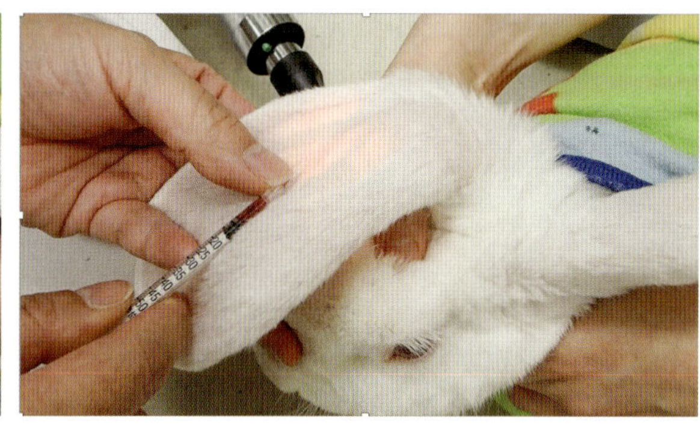

図3-35 採血時の保定法(耳介動静脈からの採血)
タオルで巻いてウサギを保定した後，耳介の下からライトで照らし，血管を見えやすくする．針は28～30 Gなどの細い針を用いて実施する．採血後はしっかり圧迫しないと血腫になり，最悪の場合，耳の先端が壊死する危険性があることに注意する．

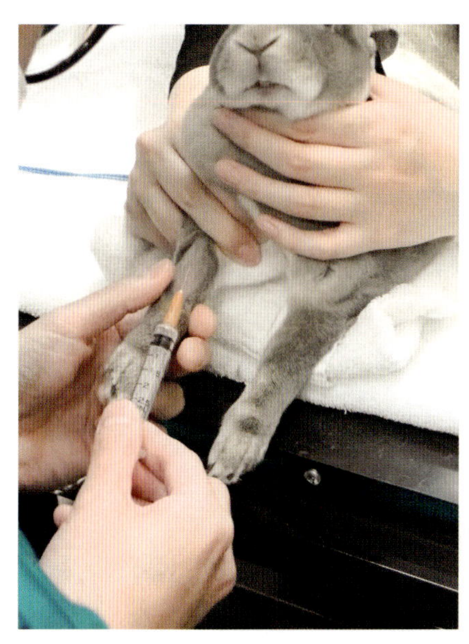

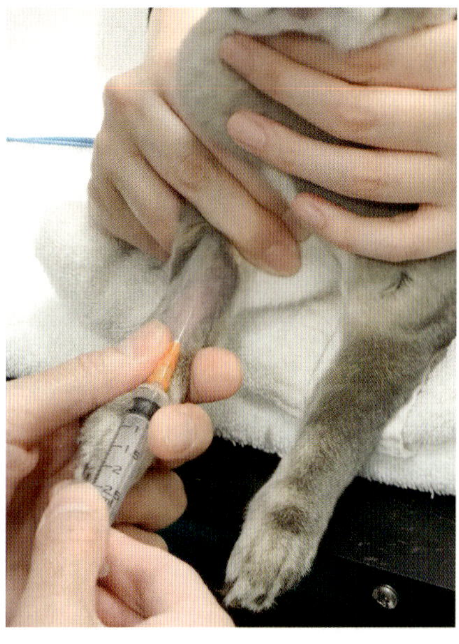

図3-36 採血時の保定法(橈側皮静脈からの採血)
犬猫と同様に行う．留置を取るのにも適している．

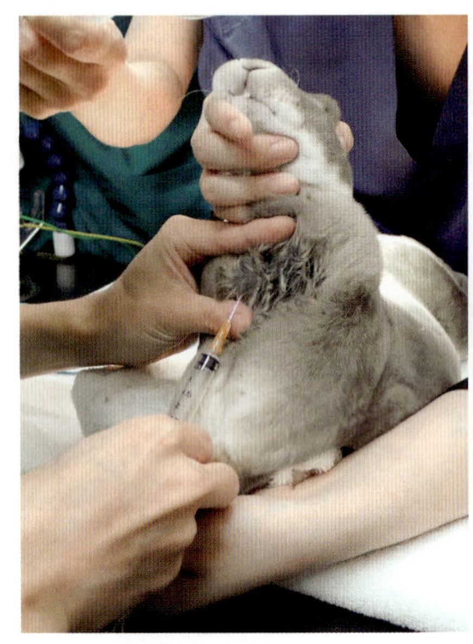

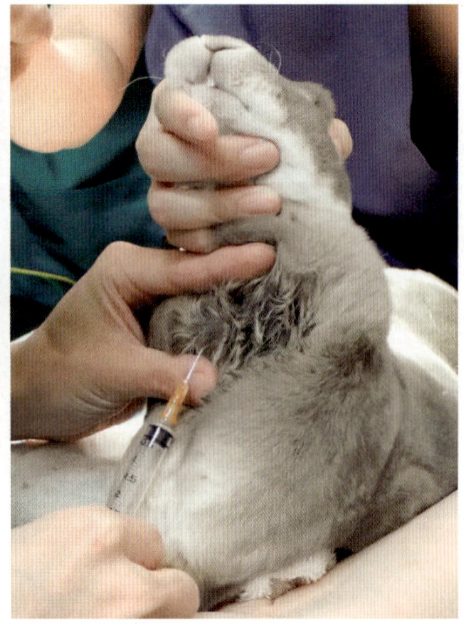

図3-37　採血時の保定法(頸静脈からの採血)
保定による呼吸困難やチアノーゼに注意する.

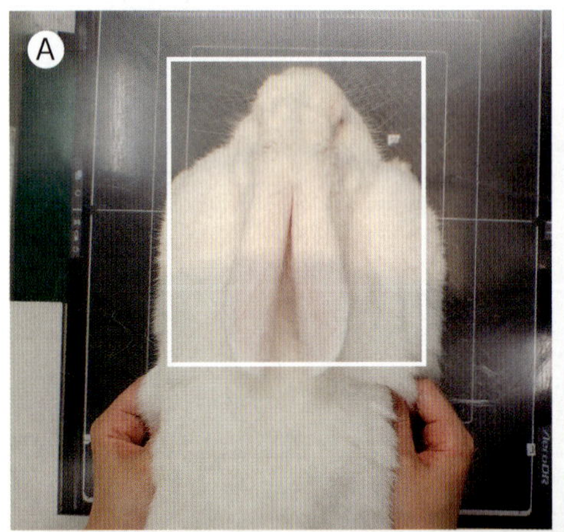

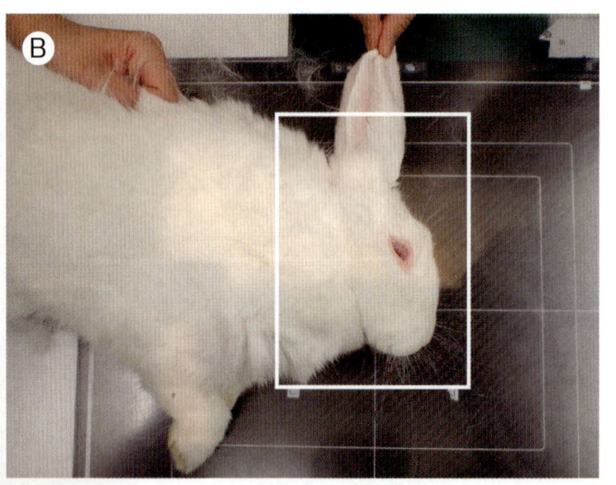

図3-38　頭部X線撮影方法
背腹(DV)像(A),側方向(ラテラル)像(B),吻尾側方向像(C)を撮影(白枠内)し,必要に応じて斜位像などを追加することもある.腹背像も撮影できるが背腹像の方が動物が落ち着き正確なポジショニングで撮影できることが多い.撮影時,動物の身体を安定させ,素早く撮影することがポイントとなる.

ことができる.

X線検査時の保定

X線検査時の保定は特に注意する必要がある.実際X線撮影時にウサギが抵抗して怪我や骨折させてしまう医原性の事故が多い.X線台は高さがあり,暴れて落下する可能性もあるため調整ができるようであればX線台を低く設置するとよい.

①頭部X線撮影方法

背腹(DV)像(図3-38A):ウサギをX線台に伏臥位にし,頸部〜頭部をゆっくり台に押し付けて撮影する.この際X線台でウサギが滑るようであればタオルを敷くとよい.

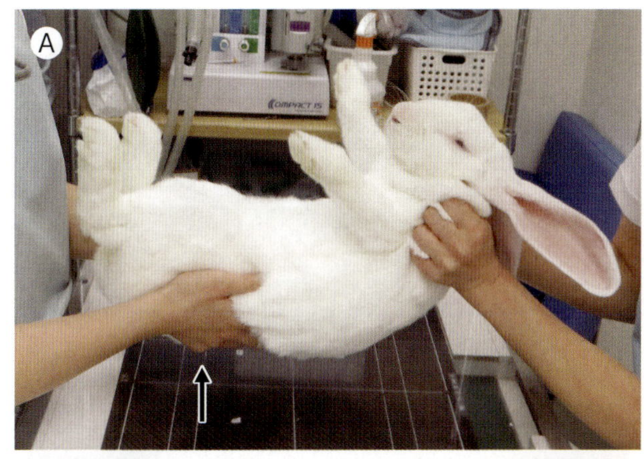

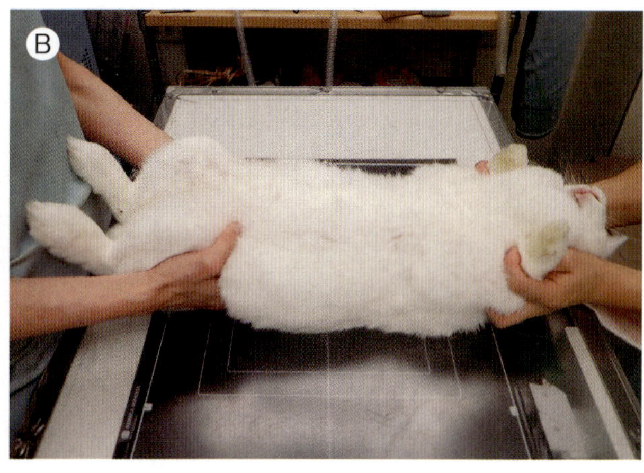

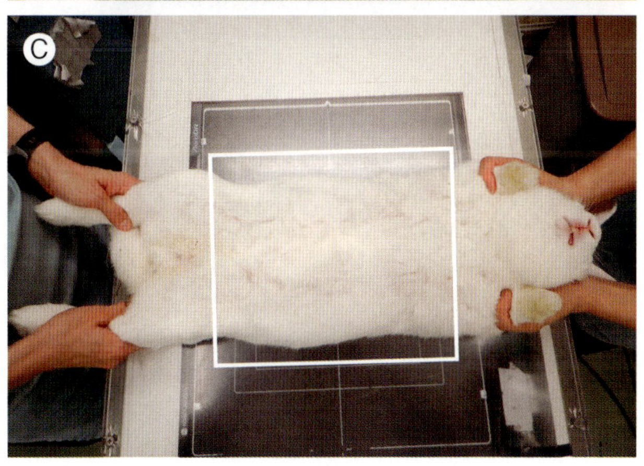

図3-39　胸腹部X線撮影方法　腹背(VD)像
(A)ウサギを仰向けに保定する．保定時に暴れて背骨を傷つけないように上半身を保定し動物が落ち着くまでは補助者がウサギの骨盤部を手のひらで支えるように持ち(矢印)直接撮影台と背骨が接触しないようにする．(B)上半身を保定し安定させる．この際，ウサギの腰の下に補助者の手を添えたままにし暴れた際に椎骨を損傷しないようにする．(C)撮影する際には軽く肢を牽引し補助者の手を照射野(白枠)からできるだけ遠ざける．

側方向(ラテラル)像(図3-38B)：片手で頸部の皮膚を掴み，もう一方の手で腰を中心にウサギの体を抱えるように保持する．撮影者では確認しづらいため，補助者がX線台と頭部が水平となるように確認する．この際，X線台に頭部を押さえつけると正確なラテラル像にならないため，わずかに台から浮かせるとよい．

吻尾側方向像(図3-38C)：ウサギの頸部背側皮膚を掴み，頭側を保定者から遠位に位置させ，もう一方の手で腰を保持する．投射角度は，X線装置管球からカセッテへの直線のライン上に吻部と後頭部が重なるように頭部を保持する．頭部は自発的に背側方向へゆっくり伸展する傾向があるため，X線透過性のスポンジなどを頭部に押し当てポジションを保持することが推奨される．

斜位像：正確な斜位像を撮影するためには，ラテラル像を撮る際の保定と同様に行い，その位置から頭部を10〜20度程度わずかに回転させるように保定する．

②胸腹部X線撮影方法

腹背(VD)像(図3-39)：ウサギを仰向けに保定する．保定時に暴れて背骨を傷つけないように上半身を保定し動物が落ち着くまでは補助者がウサギの骨盤部を手のひらで支えるように持ち直接撮影台と背骨が接触しないようにする．撮影する際には背中を撮影台の上にゆっくり置き，軽く肢を牽引して補助者の手を照射野(白枠)に入らないようにする．

側方向(ラテラル)像(図3-40)：VD像撮影時と同様に仰臥位に保定し，ウサギが落ち着いたところで側臥位に保定する．側臥位にする際に最も抵抗するため頭側と尾側の保定者は同じタイミングで横臥位にする．照射野から保定者の手を外した後できるだけ速やかに撮影を行う．目隠しをすることで抵抗を軽減できることがある．

③四肢のX線撮影方法(前肢)

頭尾側方向像(図3-41A, B)：ウサギを伏臥位に保定し安定させる．手根骨よりも近位部の撮影は補助者が動物の指端部を保持し，両前肢をできる限り牽引して伸展させ撮影する．この際，ウサギの頭頸部が肢に重ならないように頭頸部を保定者ができる限り尾側部へ牽引する．

側方向(ラテラル)像(図3-41C)：撮影する肢を下にした側臥位に保定し，反対側を頭側もしくは尾側

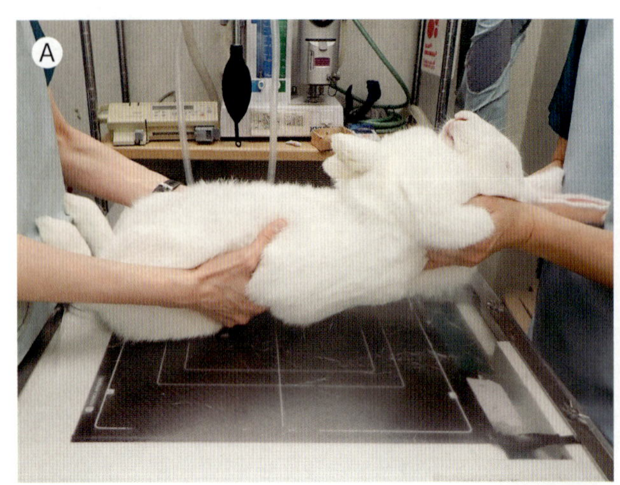

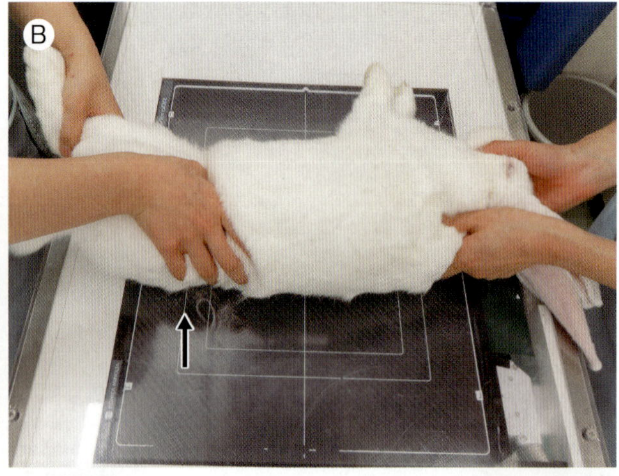

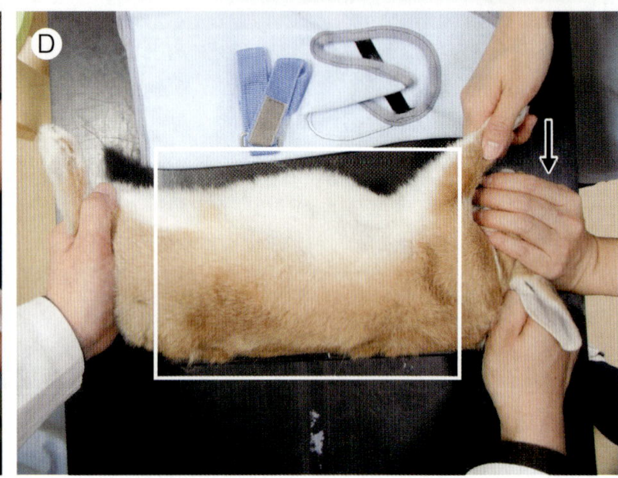

図3-40　胸腹部 X 線撮影方法　側方向(ラテラル)像
VD 像撮影時と同様に仰臥位に保定(A)し，動物が落ち着いたところで側臥位に保定する．この際，骨盤部を上から保持する(矢印)ことで動物が暴れるのを抑制できる(B)．(C)保定後しばらくすると抵抗することが多いため，側臥位にし照射野(白枠)から保定者の手を外した後できるだけ速やかに撮影を行う．(D)目隠し(矢印)をすることで抵抗を軽減できることがある．

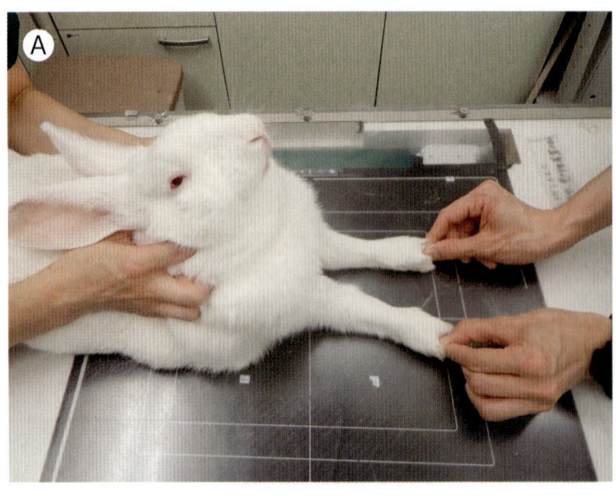

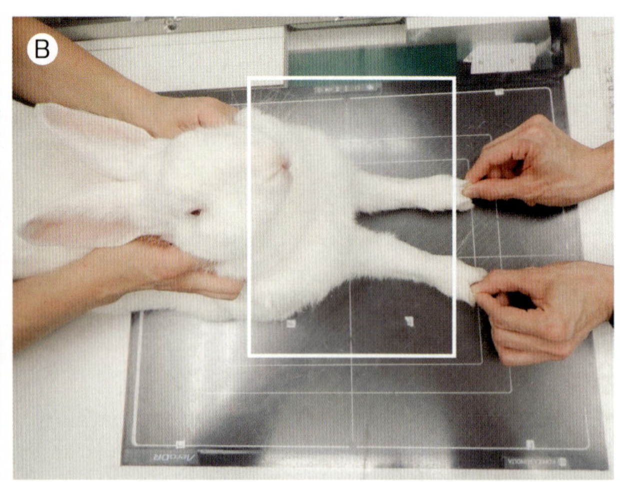

図3-41　四肢の X 線撮影方法(前肢)(続く)
A, B：頭尾側方向像
(A)動物を伏臥位に保定し，頸部を背側に引き寄せるように保持する．(B)動物の指端部を保持し，両前肢を伸展させ照射野(白枠)から補助者の指をできるだけ遠ざける．

へ牽引して撮影肢と重ならないようにして撮影する．手根部や指端部の撮影はウサギを伏臥位もしくは側臥位にした状態で肢を牽引することなく容易に撮影できる．

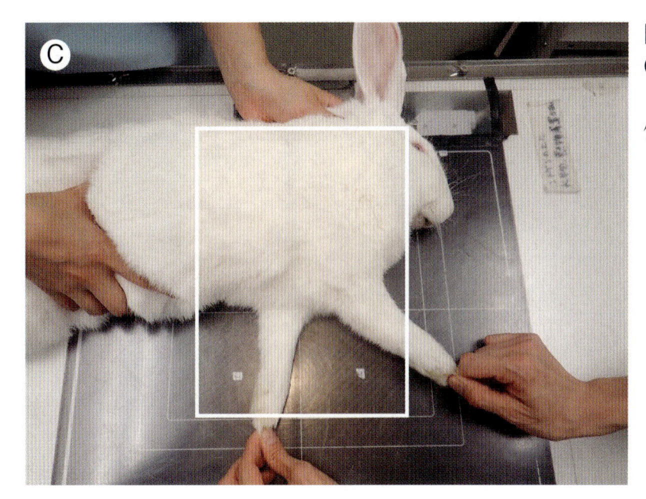

図3-41　(続き)四肢のＸ線撮影方法(前肢)
C：側方向(ラテラル)像
(C)撮影する肢を下にし胸腹部撮影時と同様に動物を側臥位に保定する．反対側の肢を前方へ牽引し撮影肢と重ならないようにして撮影する．

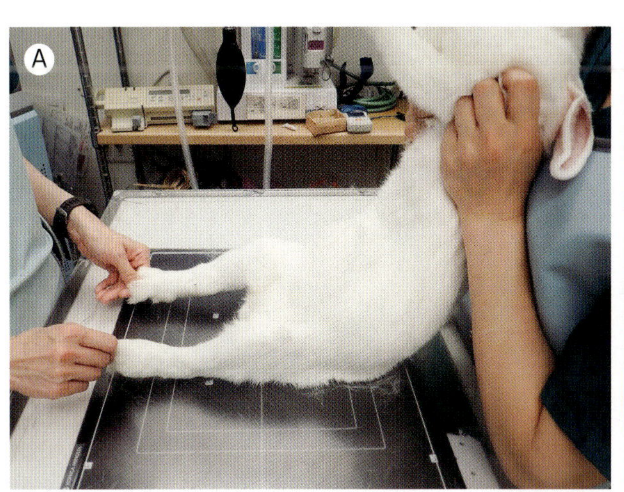

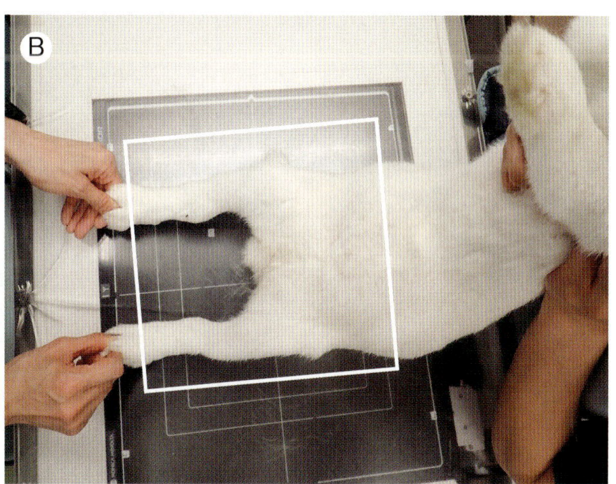

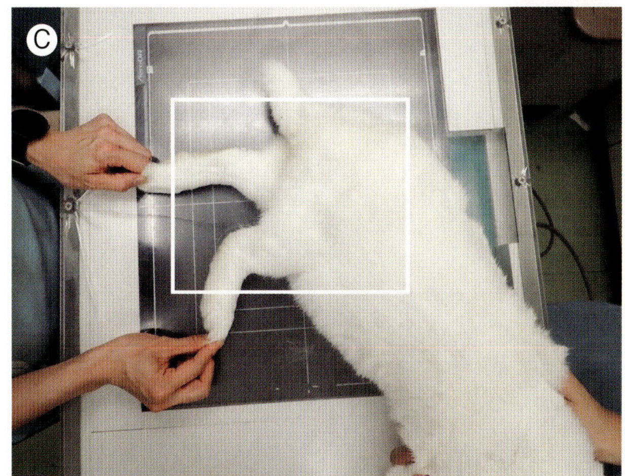

図3-42　四肢のＸ線撮影方法(後肢)
A, B：頭尾側方向像　C, D：側方向(ラテラル)像
(A)腰がほぼ直角になるように動物の上半身を保定者が保定する．(B)補助者が両後肢の指端部を保持し後肢を伸展させ照射野(白枠)から補助者の指をできるだけ遠ざけて撮影する．(C)撮影する肢を下にし胸腹部撮影時と同様に動物を側臥位に保定する．反対側の肢を前方へ牽引し撮影肢と重ならないようにして撮影する．(D)必要に応じて反対側の肢を前方ではなく開脚させて撮影することもある．

④四肢のＸ線撮影方法(後肢)

頭尾側方向像(図3-42A, B)：足根部〜骨盤部は動物を仰臥位に保定し犬猫同様に撮影できる．大腿骨まで撮影する際にはウサギの腰がほぼ直角になるように動物の上半身を起こして保定する．その後，補助者が両後肢の指端部を保持して後肢を伸展させ補助者の手を照射野から外して撮影する．

側方向(ラテラル)像(図3-42C, D)：撮影する肢を

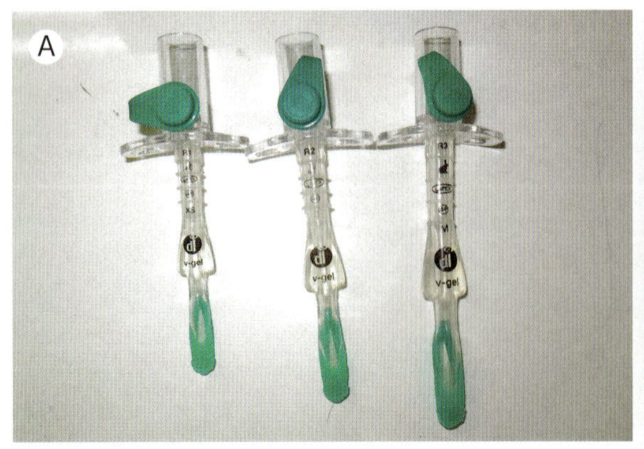

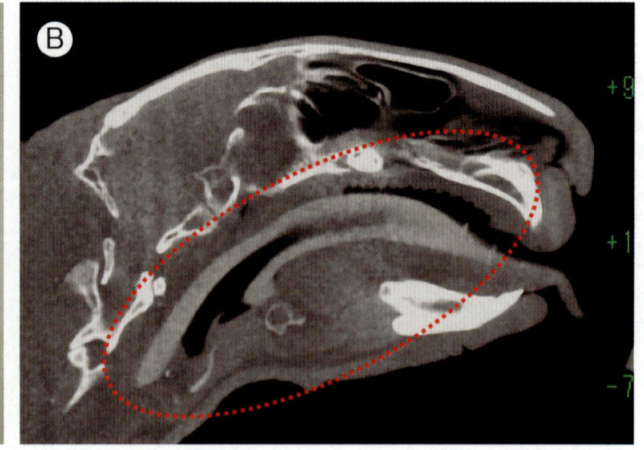

図3-43　ウサギ専用の声門上器具(A)と設置時のCT画像(B)
(A)サイズは6(R1～R6)段階あり体重にあわせて決定する．(B)口腔内から真っすぐ平行に挿入し喉頭部を覆うように設置する(点線)．

下にした側臥位に保定し，反対側の肢を頭側へ牽引して撮影肢と重ならないようにして撮影する．足根部や下腿部などは同様に撮影できるが，骨盤部などを撮影する際には必要に応じて反対側の肢を開脚させることもある．

超音波検査時の保定

腹部を探索する場合，保定者が椅子の上に座り主に保定者の膝の上で仰臥位に保定することが多い．心臓超音波検査時は，犬や猫では通常専用の保定台を用いて横臥位に保定することが多い．一方ウサギの場合四肢を固定して横臥位にすると抵抗することが多いことから当院では腹部と同様仰臥位で保定している．またこの保定にも抵抗する症例や興奮しやすい症例では頭部を隠し脇に抱える保定法を用いることがある．ウサギの被毛は密なため超音波検査を実施する際には検査前に検査部位を毛刈りする．

注意すべき状態

無理な保定を行うとウサギが暴れて爪が折れたり，骨折などの外傷の原因となる可能性があるため，慎重かつ適切に保定することが重要である．しかし中途半端な保定を行うとウサギが暴れる原因にもなるため，どの程度まで保定しても大丈夫か常に意識する．また，ウサギは過度なストレスにより暴れるだけでなく，重度の心拍数上昇や呼吸促拍がみられたり鳴き声を上げることもある．このような場合には直ぐ保定を解除しキャリーやケージ内で十分休ませ，再保定までは十分時間を空ける．もしくは，同日の処置や検査を延期または最小限に留めることを検討するなど無理をしないことが重要である．

処置方法

鎮静・麻酔

ウサギの鎮静や麻酔は様々な薬剤が単独，複数併用などで報告されている．高齢ウサギや心疾患のあるウサギ，全身状態の悪いウサギではそれぞれに応じた麻酔薬を選択する．

ウサギの気管チューブ挿管は軟口蓋や喉頭部の解剖学的な特徴から犬猫に比べると困難であり，何度も繰り返し挿管を試みることで喉頭周囲の組織損傷による炎症や浮腫，出血，喉頭痙攣などが生じるリスクがある．また，体格が小さく一回換気量の少ないウサギに気管チューブを挿管することでチューブの小さな内径に粘液が詰まり閉塞したり，挿管した気管チューブによる気管粘膜の損傷などのリスクを伴うこともある．このため，喉頭部を覆うように設置するウサギ専用の声門上器具(**図3-43**)を利用している．必要に応じて気管チューブを挿管する場合には，硬性鏡を用いた気管チューブの挿管方法やチューブを介して呼吸音を確認して挿管するブラインド法などが用いられている．

輸液(補液)

ウサギへの補液方法は皮下補液，静脈内点滴，経口的な補液方法に分けられる．症例の脱水状態や全身状態，食欲，疾患等を考慮し必要な補液量を計算して補液を実施する．健常なウサギの1日の水分摂取量は100～150 mL/kg/日で排尿量は20～250 mL/kg/日と報告[14]されているが，実際には症例の状態や心疾患の有無，年齢，食欲や自由飲水量，排尿量などを考慮して輸液量を決定する．特に入院中など連続して投与する際には投与前に体重の

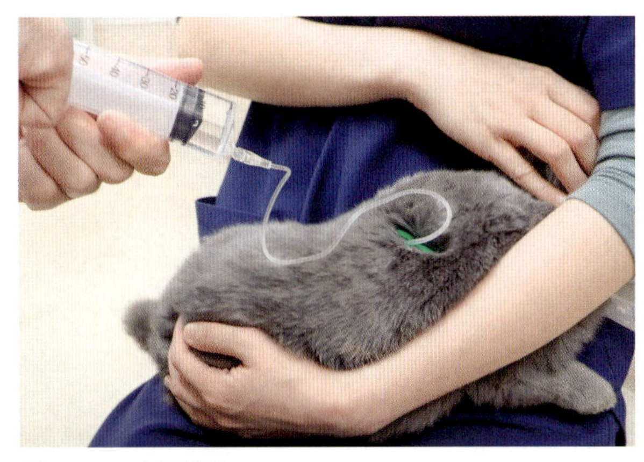

図3-44　皮下補液
ウサギの皮下補液は犬猫と同様に頸背部〜胸背部にかけての肩甲骨間に実施する．ウサギの皮下には十分なスペースがあり皮下補液に対して抵抗することも少ない．

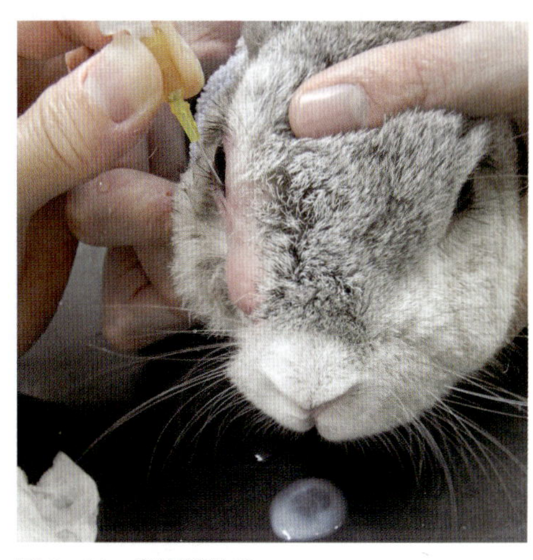

図3-45　鼻涙管洗浄
ウサギの鼻涙管は下眼瞼のみ開口しており，眼脂や分泌物が詰まると流涙症がみられる．台の上でタオル保定し，頭部が動かないよう支えながら鼻涙管開口部に留置針の外套を挿入し生理食塩水でフラッシュして洗浄する．

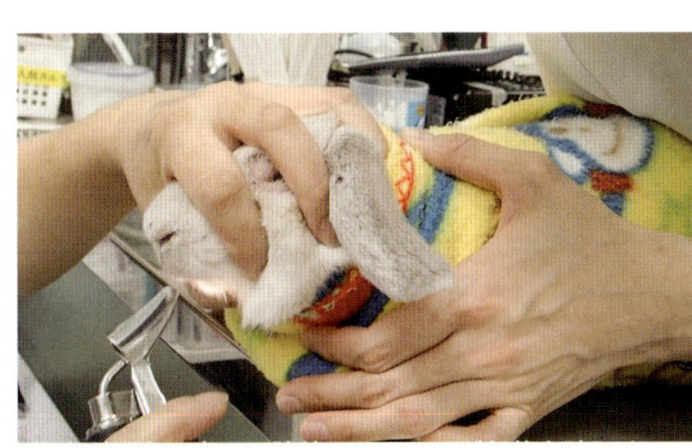

図3-46　臼歯切削の処置
通常，臼歯の過長がみられた場合，麻酔下での切削が推奨されるが，おとなしい個体では過長した臼歯のみを無麻酔で切削することもある．

測定やこれまでに投与した点滴が吸収されていること，浮腫の有無，排尿量などを確認してから投与量を決定して投与することが重要である．

ウサギは皮下のスペースが大きく，皮下補液の実施は容易に実施できる．ウサギの皮下補液は犬猫と同様に頸背部〜胸背部にかけての肩甲骨間に実施する(**図3-44**)．

軽〜中度の脱水や通院治療中の症例で水和状態を維持したい症例では皮下補液で対応できるが，重度の腎不全や重篤な症例，術後や入院治療中の症例では静脈内点滴を実施する．静脈内点滴は皮下点滴に比べて点滴による効果が得やすく，投与量の微調整も可能であるが留置針や点滴ラインの保護のためにカラーが必要になることも多く，ウサギに与えるストレスが大きいため，症例ごとに実施を検討する．

ウサギでよく実施する処置

ウサギで実施する特徴的な処置として爪切り，耳掃除以外に鼻涙管洗浄(**図3-45**)，切歯・臼歯切削(**図3-46**)などがある．

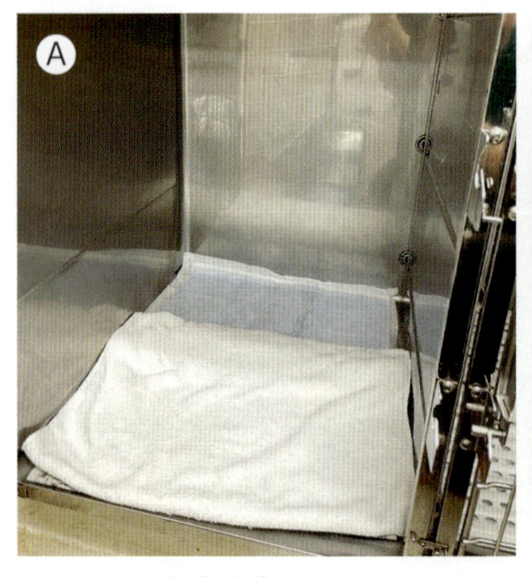

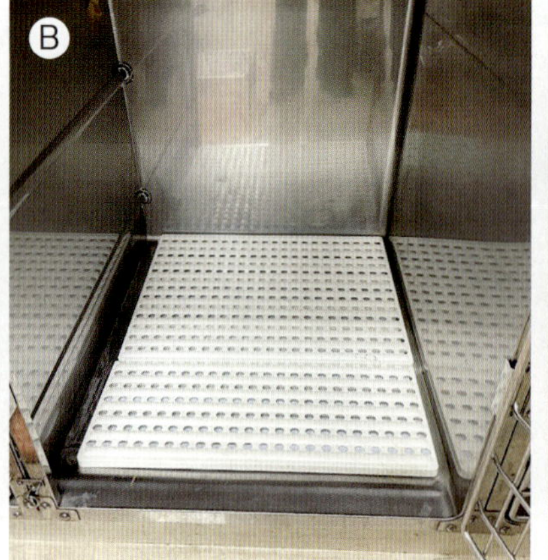

図3-47　入院環境
A：通常の入院ケージ（ペットシーツとタオル）　B：プラスチックスノコを用いた入院ケージ　C：肢への負担を軽減した入院ケージ（バスマット使用）
症例の状態や個体の性格，誤食癖の有無，骨折や重度の足底皮膚炎がみられる症例などでそれぞれに応じた入院環境を整える．

入院管理

被捕食動物であるウサギは周囲の環境変化や犬，猫，フェレットなどの捕食動物の存在，疼痛などの不快感によるストレスを感じやすく，これらのストレスが活動性や食欲の低下などの原因となることがある．このため，入院管理する際には，鳴き声や気配，においなどからこれらの捕食動物の存在を感じさせないように配慮し，人の行き来も少ない落ち着いた静かな環境を準備すべきである．

当院でのウサギの一般的な入院環境を（**図3-47**）に示す．床材の種類は症例の状態や個体の性格により床材（ペットシーツや新聞紙）を食べてしまうことがあるため，その場合は使用を控える．骨折や重度の足底皮膚炎がみられる症例では，足への負重を軽減させ身体に排泄物が付着することを防ぐ意味で吸収性がよく柔らかいバスマットを使用することも多い．

食餌の準備は，入院することが予めわかっている場合には自宅で普段食べているものを持参してもらうことを推奨する．また消化管うっ滞などによる食欲不振がある場合には普段の食餌に加えていくつか他のフードを追加する．歯の不正咬合で採食困難な場合にはペレットをふやかしたり，野菜や牧草を細かく（短く）するなどの形状を変更することがある（**図3-48**）．

入院管理で重要な点として犬猫でも同様であるが，活動性や呼吸状態などの一般状態に加えて，採食量，採食したもの，便の数，形状，大きさ，尿の色や量などを正確に評価することが必要である．特にうっ滞を起こしているウサギでは排便状態の把握は非常に重要である．

術後や疾患治療，問題行動等による自傷行為を防ぐためにエリザベスカラーの装着が必要になることがある．当院では犬猫用の小型のエリザベスカラーをウサギの大きさに合わせてカットして使用している．ウサギの耳がカラーで擦れてしまう場合，特に長期間のカラーが必要な場合などは耳をカラーから出せるように加工することもある（**図3-49**）．カラーを装着する目的によりカラーの大きさ（長さ）を調整するが，カラーの装着は採食や食糞行動の妨げになり，ストレスの原因となるためできるだけ短めのカラーにすべきである．その他，市販のウサギ用カラーや飼い主が自作したカラーを使用することもある．カラー装着後，多くのウサギは1～2日で慣れるものの食欲低下や沈うつ状態が続く個体もいる．このため，カラー装着後は症例がその状態を許容できているか，採食や飲水ができているかなど最低限のQOLを維持できているかを確認しなければならない．カラー装着後は給水ボトルの高さや位置，餌の与え方，ケージ内のレイアウトなどで事故が起きないかに注意する．またカラーすることで盲腸便を採食できず陰部に付着したり，顔の手入れができないために流涙や目やによる汚れや耳垢の蓄積などがみられることもあるため長期間カラーを装着する際にはこれらのケアも必要になる．

図3-48　採食困難な場合の食餌の工夫
A：細長く切った野菜，果物
B：細かく切った野菜，果物
C：ドライペレットのそのままのもの（左端），形の残る程度にふやかしたもの（中央），強制給餌フードを団子状にしたもの（右端）

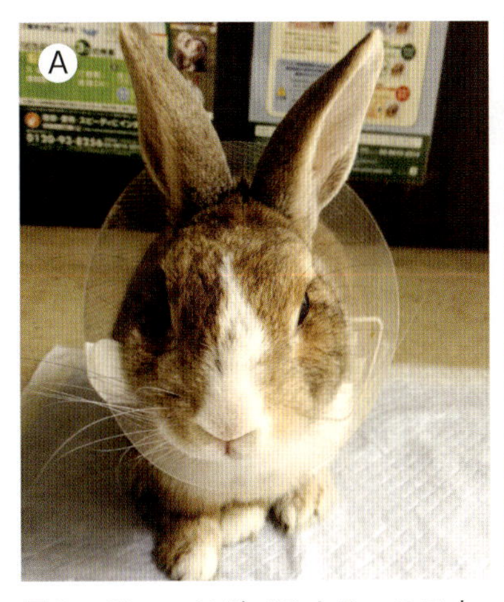
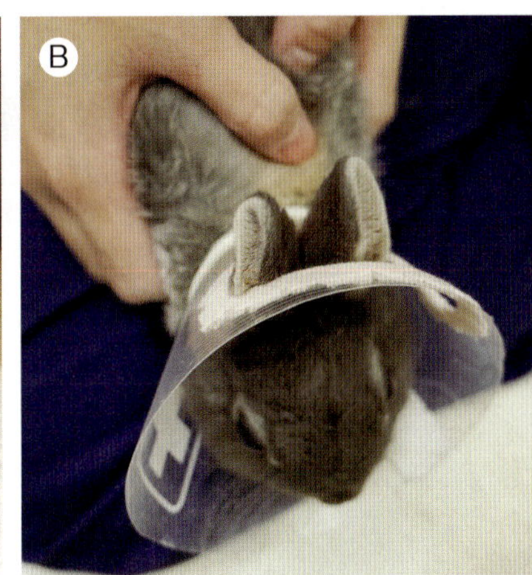
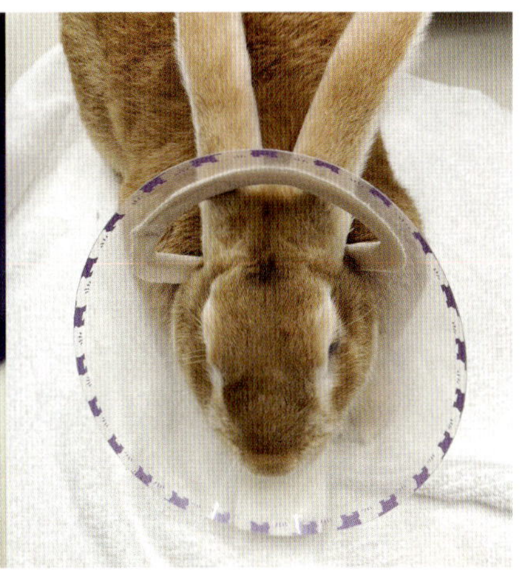

図3-49　エリザベスカラーの工夫
（A）通常のカラー，（B）カラーの一部に穴を開け辺縁をテープで保護し耳を通す．

検査方法

糞便検査

ウサギの糞便検査は犬猫と同様に実施でき，生理食塩水を滴下した直接検査では原虫や運動性菌，酵母，芽胞菌などがみられ，浮遊検査では蟯虫卵（**図3-50**）やコクシジウム（**図3-51**）などが確認される．ウサギの便中にはしばしば酵母（*Cyniclomyces guttulatus* 以前は *Saccharomyces gutulatus*）が観察されるが，これらは常在しており異常ではない（**図3-52**）．しかし経験的に消化器疾患や体調不良のウサギの便では大量に確認されることもある．

尿検査

ウサギの尿検査は尿検査紙による検査と尿比重，尿沈渣の評価を行っている．ウサギの尿は特殊なカルシウム代謝により尿中に過剰なカルシウムが排泄され，正常でも濁っていることがある．そのため，尿が乾いた後に白い砂のようにカルシウムが析出することがある．また，食餌内容により尿色素が多く含まれることがあるため，赤色から橙色などの色の濃い色素尿が正常でもみられることがある．この場

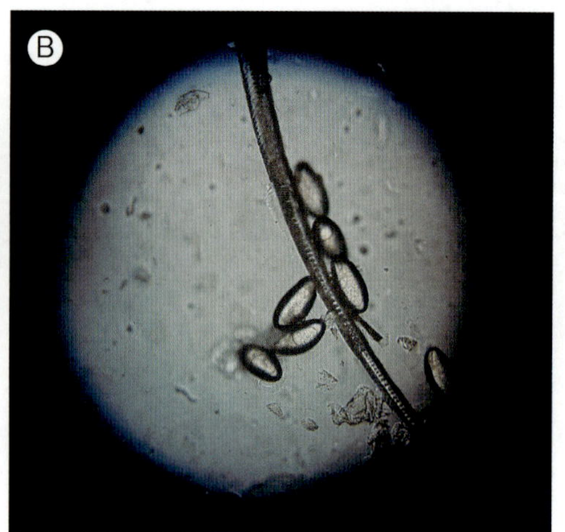

図3-50　ウサギ蟯虫
蟯虫は糞便表面に虫体が付着した状態で確認される(A)ことが多い．蟯虫卵(B)は肛門周囲のテープ検査や糞便検査により確認される．

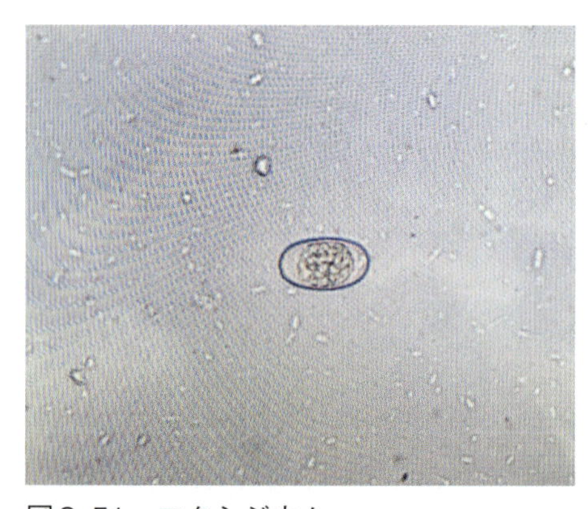

図3-51　コクシジウム
ウサギの糞便検査は犬猫と同様に実施でき，生理食塩水を滴下した鏡検では原虫や運動性菌，酵母，芽胞菌などがみられ，糞便浮遊検査では蟯虫卵やコクシジウムなどが確認される．

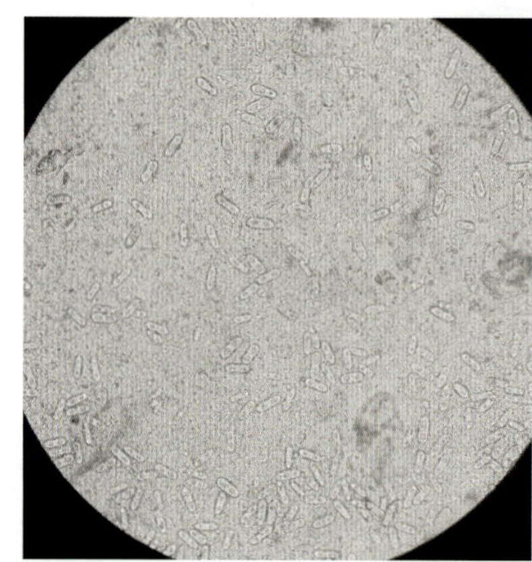

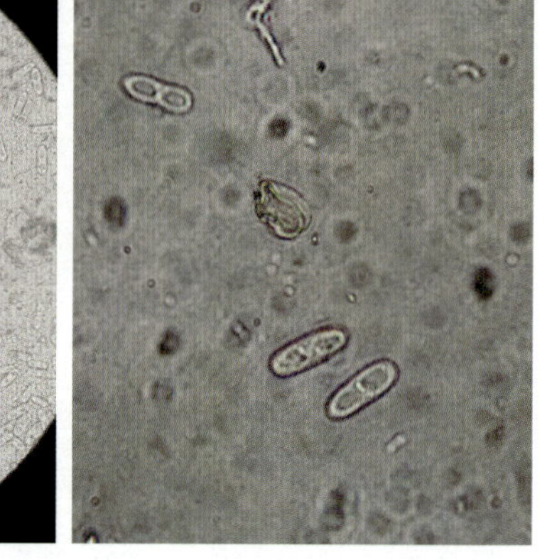

図3-52　糞便内酵母様真菌
ウサギの便中にはしばしば酵母(*Cyniclomyces guttulatus*)が観察されるが，これらは常在菌であり異常ではない．

合，尿試験紙にて潜血反応を確認したり尿沈渣にて血球の存在を確認することで判別する．

血液検査

ウサギの循環血液量は体重の4.5～8.1%，55～78 mL/kgなどといわれており，安全に採血できる量は循環血液量の6～10%(3.3～6.5 mL)，6.5～10 mL/kg，総体重の1%とされている[25, 28, 29]．また，2週間以上の期間を空ければ循環血液量の最大25%まで採血可能とされるが，最大でも7.7 mL/kg以下に留める[29, 30]．当院では一般的なウサギの血液検査を行う際は約0.5 mL採血し，個体の状態や必要な検査項目に応じて採血量を調整している．

血球検査

赤血球

ウサギの赤血球のセントラルペーラーは目立たないことがあり[28]．正常でも大小不同が認められることがある．通常の赤血球の大きさは直径6.7～6.9 μm，厚さ2.15～2.4 μmである．雄は雌より赤血球数，Hb(ヘモグロビン濃度)が高く，赤血球の大小不同が顕著であり，通常の直径の4分の1ほどの大きさの小さな赤血球も出現する[28, 30]．さらに有棘赤血球や棘状赤血球のような奇形赤血球は健常個体でも認められ，雌の方がやや多い[19]．赤血球の寿命は約57(45～70)日であり，犬猫より短い[25, 28, 30, 31]．

白血球

白血球は好中球，リンパ球，好酸球，好塩基球，単球より構成され，各々が機能を有する．ウサギの好中球は，好中顆粒が好酸性の微細顆粒の他に，粗大な顆粒も有しており偽好酸球と呼ばれる．年齢によりリンパ球数が変動し，顆粒球数は年齢とともに

表3-1　血液生化学検査の基準値

参考文献	31	32	33	34
ALT(IU/L)	48～80	52～80	45～80	14～80
AST(IU/L)	14～113	48～96	5～130	14～113
ALP(IU/L)	4～16	6～14	12～96	4～16
GGT(IU/L)	0～14	0～7	0～7	
T-Bil(mg/dL)	0.0～0.7	0.1～0.5	0.2～0.5	0.0～0.7
TBA(μmol/L)		26～34	<40	
TP(g/dL)	5.4～8.3	6.1～7.7	5.4～7.5	5.4～8.3
Alb(g/dL)	2.4～4.6	2.8～4.0	2.7～5.0	2.4～4.6
Glob(g/dL)	1.5～2.8	2.1～3.7	1.5～2.7	
T-Cho(mg/dL)	10～80	6～65	11.6～116	10～80
TG(mg/dL)		22～188		
Amy(IU/L)		82～343		166.5～314.5
Glu(mg/dL)	75～155	109～161	75.6～140	75～155
CPK(IU/L)	218～2705	23～247	50～200	
LDH(U/L)	34～129	59～205		
BUN(mg/dL)	13～29	9～29	37～50	13～29
Cre(mg/dL)	0.5～2.5	1.0～2.2	0.2～2.5	0.5～2.5
Ca(mg/dL)	5.6～12.5	7.6～12.2	12.8～14.8	5.6～12.5
IP(mg/dL)	4.0～6.9	3.0～6.2	(イオンとして 6.8～7.3)	2.3～6.9
Na(mEq/L)	56.9～67.4		3.1～6.2	131～155
K(mEq/L)	0.9～1.8		138～150	3.6～6.9
Cl(mEq/L)	25.9～31.6		3.5～5.6	92～112

増加するため，年齢により総白血球数も変動する[28]．さらに白血球数は日内変動があり，午後から夜にかけて総白血球数とリンパ球数は減少し，好中球(偽好酸球)数は増加する．好酸球数は午後に増加し，朝に低くなる[25, 28, 30]．

血液生化学検査

正常なウサギの血漿は無色である．また，溶血は採血時のアーチファクトで生じることが多い．血液生化学検査の基準値を表に示す(**表3-1**)．肝臓の評価としてアラニンアミノ基転移酵素(ALT)，アスパラギン酸アミノ基転移酵素(AST)，アルカリホスファターゼ(ALP)をルーチンの検査とし，必要に応じてγ-グルタミル基転移酵素(GGT)，総ビリルビン(T-Bil)，総胆汁酸(TBA)の測定を行う．また腎臓の評価として血中尿素窒素(BUN)，クレアチニン(Cre)，無機リン(IP)，電解質を測定する．一般的に血中カルシウムイオン濃度はパラトルモン(PTH)およびカルシトニン，活性型ビタミンDによって調整されており，カルシウム代謝においてビタミンDによる能動輸送より受動的吸収の方が効率良くカルシウムを吸収することができる．ウサギのカルシウム吸収はビタミンDに依存せず，受動的吸収に優れているため，ウサギは消化管からカルシウムが容易に吸収され，血清カルシウム値は食餌からの摂取量に比例して高くなる[25, 28]．このことからウサギは血中カルシウムイオン濃度が他の哺乳類より30～50%高く，正常値に幅がある[25, 28]．電解質においてナトリウムイオンやカリウムイオンの摂取不足は草食動物であるため起こりにくい[28]．またウサギは嘔吐しないものの，消化器疾患によって体内の水分や電解質は影響を受ける[25]．血漿総蛋白量(TP)，アルブミン(Alb)，グロブリン(Glob)の測定では，ウサギにおいてAlbは測定方法や測定機器によって相違が出やすく，報告によって基準値の範囲も異なる[25, 28]．その他栄養状態や代謝性疾患など

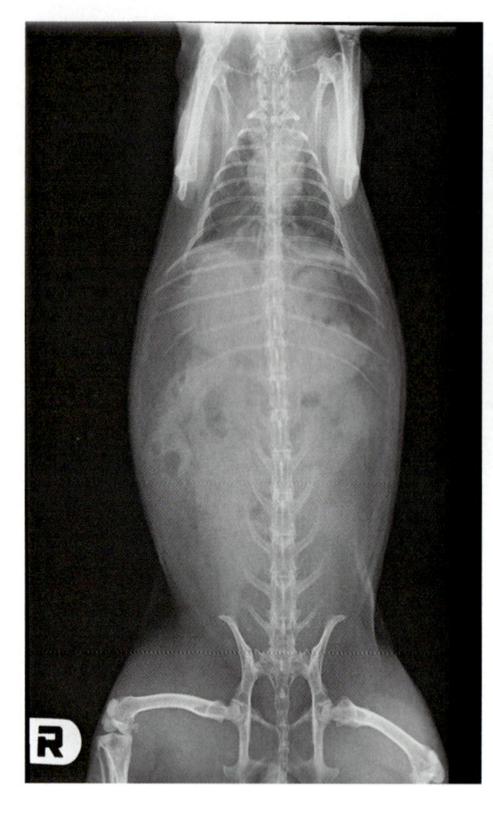

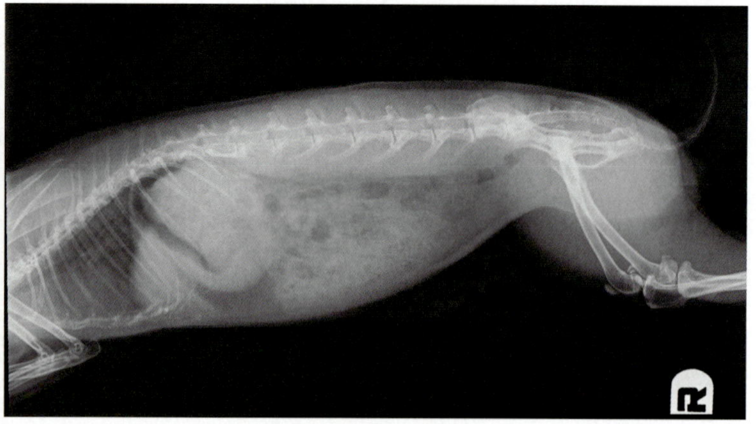

図3-53　正常なウサギの胸腹部X線検査所見
ウサギは大きな胃や盲腸が存在するため，腹腔内が広く，相対的に胸腔内が狭くなっている．また，ウサギは出産後も胸腺が退化せず遺残するため，前胸部がやや不鮮明にみえることがある．

の評価として総コレステロール(T－Cho)，トリグリセリド(TG)，グルコース(Glu)，クレアチニンキナーゼ(CPK)などを測定する．

X線検査

ウサギでは様々な疾患の診断や麻酔前検査，健診のためにX線検査を実施することが多い．ウサギのX線検査の原則は犬猫と同様であるが，撮影時の保定方法やポジショニング，正常所見や異常所見等は犬猫と異なる部分も多い．ウサギのX線検査の撮影方法の原則は犬猫と同様であり，少なくとも同部位を2方向，原則として側方向(ラテラル)像と腹背(VD)像もしくは背腹(DV)像から撮影する(**図3-53**)．

超音波検査

ウサギで超音波検査が有効な疾患としては生殖器疾患，泌尿器疾患，腹腔内膿瘍などの腹腔内疾患が多い．一方，ウサギの腹腔内には巨大な胃と盲腸があり，食欲の低下した症例ではしばしば消化管内にガスが貯留する．ウサギでは貯留したガスによる影響で腹腔内の十分な評価ができないこともある．

その他，胸腔内では胸腔内の腫瘤病変や循環器系の評価などで超音波検査を実施することが多い．また，眼球突出した症例では眼球後部や眼窩内病変の確認のために超音波検査を実施することもある．

その他の画像検査

CT，MRI検査

ウサギでもCT検査やMRI検査を実施できる施設が増えているもののCT検査に比べるとMRI検査の臨床応用はまだ少ない．近年ではX線検査では評価が困難であった疾患に対しCT検査の有用性が確認されている．

飼い主へのインフォーム，指導

近年では高齢ウサギを診察する機会も増えており15歳齢近いウサギが来院することがある．高齢ウサギに加えて，椎骨骨折による下半身の麻痺や不全麻痺，斜頸などの主に神経疾患により身体が不自由になったウサギでは介護が必要となることが多い(**図3-54**)．

身体が不自由なことで採食，飲水などが困難もしくは不十分な際には，定期的にシリンジなどを用いて採食や飲水の補助を行う．身体が不自由なことで盲腸便が摂取できなくなる例が多いが，筆

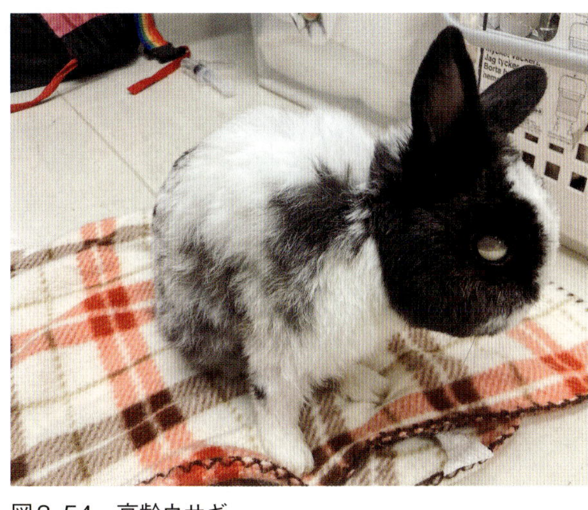
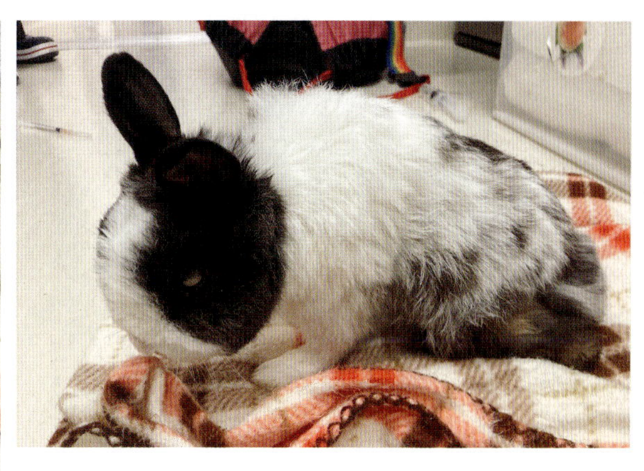

図3-54　高齢ウサギ
足腰が弱くなるため，腰が落ち気味になりやや前傾姿勢になる．また起立時，前後肢が左右に開き気味になる．

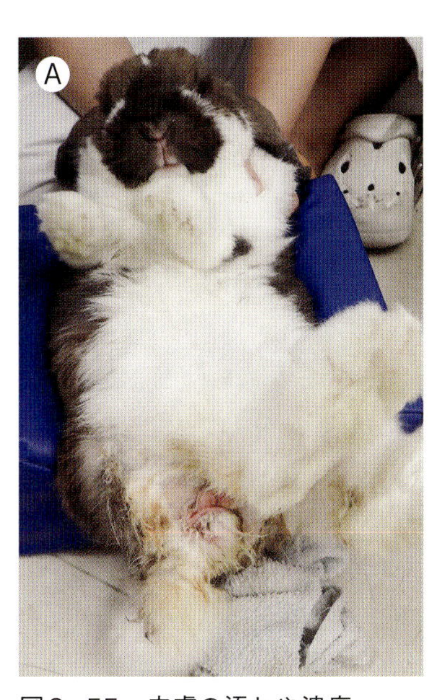
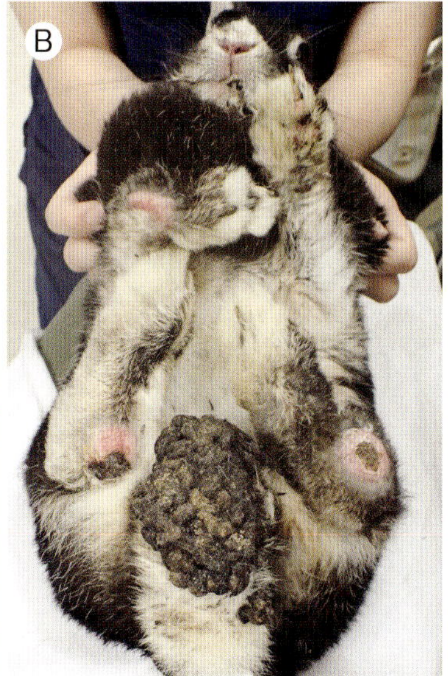
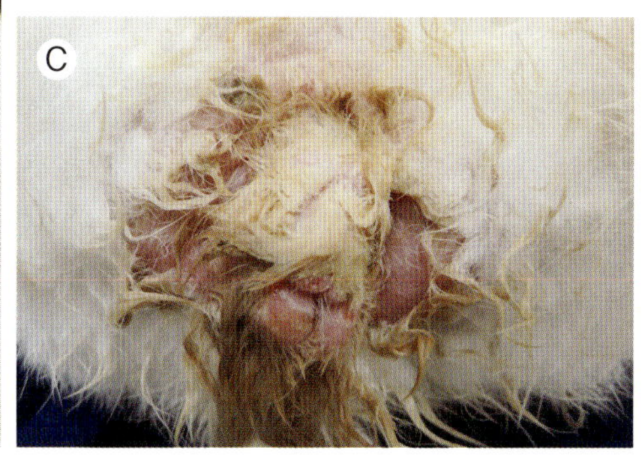

図3- 55　皮膚の汚れや潰瘍
身体の不自由さの程度により症状は異なる．(A)軽度に汚れた陰部周辺に尿が付着し皮膚が露出している．(B)巨大な糞塊が付着したウサギ．軟便の上にさらに硬便が付着し巨大な糞塊となっている．足底皮膚炎(ソアホック)もみられる．(C)尿で汚れた陰部に皮膚炎を起こしている．

者らの経験では適切なウサギ用配合飼料を与えることで栄養学的な問題が生じることは少ないと考えている．

一方で，盲腸便が摂取できなくなると陰部に盲腸便が付着し被毛や皮膚が汚染される．その他，何らかの原因で体勢が維持できなくなった症例では排尿・排便時に陰部を持ちあげられない，移動できないなどの理由から陰部に糞尿が付着することが多い(**図3-55**)．また，斜頸などの体勢が維持できないウサギや断脚を行ったウサギでは自身での耳のケアができずに耳垢が蓄積する．このため，これらの症例では陰部の衛生状態管理や耳掃除などが介護の一環として必要となる．

寝たきりのウサギの場合，体重が大きければ大きいほど褥瘡を起こしやすくなるため，床材の工夫として入院管理でも使用する吸収性の良いバスマットや柔らかい3番刈り牧草を厚めに敷き詰める．体勢の維持が困難な症例には低反発のクッションなどを添えることもある．またローリングなどの神経疾患や骨折などで足が自分の意思とは異なる方向へ曲がってしまっている症例で，足をケージの網に引っ掛けてしまうリスクを軽減する目的でケージの下の方丸めたタオルなどで四方を囲みガードすると良い(**図3-56**)．

図3-56　神経疾患および整形疾患などに用いる入院ケージレイアウト
床を絨毛マットにして，周りをタオルで囲み壁に当たらないように工夫している．

当院では介護が必要になった際には飼い主と相談のうえ，症例の状態(特に斜頸などの突発的な神経症状など)により発症直後は入院もしくは数日ごとの通院で症例の状態や飼い主が必要な介護を適切に実施できているかを確認する．多くの場合，介護は長期間続き，最終的には獣医療というよりは自宅での飼い主による介護が中心となる．また，多くの飼い主が最終的には獣医師よりもより適切に症例にあった介護を実施できるようになる．このため，動物病院の役割は，初期の状態を安定させ，飼い主や症例自身が介護の必要な状態に慣れるまで通院や入院によりサポートすることとなる．

実際の介護は症例の状態だけではなく，症例の性格，飼い主がどの程度ウサギを扱えるか，どの程度の時間や費用をウサギにかけられるかなどにより大きく異なる．また，同じ症例でも経過とともに状態や必要な介護内容が変化することもある．

ウサギの飼い主は非常に熱心で常にウサギの状態を細かく観察し，声をかけ続ける方も多い．しかし，このようなことが逆に症例によってはストレスになっていることも多く，飼い主が介護疲れに陥ってしまうこともある．このため，介護の目的や優先順位を飼い主に伝え，介護をする際には無理をしないこと，必要に応じて通院してもらうように伝えることが重要である．

通院時に出来ることとして，耳掃除や褥瘡のケアなど獣医学的なケアと，陰部の毛刈りやバンテージなどを行い，日々の自宅での介護がやりやすいようなケアを短時間で実施する．またウサギの皮膚は薄く，特に陰部周辺は非常に裂けやすくなっているためわずかにバリカンの刃があたるだけでも裂けてしまう可能性があるため慎重に行わなくてはいけない．

自宅でのウサギの介護方法には様々な方法があり，多くの飼い主が症例にあった独自の案を考案し，インターネット上でも様々な情報交換が行われている．これらの情報を参考にし，飼い主と獣医師が協力して介護をしていくことが重要である．

主な疾患

ウサギの診療においてよく遭遇する疾患を覚えておくことは重要である．各疾患が発生する原因や病態，臨床症状，必要な検査，治療法について理解しておくことで，問診時に聴取する内容に漏れが出にくく，飼い主への説明もスムーズになる．ウサギの疾患は歯科疾患や消化器疾患など，解剖学および生理学的な特徴に基づいた疾患が比較的多くみられる．また中高齢の未避妊雌では子宮疾患が多く，典型的な臨床症状(血尿など)がみられることも多い．このことから，まずはよく遭遇する疾患から理解を深めていくことが重要である．今回発生頻度の多い疾患を記載し，飼い主へのインフォームとして動物看護スタッフも知っておくべき情報を記載した．なお，各疾患の詳細については『vol.20 ウサギの診療』に記載しているのでそちらを参照して頂きたい．

歯科疾患(図3-57)

歯科疾患はウサギの臨床現場において高頻度に遭遇する疾患であり，関連して膿瘍や骨融解が発生するなど病態は様々である．歯科疾患の発生には遺伝性，外傷性，食餌性などの要因があり，歯の質や形状の変化が起こり歯の咬合が正常に行われなくなると，不正咬合により切歯もしくは臼歯の過長がみられるようになる．切歯の過長による異常は外見上，比較的飼い主の目にも触れやすいことから，切歯過長を主訴に来院することも多い．臼歯不正咬合は，大半が下顎臼歯は舌側，上顎臼歯は頬粘膜側に棘状(スパイク状)に過長し，口腔内に損傷や潰瘍を形成させる[35]．さらに歯根部の細菌感染や骨髄炎を起こし膿瘍が発生することで，顎骨の骨融解・破壊や骨胞を形成し眼球突出，流涙症や眼脂症などの眼症状，くしゃみや鼻汁などの呼吸器症状二次的な病態がみ

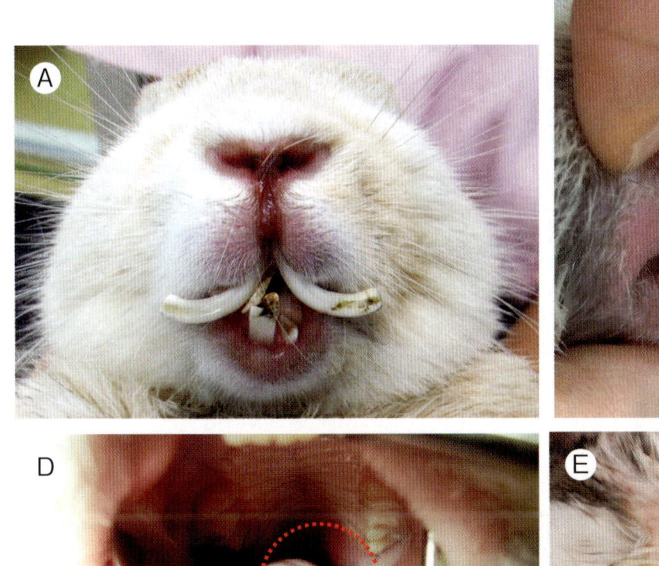

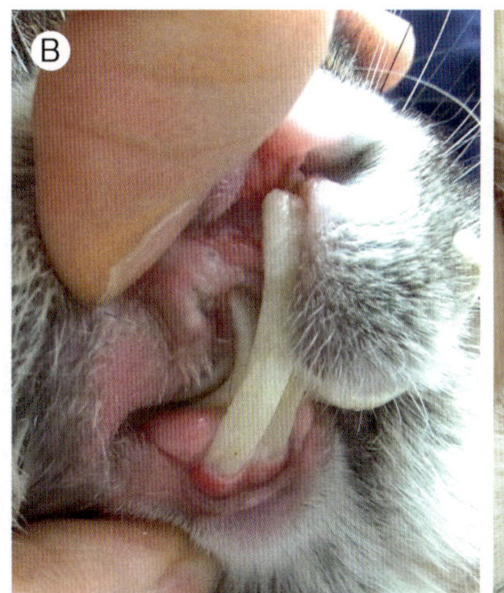

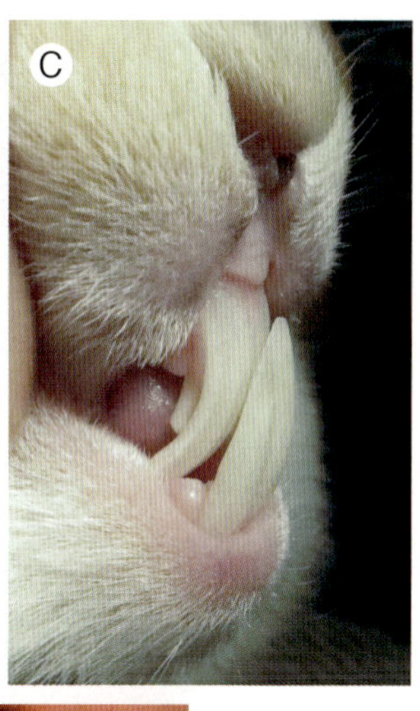

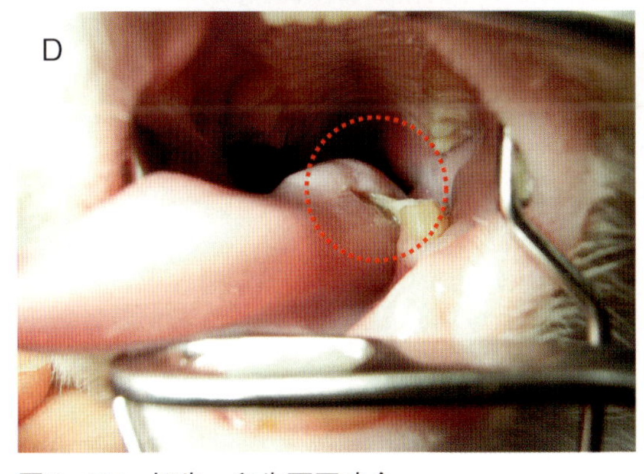

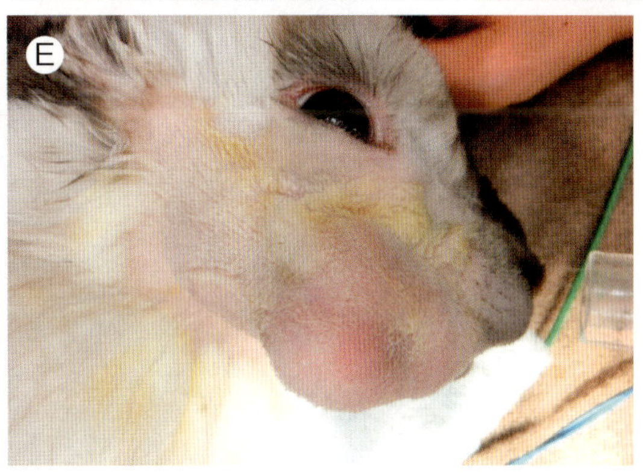

図3- 57　切歯・臼歯不正咬合
A〜C：切歯過長　C：臼歯過長　D：下顎膿瘍
(A ～ C)切歯の不正咬合により上下切歯が過長する．治療は過長した切歯を切削する．(D)右下顎第2臼歯が棘状に舌側へ過長している(点線)．(E)不正咬合により生じた下顎臼歯歯根部の感染により膿瘍が発生している．

られることがある．

消化器疾患(消化管うっ滞)

消化管うっ滞とは消化管の蠕動運動が低下または停止した状態のことをいう．ウサギでは最もよく認められる状態の一つである．不適切な食餌が要因となることも多いが，ストレスや運動不足も原因となる[36]．ストレス源としては，病気，疼痛や環境の変化などが含まれる．消化管うっ滞のウサギでは食欲低下により消化管内の繊維質が不足することでさらに消化管の蠕動運動が低下する悪循環となり，最終的には食欲廃絶する[36]．ウサギはグルーミングにより日常的に被毛を摂取するが，消化管の運動が正常な場合は一定の間隔で胃から食物と一緒に移動し，最終的には糞便として排泄される．胃腸の運動性が低下すると被毛や食餌が胃に蓄積し，胃から水分が吸収されて内容物がさらに圧縮される．圧縮された内容物は不快感を引き起こすため食欲不振を悪化させ，消化管の運動性がさらに低下する悪循環となる[36]．

またウサギの盲腸は発酵槽としての機能があり，グラム陰性嫌気性桿菌の *Bacteroides* spp. などの多くの細菌が常在している複雑な細菌叢を持っている[36]．不適切な食餌や消化管のうっ滞は，盲腸内の細菌叢環境のバランスを崩す可能性があり盲腸発酵産物の産生を惹起するため，盲腸のpHが変化する．盲腸のpHのわずかな変化でも正常細菌叢は減少して，病原性がある細菌が増殖し細菌性腸炎を発症する[36]．

消化管うっ滞の治療の中心は輸液による水和，疼痛管理，強制給餌である[36]．輸液は重要であり，脱水の程度やウサギの重症度に応じて静脈内または皮下点滴を行う．特に1～2日以上，食欲廃絶が継続する場合は重度の脱水を起こすため静脈内輸液を検討する[36]．

入院管理と看護

上記の「入院管理」の項目でも記載の通り，特に

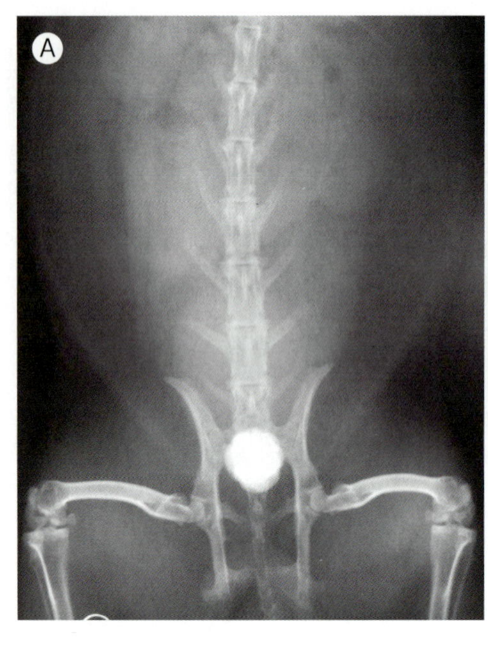

図3-58　尿路結石症
A：腹部X線検査所見
B：炭酸カルシウム結石
(A)血尿といきみを主訴に来院したウサギの症例．腹部X線検査で骨濃度よりもやや高いX線不透過性の結石陰影(1つ)がみられる．(B)本症例は膀胱切開により1つの尿路結石を摘出した．

消化管うっ滞のウサギの入院管理は採食したもの，排便量，便の形態，サイズなど細かく評価しておく．食餌の準備は，普段食べているものに加え嗜好性の高い食餌の追加やペレットをふやかしてだんご状などに形状を変えてみることが推奨される．また治療の一環として点滴治療を行うが，皮下点滴の場合，高齢や心疾患を罹患している症例や血圧が低下している症例では皮下からの吸収が悪く浮腫みとして皮下に停滞することがある．入院中は体重増加がないか把握することや，点滴剤が吸収できず皮下にむくみが残っていないかなどの点を注意深く観察することが必要である．その際は点滴量を調整する，もしくは静脈点滴に切り替えることを検討する．

子宮疾患(子宮内膜炎，子宮腫瘍，子宮水腫など)

ウサギの子宮疾患はエストロゲンの過剰分泌などの性ホルモンの不均衡，加齢により子宮腺の増生や嚢胞を形成することにより子宮内膜過形成や子宮内膜炎が発生しやすくなる．これにより子宮内膜が増生し肥厚するため子宮全体が腫大する[14]．子宮腫瘍は子宮内膜腺癌，子宮内膜腺腫，平滑筋腫，平滑筋肉腫の発生がみられる．中でも子宮内膜腺癌はウサギの子宮腫瘍の中では発生率が高い．進行すると筋層への浸潤や腹腔内播種もみられ，さらに進行すると肺，肝臓，骨への遠隔転移を起こす[36〜40]．子宮水腫は子宮腔内に低比重で細胞数の少ない少量の蛋白を含む透明な漿液が貯留する疾患である．子宮腫瘍に比べると発生率は低いが，時折遭遇する疾患であり，子宮内膜過形成や子宮内膜腺癌などの子宮腫瘍が併発していることがある．犬の子宮疾患では子宮蓄膿症の発生が多くみられるが，ウサギではこの疾患の発生はかなり稀である．

飼い主へのインフォーム

ウサギの子宮疾患は中年齢から高齢に発生することが多く，飼い主が腹部触診をすることはほとんどないので腹腔内の異常に気づきにくい傾向にある．子宮疾患の主訴は血尿が多く，血尿の症状があった場合，中高齢の未避妊雌では泌尿器疾患よりも子宮疾患の可能性が高いことを伝える必要がある．また子宮疾患からの出血があっても持続的に出血していなければ一時的な出血として見過ごされることもあるので，血尿があった症例では子宮疾患の可能性を常に考慮し子宮の明らかな異常が検出されなくても定期的な検診を継続するとよい．また，ウサギの子宮疾患は高頻度に発生することから予防的な避妊手術が推奨される．

尿路結石症（図3-58）

ウサギの尿路結石の大半が炭酸カルシウム結石である．尿中に存在するカルシウム砂の沈殿物や炎症産物などが結石の核となり凝集して形成される．尿路結石の発生要因には飲水量不足に起因する脱水，尿中カルシウム排泄量の増加，尿路感染症，遺伝的要因などが考えられる．膀胱結石が小さい場合には膀胱から尿道へ移動することがあり，雌では解剖学的な特徴のため上尿道を通過して自然排泄されることもあるが，雄では尿道で閉塞する可能性が高い．

入院管理と看護

入院管理させる場合の看護として，点滴した量に対して適切な量を排尿しているかなど排尿状態を詳細に評価する．排尿姿勢や排尿回数をよく観察し，カルテに詳細を記載しておくとよい．また，排尿した便の中に混ざっている可能性もあるため排出された結石がないかを確認する必要がある．

飼い主へのインフォーム

犬や猫と異なり尿のpHをコントロールして結石を溶解させる療法食は存在しない．このため，予防法として結石の原因となるカルシウムの沈殿物が堆積し続けないよう水分摂取量を増加させ，適度な運動を促すことが推奨される．水分摂取量は定期的に飲水を促したり，カルシウム成分の少ない野菜などの水分の多い食餌の量を増やしたりすることで増加させる．栄養指導として，カルシウムの摂取量を制限するために可能な限りカルシウム含有量の少ないペレットを選択し，副食として与える物もカルシウム含有量の少ないものにすることが推奨される．また，ペレットのカルシウム含有量を下げても青菜などのカルシウム含有量が多い野菜の多給により，結果的にカルシウムの摂取量が多くなることもあるため注意が必要である．

尿路結石は排泄や外科的摘出後も再発を繰り返す可能性がある．また厳密にカルシウム制限を行ってもいったん尿路結石が発生した症例では結石が発生しやすい傾向があるため，再発について飼い主へインフォームしておく必要がある．

前庭疾患（斜頸，眼振，エンセファリトゾーン症，中耳・内耳炎）

ウサギの前庭疾患は比較的遭遇することが多い疾患であり，原因としてエンセファリトゾーン症および中・内耳炎の鑑別が必要である．

エンセファリトゾーン症

ウサギのエンセファリトゾーン(Ez)症は，偏性細胞内寄生性のミクロスポリジア（微胞子虫）の*Encephalitozoon cuniculi*が主に中枢神経，腎臓や眼の水晶体などに感染して発症する疾患である[40, 41]．

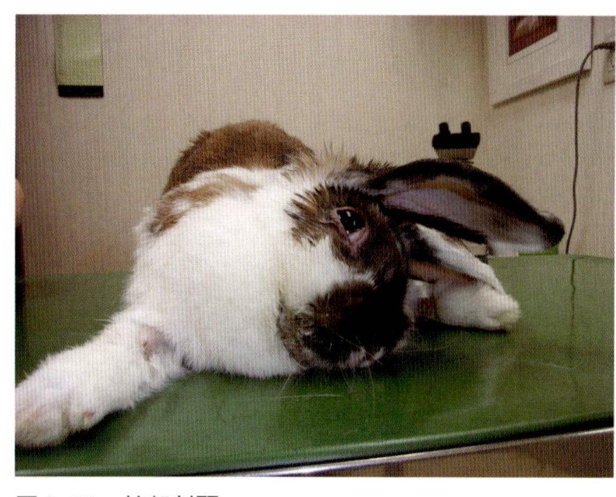

図3-59　捻転斜頸
捻転斜頸が強く発現すると，起立困難となる．

特に前庭障害が有名な疾患であるが，中枢神経では大脳が最も影響を受ける[42]．通常は不顕性感染であるが，ストレスなどによる免疫抑制に伴い日和見的に急性発症する[40, 43～46]．症状は，主に神経症状として捻転斜頸（**図3-59**），眼振，旋回運動などの前庭症状が最も多く，次いでは四肢または両後肢の不全麻痺である[42]．他には沈うつ，性格や行動の変化，虚脱，痙攣発作や振戦などがある[45, 46]．ぶどう膜炎や白内障といった眼症状に加えて，食欲不振，体重減少，若齢個体の成長不良，突然死などの非特異的な症状も認められることがある[45, 46]．臨床診断は，臨床症状，神経学的検査を含む身体検査，血液検査，画像診断および*E. cuniculi*抗体価（IgG, Ig M抗体）の測定などを組み合わせて行う[40, 43, 44]．

中耳炎・内耳炎

ウサギでは中耳炎・内耳炎は一般的な疾患であり，神経症状を呈したウサギの24％が中耳炎と診断されている[47]．特にロップイヤーは外耳道が狭い上に，耳珠が鋭角に付いており耳道入り口が狭いといった解剖学的特徴から，耳炎を発症しやすい[46]．多くは細菌感染が原因であり，特に*Pasteurella multocida*が関連することが多い．これは症状の有無に関わらず中耳炎と診断されたウサギの97％で確認されている[48]．ウサギの中耳炎では膿瘍を形成する場合もあり，重度になると膿瘍周囲が融解する．

入院管理と看護

入院管理をする際，捻転斜頸，転倒や起立困難などの神経症状が重度なウサギでは，眼や四肢など身体の二次的損傷あるいは褥瘡を予防するため，柔らかい素材で保護したり，敷物で床面を覆ったりする工夫が必要となる．吸水ボトルが眼や身体にぶつからないようしたり，飲食しやすいように皿を底上げしたりもする．姿勢異常や後躯不全麻痺により下半身の尿焼けによる皮膚炎が起こった場合は，毛刈りやシャンプーで被毛と皮膚を清潔に保つこともQOLを維持するためには大切である．

飼い主へのインフォーム

急性の神経症状が出た症例では，ウサギも興奮状態にあるが，飼い主もウサギの状況，状態に慌ててしまいどのように対応すれば良いのかわからなくなっていることが多い．原因疾患にもよるが，必ずしも神経症状の重症度と亡くなるリスクについては関連性がないことを伝える．まずは入院管理と同様に姿勢異常に対してウサギが順応していくための対症療法をしっかり行っていく必要がある．

また神経症状，特に斜頸については神経細胞は再生しないことから損傷が不可逆的なものであった場合には臨床症状は改善しない可能性をインフォームしておく必要がある．

特にEz症はストレスにより免疫抑制がかかることで突然の発症や症状の悪化が懸念されるため，近年では飼育環境の安定化が重要視されている[44, 46]ことから，適切な温度・湿度管理に加え，静かな環境を心掛けてもらう[45]．

参考文献

1. 斎藤聡 (2011)：エキゾチックアニマルのケア 生物観，飼育，疾患から看護まで，93-104, interzoo
2. 霍野晋吉，横須賀 誠 (2019)：ウサギ in カラーアトラスエキゾチックアニマル 哺乳類編 増補改訂版 ―種類・生態・飼育・疾病―，202-247, 緑書房
3. Meredith A., Crossley A.D. (2005)：ウサギ in BSAVA エキゾチックペットマニュアル 第四版 (Meredith A., Redrobe S.)，橋崎文隆，深瀬徹，山口剛士，和田新平 訳，89-108, 学窓社
4. Schepers F., Koene P., Beerda B. (2009): Welfare assessment in pet rabbits, Anlm Welfare. 18, 47
5. Rooney N.J., Blackwell E.J., Mullan S.M., et al. (2014):The current state of welfare, housing and husbandry of the English pet rabbit population, MBC, MC Res Notes. 7, 942
6. O'Neill, D.G., Craven, H.C., Brodbelt, D.C., et al. (2020) Morbidity and mortality of domestic rabbits (Oryctolagus cuniculus) under primary veterinary care in England. Vet Rec, 186(14), 451
7. Whiteley H.J. (1958): Studies on hair growth in the rabbit. J Anat. 92:563-567
8. Johnson-Delaney C.A. (2006): Anatomy and Physiology of the Rabbit and Rodent Gastrointestinal System. Proceeding of 27th annual AAV Conference & Expo with AEMV, 9-17
9. Bodeker D., Turck O., Wegner W. et al. (1995): Pathophysiological and functional aspects of the Megacolon-Syndrome oh homozygous Spotted rabbits. J Vet Med A, 42: 549-559
10. Kohles M. (2014): Gastrointestinal Anatomy and Physiology of Select Exotic Companion Mammals. Vet Clin Exot Anim, 17: 165-178
11. O'Malley B. (2005): Rabbits. In: Clinical Anatomy and Physiology of Exotic Species, 173-195, Elsevier
12. Merchant H.A., McConnell E.L., Murdan S. et al. (2011): Assessment of gastrointestinal pH, fluid and lymphoid tissue in the guinea pig, rabbit and pig, and implicateons for their use in drug development. Eur J Pharm Sci, 42:3-10
13. Nath S.K., Das S., Akter S. et al. (2016): Topographical and biometrical anatomy of the digestive tract of White New Zealand Rabbit (*Oryctolagus cuniculus*). J Adv Vet Anim Res, 3:145-151
14. Donnelly T.M., Vella D. (2020): Basic Anatomy, Physiology, and Husbandry of Rabbits in FERRETS, RABBITS, and RODENTS CLINICAL MEDICINE and SURGERY (Quesenberry K.E., Orcutt C.J,, Mans C., et al.), 131-149, ELSEVIER
15. Stamatova-Yovcheva K., Dimitrov R., Toneva J. et al. (2015): What kind of imaging modality should be chosen when study rabbit liver anatomy: CT or MRI. International Journal in Physical & Applied Sciences, 5:99-107
16. Beaufrere H., Saman N., Le K. (2016): Respiratory System. In: Current Therapy in Exotic Pet Practice (Mitchell M. and Tully Jr. T.N. eds.), 76-150, Saunders
17. Varga M. (2013): Cardiorespiratory Disease. In: Textbook of Rabbit Medicine, 2nd ed., 390-404, Butterworth-Heineman
18. Hew K.W, Keller K.A. (2003): Postnatal anatomical and functional development of the heart: species comparison. Birth Defects Res B. 68:309-320
19. Brandao J. Graham J. Quesenberry K. (2020): Basic approach to veterinary care of rabbits. In; Ferrets, rabbits, and rodents. Clinical medicine and surgery. 4th ed.150-161, Elsevier
20. Miwa Y., Carrasco D.C. (2019): Exotic Mammal Orthopedics. Vet Clin Exot Anim.22(2):175-210

21. Girolamo N.D., Selleri P. (2020): Disorder of the reproductive and urinary systems. In: Ferret, Rabbit, and Rodents. Clinical Medicine and Surgery 4th ed. (Quesenberry K.E., Orcutt C.J., Mans C., Carpenter J.W., eds.), 201-219, Saunders
22. Vella D., Donnelly T.M. (2012): Basic Anatomy, Physiology, and Husbandry, In: Ferret, Rabbit, and Rodents. Clinical Medicine and Surgery 3rd ed. (Quesenberry, K.E. and Carpenter J.W. eds.), 157-173, Saunders
23. Meredith A. (2009)：第1章 生物学と飼育管理 in BSAVA ウサギの内科と外科マニュアル 第二版 (Meredith A., Flecknell P.), 斎藤久美子 訳, 1-20, 学窓社
24. 霍野晋吉 (2018): 第10章生殖器疾患・繁殖疾患 in ウサギの医学, 318-365, 緑書房
25. Varga M. (2014): Rabbit Basic Science in TEXTBOOK OF RABBIT MEDICINE Second Edition, 3-110, ELSEVIER
26. 斉藤久美子 (2007)：第9章 栄養と食事管理指導 in 実践うさぎ学 ―診療の基礎から応用まで―, 96-107, interzoo
27. Carpenter J.W., Wolf K.N., Kolmstetter C. (2014)：70章 小型ペット哺乳類の給餌 in 小動物の臨床栄養学 第5版 (Hand M.S., Thatcher C.D., Remillard R.L., et al.), 岩﨑利郎, 辻本元 訳, 1401-1426, エデュワードプレス
28. 霍野晋吉 (2018)：第1章検査と基本手技 in ウサギの医学, 18-65, 緑書房
29. Campbell T.W., Ellis C.K. (2010): 小型哺乳類の血液学 in 鳥類とエキゾチックアニマルの血液学・細胞診, 斑目広郎 訳, 117-144, 文永堂出版
30. Moore D.M., Smith S.A., Zimmerman K. (2014): Hematological Assessment in Pet Rabbits: Blood Sample Collection and Blood Cell Identification in Hematology, An Issue of Veterinary Clinics of North America: Exotic Animal Practice (Campbell W.T.), 9-20, ELSEVIER
31. Benson K.G., Paul-Murphy J. (1999): Clinical Pathology of the Domestic Rabbit: Acquisition and Interpretation of Samples in Clinical Pathology and Sample Collection, An Issue of Veterinary Clinics of North America: Exotic Animal Practice (Reavill D.R.), 539-552, ELSEVIER
32. 石田卓夫 (2008)：肝疾患の監査 in 伴侶動物の臨床病理学 第2版, 160-179, 緑書房
33 Harcourt-Brown F. (2013): Diagnosis of Renal Disease in Rabbits in Clinical and Diagnostic Pathology, An Issue of Veterinary Clinics of North America: Exotic Animal Practice (Melillo A.), 145-174, ELSEVIER
34. Bradley T.A. (2011): Rabbit Peet Care in A Quick Refernce Guide to Unique Pet Species (Fisher P.), 2-9, Zoological Education Network
35. Lennox A., Capello V., Legendre L.F. (2015): Small mammal dentistry. In: Quesenberry, K.E., Orcutt C.J., Mans C., and Carpenter J.W. eds. Ferret, Rabbit, and Rodents. Clinical Medicine and Surgery 4th ed,,514-535, Saunders
36. Oglesbee B.L., Lord B. (2021): Gastrointestinal Diseases of Rabbits. In: Ferrets, Rabbits and Rodents: Clinical Medicine and Surgery (Quesenberry K.E., Orcutt C.J., Mans C., Carpenter J.W. eds.), 4th eds., 174-187, Elsevier
37. Klaphake E., Paul-Murphy J. (2012): Disorder of the reproductive and urinary systems. In: Ferrets, Rabbits, and Rodents Clinical Medicine and Surgery. 3rd ed. (Quesenberry K.E. and Carpenter J.W. eds.), 217-231, W.B. Saunders
38. Hillyer E.V. (1994): Pet rabbits. Vet Clin North Am Small Anim Pract. 24: 25-65
39. Baba N., von Haam E. (1972): Animal model for human disease: spontaneous adenocarcinoma in aged rabbits. Am J Pathol. 68, 653-656
40. Dipineto L., Rinaldi L., Fioretti A. et al. (2008): Serological Survey for Antibodies to Encephalitozoon cuniculi in Pet Rabbits in Italy. Zoonoses Public Health, 55:173-175
41. Cray C., Arcia G., Arheart K.L. et al. (2009): Evaluation of the usefulness of an ELISA and protein electrophoresis in the diagnosis of Encephalitozoon cuniculi infection in rabbits. Am J Vet Res, 70:478-482.
42. Fisher P.G., Carpenter J.W. (2012): Neurologic and Musculoskeletal Disesses. In: Ferrets, Rabbits and Rodents: Clinical Medicine and Surgery (Quesenberry K.E., Carpenter J.W. eds.), 3rd eds., 245-256, Elsevier
43. Fisher P.G., Kunzel F., Rylander H. (2021): Neurologic and Musculoskeletal Disesses. In: Ferrets, Rabbits and Rodents: Clinical Medicine and Surgery (Quesenberry K.E., Orcutt C.J., Mans C., Carpenter J.W. eds.), 4th eds., 233-249, Elsevier
44. Künzel F., Fisher P.G. (2018): Clinical Signs, Diagnosis, and Treatment of Encephalitozoon cuniculi Infection in Rabbits. Vet Clin Exot Anim, 21:69-82
45. Künzel F., Joachim A. (2010): Encephalitozoonosis in rabbits. Parasitol Res, 106:299-309
46. Mancinelli E. (2012): Treating Encephalitozoonosis infection in domestic rabbits. Vet Times,45:31
47. Eatwell K., Mancinelli E., Yool D.A. et al. (2013): Partial ear canal ablation and lateral bulla osteotomy in rabbits.. J Small Anim Pract, 54:325-330
48. Mancinelli E. Lennox A.M. (2017): Management of Otitis in Rabbits. J Exo Pet Med, 26:63-73

モルモット

生物学的分類と特徴および品種

モルモット(*Cavia porcellus*)はげっ歯目ヤマアラシ亜科テンジクネズミ科テンジクネズミ属に分類される．和名はテンジクネズミであるが，モルモットと呼ばれることが多く，この語源はオランダ語のMarmotに由来する．オランダ人がヨーロッパの高山に生息するリス科のマーモットに外観が似ているために間違え，その間違った名がそのまま日本に伝えられたとされる．

野生のモルモットは存在せず，祖先となった野生種についての詳細は不明であるが，南米の山岳地帯などに生息するパンパステンジクネズミ(*Cavia aperea*)である可能性が極めて高いといわれている[1]．飼育動物としての歴史は非常に長く，食用などに数千年以上前から人に飼育されている[1,2]．

モルモットは四肢が短く，全般的にずんぐりした外観を呈する．体重はおよそ1kgであり，雄のほうがやや大きい(雄900～1,200 g，700～900 g)[3]．

品種

愛玩用として品種改良されたモルモットには，短毛で直毛のイングリッシュ(**図3-1A**：別名アメリカン)，毛短で縮毛のレックス(**図3-1B**；別名テディ)，短毛で全身につむじ(ロゼット)のあるアビシニアン(**図3-1C**)，短毛で頭だけにつむじのあるクレステッド(**図3-1D**)，長毛で直毛のシェルティー(別名シルキー)，長毛・直毛で全身につむじのあるペルビアン(**図3-1E**)，長毛・直毛で頭だけにつむじのあるコロネット(**図3-1F**)，長毛で縮毛のテクセル(**図3-1 G**)，身体にほとんど毛のないスキニーギニアピック(**図3-1H**；別名ヘアレス)など，多くのバリエーションがある．また，被毛に艶があるものはサテンと呼ばれる．

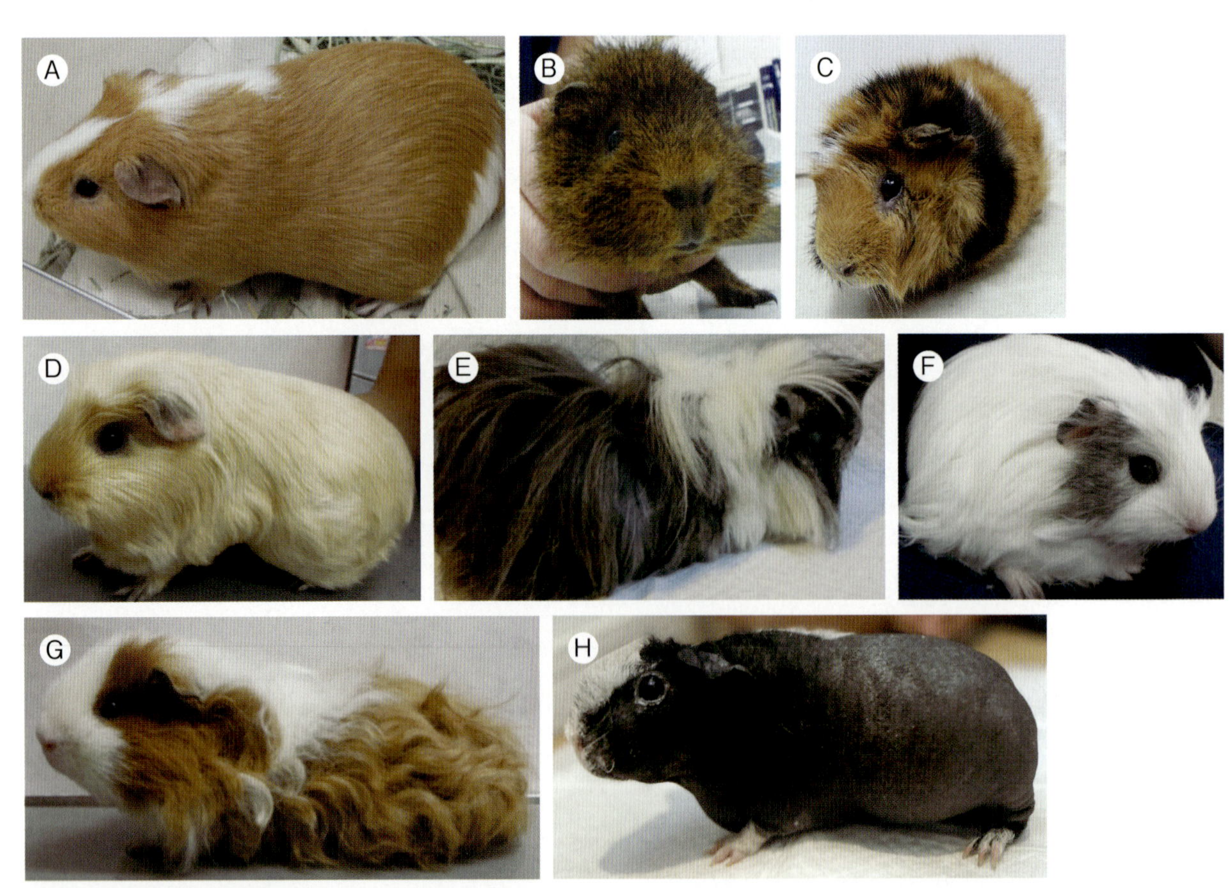

図3-1　モルモットの品種
A：イングリッシュ　B：レックス　C：アビシニアン　D：クレステッド　E：ペルビアン　F：コロネット
G：テクセル　H：スキニーギニアピッグ
短毛，無毛，長毛種など現在数十種類の品種が存在し，品種ごとに皮膚や被毛の特徴が異なる．

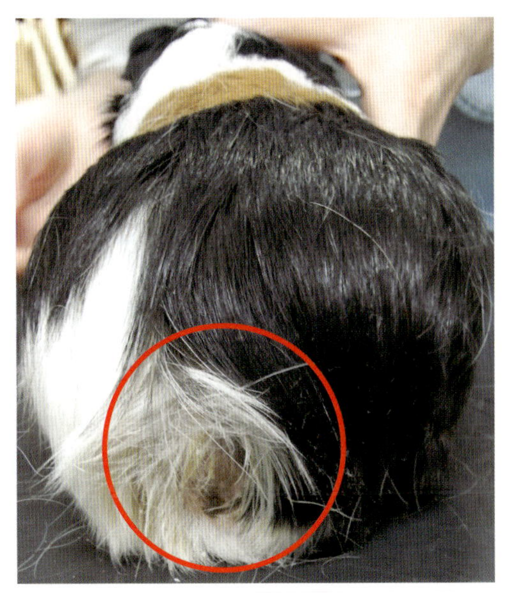

図3-2　モルモットの腰部臭腺
モルモットは，腰部と会陰部領域に皮脂腺性の臭腺を持つ．

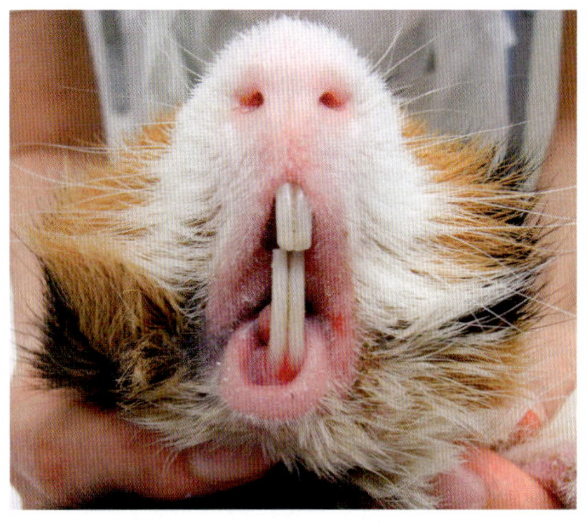

図3-3　モルモットの正常な切歯
下顎口唇を下げると下顎切歯が長く見えるが，正常で下顎切歯は上顎切歯よりも2～2.5倍長い．

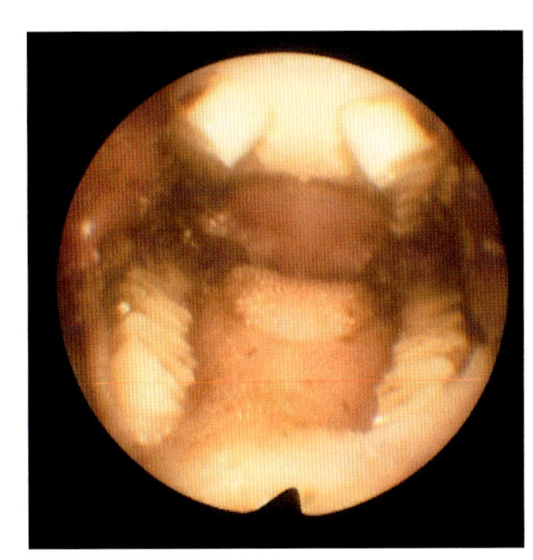

図3-4　モルモットの正常な臼歯
臼歯の咬合面はおよそ30度の傾斜で咬合している．

図3-5　モルモットの便
モルモットの硬便と食糞(盲腸便)は肉眼的に判別はつかない．

解剖生理学的特徴

外皮

被毛は豊富で，細いアンダーコートとともに広範囲に身体を覆う[4]．特に雄の頸背部は皮膚が厚く，腹部や腋窩の皮膚は概して薄い．アンドロゲン依存性の脂腺は後躯背側(**図3-2**)や肛門周囲に豊富に分布する．また，長毛種では皮脂腺分泌物が被毛に付着し，毛玉になってしまうので，定期的な手入れを要する．乳腺は雄雌とも一対のみ存在する．

消化器

歯式は2(I 1/1 C 0/0 P1/1 M 3/3)の計20本からなる．これらはすべて常生歯であり，生涯伸び続ける．下顎は上顎より大きい．上顎切歯は下顎切歯より短く，下顎切歯の長さは上顎切歯の2～2.5倍である(**図3-3**)．臼歯の咬合面は水平ではなく，およそ30度傾斜している(**図3-4**)．舌は舌根の2/3が下顎の歯槽粘膜に付着している．舌の可動性は少なく，吻側1/3と尾側2/3では動きが異なる[5]．消化管は長く，盲腸は腹腔のおよそ1/3を占め，胃内容の排出時間はおよそ2時間，胃腸管全体の通過時間はおよそ20時間である[4]．

食糞は頻繁で150～200回/日といわれ[6]，食糞される便は小さく，水分を多く含み，タンパク質が多く，繊維が少ない．硬便は，性別，身体の大きさ，食物，体調により外観がやや異なる(**図3-5**)．硬便の大きさは均一で，個体差はある．

肝臓は6葉で，外側左葉，内側左葉，方形葉，外側右葉，内側右葉，尾状葉に分かれ，胆嚢はよく発達している．

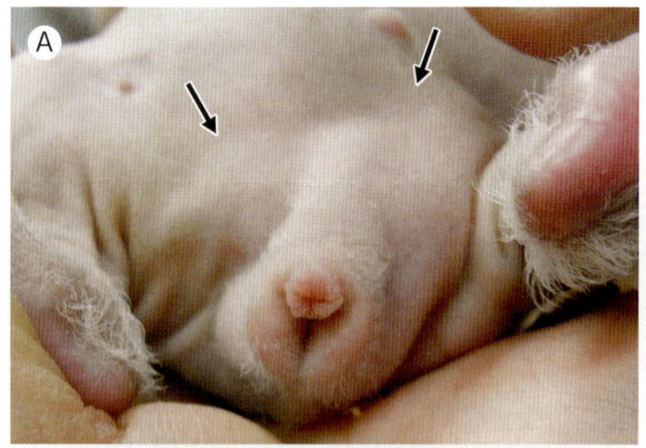

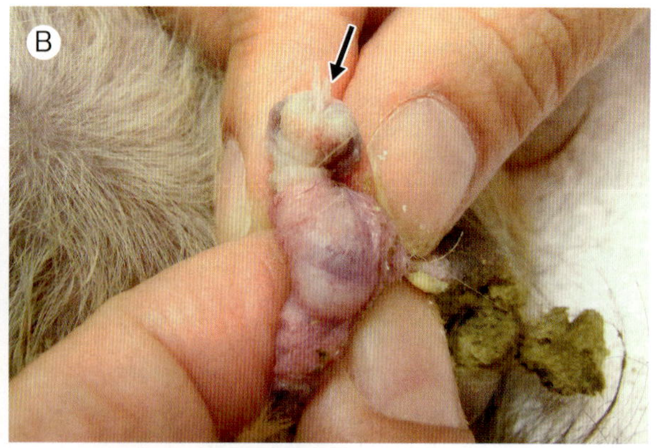

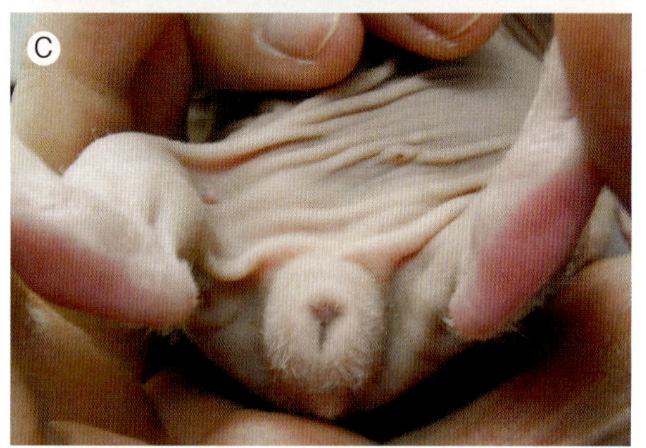

図3-6　モルモットの雌雄判別
A：雄の外陰部　B：スタイル　C: 雌の外陰部
(A)左右の膨らみが精巣である(矢印). (B)ペニスを圧迫するとスタイル(矢印)が突出する. (C)会陰部がスリット状になっているためY状になっている.

泌尿器

腎臓は豆型をしており，腎盂は比較的長い．他のげっ歯類と同様，単一の腎乳頭からなる．尿管，膀胱はウサギと類似し，尿道は比較的長い[4]．

生殖器

雄の精巣は．鼠径管が開いたままであるため開口した鼠径管から体腔内へ出たり入ったりする．副生殖腺は精嚢腺，前立腺，凝固腺，尿道球腺からなる．精嚢腺は尿管の腹側に位置し，螺旋状を呈する[4]．

雌には一対の子宮角と短い子宮体があり頸管が膣に開口する．また，モルモットには膣閉鎖膜があることが知られる．雌雄は容易に判別できる．雄は性成熟以降であれば比較的大きめの精巣が確認でき，それ以前であれば尿道開口部と陰茎骨を持ち尿道開口部(腹側)にはスタイルと呼ばれる突起物が存在する[4]．雌は会陰部がスリットになっているためY字状にみえる[4](**図3-6**)．

呼吸器

右肺は前葉，中葉，後葉，副葉の4葉，左肺は前葉，中葉，後葉の3葉からなる[4]．

循環器

心臓は犬猫と同様, 右側の房室弁は三尖弁であり，僧帽筋は二尖弁である[4]．また，モルモットは一般的に右心室内腔に中隔縁柱による調節帯を持ち，稀に左心室にも存在する[7]．

感覚器

げっ歯類の中でも鼓室胞が大きなことが特徴で聴力に優れている[8]．虹彩の色は多様である．また白い涙を認めることがあるが，発達したハーダー腺から分泌される脂肪分を多く含む涙であり，正常であることが多い[9]．白い涙は通常，眼球表面が風などの刺激を受けた時に分泌される．

筋骨格

頸椎7個，胸椎13個，腰椎が6個，仙椎2個，尾椎4個である．肋骨は13～14対で，最後の1～2対は軟骨からなる．外観上は尾がないように見えるが，小さな尾椎が確認される．前肢の指は4本，後肢の指は3本で，それぞれの指の爪は鉤型を呈する(**図3-7**)．

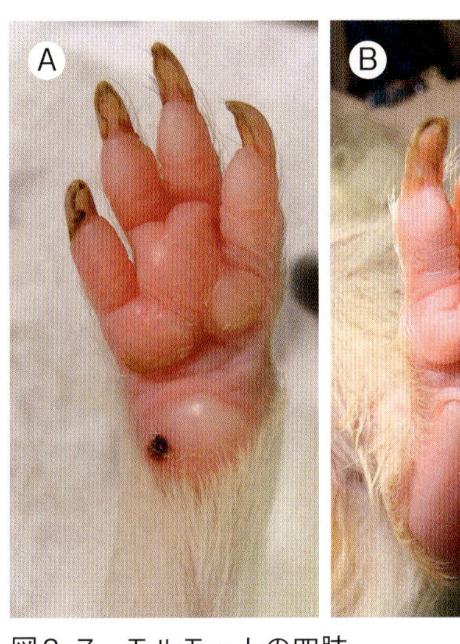
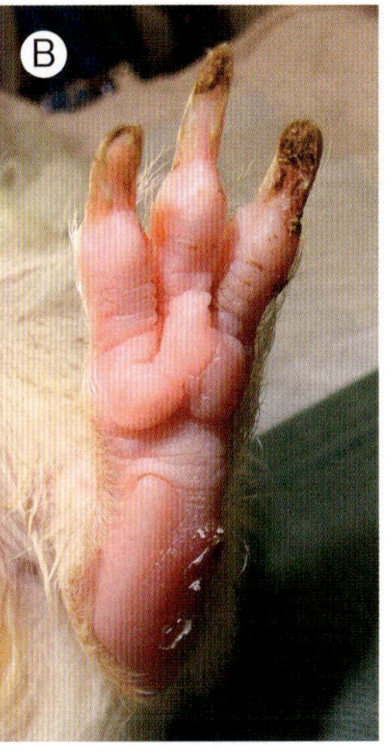

図3-7　モルモットの四肢
A：前肢　B：後肢
前肢の指は4本，後肢は3本あり足底には被毛は生えていない．

図3-9　飼育環境
一般的にウサギ用ケージなどを使用することができる．ただモルモットは跳躍力がなく立ち上がった時の高さ以上に塀や壁を乗り越えることができないため，高さはあまり必要としない．

繁殖生理

通常，骨盤の恥骨結合部は線維性軟骨質で構成され，分娩に伴って開くようになっており初産で拡張した産道はその後に狭くなることはない．しかし，モルモットでは生後10カ月を過ぎると結合部は癒合してしまうため，雌の繁殖開始が12カ月齢を過ぎてしまうと産道が十分に開かず，難産を招くことが知られている[10]．

発情の開始は雌で2～3カ月，雄は4～5カ月前後である．多くの雌は15～17日の発情周期で発情は6～11時間続き自然排卵する．交尾に伴い，膣栓が形成され1週間前後で着床する．

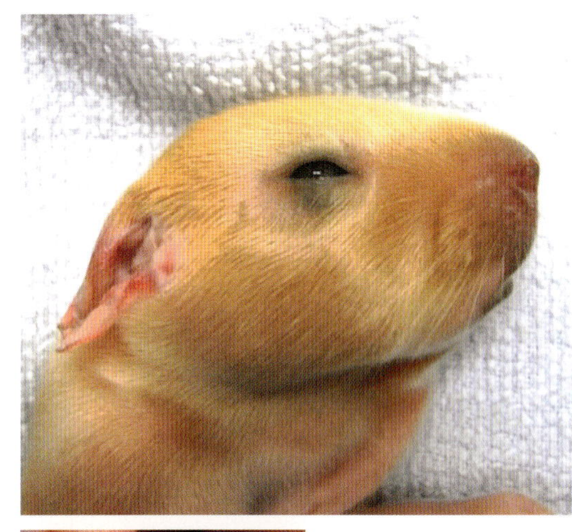
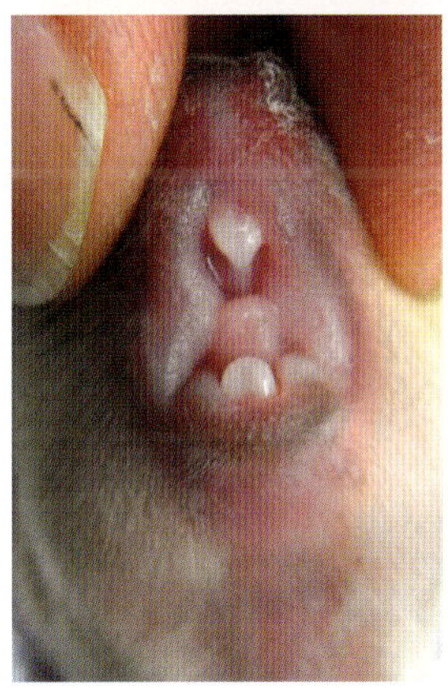

図3-8　生後直後のモルモット
被毛も生えており，すでに歯も生えている．

モルモットの妊娠期間は59～72日，平均68日であり，ウサギなどに比べると長い．産仔数は3頭前後であるが，妊娠後期になると，大きなお腹がかなり目立つようになる．妊娠中はビタミンC要求量が通常より増加するので，やや多めに野菜やサプリメントを与えるなどの配慮が必要である．

出産時に営巣はせず．正常な分娩は短時間で終わり(30分ぐらい)，各胎仔の出産の間隔は数分である．分娩後は分娩後6～48時間で再開する分娩後発情による妊娠を避けるため，雌雄は離しておいた方がよい．新生仔は早生性で，出産時には開眼し被毛の生え揃った状態で生まれる．すぐにふやかしたフードなどを自食することが可能である(**図3-8**)．自食していても，離乳までには3週間を要する．

飼養管理

飼育環境(図3-9)

飼育環境はウサギと類似している．ただしモルモットは跳躍力がなく立ち上がった時の高さ以上に塀や壁を乗り越えることができないため，天井の

表3-1　各ステージにおけるモルモットの栄養要求量

栄養要求量	成長期[12]	維持期[13]	繁殖期[13]
脂質(%)	1.33～4.0	2.6	3.5
タンパク質(%)	18.0	13.0	18.0
繊維(%)	15.0	8.0	11.2
灰分(%)		6.5	7.3

表3-2　成長期のモルモットにおける栄養要求量推定値(フード1kg中の含有量)(参考文献12より引用・改変)(続く)

成分		要求量	備考
アミノ酸	アルギニン(g/kg)	12.0	
	ヒスチジン(g/kg)	3.6	
	イソロイシン(g/kg)	6.0	
	ロイシン(g/kg)	10.8	
	リジン(g/kg)	8.4	
	メチオニン(g/kg)	6.0	
	フェニルアラニン(g/kg)	10.8	
	スレオニン(g/kg)	6.0	
	トリプトファン(g/kg)	1.8	
	バリン(g/kg)	8.4	
必須アミノ酸を除く含有窒素化合物(g/kg)		16.9	
ミネラル	カルシウム(g/kg)	8.0	カルシウム，リン，マグネシウム，カリウムの要求量は相互に影響し合う
	リン(g/kg)	4.0	
	マグネシウム(g/kg)	1.0	
	カリウム(g/kg)	5.0	
	クロール(g/kg)	0.5	精製飼料による飼育下のラットより推定
	ナトリウム(g/kg)	0.5	
	銅(mg/kg)	6.0	推定量
	鉄(mg/kg)	50.0	
	マンガン(mg/kg)	40.0	
	亜鉛(mg/kg)	20.0	
	ヨウ素(μg/kg)	150.0	ラットの要求量に基づく
	モリブデン(μg/kg)	150.0	
	セレン(μg/kg)	150.0	

ない水槽やサークルなどでも飼育可能である．一般的にウサギ用ケージなどを使用することができる．ケージ内に餌用の容器，水用容器や飲水ボトルを設置し全身が隠れるくらいの巣箱などのシェルターをレイアウトするとよい．飼育最適温度は，18～22℃もしくは20～24℃，最適湿度は50～60%とされている[3]．モルモットは体格に対して糞尿の量が多く床換えをしないと不衛生になりやすい．

食餌

モルモットは完全草食性であるためウサギと類似する部分が多い．モルモットの食餌管理の大きな特徴はL-グルノラクトンオキシダーゼを欠くためにビタミンCの摂取が必須であることは広く知られているが，ウサギや他のげっ歯類より葉酸要求量(成長期のラットの3～6倍，マウスの6～12倍)やビタミンK要求量が高い(ラット，マウスの5倍)ことも特徴として挙げられる[11, 12]．成長期の実験用モルモットに必要な各栄養素の値[12]や維持期，繁殖期の大まかな目安[13]が公表されている(**表3-1, 2**)．モルモットは食欲旺盛である一方，食習慣の変化を極めて嫌うことも多い[14]．食餌はモルモット専用フード(ペレット)，チモシーなどの乾燥牧草，野菜や野草を組み合わせて与える．

表3-2　(続き)成長期のモルモットにおける栄養要求量推定値(フード1kg中の含有量)(参考文献12より引用・改変)

成分		要求量	備考
ビタミン	A レチノール または　β-カロテン(mg/kg)	 6.6 28.0	40%がビタミンAに変化
	D(mg/kg)	0.025	目安量：定量データなし
	E(mg/kg)	26.7	
	K(mg/kg)	5.0	目安量：欠乏食による試験は行われていない
	アスコルビン酸(mg/kg)	200.0	
	ビオチン(d-ビオチン)(mg/kg)	0.2	目安量：欠乏食による試験は行われていない
	コリン(mg/kg)	1,800	
	葉酸(mg/kg)	3.0〜6.0	
	ナイアシン(mg/kg)	10.0	
	パントテン酸 (Ca-dパントテン酸エステル)(mg/kg)	20.0	
	ピリドキシン(mg/kg)	2.0〜3.0	
	リボフラビン(mg/kg)	3.0	
	チアミン(チアミンHCl)(mg/kg)	2.0	

ペレットは品質の優れた専用のペレットを食餌全体の1/3〜2/3[15]程度与える．近年では長期保存に耐えるビタミンCが追加されているものの，ペレットの袋を開封後に酸化してビタミンCが壊れていくためどの程度食べているのか把握する必要があり，状況に応じてビタミン製剤を追加を要する．ウサギ用ペレットにはビタミンCは含まれず，ビタミンDが過剰なため，ビタミンC欠乏や異所性石灰化の原因となることが知られている[13]．

牧草については共通の項を参照してもらいたいが，モルモットはウサギより効率的に繊維を消化することが可能[16]で，繊維の要求量はウサギ(維持期)に比べて高くないことが知られている[17]．野菜，野草は，大量の野菜や果物を与えると嗜好性の高い生ものだけで空腹を満たし，ペレットフードや乾草はほとんど食べなくなってしまう．また，水分の摂りすぎや繊維不足から軟便や下痢を招く可能性がある．適正なペレットを与え野菜は少量に留めておくことが推奨される．ビタミンCや葉酸が豊富で比較的嗜好性が高く，入手しやすい野菜としてパセリ，ピーマン，クレソン，カブや大根の葉などのほか，少量であればサラダ菜やレタスなども与えてよい．ある種の野菜(ニンジン，ホウレン草，春菊，キャベツ，キュウリ，スイカの皮など)や果物(バナナ，リンゴなど)にはビタミンC酸化酵素(アスコルビナーゼ)が含まれ，細かくきざみ野菜の細胞が破壊されると酵素活性が高まることが知られているのであげ方には考慮する．

飲水は食餌内容や環境温度にもよるが，モルモットは体重100gあたりおよそ8mLの水を飲む[15]．ビタミンCを水に溶かして与える方法は，劣化が早いビタミンであることに加えてボトルの金属部が腐食する要因になり，投与量も一定にならず，酸味を嫌う個体が水を飲まなくなる恐れがあるため，タブレットなどで与えるとよい．

診療時

来院時の注意点と問診・視診

モルモットは従順で扱いやすいが，ストレスには極めて弱い．診察室内では恐怖を感じて動きが固まってしまうことがあるが，診察台に乗せた瞬間に急に逃げ出そうと駆け出すことがあり，診察台から落下するなどの事故に繋がることがある．このため，可能な限り恐怖を与えずに診察を進めることが重要である．問診・視診は犬猫と基本同様であるが，モルモットの特徴をよく理解した上で問診する必要がある．また視診もは保定前にキャリーに入っている状態で呼吸状態や全身状態の確認を行い，過度にストレスを与えないように十分配慮する必要がある．

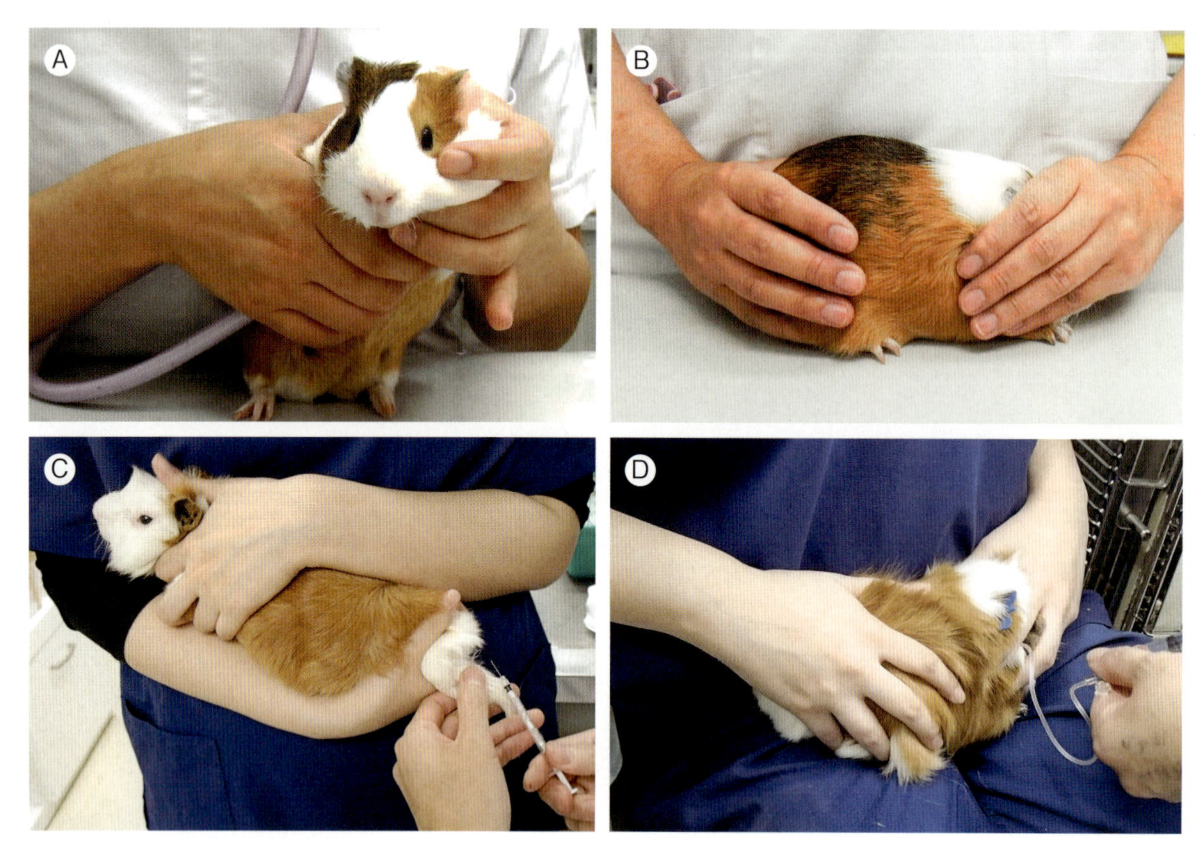

図3-10　モルモットの保定法
A：聴診時　B：基本的な保定法　C：採血時の保定法　D：皮下点滴の際の保定法
背側の皮膚を掴まないように注意する．モルモットは皮膚が厚く伸展性が少ないため脇の下を持って保定する．

保定法

保定法は採血時，爪切り，点滴，口腔内視診時などを実施する際に保定が必要となる．モルモットの保定は比較的容易であるが，ストレスに弱いため仰臥位にした際に鳴き叫ぶことも多い．この際，ストレス過剰にならないようモルモットの様子をよく観察しながら保定をする必要がある．

通常の身体検査はモルモットを膝に置き膝から落ちないように頭を全体的に抑えながらもう片方の手で触診や聴診を行う(**図3-10**)．膝に乗せた状態で両手を離すと逃走して落下する可能性があるため注意する．仰臥位にする場合にはウサギと異なり背側の皮膚を掴まない．モルモットは皮膚が厚く伸展性が少ないためモルモットが不快感を感じることから，脇の下を持って保定する．採血は外側伏在静脈から採血することが多いが，足が短いため後肢を進展させる保定の難易度は高い(**図3-10C**)．また後肢を無理に伸展させると関節を痛めることがあるため，力加減に注意しながら実施する．タオルを用いた保定法は共通の項を参照して頂きたい．

注意すべき状態

モルモットもウサギと同様，無理な保定を行うとストレスを強く感じ検査後にぐったりすることもある．モルモットはウサギと比べると鳴き声を上げることも多く，多少鳴いたとしても問題とはならないことがほとんどだが，鳴き続ける状態が続くとショックを起こす可能性もあるので注意する．

処置方法

鎮静・麻酔

モルモットに使用できる鎮静薬や麻酔薬については成書を含めいくつか報告[18]されている．他の動物と同様，麻酔をかける前には全身の身体検査，聴診と胸部のX線検査を実施し，理想的には血液検査を実施する．緊急を要する例を除き，前日までに検査を済ませ，麻酔をかける当日はできるだけストレスをかけないようにする．注射麻酔による鎮静後，導入台へ移動し，タオルなどを利用し頭部と胸部を持ち上げた状態を維持し，口腔内の食物残渣を取り除く．これは腹腔内臓器が横隔膜越しに胸腔を圧迫し呼吸を抑制しないように，また口腔内の残渣が気道

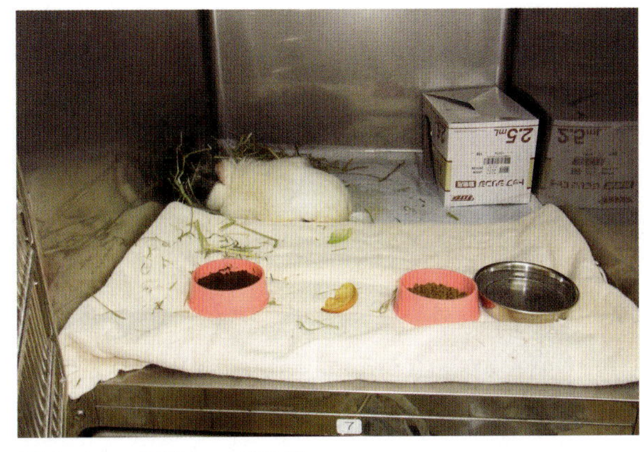

図3-11　入院ケージの例
身を隠すことのできる隠れ小屋を準備する．隠れ小屋としてシリンジの空き箱を利用したり，飼い主に自宅で使用している小屋を持ってきてもらうこともある．

閉塞の原因とならないように配慮するためである．モルモットは解剖学的な構造上気管チューブの挿管は困難であり，硬性鏡を用いて挿管しても気管チューブによる気管粘膜の損傷などのリスクを伴うこともある．

輸液(補液)

モルモットは皮下補液以外にも静脈内点滴を実施することができる．しかし，静脈内点滴は四肢の短いモルモットでは，留置を継続することが強いストレスとなる可能性がある．そのため全身状態が低下している症例では，意識下で留置するか基本的には術中のみ実施することが多い．皮下点滴は体重や全身のむくみを評価しながら点滴量を決定する．モルモットの皮下点滴は背頸部付近の皮下へ投与するが，皮膚が伸長しづらく厚いので針が刺入しづらいこともある．

入院管理

環境の変化に神経質なモルモットの治療は，可能な限り通院により行うことが望ましいが，やむを得ず入院とする場合は細心の注意を払いながら管理する．犬や猫の声や匂いのする近くのケージは避けることが望ましい．また隠れるための小さな小屋や寝袋などを一緒に入れる．小屋は自宅で使っているものを持ってきてもらうか，小さめの段ボールや箱などを加工して使用することもある．当院での入院ケージの例を紹介する(**図3-11**)．その他，食餌の管理や入院中の状態の把握についてはウサギと同様である．

検査方法

糞便検査

モルモットの糞はウサギに比べると細長く楕円形をしているが糞便検査は犬猫と同様に実施できる．また，モルモットの糞は雌雄で形が異なり，雄の便が湾曲したバナナ型であるのに対し雌の便は俵型をしている．当院では直接鏡検，浮遊検査を実施し，必要に応じて塗抹検査を追加している．モルモットでも原虫や線虫，コクシジウムなどがみられるが遭遇する頻度はそれほど高くない．

尿検査

草食動物であるモルモットの尿はアルカリ尿(pH8～9)であり，カルシウム結晶を含み正常でも混濁している．また，ウサギと同様正常でも赤色や褐色にみえることがある．採尿は自然排尿や圧迫排尿した尿を採取することが多いが，膀胱穿刺や尿カテーテルによる採尿も可能である．

血液検査

モルモットの血液量は69～75 mL/kg，血漿量の平均値は3.88 mL/体重100 gであり，健常な個体からは0.5～0.7 mL/体重100 gの血液を安全に採取が可能である[19～21]．モルモットは四肢が短く，表在血管に乏しく，血管が脆いため，末梢血管から検査に必要な一定量を得るには熟練を要する．モルモットは深爪させて血液を得る爪採血，外側伏在静脈，橈側皮静脈，内股静脈，頸静脈，前大静脈などから採血することができる．当院ではほとんどの場合外側伏在静脈から採血を行い，採血が困難な症例では爪採血をしている．なお採血前の絶食は指示していない．

血球検査

赤血球

赤血球数やPCVの低下は貧血の指標となり，上昇は軽度な脱水を示唆する．貧血（再生性）の回復期には赤血球数の増加に伴い，大小不同，多染性，有核，ハウエルジョリー小体の増加が認められるが，モルモットの赤血球の大きさは正常時においても幅があり，多染性や網状赤血球も認められることから，これら所見の正常範囲を念頭に標本を観察する．モルモットの血小板は性や系統による数の差はないとされており[22]，数は他の哺乳類とほぼ同様である[23]．

白血球

白血球はウサギと同様好中球には好酸性の小さな顆粒が含まれるため偽好酸球と呼ばれる．リンパ球は白血球のうちで最も数が多く[24]，大小型リンパ球があり，大型リンパ球は小型リンパ球の2倍ほどの大きさがあり，細胞質に顆粒を認めることがある[24]．また，リンパ球の中にはモルモットやカピバラなど[25]に特徴的なクルロフ細胞（Foa-Kurloff cell）が，白血球数全体の3～4％に認められる（**図3-12**）．この細胞はNK細胞であり，エストロゲン刺激や妊娠に伴い増加するといわれている[24]．

血液生化学検査

肝酵素についてモルモットでは，ALT（GPT）は臓器特異性も活性も低いことから，肝細胞の壊死や損傷の指標にはなりにくい[19,20]とされている．

脂質に関しては，高コレステロール血症は食餌内容の影響を受けること[20]，妊娠後期の絶食によりケトーシスの状態に陥ったモルモットでは高脂血症が認められる[26]ことなどが知られている．

血糖については，ストレスにより上昇しハンドリングによりこの影響を減らすことが報告[23]されている．また飢餓[23]や妊娠ケトーシス[26]では血糖値の低下がみられる．

BUNは腎後性尿路閉塞などで上昇し[23]，クレアチニンは腎機能の鋭敏な指標になり[23]，BUNの上昇とともに高値になる例が多い．

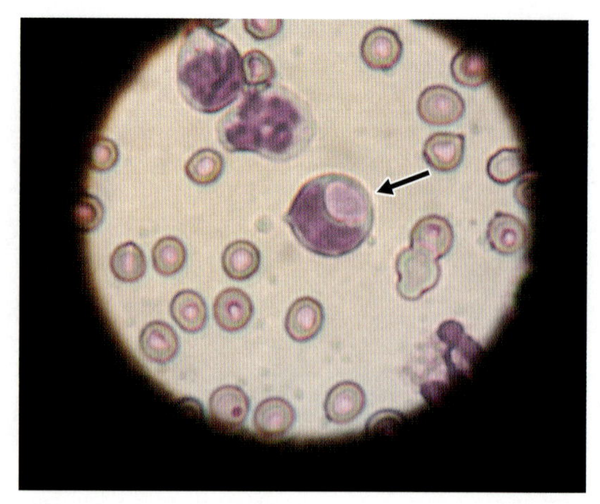

図3-12　クルロフ細胞

画像検査

モルモットでも犬猫と同様，X線検査や超音波検査に加えてCT検査やMRI検査などの画像診断は臨床検査を進めるうえで非常に有用である．それぞれの検査の基本は犬猫同様で，ウサギで記載した内容と大きく異ならないが，モルモットでの特徴と注意点について以下に述べる．

X線検査は通常は左右側方向像，背腹像，AP像を撮影し，必要に応じて斜位像を加える．頭部X線検査ではモルモットで発生頻度の高い，歯科疾患や顎関節症の程度の評価や骨への病変の広がりなどを評価することができる．胸部X線検査では心臓や肺病変の他，肋骨，肋軟骨などの骨格系を評価でき，腹部X線検査では消化管内の内容物やガス貯留像の評価，尿結石の有無の確認や変形性脊椎症の評価などが可能である．四肢や椎体の骨折も他の動物と同様にX線検査で評価できる（**図3-13**）．その他，目的に応じてCT・MRI検査を実施する．超音波検査はモルモットでは循環器や腹腔内臓器，腫瘤病変の評価などに有効である．しかし，腹腔内全体を占める盲腸に正常でもある程度のガスが貯留していることなどから超音波検査の評価に制限を受けることも多い．

飼い主へのインフォーム，指導

疾病時の食餌管理

モルモットは本来食欲旺盛な動物であるが，病気やそれに伴う痛みなどで体調が崩れると，食餌量が大幅に低下する．味の好みが激しい動物種であるが，体調が悪い場合には特に選り好みが激しくなり，そ

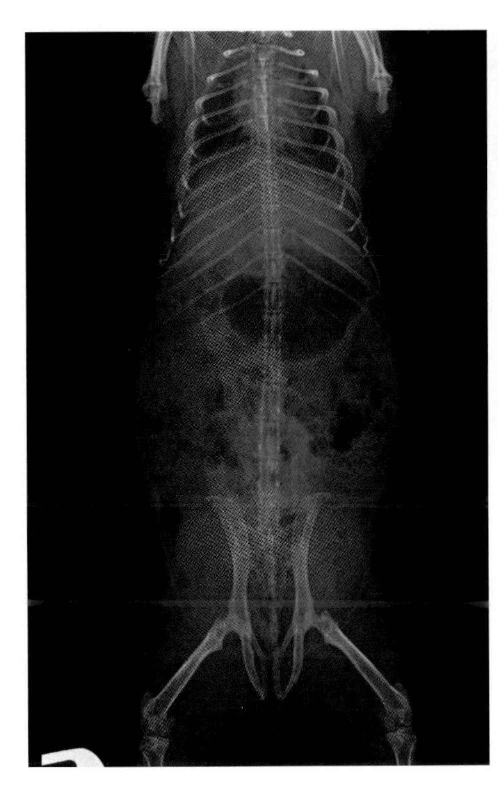

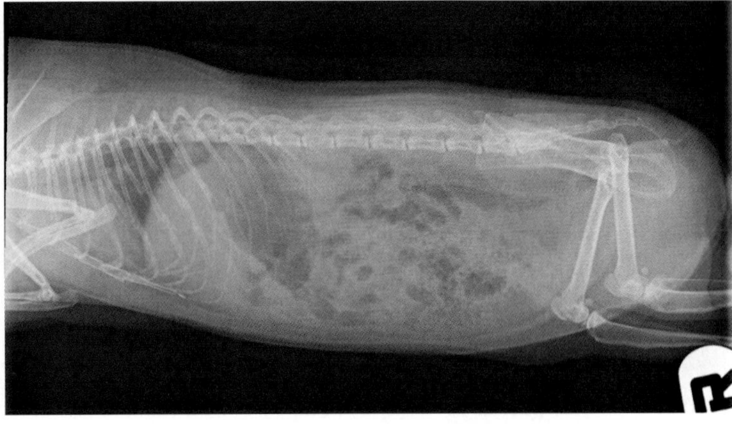

図3-13　正常なモルモットの胸腹部全身X線検査所見
ウサギと同様，腹腔内には大きな胃や盲腸が占めており，相対的に腹腔に比べて胸腔は狭くなっている．モルモットは正常でも胃や盲腸内のガスがみられることが多い．

のまま放置するとほとんど食べない状態に陥る．モルモットを飢餓状態にしてしまうと36時間で肝臓に病的な変化が起こるといわれており，二次的，三次的な病気を招く結果となることを飼い主へインフォームしておく必要がある．そのためモルモットの治療では，食欲不振の原因に対する治療を行うと同時に，食餌の補助をすることが不可欠である．好物の野菜，野草，ふやかしたペレットなどを手で与えると食べる場合には，食べる速度にあわせて差し出すようにする．しかし十分な量が食べられない場合には，強制給餌を行う．投薬方法，強制給餌については基本的にウサギと同様の手技であるためそちらを参照頂きたい．しかしモルモットは口の中に流動食を入れている最中ずっと咀嚼運動を続けることがあるため，ある程度飲み込めた様子があれば次の流動食を口に入れていく．無理な強制給餌は誤嚥させる可能性があるため咀嚼を全くせず口の中に流動食を溜め込んでしまう場合には一旦中止した方がよい．

補助給餌をしていてもケージ内には常食を備え，定期的に少量の野菜を勧めるなどして自発的な採食を促す．ただし，野菜の摂取量によっては軟便を招く個体もいるため量には注意して与える．

モルモットの疾病の治療時には，ビタミンC摂取量を把握することが不可欠である．特に感染性疾患などで体温上昇を伴う場合には，基礎代謝の亢進に伴い通常より消費量が増えることが推察される．さらに食欲低下を伴う場合には通常より食餌の摂取量が減ることから，ビタミンCの摂取量も相対的に減少する．そのためビタミンCの添加が必要不可欠となる．また食糞が十分にできない場合にはビタミンB群を追加する．

食餌内容が原因で疾病に罹患している場合は，急な食餌内容の変更はモルモットに大きなストレスを与えることから，あせらず，徐々に理想の食餌に切り替えていく．また，食欲低下を伴う場合は「食べること」を最優先させ制限を加えず，好きなものを採食させることもある．

野菜を食べる個体では普段と異なる野菜を試してみる．しかし若齢時から野菜を食べてこなかった個体は野菜自体を食べない傾向がある．

歯科疾患に罹患している症例では，普段のペレットをふやかしたり強制給餌用の粉末フードを団子状にして与えてみるとよい．

被毛の手入れ

モルモットの換毛中には定期的な手入れを要する．短毛種の場合，毎日の手入れは全身を乾いたタオルで拭う程度でよいが，長毛種はブラシで毎日とかす必要がある．ただし，嫌がる臀部などは執拗に行わないように留意する．くしやブラシは毛質にあ

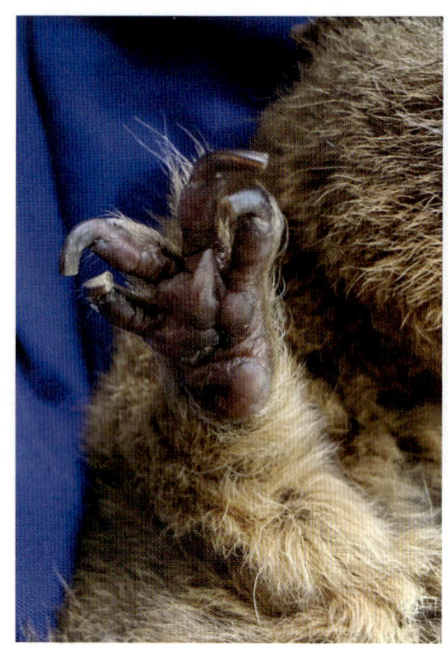

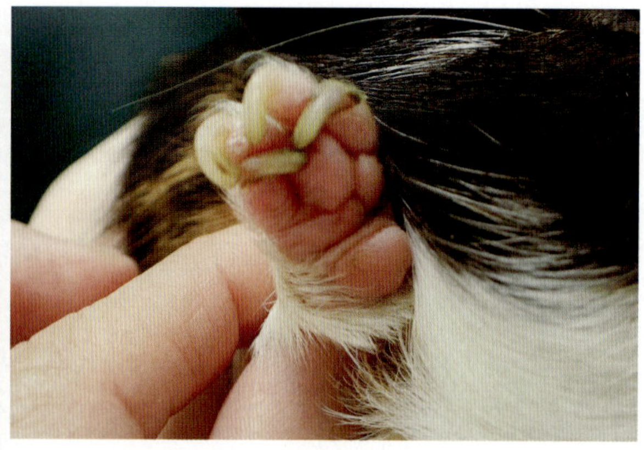

図3-14　変化した爪の変形
モルモットは指が少しづつ湾曲することがあり，それに伴い巻き爪になり皮膚を傷つけることがある．

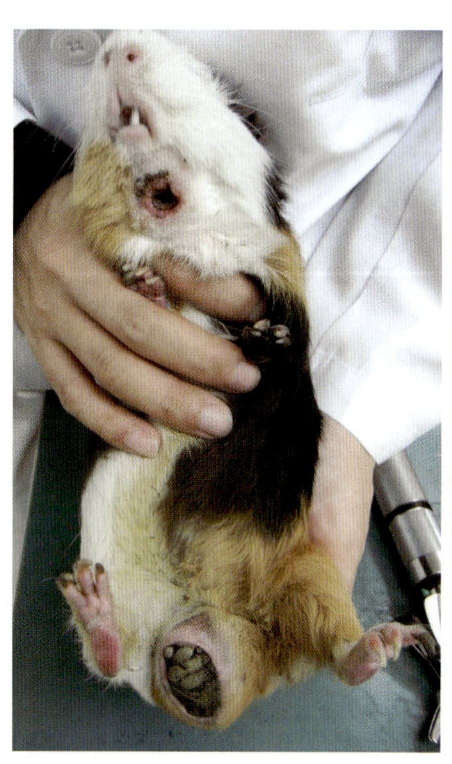

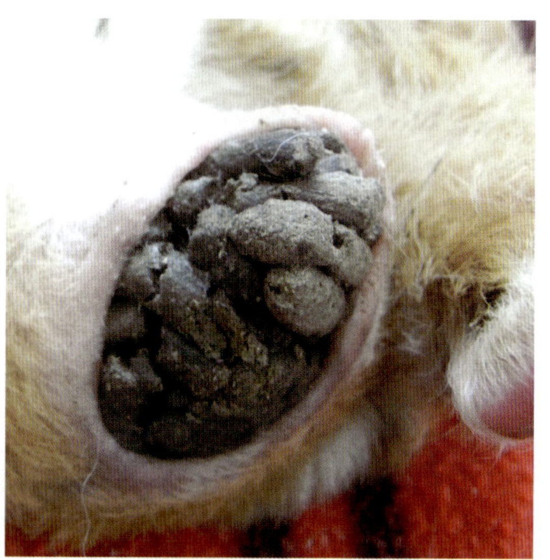

図3-15　肛門部の便詰まり（肛門部宿便）
肛門部での宿便は特に高齢の雄モルモットで起こることが多い．肛門周囲の圧迫や用手で宿便をかき出し，必要に応じて洗浄や消毒を実施する．

わせて，使いやすいものを選択する．高齢な個体や眼科疾患で眼周囲の被毛が固まっている場合に1～2分濡らしたコットンで被毛を押えておいた後に小さなくしでとかすと，汚れがよくとれる．臭腺周囲の被毛の汚れも同様にして除去する．

爪の手入れ

犬猫と同様，モルモットにも爪の手入れは必要である．頻度は1カ月に1回程度でよい．モルモットのサイズに合った，小さな爪切りを使って，抱き抱えるようにしながら行う．中年齢から高齢になると足先が左右ともやや外側に開くように広がり，それに合わせて爪の向きも変化して巻き爪になることがあるため注意が必要である（**図3-14**）．

会陰・肛門周囲の手入れ

モルモットの雄では高齢化に伴い，分泌される皮脂や付着した汚物が会陰部の皺壁に集積する．（**図3-15**）．これは，若い頃にはグルーミングにより除去されていたものが，高齢化に伴いグルーミングが不十分になることや，皮脂分泌量の変化が原因と考えられる．コットンやガーゼをぬるま湯

表3-3 モルモットで投与の際に注意すべき抗生物質

セフェム系	ペニシリン系	テトラサイクリン系	リンコマイシン系	マクロライド系
セファレキシン	アンピシリン	テトラサイクリン	クリンダマイシン	エリスロマイシン
セファゾリン	ペニシリン	オキシテトラサイクリン	リンコマイシン	タイロシン

上記の抗生物質は経口投与することでモルモットの腸内グラム陽性細菌叢に影響し，致死性の腸内毒素血症を引き起こすため，使用は避けるべきである．

に浸し，軽く拭き取るように除去する．肛門周辺の趨壁にも，同様に皮脂が蓄積する．皮脂や糞塊が硬化すると2.5 cm以上の塊になることがあるので，定期的に分泌物を除去し，衛生を保つことが重要である．

主な疾患

モルモットの疾患として消化器疾患は臨床現場で遭遇することが多く，中でも歯科疾患や消化管の運動性低下による機能的イレウスに遭遇する頻度が高い．また，カルシウム結石などの尿石症による泌尿器疾患，強い瘙痒感を示す疥癬症などの皮膚疾患の発生も比較的多い．さらに乳腺腫瘍はどの動物種でも発生がみられるがモルモットの場合雄に比較的多く発生するという特徴がある．

以下モルモットで遭遇する確率が高い疾患を挙げるが，各疾患の詳細やその他の疾患については既刊本（『Vol.15 モルモットの診療』）をご参照いただきたい．

歯科疾患

モルモットの歯科疾患の主な発生要因としては，不適切な食餌（特に食物繊維の不足）による臼歯の摩耗不足，栄養的要因，代謝性障害，遺伝性が単独もしくは相互的に作用していると考えられている．また，ビタミンCの欠乏とセレニウムの過剰摂取により結合組織を構成するコラーゲン代謝が障害され，歯根膜が弱くなり，歯の動揺や歯の萌出障害，歯肉からの出血が発生する可能性も議論されている[27～29]．モルモットはウサギと異なり，不正咬合に伴う違和感や疼痛などに対する反応が症状として現れやすく，比較的軽度の不正咬合でも食欲不振などの症状がみられる．そのため歯科処置後も疼痛が残っていれば，症状の改善が遅延するかみられないことも多い．

消化管うっ滞

歯科疾患や腎不全，肝不全，疼痛や環境の変化によるストレスなど様々な原因により引き起こされる．原因によらず，消化管の運動性が低下することで消化管内容物は停滞（うっ滞）する．また水分を失い吸収不良が生じ，消化管内のガス貯留が増加することで腹部膨満になり不快感や疼痛が生じる．モルモットではウサギと異なり，グルーミングによる過剰な被毛摂取による消化管の運動性低下や閉塞（いわゆる毛球症）はあまり報告されていないが，一部の長毛種では毛球症の報告例もある[30]．

抗生物質関連性腸毒素血症

ウサギやモルモットなどの草食動物は消化管内にグラム陽性菌主体の細菌叢を持ち，ある種の抗生物質には非常に感受性が高い．それらの薬剤の投与によって消化管内の細菌叢のバランスが崩れ，致死的な腸毒素血症を引き起こす[31]．そのため注意すべき薬があることを知っておく必要がある．経口投与で注意が必要な抗生物質を**表3-3**にまとめた．しかし，モルモットの場合，腸内細菌への影響が低いとされる抗生剤を使用しても時おり食欲低下や体調不良を訴える個体もいるため，その旨を飼い主へインフォームしておくことが必要である．

疥癬症（*Trixacarus caviae*）（図3-16）

疥癬（ヒゼンダニ）は皮膚に穴を掘り，角質層に生息する．炎症を伴い，黄白色の鱗屑，痂皮や自傷による擦過傷などの病変部が大腿部や背部にみられ，肩～頸部へと広がり，慢性化すると苔癬化，色素沈着，落屑，脱毛がみられる．ほとんどの場合，強い瘙痒感を伴い，重症例で瘙痒がひどい場合には発作様の症状を引き起こすことがある．そのため瘙痒感が強く，発作を起こす可能性があるモルモットに対しては無理な検査は実施せず，典型的な症状から本疾患を疑い，駆虫薬の試験的投薬を行うこともある．

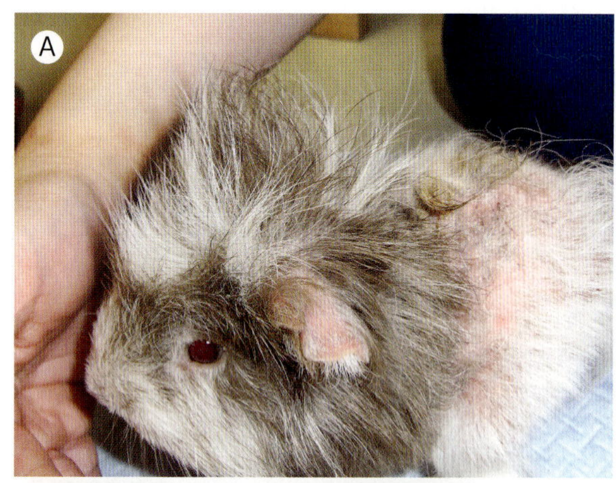

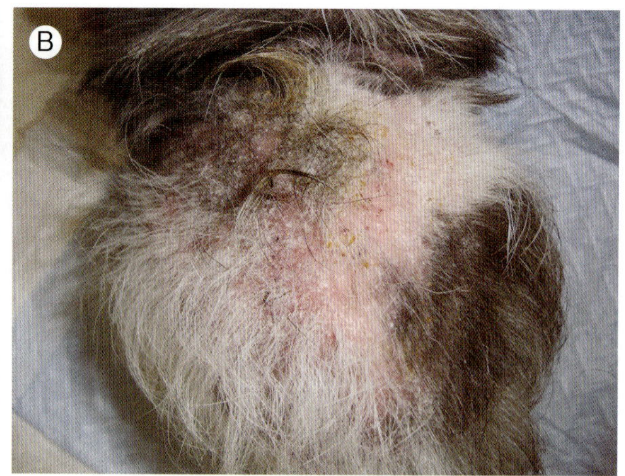

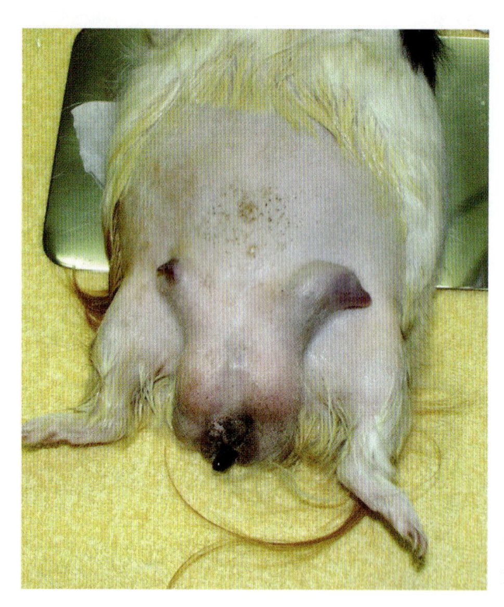

図3-16　疥癬
A, B：皮膚病変の外観　C：疥癬(ヒゼンダニ)
多くの場合，顕著な鱗屑と激しい瘙痒がみられる．

図3-17　モルモットの乳腺腫瘍
写真の症例は雄であるが，雌雄どちらにも発生し雄の発生率が高い．

乳腺腫瘍(図3-17)

モルモットの乳頭は左右の鼠径部に1対あり，乳腺腫瘍が雌よりも雄に多く認められるのが他種との大きな違いである．国内の調査では雄に乳腺腺癌が発生しやすいと報告[32]されている．乳腺腫瘍の発生原因としてはホルモン異常やウイルス感染，プロゲステロンやエストラジオールの受容体の過剰発現や感受性の異常が疑われている[32]が，明確な原因は特定されていない．乳腺腫瘍では片側または両側の乳腺の腫脹がみられ，乳頭から漿液や血様の分泌物が認められることもある．

入院，看護管理についてはウサギの項を参照されたい．

参考文献

1. Robinson R. (1987)：モルモット，高橋和明訳，ペット(コンパニオン動物，動物大百科11巻，132-133，平凡社
2. Weir B. J. (1974): Notes on the origin of the domestic guinea-pig. Symp Zool Soc, 34: 437-466, Academic Press
3. Kaiser S, Kruger C., Sachser N. The guinea pig. (2010) In; The UFAW handbook on the Care ans Management of Laboratory and Other Research Animals, 8th ed. Hubrecht R, Kirkwood J eds., 380-398, Wiley-Blackwell
4. Quesenberry K.E., Donnelly T.M., Mans C. (2012): Biology and husbandry of guinea pigs, Ferrets, Rabbits, and Rodents, Clinical medicine and Surgery, Third edition, 279-284, Elsevier
5. Crossley D.A., 奥田綾子 (1999)：常生歯型の臼歯をもつげっ歯類によくみられる歯科疾患，げっ歯類とウサギの臨床歯科学．21-24，ファームプレス
6. Ebino K.Y. (1993): Studies on coprophagy in experimental animals. Exp Anim; 42, 1-9
7. Heatley J. (2009)Cardio Cardiovascular Anatomy, Physiology, and Disease of Rodents and Small Exotic Mammals. Vet Clin North Am Exot Anim Pract 12(1):99-113
8. Richardson V.C.D. (2000): The Ear, Diseases of Domestic Guinea Pigs, 2nd ed. 73, Blackwell Science
9. Richardson V.C.D. (2000): Milky ocular discharge, Diseases of Domestic Guinea Pigs, 2nd ed. 72, Blackwell Science
10. Richardson V.C.D. (2000): Complications at parturition, The reproductive system, Diseases of Domestic Guinea Pigs, 2nd ed. 24-28, Blackwell Science
11. John E.H., Joseph E.W. (1998)：給餌と給水，ウサギとげっ歯類の生物学と臨床医学，39-41，LLL.Seminar
12. National Research Council (1995): Nutrient Requirements of Laboratory Animals Fourth Revised Edition, National Academy Press
13. Richardson V.C.D. (2000): Dry food, Diseases of Domestic Guinea Pigs, 2nd ed. 94-95, Blackwell Science
14. Teresa A.B. (2001): Feeding Behaviors, Veterinary Clinics of North America: Exotic Animal Practice, Vol.4 No.3, 686-688, W.B.Saunders
15. Richardson V.C.D. (2000): Appendix 1, Diseases of Domestic Guinea Pigs, 2nd ed. 132, Blackwell Science
16. 坂口英 (1989)：後腸発酵動物における飼料消化能力と消化管内容物移行の様相，栄養生理研究会報33(2), 101-125
17. National Research Council (1977): Nutrition Requirements of Rabbits Second revised edition, National academy of science
18. Carpenter J.W. (2013): Rodents In. Exotic animal formulary 4th ed., 477-516, SAUNDERS ELSEVIER
19. Harkness J.E., Wagner J.E. (1995): Clinical Procedures, Guinea pigs: Clinical Pathology, The biology and medicine of rabbits and rodents, fourth edition, 88-90, Williams & Wilkins
20. White W.J., Lang C.M. (1989): In Loeb W.F., Quimby F.W. (eds): The guinea pig, Clinical Chemical Studies Applicable to Laboratory Animal Species and Their Interpretation, The clinical chemistry of laboratory animals, 27-30, Pergamon Press
21. Hillyer E. V., Quesenberry K.E. (1997): Clinical techniques for guinea pigs and chinchillas, Ferrets, Rabbits, and Rodents, Clinical Medicine and Surgery, 254-257, W.B.Saunders
22. Nemi C.J. (1986): The guinea pig,Normal values in blood of labotarory, fur-bearing, and miscellaneous zoo, domestic, and wild animals , Schalm's veterinary hematology, 4th ed., 282-288, Lea & Febiger
23. McClure D.E. (1999): In Reavill D.R. (ed): Clinical pathology and sample collection in the laboratory rodent, Veterinary clinics of north america: Exotic animal practice, Vol2, No3, 565-590, W.B.Saunders
24. Moor D.M. (2000): In Feldman B.F., Zincle J.G., Nemi. C.J. (eds): Hematology of the guinea pig,Schalm's veterinary hematology, 5th ed., 1107-1110 Lippincott Willians and Wilkins
25. Jara L.F. et al. (2005): Kurloff cells in peripheral blood and organs of wild capybaras, Journal of wild disase, 41(2), 431-434.
26. Navia J.M., Hunt C.E. (1976): In Wagner J.E., Manning P.J. (eds): Biochemistry of Pregnancy Ketosis, The biology of the guinea pig, 255, Academic Press
27. Crossley, D.A., 奥田綾子 (1999)：げっ歯類とウサギの臨床歯科学，ファームプレス
28. Crossley, D.A. (2003): Oral disorders of exotic rodents. Vet Clin North Am Exot Anim Prac, 6, 601-628
29. O'Malley, B. (2005): Digestive System of Guinea Pigs. In Clinical Anatomy and Physiology of Exotic Species, 201-204., SAUNDERS ELSEVIER
30. Theus M., Bittlerli F., Foldenauer U. (2008): Successful Treatment of a Gastric Trichobezoar in a Peruvian Guinea Pig (*Cavia aperea porcllus*). J Exot Pet Med, 17(2), 148-151
31. Decubellis J., Graham J. (2013): Gastrointestinal disease in guinea pigs and rabbits. Vet Clin North Am Exot Anim Prac, 16(2), 421-435
32. 牧野祥之，楠比呂志，田向健一，高見善紀，石川智子，宇根有美 (2013)：モルモット (Cavia porcellus) における乳腺腫瘍の病理学的検索，207，日本獣医学会学術集会抄録

チンチラ

生物学的分類と特徴

チンチラはげっ歯目ヤマアラシ亜目チンチラ科チンチラ属に属する動物であり[1,2]，一般的に飼育されている種はオナガチンチラ *Chinchilla lanigera* である．チンチラは1500年代からその美しい毛並のため毛皮の利用を目的とした狩りが行われており，1800年代には世界的な乱獲のため1900年初頭に絶滅の危機に陥った．現在では野生のチンチラは全種ワシントン条約附属書Ⅰおよび国際自然保護連合(International Union for Conservation of Nature: IUCN)の絶滅危惧種に指定され保護されている．野生のチンチラはアンデス山脈地帯西側の標高2,000～5,000 m の傾斜のある岩場に生息しており，高い跳躍力で岩場を跳び回る．この一帯は寒冷な乾燥地帯で，餌となる植物も少ない．このような過酷な環境に耐えるためにチンチラは保温性のある高密度の被毛を持ち，寒さに強く，冬眠をしない反面，高温多湿に弱く，飼育下では熱中症に気を付けなくてはならない．

図3-1　ノーマル(スタンダードグレー)
青みがかった灰色で元来の毛色である．

社会性は高く，鳴き声でコミュニケーションをとり，喧嘩は稀である．野生下では夕方から活動を開始する夜行性かつ薄暮性の動物であるが，日中にも活動することがあり，特に飼育下では昼間に活動する個体も多い．完全な草食性であり，野生下では草，低木を餌にしている．

一方で愛玩動物としてのチンチラの起源は1923年にアメリカへ毛皮，愛玩目的に輸出された12頭のオナガチンチラであり，1960年代半ばから愛玩動物として人気となり欧米や日本などで飼育されている[1]．飼育に対する規制は特にない．頭胴長は25～35.6 cm で尾長は10～25 cm であり，雄より雌の方が大きくなる傾向にある．飼育下の平均寿命が8～17.2年とげっ歯類の中でも非常に長寿である．

チンチラの毛色は様々な毛色が知られている．本来の青みがかった灰色はノーマルやスタンダードグレーと呼ばれ(**図3-1**)，その他，シナモンなどのベージュ系(**図3-2**)やアルビノ，シルバー，パイド(**図3-3**)などのホワイト系(**図3-4**)，エボニー(**図3-5**)，ブラックベルベット(**図3-6**)などのブラック系やブラウン系，バイオレット系(**図3-7, 8**)の毛色などが知られている．ブリーダーの間ではチンチラを繁殖する際に交配を避けるべき毛色の組み合わせが知られており，例えば，ホワイト系同士，ベルベット系同士の交配は致死遺伝子を生み出す可能性が高いため，推奨されていない(**note「致死遺伝子について」**参照)．

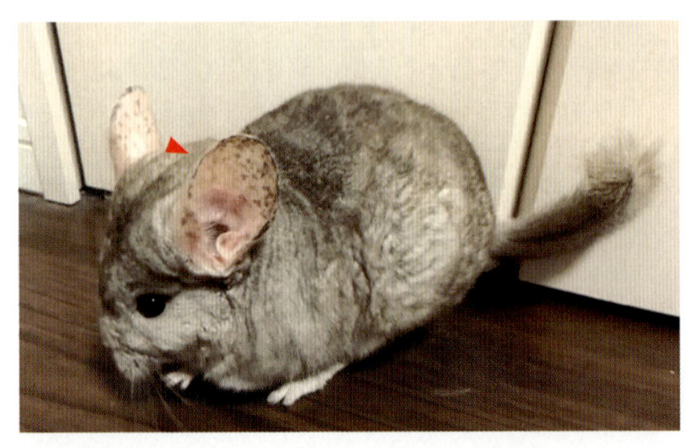

図3-2　シナモン
耳にそばかす様の斑が好発し，背中に色の濃いサドルと呼ばれる部分(矢頭)がみられることもある．眼は暗赤色である．

図3-3　パイド(モザイク)
ベースカラーが白色で黒色または灰色の模様が入る.

図3-4　ホワイト
全身が白く，眼は黒色や赤みがかった黒色である.

図3-5　エボニー
全身および眼が黒色である．眼は黒い.

図3-6　ブラックベルベット
背部が黒く腹部に向かって白くなる．眼は黒い.

図3-7　バイオレット
背部が藤紫色で腹部に向かって白くなる．眼は黒い.

図3-8　バイオレットエボニー
全身が藤紫色で眼は黒い.

致死遺伝子について

チンチラはカラーバリエーションが多く飼い主の好みに合わせて選択できることが人気の一つともなっている．しかし，チンチラに限らず他種でもカラーの掛け合わせによって流産や死産を引き起こす可能性のある致死遺伝子が発生することがある．そのため各種のカラーバリエーションを守るためにも繁殖の組み合わせには注意が必要である．有名な組み合わせとしてベルベット同士やホワイト同士を交配すると25%がホモ接合型遺伝子となり致死遺伝子となる．またベルベットとホワイト，エクストラダークエボニー，濃い色のミューテーションショコラは交配禁止とされている[3].

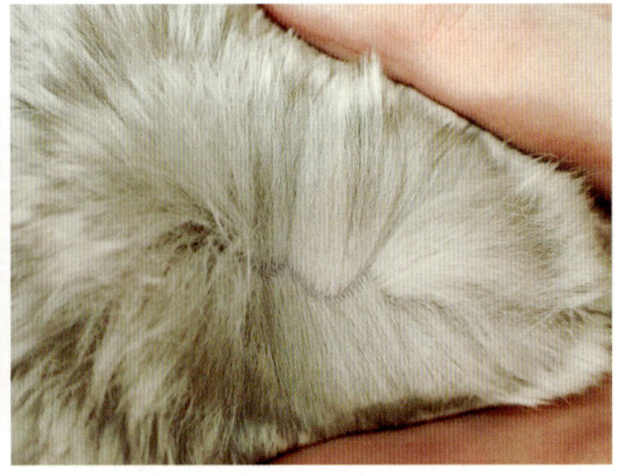

図3-9　チンチラの密な被毛
チンチラの被毛は1本の毛根から約50～100本もの細い被毛が密生しており手触りがよい．

図3-10　チンチラの砂浴びの様子
細い被毛が絡まないように皮脂腺からラノリン様脂が出ており，過剰な脂をコントロールして除去するために砂浴びが必要となる．

解剖生理学的特徴

外皮

被毛の長さは2～3 cmで，1本の毛根から約50～100本の細い被毛が密生している(**図3-9**)．ただし，尾の被毛は他の部位と異なり，尾の先端には毛穴から1本ずつ，体表を覆う被毛より丈夫で長い毛が生えている．この毛は上唇の片側に生える約1.1 cmの長い洞毛という感覚毛とともに触覚を司り，夜間の活動や狭い岩の隙間やトンネルなどの移動に重要な働きをしている[2,4]．3～4カ月ごとに換毛する．皮脂腺から分泌されるラノリン様脂は皮膚の乾燥予防だけでなく，被毛にチンチラの特徴的な美しい光沢を与える働きがある．砂浴びにより過剰なラノリン様脂を除去するため，皮膚や被毛を正常に保つために砂浴びは不可欠である(**図3-10**)．また，肛門腺を持つが，臭気はヒトが感じない程度である．乳頭は外側肋骨部に2対，鼠径部に1～2対ずつあるが，実際に乳汁が分泌されるのは1対のみである[2,4]．

指は前後肢ともに4本で爪は平爪で前肢には掌の付け根に2つの発達した肉球(偽指)がある(**図3-11**)．これらを利用し前肢で物を器用に掴むことができ，食物は前肢で把持して食べる(**図3-12**)．

消化器

歯式は2(I 1/1 C 0/0 P1/1 M 3/3)の計20本からなり，すべての歯根は開放した常生歯である．切歯の前面のエナメル質は銅，鉄などの色素がカルシウムとともに取り込まれるため，黄色～橙色であり，切歯は1年で5～7.5 cm伸長する[5](**図3-13**)．また，ビタミンAが不足すると歯が白くなる場合がある．胃は単胃で大きく，噴門，幽門の付着部分が近接しているため，嘔吐できない．構造はモルモットの消化管に似ているが，腸管の長さはモルモットの2倍あり[5]，特に下行結腸と空腸が長い．大腸のうち盲腸の占める容積の割合(23%)がモルモット(44%)やウサギ(57%)より少ないため[6,7]，相対的に空回腸が長い．腸管は全体的に細長いが，盲腸は大

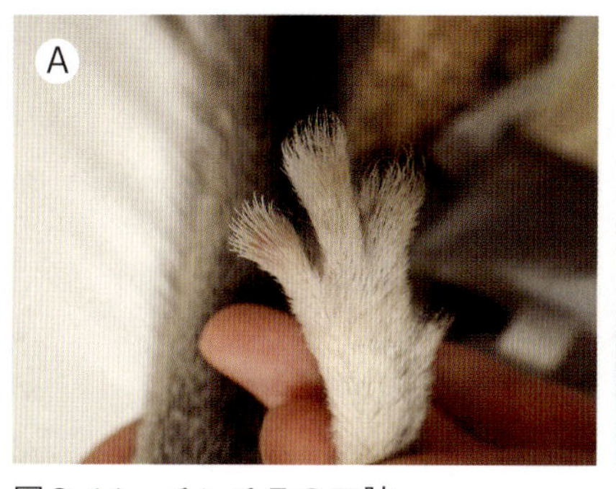

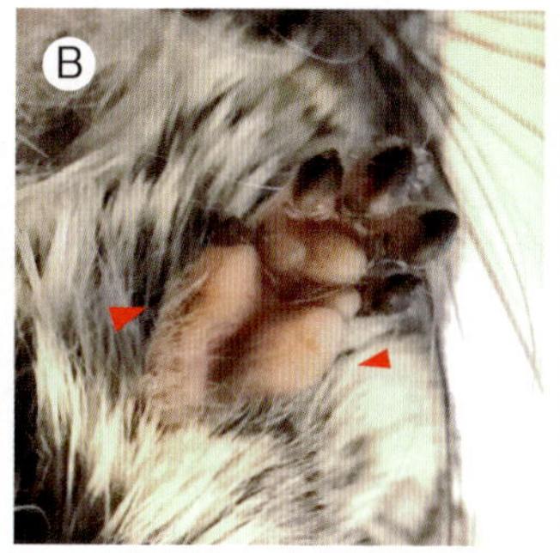

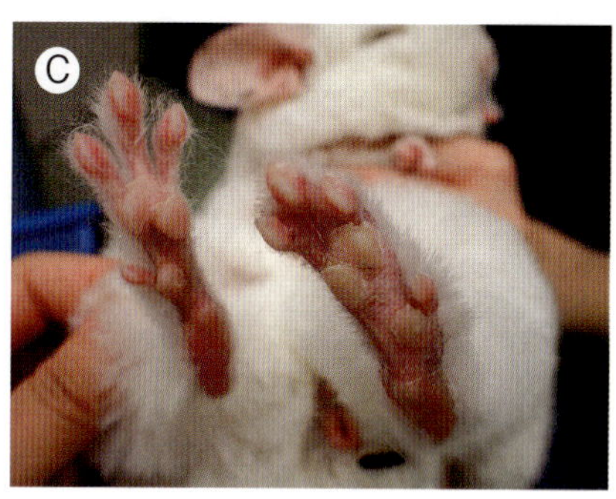

図3-11　チンチラの四肢
A：前肢手の甲　B：後肢足底　C：前肢手の掌
(A, B)前肢，後肢ともに指は4本で平爪をしている．(B)前肢の掌の付け根に2つの発達した肉球(偽指，矢印)がある(B)．

図3-12　前肢で食べ物を掴んで食べている様子
発達した肉球を用いて食べ物を掴むことができる．

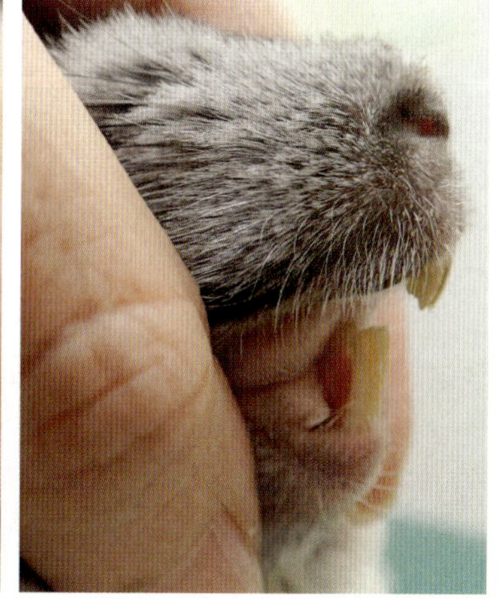

図3-13　チンチラの切歯
切歯の前面のエナメル質は銅，鉄などの色素がカルシウムとともに取り込まれるため，黄色〜橙色をしている．

きく膨隆したコイル状であり，結腸は球形(嚢状)である．糞のサイズは0.5〜1.5 cmであり，食糞を行う(**図3-14**)．

肝臓は外側左葉，内側左葉，方形葉，外側右葉，内側右葉，尾状葉の計6葉からなり，左葉と右葉の間に胆嚢を持つ．

生殖器

雄は陰茎と肛門の距離が雌に比べて長く，約1〜1.5 cmあり，軟骨性の陰茎骨を持つ．リラックス時に長い陰茎を咥えて伸ばすマスターベーションを行うことがある．副生殖腺が発達し，精嚢腺はコイル状であり，交尾後に雌の膣を塞ぐために形成される膣栓の成分のほとんどが精嚢腺から分泌される[8]．チンチラの雄は明瞭な陰嚢を欠き，鼠径輪は開口している．

雌は尿道突起が膣の腹側にあるが，円錐形で大きく陰茎のように見えることもあり雌雄鑑別には注意が必要である(**図3-15**)．子宮は重複子宮で，子宮頸部を2つ持ち，左右の子宮角が各々の子宮頸部に開口する[9]．

呼吸器

肺は右肺が前葉，中葉，後葉，副葉，左肺が前葉，中葉，後葉の計7葉である．

感覚器

大きな耳介は熱を放散し，チンチラにとって体温調節を行う唯一の器官である(**図3-16**)．鼓室胞が非常に大きく聴覚が感覚器官の中で最も発達しているため(**図3-22**)チンチラは聴覚の研究に用いられることがある．眼は大きく，眼窩は浅く，瞳孔は垂直な縦長スリット状である．鼻孔には開閉できる弁があり，砂浴び時には閉じている[2,4]．

図3-14　チンチラの便
正常な便は俵型でやや黒っぽい色をしている．

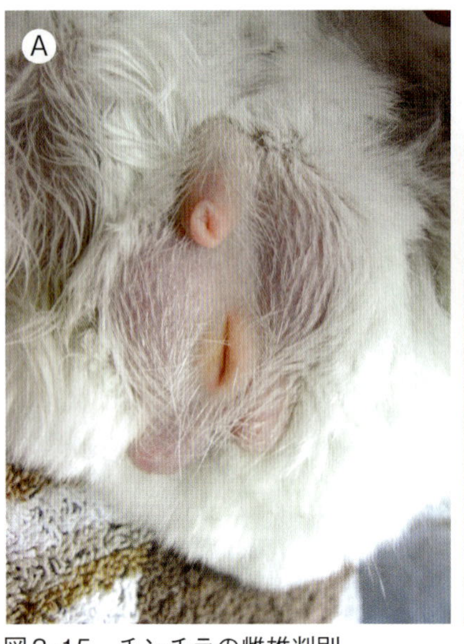

図3-15　チンチラの雌雄判別
A：雄　B：雌
雄は陰茎と肛門の距離が雌の外陰部に比べて長い．明瞭な陰嚢を欠き，鼠径輪が開口しているため，精巣がわかりにくいことがある．また，雌の尿道突起が陰嚢のように見えることがあるので注意が必要である．

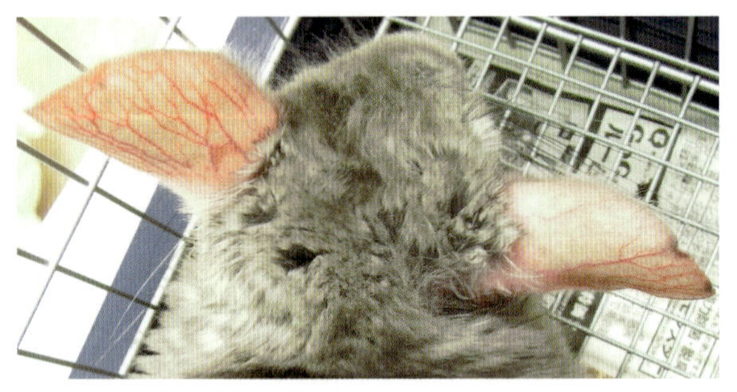

図3-16　チンチラの耳介
チンチラの耳介は大きく，熱を発散し体温調整を行う．

筋骨格

鎖骨を持ち，脊椎は頸椎7個，胸椎13個，腰椎6個，仙椎3個，尾椎20個である．骨は細くて脆く骨折しやすく，また後肢が発達し，房尾と後肢で高い跳躍力を発揮し垂直に1 m 跳躍できる．

繁殖生理

春季生まれの個体は秋に，秋季生まれの個体は1年後の秋に初回発情がくる[2]ため，生まれた時期に応じて春機発動や性成熟の時期に大きな個体差が生じる． チンチラの雌には発情期と分娩時以外は膣を閉鎖する膣閉鎖膜と呼ばれる膜があり，発情前日に膜が破れて開口する．発情期に雌の会陰部は発赤し，ワックス状の小さな栓(膣栓：copulation plug)を形成する[1,5]．繁殖を計画する際には雌雄をペアまたは2～6頭の雌に対して雄1頭のハーレムにする．交尾の時間は短く一瞬で終わり，交尾後5時間で膣栓が外れて膣が閉まる．ケージ内に落ちた膣栓により交尾を行ったことは確認できるが，確実に妊娠している保証にはならない．妊娠期間は112日で，げっ歯類の中でも比較的長い．チンチラは営巣せず，ケージの隅に藁を敷き詰めて出産に備えるが，出産2週間前から攻撃性が上がる個体もいるため，注意が必要である．出産の時間帯は深夜から明け方が多く，流産は稀で，5～60分間隔で出産するが，それ以上かかる場合は難産である可能性が高い．すべての胎仔を出産後，20分ほどで胎盤が排出されるが，通常，母親はこの胎盤を食べてしまうため肢や鼻に血液が付着する．これらを確認することで出産が完了したことを確認できる．出産後3～4日は膣が開口したままになる場合もあり，子宮炎などを生じる危険があるため，衛生面に気をつけなければならない[5]．また，チンチラは出産後12時間で後分娩発情がみられ，2日間続く．この時に交尾をしても膣栓が認められないことが多い[5]．

チンチラは早成性であり，生まれた時点で被毛は生え揃い，眼は開き，切歯および3対の臼歯も生えている(**図3-17**)ため，生後約1週間で固形物も採食し始める．出生直後の白い切歯は出生後数週間で黄色くなり，4対目の臼歯(第三後臼歯)は生後約1

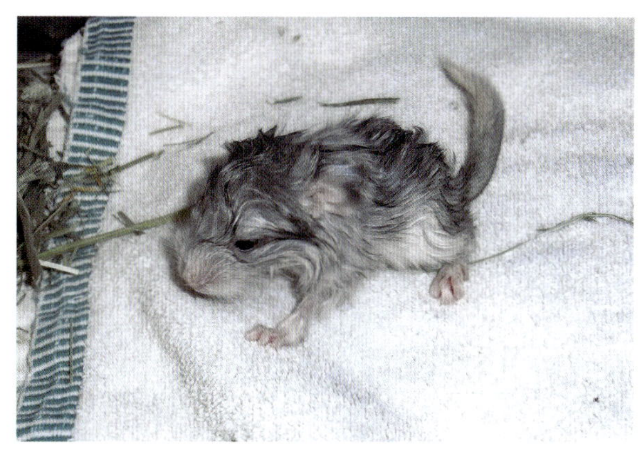

図3-17　チンチラの新生仔
早成性のため被毛も生えており，すでに歯も生えている．

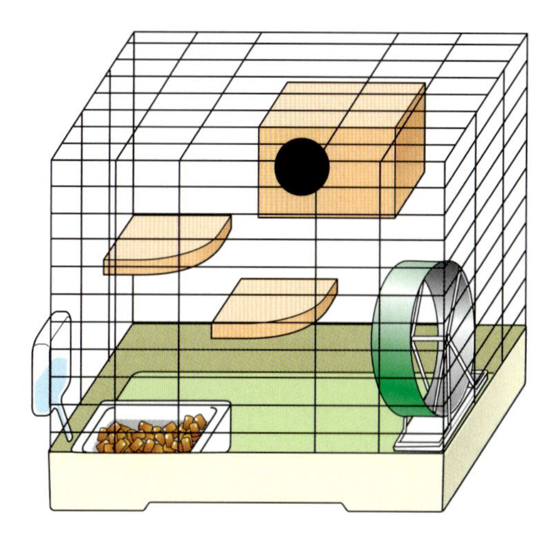

図3-18　飼育ケージの例
チンチラは立体的な活動をすることから高さのあるケージが好ましい．内部にはステップを設置したり小屋を入れる．

カ月で生える．生後3カ月まで親元にいると情緒が安定しストレスに強くなるとされているため，子を親元から離す際は生後3カ月以降が好ましいとされている[10]．

飼養管理

飼育環境

チンチラは乾燥した寒冷地に生息するため，低温を好み飼育下での適温は10～20℃と報告されている[1, 2, 11]．一方，高温や多湿には非常に弱く，環境温度が28℃以上で高湿度(50～60%以上)では熱中症に陥る危険性が高く，高湿度では繁殖力が低下するという報告[1, 5]もある．現実的に常に20℃以下の温度を維持することは難しいため，飼育する際には27℃以上の高温を避けるとともに風通しの良い環境で湿度を低く維持する．湿度を下げることである程度の温度に適応でき，50%以下の湿度であれば温度が18.3～26.7℃でも適応できる[9]．

チンチラは単独でも複数でも飼育できる．雌雄のペアや雄1頭に対し2～6頭の雌，同性での複数飼育も可能であるが，それぞれの個体の相性もあり，特に雄同士の複数飼育では喧嘩がみられることもある．このため，複数飼育をする際には個体間での明らかな優劣差がないか，複数飼育により強いストレスを感じている個体がいないかなどを確認しなければならない．

チンチラは跳躍力が高く立体的な活動もするため，ケージは高さも考慮した十分な運動量を確保できる広さが必要である(**図3-18**)．ケージに十分な広さがあれば，ケージ内にステップやトンネルなどの遊具を設置することで環境エンリッチメントに配慮し運動を促進する効果が期待できる．十分な広さのケージを準備できない際にはチンチラ用の大きめの回し車を設置したり，サークルや室内など安全を確保した場所で散歩させることで運動量を確保する．回し車を設置する際には体格に対して小さすぎたり，肢を挟んだりしないかどうかなど設置後の様子を注意深く観察し事故を防ぐ必要がある．チンチラは噛む力が強く木材やプラスチック製のケージは齧り壊したり誤食する危険性もあるため，ステンレス製の丈夫なケージの利用が推奨される．ケージを齧り続ける個体には齧り木，ヘイキューブ，軽石など齧ることができるものをケージ内に設置するとよい[2,12].

チンチラは正常な被毛や皮膚環境を維持するために野生下では頻繁に砂浴びを行っており，飼育下でも毎日10～15分の砂浴びをさせる必要がある[5].砂浴びは市販されているチンチラの砂浴び用の砂を2～3 cmの深さに敷き，中で転がれる程度の大きさの容器を用いる．砂浴び用の容器はケージ内に常設することもできるが，砂浴びの時のみ砂浴び用容器にチンチラを移しても良い．汚れた砂による角膜炎や結膜炎，皮膚糸状菌症などの感染症の媒介などのリスクがあるため,砂浴び用の砂は毎日交換する．

食餌

チンチラは完全草食性の動物であり，飼育下では牧草やチンチラ用のペレットなどを主に与える．野菜や果物，ナッツ類は多給せずにおやつ程度に合計で食餌量の5%以下に留め，様々なものを与える．チンチラ用フードは粗蛋白質15～18%，粗繊維18～20%，粗脂肪2.3～3.0%であり，ビタミンA，D，Eを含む製品が多い[5]．食餌中の粗蛋白質が不足すると乾燥した傷みやすい毛が生えるが，過剰(28%以上)であってもcotton furと呼ばれる波状の毛の繊維が脆い綿毛様の毛が生える[5]．リノール酸，リノレン酸，アラキドン酸などの不飽和脂肪酸が不足すると被毛粗剛や被毛の成長不良，潰瘍の原因となり，亜鉛欠乏で脱毛が生じることが報告されている[5].

診療時

来院時の注意点

チンチラは跳躍力がありキャリーを開けた途端飛び出してきたり，台から飛び降りる可能性もあるため注意する．また夏季など来院時のキャリー内が暑くなっていて来院時に熱中症になっていることもあるため身体が熱くなっていないか，呼吸促迫になっていないかチンチラの様子を確認する必要がある．

問診，視診，身体検査法

基本的な問診や視診，身体検査法はウサギで記載した内容と変わらないが，チンチラは高温多湿に特に弱いため飼育環境や飼育温度について忘れず聴取する．また皮膚症状を主訴に来院した際には砂浴びの砂の管理が影響していることもあるため砂浴びの回数やケージ内に常設しているか否か，砂の交換の頻度や全交換しているかなど他種では聴取しないため，チンチラでは漏れがないように問診する．

保定法(図3-19)

処置内容に応じて口腔内視診や耳顔周りの処置をする際にはタオルで全身を包んで行う保定，腹側皮膚の処置の際の仰臥位の保定，採血時の保定，X線検査時の保定などがある．チンチラの保定は比較的難易度が高く無理な保定は事故を招く可能性がある．

基本的にはウサギとは異なり皮膚を掴む保定は行わない．チンチラの保定で最も注意すべき点はファースリップと呼ばれる掴んだ被毛が毛束ごとまとめて抜け落ちて脱毛する現象があることを知っておく必要がある．これは外敵から身を守るため皮膚(被毛)が引っ張られると同部位の筋肉が緩み被毛が抜け落ちるようになっている．そのため基本的にはチンチラは皮膚ではなく身体を掴んで全体を保持するように保定する．

チンチラをキャリーから取り出す時は，背後から素早く肩部～脇と尾の付け根を掴む．性格によっては威嚇したり，噛むなどの行動がみられる場合には薄手のタオルやブランケットを1枚間に挟んで掴むとお互いの安全を保ちながら取り出すことができる．下半身を保持する際に尾の先端部分のみを掴むと尾抜けする可能性があるが，尾の付け根であれば筋肉も発達しており掴んでも問題はない．

性格が比較的穏やかな個体については脇腹を腹側から持ち上げるようにして抱え，もう一方の手で尾の付け根を固定しながら下半身を覆うようにして保定する．仰臥位にする際には，抵抗すると後肢で宙を蹴る動作や体をよじらせる動作，尾を旋回させる様子がみられる．強く蹴る後肢が前肢や保定者の手にあたると背骨や腰に強い力がかかり損傷させる可能性があるため，後肢が引っかからないように背中をまっすぐ伸ばして前屈姿勢にならないようにする．また尾の付け根をしっかり指で挟み込むことで体をよじらせたり尾の旋回を防ぐことができる．

臨床検査時の保定(血液検査，X線検査，超音波検査)

血液検査の採血は当院では主に耳介動静脈から採血しており，保定はタオルで全身を巻いて行う．タオル保定した際，片方の手で肩を抑え，もう一方の

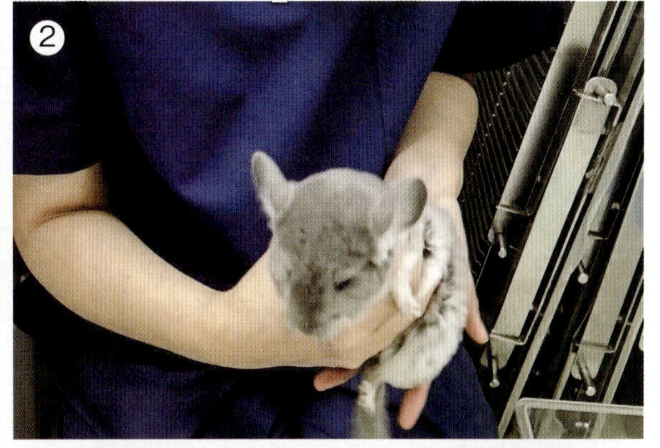

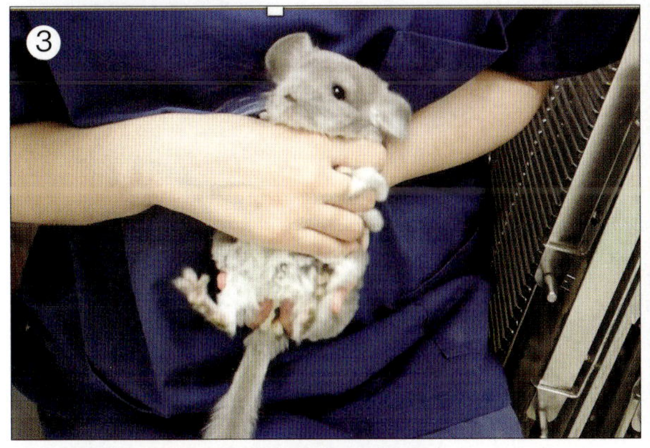

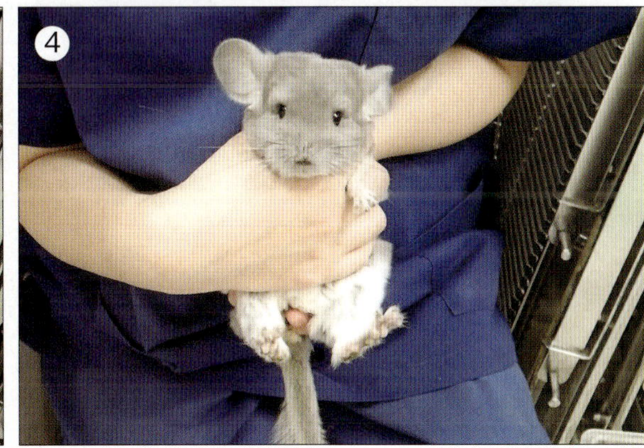

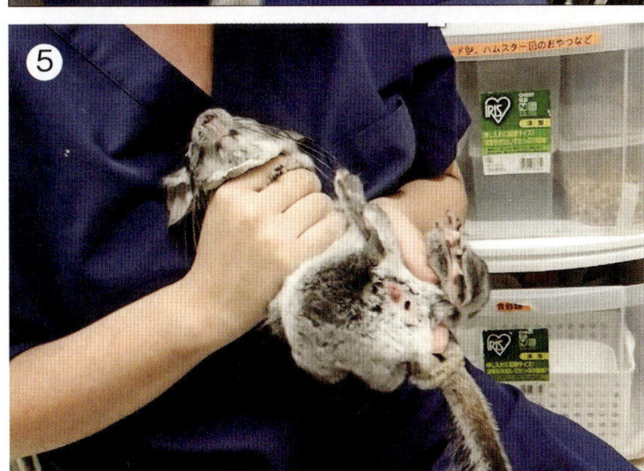

図3-19　チンチラの保定法
チンチラは背側の皮膚を掴むことができないため，脇腹と尾の付け根を掴むようにして保定する．
①チンチラをキャリーやケージから掴んで出す．
②腹側から脇腹を掴み，もう一方の手は尾の付け根を掴む．
③ゆっくり頭を上へ向けて落ち着かせる．
④保定が安定したら処置を行う．
⑤後肢を蹴るようなら，背中をやや反らすようにして体を伸ばすと前肢や保定者の手にあたって引っかからなくなる．

手の腕で肩を抑えつつ顔全体を掴むようにして固定すると多少の動きに対しても対応できる．この際，顔色が分からなくならないよう常にチンチラの様子を観察しながら保定するよう注意する(**図3-20**)．

X線検査の保定は特に難しく手足が細いため無理な保定により骨折や脱臼をさせないよう十分な注意が必要である．仰臥位では頸部皮膚を掴むことができないため，脇腹あたりの全身を掴みながら仰臥させ上半身は肩～顔を掴み前肢は掴まないようにする．助手がいる場合には尾の付け根を抑えてもらい足先は掴まないように背中を伸長させながら照射野を絞り素早く撮影する．1人で撮影する場合も上半身と下半身を同様に保持する(**図3-21**)．

超音波検査の保定は胸腔内・腹腔内いずれにしても仰臥位の保定を行い前述の通り後肢を引っ掛けたりしないよう注意して行う．

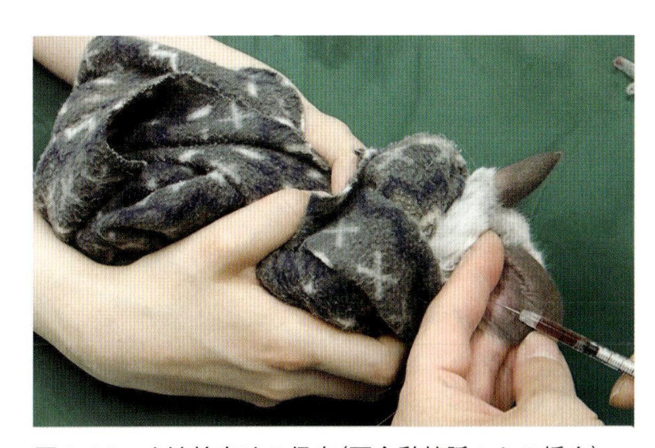

図3-20　血液検査時の保定(耳介動静脈からの採血)
ウサギやモルモットと同様，タオルで全身を包み，顔が動くようであれば軽く顔を掴んで保定する．

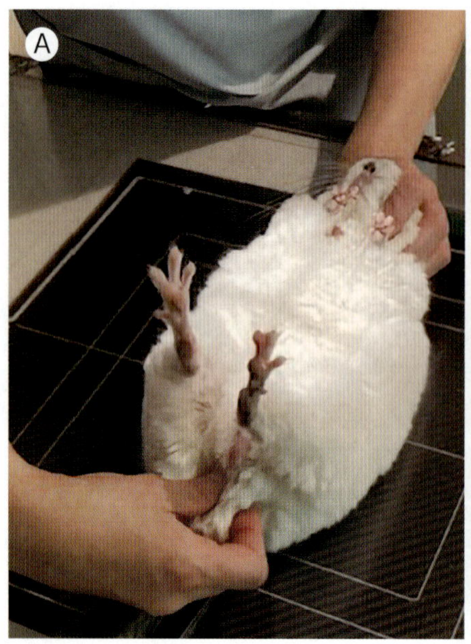

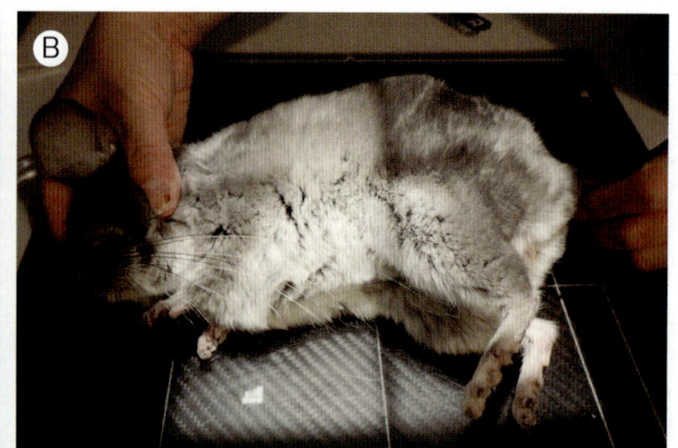

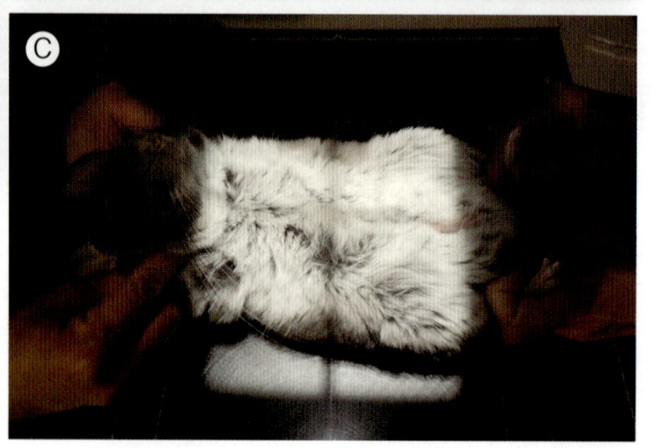

図3-21　X線撮影時の保定
A, B：一人で撮影する時
C：二人で撮影する時
チンチラは手足が細いため頭部と尾の付け根をしっかり保持しゆっくり横臥させる.

処置方法

鎮静・麻酔

当院では，ウサギやモルモットはメデトミジンとケタミンの混合注射で鎮静をかけ歯処置や簡単な外処置を実施しているが，著者らの経験では，同様の注射麻酔ではチンチラは比較的呼吸抑制がかかる傾向がある．そのため注射麻酔は使用せずイソフルラン単独での導入を実施している．チンチラでは気管チューブを挿管することは比較的困難であり，当院では必要な時以外は積極的に実施してない.

補液(皮下点滴)・静脈点滴

皮下および静脈点滴ともにモルモットと同様である．チンチラは被毛が豊富なため皮膚がわかりにくく皮膚も薄いため，皮下点滴では不慣れな場合皮膚を貫通させてしまうことがあるので注意する．静脈点滴はモルモットと同様，重症であまり動けない症例以外は静脈留置を継続しておくことが難しいため，術中のみ実施することが多い.

入院管理

チンチラの入院管理は基本的にはモルモットと同様である．チンチラの自宅ケージは高さのあるケージが望ましいが入院管理する際には必ずしも高さを作る必要はない．チンチラの入院の注意点はケージ内が暑くならないよう周囲の入院動物との室温設定を考慮し，必要があれば保冷剤をケージ内に入れておくこと，また犬や猫用のケージでは金網の隙間から通り抜ける可能性があるため網目の細かいケージ扉を使用する必要がある.

検査方法

糞便検査

チンチラの便は細長く楕円形をしており，糞便検査は犬猫と同様に実施できる．糞便検査では寄生虫感染症であるクリプトスポリジウムとジアルジアなどが確認されており，これらは若齢個体で重度な下痢の原因となることがある[13, 14]．この他には時折小型条虫卵が検出されることがある.

尿検査

モルモットの項目を参照されたい.

血液検査

チンチラの採血部位は耳介動静脈，頸静脈，大腿静脈，橈側皮静脈，伏在静脈，尾静脈，前大静

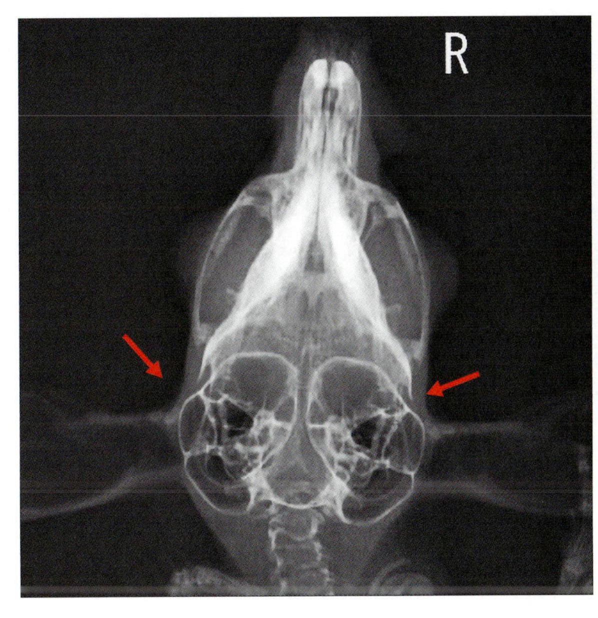

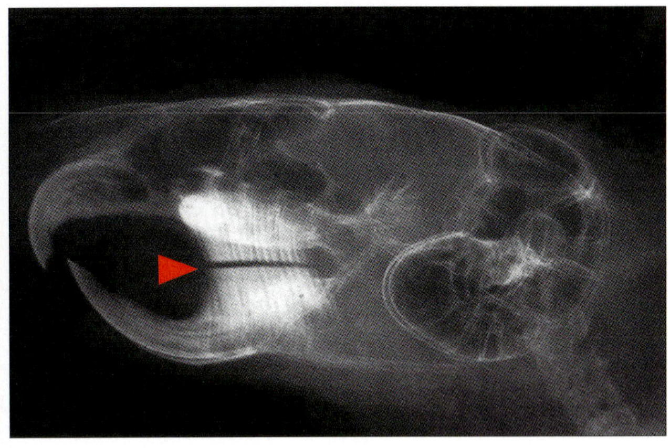

図3-22　チンチラの頭部X線検査
A：DV像　B: ラテラル像
チンチラは大きな鼓室胞(A：矢印)を持つのが特徴である．また臼歯の咬合面はラテラル像でみるとまっすぐなきれいな1本の線状にみえる(B：矢頭)．

脈，切歯下静脈などがある．前述の通り当院ではほとんどの症例で耳介動静脈から採血し，採血量は0.3～0.5 mL程度で検査を実施している．細い血管に針を刺入するため28もしくは30 Gのインスリンシリンジを用い，針の先端にヘパリンナトリウムを通し凝血しないようにする．ヘパリンの量を多くすると採取した血液が希釈されてしまうため針先をくぐらせる程度で十分である．基本的にはモルモットと類似しているため参照されたい

画像検査

モルモットと大きく相違はないため，モルモットの項目を参照頂きたいが，チンチラは頭部X線検査にて鼓室胞が非常に大きいのが特徴である．また，臼歯咬合面は，ラテラル像ではきれいな1本の線状に見える(**図3-22**)．

飼い主へのインフォーム，指導

チンチラは高温多湿に弱い動物であり，梅雨の時期や夏季は特に熱中症への注意が必要である．また病院への来院時に，キャリー内の通気が悪く来院途中で熱中症を起こす可能性もあるため保冷剤などを活用してもらうよう伝える．

繊細な被毛を有しており普段から被毛の手入れのため砂浴びをさせる．しかし流涙や眼脂，鼻水など分泌物が出ている場合には砂浴びにより症状を悪化させる可能性があるため避けるようインフォームする必要がある．

チンチラは自身の切歯を櫛のように使いながら全身をグルーミングし被毛のコンディションを維持している．そのため不正咬合により切歯が生えてこない場合や咬み合っていない場合グルーミングが不十分で被毛が絡み，その間に砂浴びの砂が入り込むと硬い毛玉となり皮膚炎を起こすことがある．切歯の異常がある個体では定期的にトリミングが必要となることが多い．

また，チンチラの爪の手入れは不必要である．

主な疾患

チンチラは切歯および臼歯が常生歯であることからウサギやモルモットと同様歯科疾患の発生が多く，切歯，臼歯ともに不正咬合を起こす．また一般的に長寿になると他種では腫瘍性疾患や心疾患の発生が増える傾向がある．チンチラは長寿である一方で，心疾患の発生は時折遭遇するものので腫瘍性疾患の発生は稀である．

皮膚疾患(皮膚糸状菌症)(図3-23)

皮膚疾患として皮膚糸状菌症，細菌感染，外部寄生虫，毛咬みおよび綿毛症候群(cotton fur syndrome)などが挙げられる．皮膚糸状菌症は比較的よく遭遇する疾患であり，*Trichophyton mentagrophytes* による感染が一般的で，*Microsporum canis* や *M. gypseum* による感染もみられる[15, 16]．免疫力が低い若齢または高齢個体での発症が多く，症状がない個体でも5%の割合で潜伏感染しているとされ

図3-23　皮膚糸状菌症
鼻梁部の皮膚が脱毛，発赤し鱗屑がみられる．

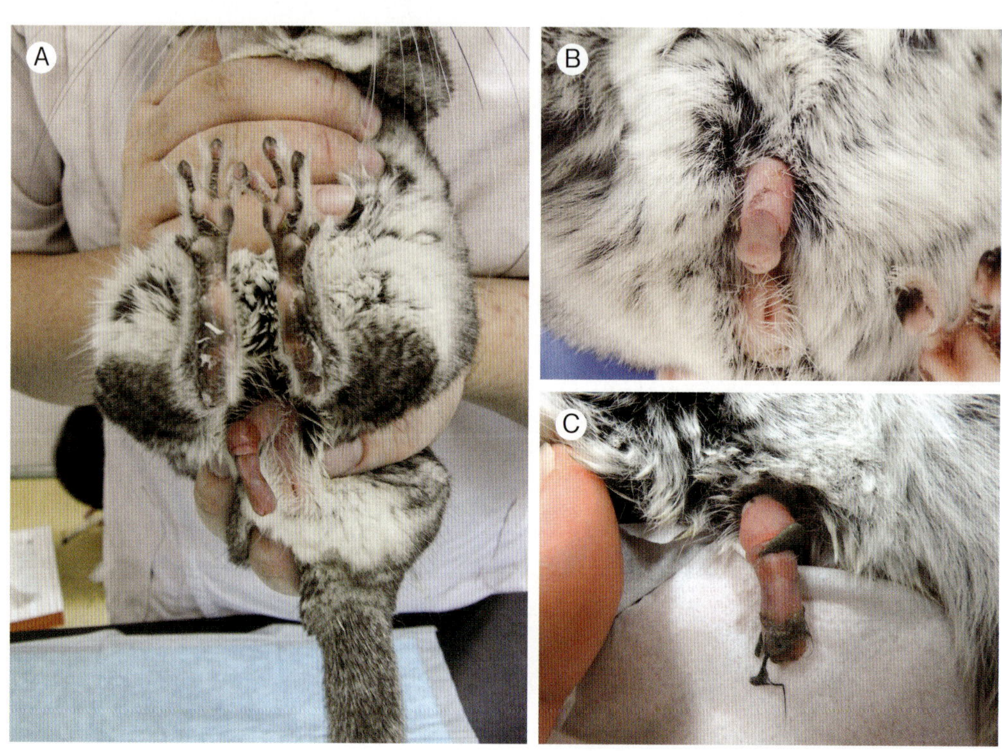

図3-24　ペニス脱
(A)ペニスが露出し，粘膜の腫大がみられる．(B)中には軽度でもペニスの炎症が起こることがある．(C)ファーリング(包皮内に被毛が入りペニスに絡まっている)

ている[17]．どの部位にも発症するが眼，鼻，耳など頭部から発症し前肢や体躯に拡大することが多い．

皮膚糸状菌症の典型的な症状は落屑を伴う脱毛であり，瘙痒や紅斑を伴うこともある．

飼い主へのインフォーム

他種の皮膚外部寄生虫感染症や真菌感染症と同様，飼育指導として飼育環境の掃除，またチンチラの場合は特に砂浴びの砂の交換を頻繁に行うように指示する．これまで使用していた砂は一度全交換を行い，砂浴び容器やケージも消毒する．真菌症に対する消毒は次亜塩素酸ナトリウムやアルコール，熱湯消毒などが有効である．

ペニス脱(図3-24)

雄性生殖器疾患としては，ファーリング(fur rings)がよく発生する[18]．これは包皮内のペニス周囲に被毛が環状に絡み合うことでペニスを絞扼する疾患であり，悪化すれば嵌頓包茎となり絞扼部遠位が腫脹し，尿道閉塞の原因となることもある[19]．症状は過剰な陰部周囲のグルーミング，排尿時のしぶり，頻尿，元気食欲の低下などがみられるが，軽度であれば無症状で身体検査時に偶発的に認めることも多い[20]．被毛を除去しペニスを整復するが，整復が困難な症例では露出した陰茎を乾燥や物理的刺激から保護するためにワセリンなどの軟膏を塗布し，自咬防止のためエリザベスカラーの装着を検討する．

看護と飼い主へのインフォーム

チンチラのエリザベスカラーは，当院ではウサギやモルモットで使用している小さめのカラーを装着する．被毛が豊富で，前肢は細く餌を掴むなど器用に使用するため，頸とカラーの間に前肢が入り込むことが多いため，注意が必要である．またチンチラは高いところに登り上下の水平方向の運動もする動物のため，カラーをつける際は，自宅ではケージ内のステップを取り外したり，回し車を入れている個体では取り除いてもらうなどケージ内の環境が安全性に問題がないかを確認する．砂浴びは，治療期間中はやめてもらうよう伝えケージ内に常設している場合には撤去してもらう．砂浴びについては外傷などの皮膚病変がある場合や眼疾患で点眼している場合なども同様である．

参考文献

1. Keeble E., Jekl V. (2009): BSAVA Manual of Rodents and Ferrets (Emma Keeble, Anna Meredith), 2-87, British Small Animal Veterinary Association
2. リチャード・C. ゴリス (2002)：ペット・ガイド・シリーズ　ザ・チンチラ—テンジクネズミの仲間の生態と飼い方, 8-160, 誠文堂新光社
3. Kozlov A.V., Bakiev M. (2021): Genetic symbols for mutations in color and surstructure in chinchillas. International Scientific and Practical Conference, Biotechnology, Ecology, Nture management. European proceedings of Life Sciences
4. Crossley A.D., Hoefer, Simon, L.H. Girling, J.S. (2005): BSAVA エキゾチックペットマニュアル第四版 (Anna Meredith, Sharon Redrobe), 橋崎文隆 , 深瀬 徹 , 山口剛士 , 和田新平　訳 , 6-80, 学窓社
5. Richardson V. (2003): DISEASES OF SMALL DOMESTIC RODENTS Second Edition, 1-10, 13-26, Blackwell Publishing
6. Heidenreich B., Kohles M. (2014): The veterinary clinics of North America Exotic animal practice Vol.17-2 Gastroenterology (Tracey K. Ritzman), 174-175, 238, ELSEVIER
7. Mayer J., Grant K., Proença M.L. (2014): The veterinary clinics of North America Exotic animal practice Vol.17-3 Nutrition (Jörg Mayer), 473, 499, ELSEVIER
8. Mitchell A.M., N. Tully Jr., T. (2016): Current Therapy in EXOTIC PET PRACTICE, 48-522, ELSEVIER
9. Jarrett L.C., Jarrett T.R., B. Harvey B.S. et al. (2016): The Uterus Duplex Bicollis, Vagina Simplex of Female Chinchillas, Journal of the American Association for Laboratory Animal Science 55-2, 155–160
10. 鈴木理恵 (2017)：チンチラ完全飼育—飼育管理の基本からコミュニケーションの工夫まで— , 14-126, 誠文堂新光社
11. Delaney J. C. (2010): BSAVA Manual of Exotic Pets Fifth edition (Anna Meredith, Cathy Johnson Delaney), 28-36, British Small Animal Veterinary Association
12. 霍野晋吉 , 横須賀 誠 (2019)：カラーアトラスエキゾチックアニマル　哺乳類編　増補改訂版　—種類・生態・飼育・疾病— , 174-197, 緑書房
13. Mans C., Donnelly T.M. (2021): Chinchillas. In: Ferrets, Rabbits and Rodents: Clinical Medicine and Surgery, Quesenberry K.E., Orcutt C.J., Mans C., Carpenter J.W.. eds., 4th eds., pp 298-322, Elsevier
14. Reavill D. (2014): Pathology of the Exotic Companion Mammal Gastrointestinal System. Vet Clin Exot Anim, 17: 145-164
15. Riggs S.M., Mitchell M.A. (2009): Chinchillas. In: Manual of Exotic Pet Practice, Mitchell M.A., Tully Jr. T.N. eds., pp474-492, Saunders
16. Perry S.M., Sander S.J., Mitchell M.A. (2016): Integumentary System. In: Current Therapy in Exotic Pet Practice, Mitchell M. and Tully Jr. T.N. eds., pp17-75, Saunders
17. Turner P.V., Brash M.L., Smith D.A. (2018): Chinchillas. In: Pathology of Small Mammal Pets, pp193-224, Wiley Blackwell
18. Kondert L., Mayer J. (2017): Reproductive Medicine in Guinea Pigs, Chinchillas and Degus. Vet Clin Exot Anim, 20: 609-628
19. Turner P.V., Brash M.L., Smith D.A. (2018): Chinchillas. In: Pathology of Small Mammal Pets, pp193-224, Wiley Blackwell, Hoboken
20. Watson M.K. (2016): Reproductive System. In: Current Therapy in Exotic Pet Practice, Mitchell M. and Tully Jr. T.N. eds., pp,460-493 Saunders

小型げっ歯類

小型げっ歯類の特徴

げっ歯類はネズミ目と呼ばれ，哺乳類の中では最大であり多くの種が存在する．愛玩動物としても様々な種類が飼育されており，小型げっ歯類にはハムスター，デグー，ジリス，スナネズミ，シマリスなどがよく来院する．また，稀な小型げっ歯類にはアメリカモモンガ，アフリカヤマネ，ファットテールジャービルなどが来院することがある．小型げっ歯類は体格も小さく俊敏なため，保定をして処置や検査する際には取り扱い方に注意しないと事故につながることがるため，各動物の性質や行動を理解しておく必要がある．

小型げっ歯類の来院時の注意点

プレーリードッグ以外の小型げっ歯類では多くの飼い主は来院時のキャリーをプラスチック製の小型ケージを利用している．特にデグーやジリスは切歯が入る隙間があるとプラスチック部分を齧り続けることがある．そのため，切歯の損傷や齧った部分のプラスチック片の誤食のリスクを伝えることが必要である．

またキャリー内にタオル，床材や隠れ小屋など何も入っていない広い空間のままでは常に動き回り来院中に動物が疲れてしまう可能性がある．そのため飼い主にはキャリー内には普段使用している床材やキッチンペーパーを割いたもの，タオルなど入れて，潜り込め身体に接するようにして来院することを指示するとよい．さらに飲水ボトルや水入れをキャリー内に設置して来院すると移動中に水が漏れたりこぼれたりすることが多く，キャリーの床や動物の身体が濡れてしまうことがよくある．このため，移動中は飲水ボトルなどを外してもらい来院時に静止した時に設置するよう指導しておくとよい

小型げっ歯類の問診，視診

小型げっ歯類の問診は，各動物によって飼育環境が異なるため，環境や食餌内容はしっかり確認しておく必要がある．小さな動物で保定でつかれてしまう可能性があるため，キャリー内で全身状態や皮膚の状態，呼吸様式を確認してから保定による身体検査へ進むとよい．

小型げっ歯類の保定法

小型げっ歯類の保定は，動物にストレスや傷害を与えることなく，逃走や落下を防止し，保定者や施術者も動物からの傷害を受けることがない状態で，目的としている検査や処置を実施できるように動物の動きをコントロールする必要がある．小型げっ歯類の保定は，どの動物種も基本は同様で，ケージやキャリーから掴んで保定する時にはタオルなどを用いて背側から手全体で肩の部分と下腹部を掴み持ち上げる（**図3-1**）．人に慣れたおとなしい症例や動物種ではできるだけストレスをかけないように，無理に行動を制限するような保定をせずに，動物の体を安定させるように保持するだけで必要な検査や処置を実施できる．しかし抵抗を示す症例や動物種に対してよりしっかりとした保定を行う際には，動物の頭頸部を把持し，体幹部（腰付近）を支えるようにして保定する（**図3-2**）．タオルを使用する目的は保定者が動物に噛まれないようにすることと，動物側にとって人の手に対する恐怖心を軽減することである．またタオルだと保定者の手の感覚がわかりにくくなるため，ハムスターなどの小型種であれば小さめの薄手のハンドタオルやティッシュペーパーを使用する（**図3-3**）．

シマリスやデグーは野生下で捕食される際に尾を掴まれても，逃走する手段として尾部の皮膚が容易に抜け落ちる．そのため，保定時の注意点として尾を持たないことが重要である（疾患の項目も参照）．またハムスターのロボロフスキーやパンダマウス，ヤマネなどさらに小型種の保定は手からすり抜ける可能性があるため高い台から落とさないように十分な注意が必要となる．

ハムスター，マウス，ラットなどでは時折成書で頸部背側皮膚を大きく掴んで保定する方法が紹介されている（**図3-4**）．実験動物ではこのような持ち方をすることが多いが動物へのストレスが大きく，またそこまで保定しなくても大抵の処置は可能であり飼い主への印象も良くないことから著者らはほとんどこの保定法を行うことはない．

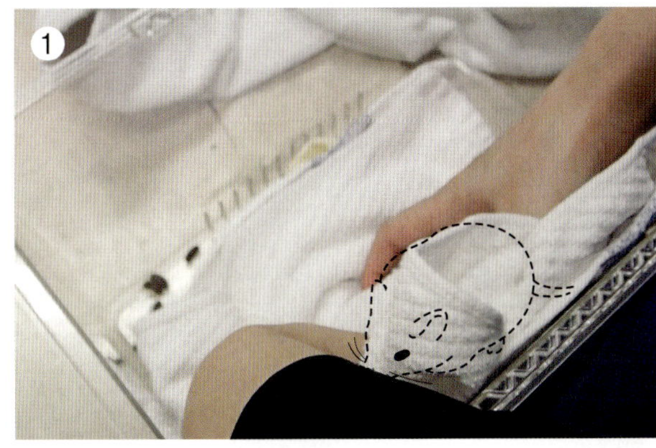

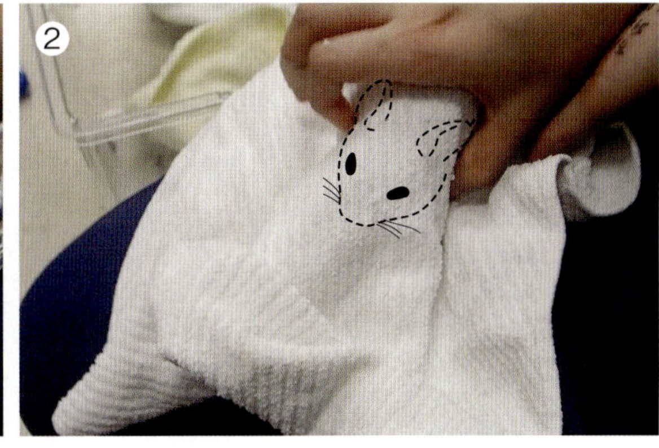

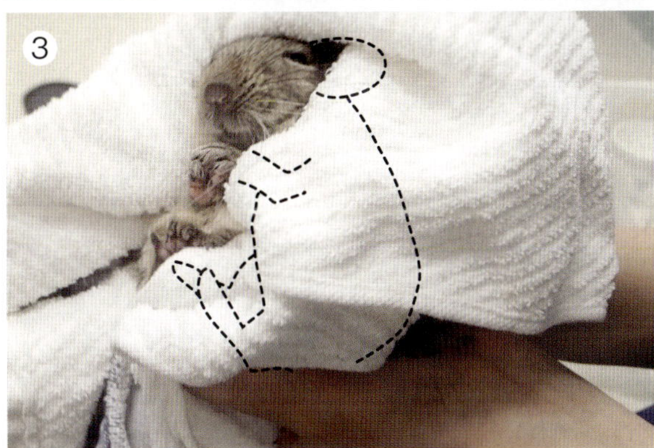

図3-1　小型哺乳類の保定法(デグー)

①プラスチックケースの中から，動物の背中全体にタオルを被せるようにして全体を掴みケースから取り出す．

②安定しないようであれば一度膝の上に乗せて両手で掴めるように調整する．

③肩と腰をしっかり保持して仰向けにする．

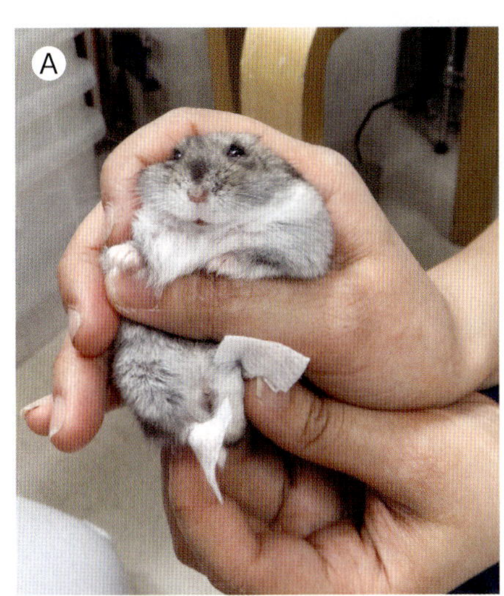

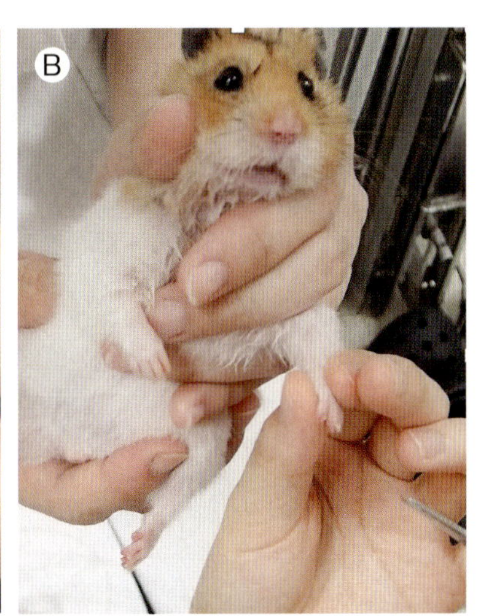

図3-2　大人しい個体の保定

(A)おとなしい個体であればそのまま背中全体を掴むようにして保定する．(B)ハムスターやデグーなどは時折爪が過長することがある．体格も小さく爪の先端も小さいため，指を切らないように細心の注意を払う．小型のはさみや抜歯剪刀を用いることが多い．

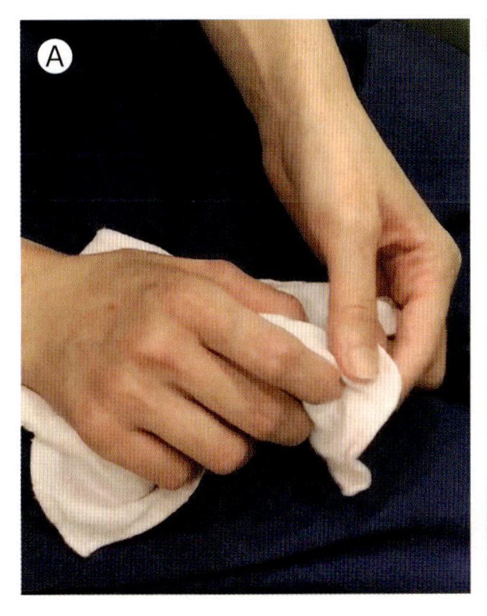

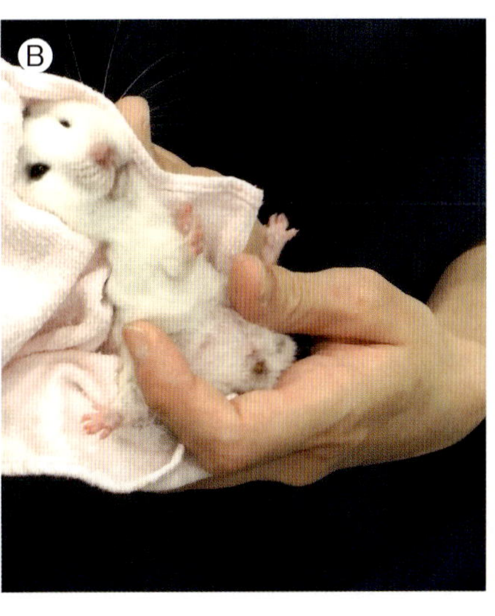

図3-3　タオルを使用した保定

(A)100 g 程度の体重の動物に対しては小さめのハンドタオルを用いるとよい．背側から全体的にタオルで覆い肩～顎関節あたりを掴む．(B)ゆっくり持ち上げた際に腰を保持して安定させる．

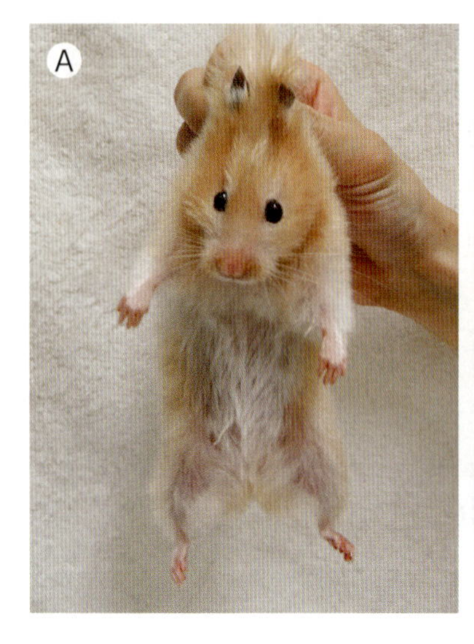

図3-4　頸部背側皮膚を掴んで保定する方法
A：ゴールデンハムスター
B：ジャンガリアンハムスター
(A)飼い主への印象がよくないため，この保定法を行うことは少ない．
(B)ジャンガリアンハムスターでやや肥満傾向の固定では保定時眼球突出を起こしやすいので注意する．

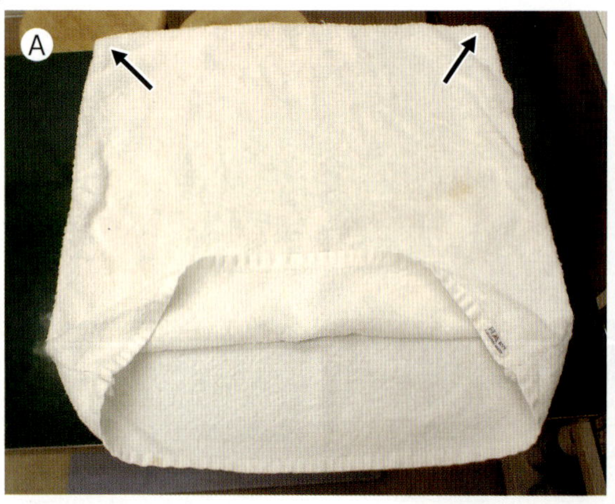

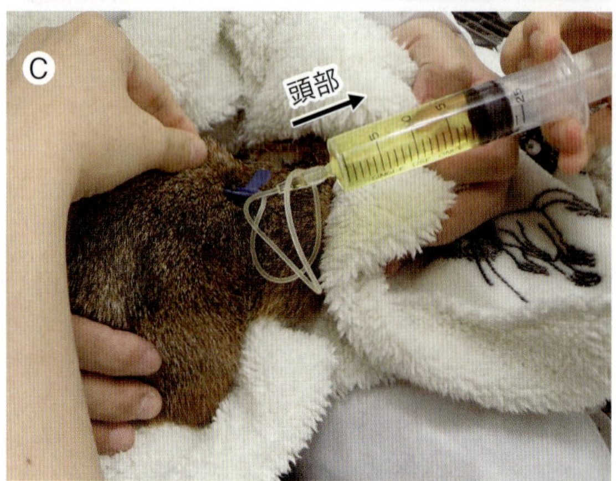

図3-5　厚手の生地で大きめの袋(プレーリー袋)を用いた診察
A：プレーリー袋
B：顔周囲の確認
C：皮下点滴
一度プレーリー袋にプレーリードッグを入れて身体を袋の上から抑えたあと袋の入口部分から頭部や頸部を出す．強い力で動いてしまった場合には袋の入口部分で全体を覆い，一度袋の中へプレーリードッグを戻すことで逃走するのを防ぐ．

小型げっ歯類の中では比較的大きめのプレーリードッグは皮膚の弾力が少なくて保定しづらい上に力も強く噛むことも多いため，頭部と腰部をしっかり保持する必要がある．また，プレーリードッグでコントロールしづらく逃走のリスクがある場合には厚手のタオルで作成した袋(**図3-5**)にプレーリードッグを入れて，袋の隅(**図3-5，矢印**)に頭部を向けさせ，袋口から手を入れて身体検査や皮下点滴などの処置を実施することもある．個体差もあるが特に発情中の若齢の雄の個体は，攻撃的になっていることが多く飼い主もこの時期は触れないこともある．そのため，無理な保定は行わず麻酔や鎮静下での身体検査を提示することもある．

シマリスは他のげっ歯類の中でも動きがかなり俊敏であり，飼い主以外の人に慣れていないことが多いことから保定の難易度は高い．上述の通り尾抜けすることがあるので，瞬間的に逃走しても慌てて尾のみ掴むことがないように注意する．そのため，シ

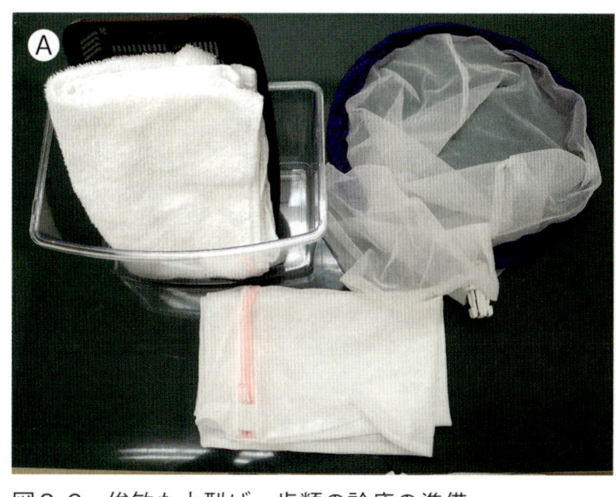

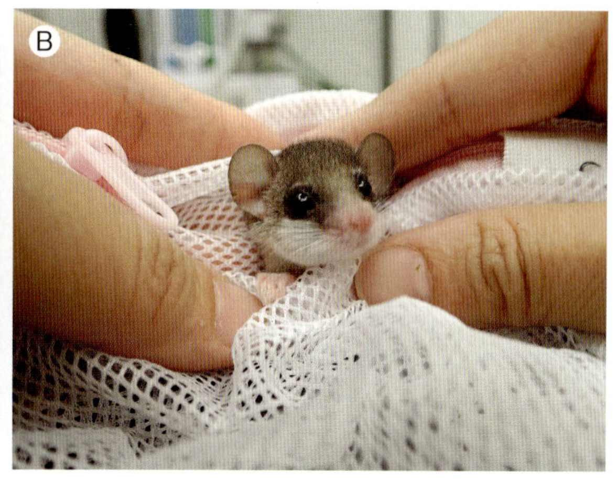

図3-6 俊敏な小型げっ歯類の診療の準備
A：リス科動物の逃走防止 B：洗濯ネットを利用した身体検査
(A)体重測定と視診を行うためのプラスチックケース，タオル，身体検査に用いる洗濯ネット，逃走した際に捕まえるための虫網を用意するとよい．(B)洗濯ネットは，保定の際に動物が万が一手からすり抜けてしまってもネット内に落ちることで逃走を防ぐことができる．

マリスの身体検査や処置を実施する際には，診察時には最初に万が一保定に失敗して逃げ出してしまっても確実に捕獲できるように，設置されている診察台や棚などの裏に逃げ込む隙間がない閉め切った診察室内で行い，捕獲用の虫網(**図3-6**)を常時置いておくことを推奨する．また洗濯ネットに入れてから身体検査を行うことがある．

小型げっ歯類の処置方法

鎮静・麻酔

俊敏な動物種や人に慣れていない個体には検査や治療のため鎮静や麻酔をかけて行う必要がある．げっ歯類に使用できる鎮静剤や麻酔薬についてはいくつかの成書(Exotic Animal Formulary 4th ed. ELSEVIER など)に記載されているが，著者らはケタミン，ミダゾラム，メデトミジン，アルファキサロンなどの鎮静剤を使用している．著者らの経験上，注射薬での鎮静は近縁種でも効果や持続時間，投与後の呼吸や循環抑制の程度などが異なるため，初回使用時には注意が必要である．しかし小型げっ歯類の多くの場合，イソフルレン単独で麻酔をかけることが多い．

イソフルランを用いる際，小さめのプラスチックケースや衣装ケースの中に動物を入れ，麻酔器のホースが入る小さめの穴を開けた蓋をかぶせて導入する．麻酔がかかって横臥状態になったらケースから動物を取り出し，その後マスクによる吸入麻酔の維持を行う．麻酔中は，ECG，SpO_2や目視による呼吸の確認などでモニターする(**図3-7**)．気管チューブの挿管はげっ歯類でも実施可能で1.0～1.5 mm 径のカフなしの気管チューブや栄養カテーテルを加工したものを気管チューブとして利用できる．しかし，内径が細く空気抵抗や唾液などによる閉塞のトラブルが生じる可能性が高く，筆者らは気管チューブの挿管は基本的に実施していない．また，ウサギ用の声門上気道確保装置の V-gel はプレーリードッグにおいて利用できることを確認している．

小型種の多いげっ歯類は麻酔下で低体温に陥りやすいため，犬猫以上に鎮静や麻酔中の保温は積極的に実施する．一方で過剰な保温により高体温にならないような注意も必要である．

また，ハムスターやシマリス，リチャードソンジリスなど頬袋を持つ種では導入後に頬袋内に食物を入れていないか確認し，入っている場合にはそれらを摘出する(**図3-8**)．

輸液(補液)

多くのげっ歯類は体格的に静脈内輸液が困難であり，筆者らの病院ではほとんど皮下補液を行っている．プレーリードッグは静脈内輸液のためのカテーテルを設置することは可能であるため，術中などの麻酔下では積極的に行うが，意識下では齧る可能性や全身を丸めたりタオルに潜り込んでしまう可能性が高いため維持することが困難である．しかし腎不

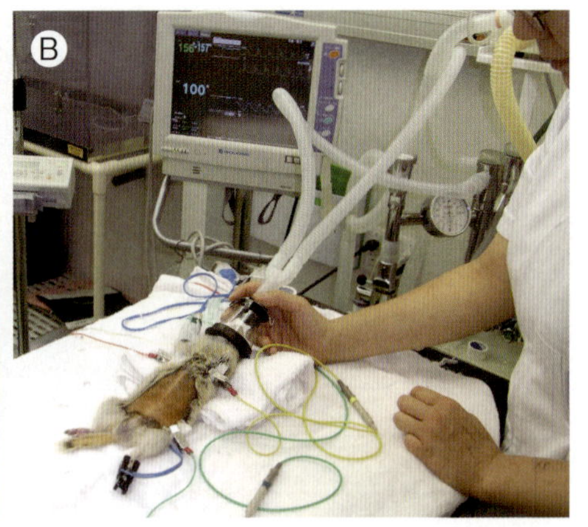

図3-7　吸入麻酔
A：麻酔導入　B：げっ歯類の麻酔
(A)プラスチックケースの上に穴を開けたプラスチック板をかぶせ，穴の部分に麻酔器のホースを入れて導入する．プラスチック板を押して出てこないように上から押さえておく．(B)麻酔がかかったらマスクに切りかえ口元にあてる．体格に対して大きいマスクを使用すると死腔ができ濃度が不安定になるため，頭のサイズに合ったマスクを使用する．ECG，SpO_2などのモニターをつけ目視で呼吸数を確認する．

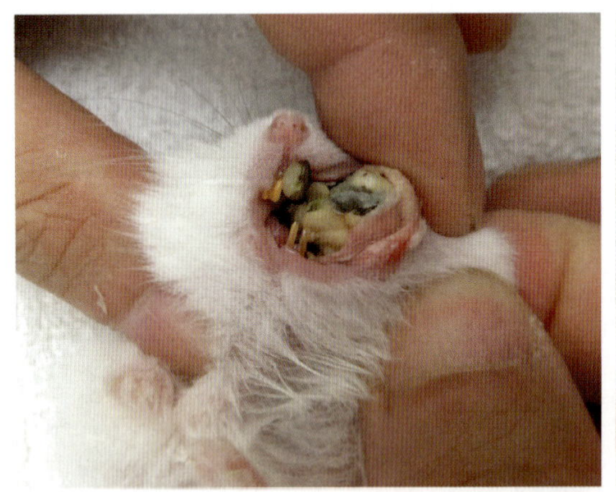

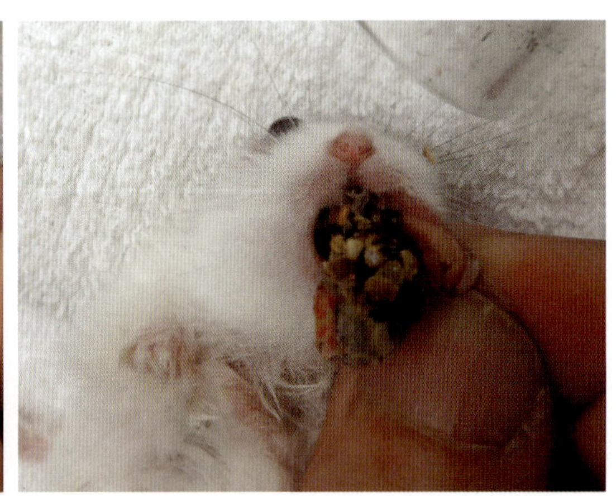

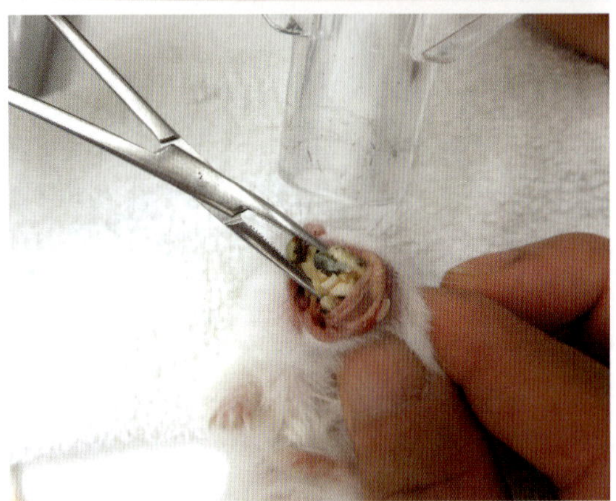

図3-8　頬袋内の処置
麻酔導入後，頬袋を持つ動物では頬袋内に食物などが入っていないか確認し，入っている場合には取り出す．この際，確実に口腔内へ食物が入っていないかを確認する．

全や重篤な症例で静脈内輸液が必要な場合には，小型げっ歯類でも骨髄内輸液が実施できる．

経口投与

げっ歯類への経口投与は飲水内もしくは餌に混ぜて与える方法も報告されているが，投与量が正確ではない．このため，筆者らの病院では主に，粉末状にした薬剤を単シロップなどと混ぜて液状薬として調剤し点眼瓶に入れて処方している．小型げっ歯類への点眼瓶に入れた処方薬の投薬方法を**図3-9, 10**に示した．

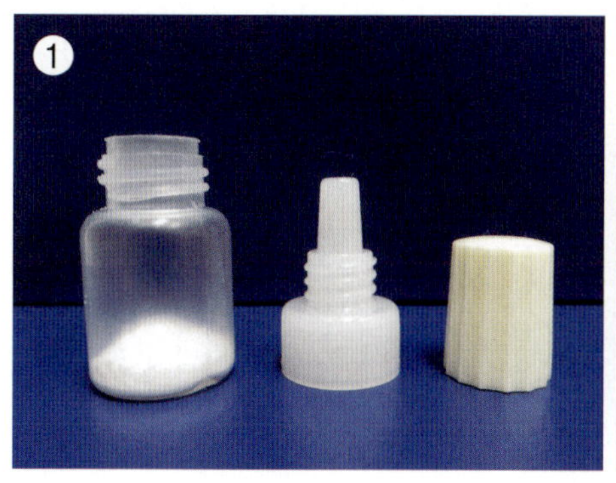

図3-9　小型げっ歯類への点眼瓶での投薬方法
①点眼瓶に必要な薬剤を入れる．②薬剤を溶かしながら規定の量（5 mLや10mL）になるまで水やシロップを入れる．
③蓋をして完成．使用前にはよく振って混和させる．

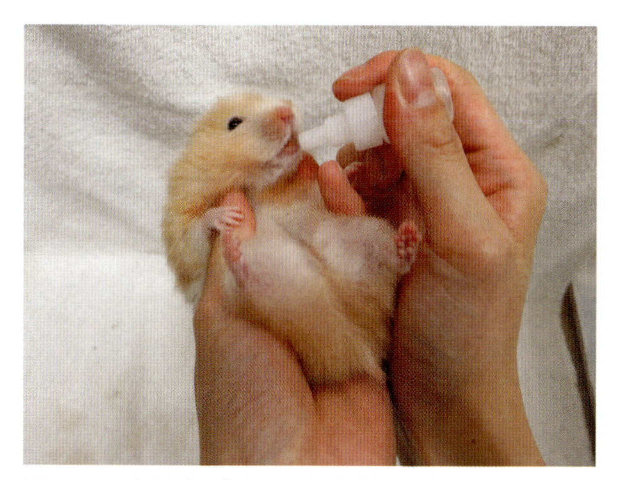

図3-10　小型げっ歯類への投薬（点眼瓶）
1回1～2滴に調整した薬を誤嚥させないように口元へ垂らす．

エリザベスカラー（図3-11）

術後管理や自咬の防止などげっ歯類でも時折エリザベスカラーの装着が必要となることがある．げっ歯類のエリザベスカラーは市販されているものもあるが，特に小型の動物種に対してはX線のフィルムやクリアファイル，薄いプラスチック板などを用いて作成することが多い．フィルムを円形にカットしたのち切り込みを入れて首に当たる部分を小さな円形として切り取る．直接皮膚を傷つけないように頸にあたるフィルムの辺縁部分に厚めのテープを貼る．頸部がすり抜けてしまい不安定な場合には首輪のように布テープを貼りその上にエリザベスカラーを重ねて装着したのち下の布テープに重ねて固定する．またプレーリードッグや肥満したハムスターなど耳が小さく頸部が太い寸胴な動物では犬猫やウサギと同様にカラーをつけてもすぐに外されてしまうことが多い．このような場合には布テープで胴輪と首輪を作成しその上にエリザベスカラーを装着し下に貼ったテープの上に固定するようにテープを重ねて貼り固定する方法が有効である（図3-11D, E）．

一方で，スナネズミやモルモットなど神経質な動物ではカラーの装着により強いストレスを受け食欲や元気が廃絶してしまう例もある．このような場合にはカラーの大きさや材質を変更したり，カラーの装着ではなくバンテージなどにより自傷行為を防止するなどの代替え案を検討しなければならない．

小型げっ歯類の入院管理

入院時には本来の飼育ケージを利用することもできるが，衛生面の管理や日々の処置時に捕獲が必要となる．特にエリザベスカラーを装着していると複雑なものや広すぎるものは入院時の管理には不向きである．当院では様々なサイズのプラスチックケースを用いることが多い（図3-12）．プラケース内には潜り込めるような巣箱やタオルなどを置き，食欲が低下している症例では嗜好性を考慮し様々な餌を入れておく．

体格に対して食餌を入れる皿が大きかったり，ひっくりかえりやすかったりすると，身体が汚れる可能性（特に流動食など）があるので注意する．

小型げっ歯類の検査方法

糞便検査，尿検査は犬や猫と同様に検査を実施することができる．糞便検査は直接鏡顕，浮遊検査，必要に応じて塗抹検査を実施する．通常，小型げっ歯類は排便量が多く来院中にもキャリー内で排便していることが多いためなるべく新鮮便を用いて検査する．便についてはまず各動物種で正常な便の形態

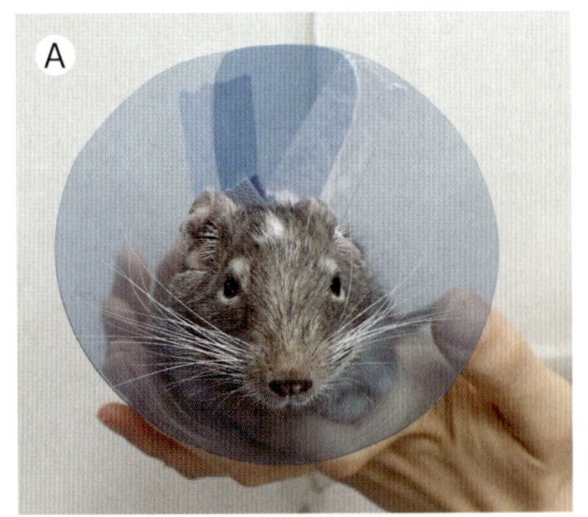

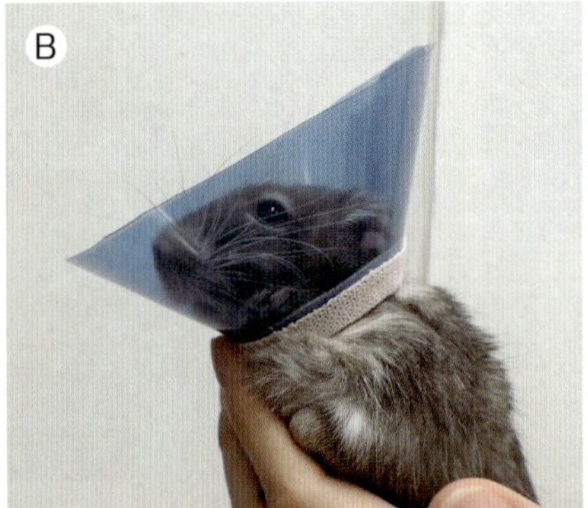

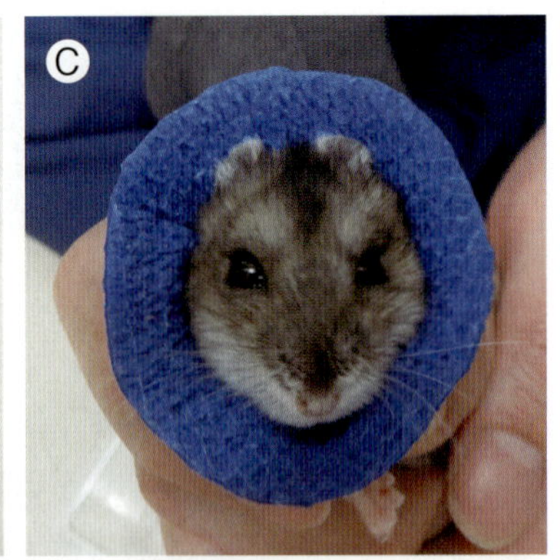

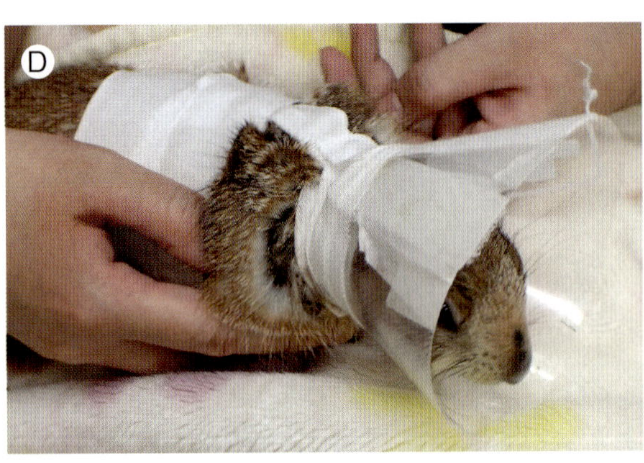

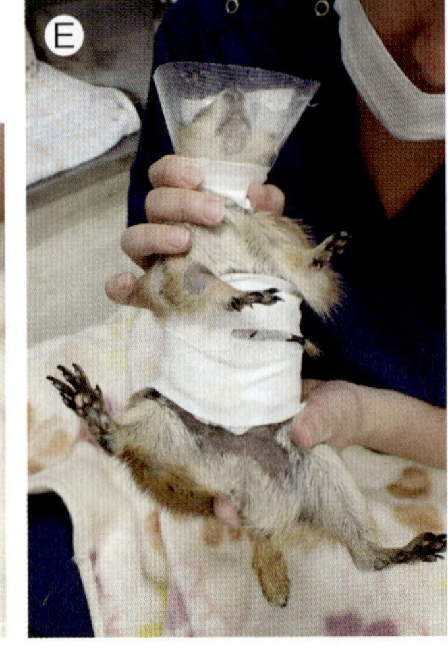

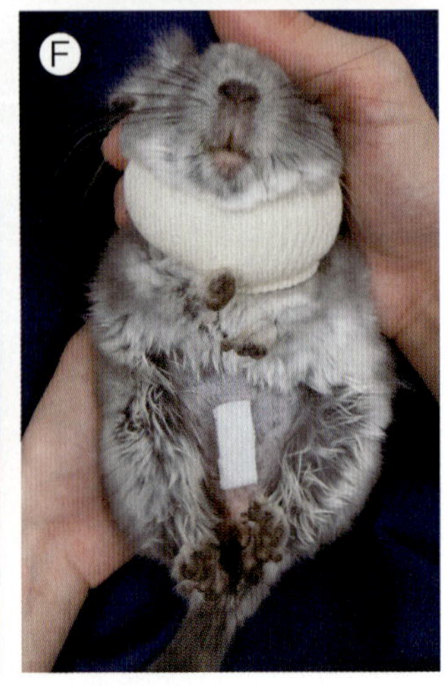

図3-11　エリザベスカラー
A, B：レントゲンフィルムを用いて作成したカラー　C：伸縮包帯（vetrap®）を重ね合わせて作成したカラー
D, E：市販のエリザベスカラー　F：ネックカラー
（D, E）布テープで胴輪と首輪を形成し，カラーを固定する．（F）やわらかい素材をストッキネットに入れ，頸周りを固定させる．

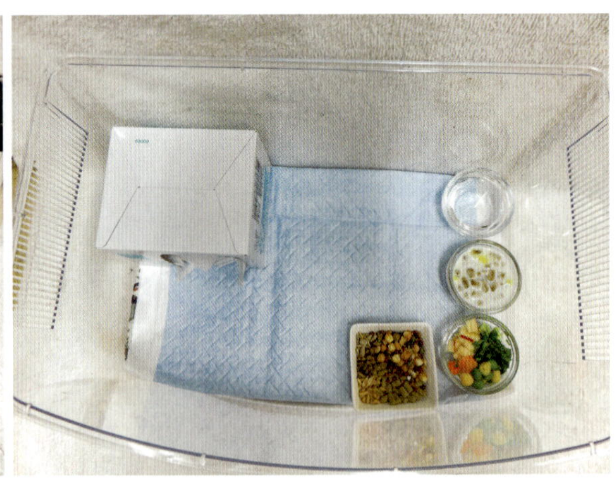

図3-12　小型げっ歯類の入院ケージ（例）
排便，排尿がわかるように下にペットシーツを敷き，小さめの皿にフードを入れる．食欲不振の動物には嗜好性の高いフードをいくつか入れておく．小型げっ歯類は，特にストレスを感じやすいので隠れられるくらいの小屋を用意する．中には常に身体を接するようにテイッシュやキッチンペーパーを細かく裂いたものを入れておく．

を把握する必要がある．尿検査は，動物を体重測定時にプラスチックケースに入れた際に排尿することがあるため，排尿したら排泄物で身体を汚さないように素早く動物を移動させて採尿する．自然排泄尿が採取できない場合には圧迫排尿や膀胱穿刺も検討するが，小型げっ歯類は小さくかつ俊敏な動きをするため膀胱破裂や穿刺による尿漏れなどを考慮するとこれらの採取方法は推奨しておらず必要な場合は

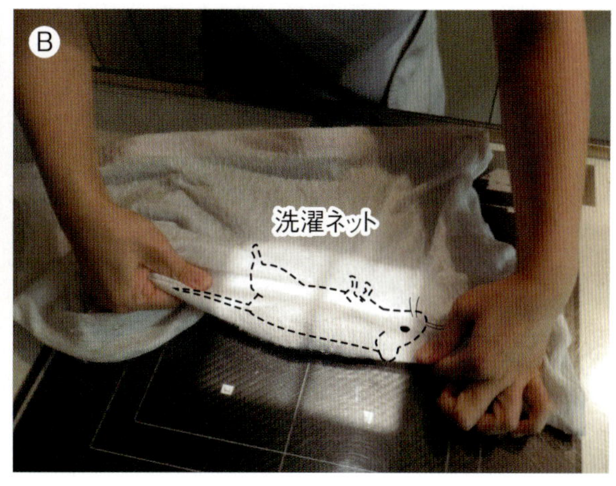

図3-13　小型齧歯類のＸ線撮影法
A：DV像の撮影　B：ラテラル像の撮影
(A)動物をDVの状態にしてゆっくり左右の洗濯ネットを引っ張ると動物の動きが制限されるため伏せの状態で動きが止まった瞬間に素早く撮影する．(B)先程のDV像の状態からゆっくり奥へ倒すように横臥させて動きが止まった時点で素早く撮影する．

麻酔下で実施することを推奨する．尿カテーテルの挿入はプレーリードッグ程度の大きさのある動物以外では困難である．

血液検査は体格や体重の点から犬や猫のように気軽に採血することは困難である．プレーリードッグ，ジリスであれば無麻酔で採血することが可能であり，プレーリードッグの採血は主に内股静脈から採血することが多い．しかしさらに小型のラット，ゴールデンハムスター，スナネズミは，採血すること自体は可能であり基本的にはすべて麻酔下で前大静脈，もしくは切歯歯根部から採血する．しかし採血に伴う麻酔のリスクや貧血などの悪化の危険性を伴うため採血自体を実施するかよく検討する．このため当院ではプレーリードッグ以外の小型げっ歯類ではルーチンな血液検査は実施していない．各種げっ歯類の血液検査の正常値はいくつか報告されており，基本的な評価は犬猫と同様に実施でき，鑑別診断や機能障害の評価，予後や治療に対する反応の評価など様々な情報を得ることができる．

Ｘ線検査や超音波検査は犬猫と同様に正面と横の２方向で撮影し評価する．Ｘ線撮影時の保定は困難な動物種もいるため，通常胸腹部の撮影時にはVD像とラテラル像の撮影を行うが，無麻酔時ではVD像ではなくDV像を撮影して評価をすることが多い．プレーリードッグ以外の小型げっ歯類では体に直接触れて保定する動物種は少なく，間接的にタオルを用いて撮影することが多い(**図3-13**)．また俊敏な動物種ではタオルからすり抜けてＸ線台から落下する危険性もあるため洗濯ネットに入れて保定することもある．プレーリードッグは保定者の咬傷を避けるため頭部(特に下顎骨周囲)をしっかりと把持し骨盤周囲を支えて全身Ｘ線撮影を実施する．しかし非常に興奮している症例に対しては無麻酔下での撮影は動物にとっても撮影者にとってもリスクがあるため鎮静や麻酔下で正確なポジションで撮影することを推奨する．

超音波検査は腹腔内や胸腔内の腫瘤，胸水や腹水の貯留を確認するのに有用である．超音波検査の保定は触診時の保定と同様タオルを用いて行い，なるべく短時間で検査を終了するように心がける必要がある．

小型げっ歯類の主な疾患

皮膚疾患

尾抜け(図3-14)

尾の皮膚が抜け落ちる「尾抜け」は特にシマリスやデグーに起こりやすい．シマリスやデグーの尾の皮膚は引っ張ると容易に剥離し尾椎を残して尾抜けする．これらの動物は，野生下で外敵に襲われた際に，尾の皮膚のみ残して逃走することができるよう容易に抜け落ちやすい構造をしており[1]，不適切なハンドリングやドアに挟まるなどの事故により，力のかかった部位から尾の皮膚が抜け落ちることがある．その際，脊椎骨と一部周囲組織が残り露出するが，大きな出血がみられることは稀である[2]．また，

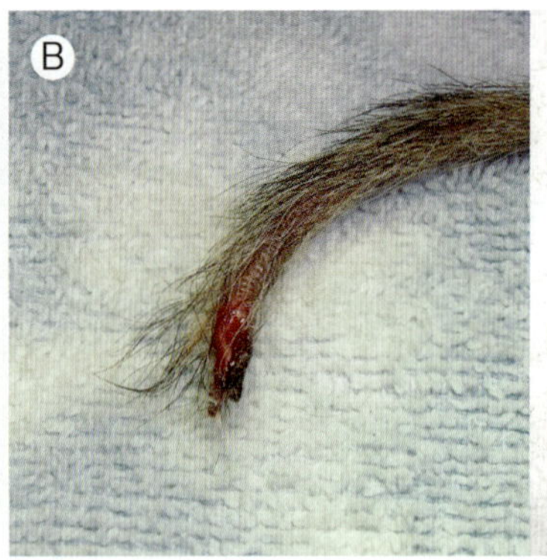

図3-14　尾抜け
A：デグー　B：シマリス
(A)皮膚が強い力で引っ張られると，皮膚のみ容易に剥離して尾椎が露出する．(B)来院時には尾椎がすでに消失していることもある．

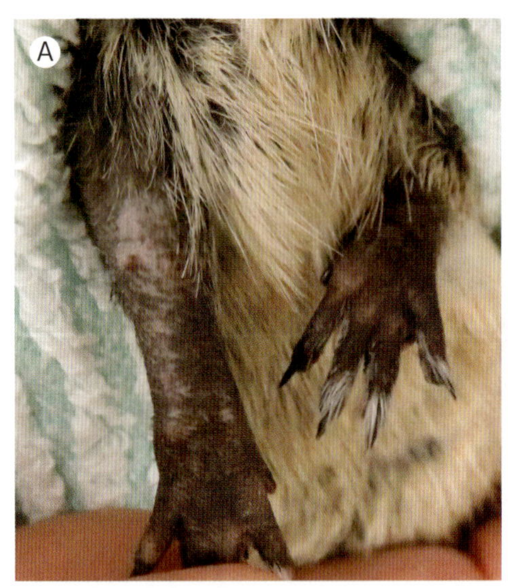
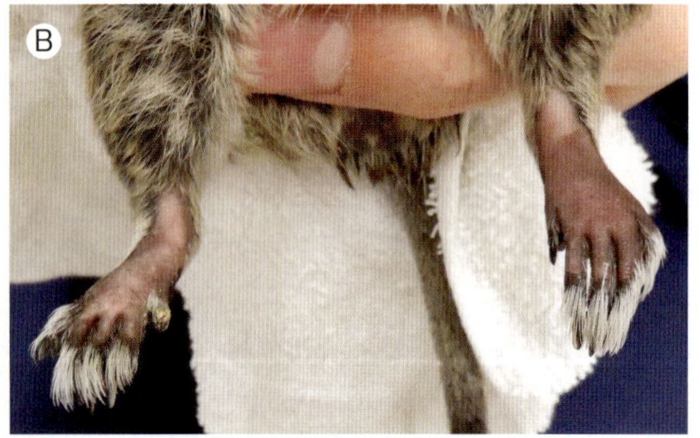

図3-15　デグーの部分脱毛
A：前肢脱毛　B：後肢脱毛
皮膚テープ検査，真菌培養検査を行い外部寄生虫疾患および真菌感染症を除外診断した上で舐め壊しによる脱毛が疑われた．

受傷後，露出した脊椎骨を自咬し発見時には脊椎骨が確認できないことがある．

舐性皮膚炎，自咬

デグーでみられる脱毛は毛咬みや過剰なセルフグルーミングによる舐め壊しによって起こることが多い．特に2歳以下のデグーに多く発生するとされている[3]．稀ではあるものの一部の症例では自咬症へ進行することがある．一因として，単独飼育の場合や餌を探し求める機会(フォージング)が適切に与えられないことが常同行動や自咬の原因となる可能性が報告されている[4]．デグーは社会性の高い動物であり，ケージ内で単独飼育されているデグーでは環境要因に対するストレスを緩和させる必要がある．毛咬みや舐め壊しによる脱毛部位は，前肢端の甲の部分が最も多く，他にも後肢端や鼠蹊部から足根部にかけて広がり，皮膚が黒色化することもある(**図3-15**)．デグー以外ではプレーリードッグやリチャードソンジリスでも毛噛みや自咬症がみられることがあり，自咬部位は尾や下腹部でみられることが多い．発情期の雄に多い印象があり性ホルモンとの関連性が疑われる．

全身性脱毛，皮膚黒色化(シマリス)

シマリスは季節繁殖動物のため日照時間や温度変化により毛包周期が影響を受けて，毛包が休止期になることで脱毛するとされている[4]．体幹，四肢や尾，鼻周囲などに発生する炎症を伴わない脱毛であり，典型的には体幹部から腰部が左右対称性に脱毛する．また著者らはシマリスで時折，吻部や前肢，内股などに非瘙痒性の脱毛および同部位の皮膚が黒色化する症例を経験するが，皮膚生検をしても原因を特定できないことが多い(**図3-16**)．

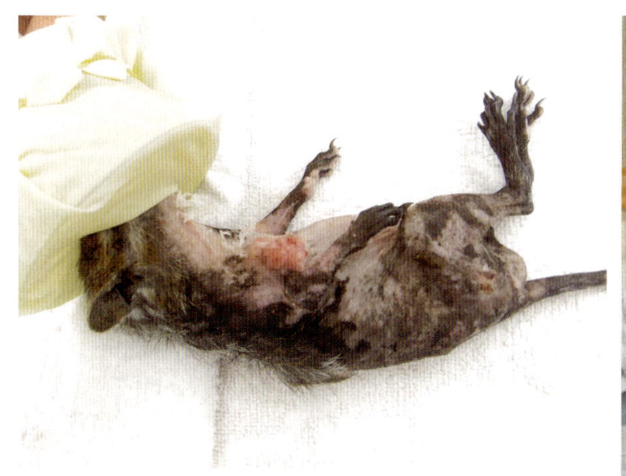

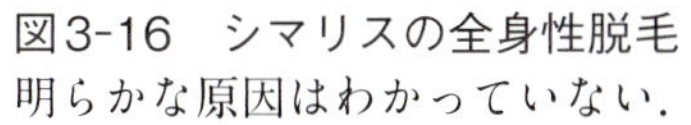

図3-16　シマリスの全身性脱毛
明らかな原因はわかっていない．

歯科疾患（不正咬合）

デグーはウサギやモルモットと同様切歯，臼歯ともに常生歯であるため不正咬合による歯科疾患は多い．その他の小型げっ歯類は切歯のみが常生歯であるが，多くの場合外傷や慢性的に金網ケージを噛んだり繰り返しの切歯破折により不正咬合になることが多い．永続的な定期的な切歯の切削が必要となる．

消化器疾患

直腸脱（ハムスター）（図3-17）

繰り返す重度の下痢，しぶり，腸重積，消化管内異物などにより発生するが，時折消化器症状がない場合でも発生することがある．軽度の場合は直腸粘膜のみの反転であるが，重度では数 mm から 1 cm 以上の長さで直腸が脱出し，時間の経過と共に粘膜面の浮腫や壊死がみられ，自傷や擦過傷により黒色ミイラ化が起きる．多くの場合は開腹手術が必要となり予後は悪い[5]．

細菌性下痢（増殖性回腸炎）（ハムスター）

ハムスターでいわゆる「ウェットテイル」ともいわれ，ゴールデンハムスター，ドワーフハムスターでみられる．原因菌は *Campylobacter* spp. や *Cryptosporidia* spp. など諸説あるが[5]，現在は *Lawsonia intracellularis* とするのが有力である[5]．若齢で重症化しやすく，急性の場合は重度の水様便で肛門付近が濡れて被毛が汚くなり，背弯姿勢をとり元気食欲の低下や神経過敏があらわれることもある．重症例では脱水や衰弱が進行し多くは2～3日以内に死に至る[5]．

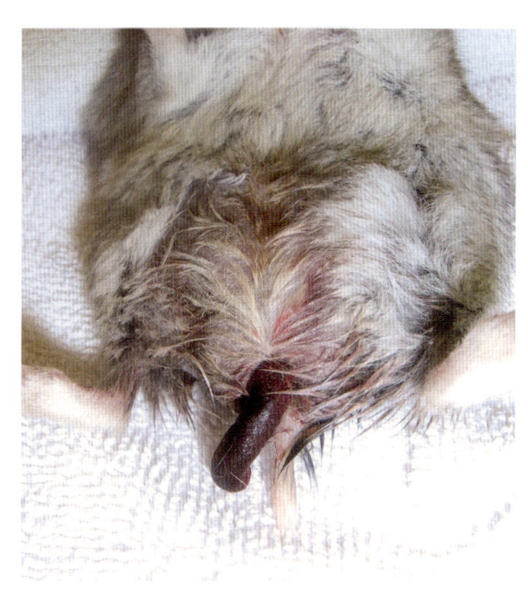

図3-17　ジャンガリアンハムスターの直腸脱
下痢や腸重積が原因で起こることもあるが，発生原因が不明のことも多く，発症するとかなり予後は悪い．

呼吸器疾患

仮性歯牙腫（オドントーマ）（ジリス，デグー，シマリス）（図3-18）

仮性歯牙腫は犬や猫でみられる歯原性腫瘍に分類される歯牙腫とは病態が異なるため，仮性歯牙腫と呼ばれている．本疾患では正常な方向に伸長できなくなった切歯歯根部に新生された歯の成分が瘤状に増生し，鼻腔内へ侵入し占拠することで鼻腔内閉塞によりやがて呼吸困難を起こす．このため仮性歯牙腫は歯科疾患であるが呼吸器症状を呈する．プレーリードッグを含むジリスでは金網ケージを噛むことや高い場所からの落下による切歯の歯折などの歯根部への慢性的な刺激が影響すると考えられており，

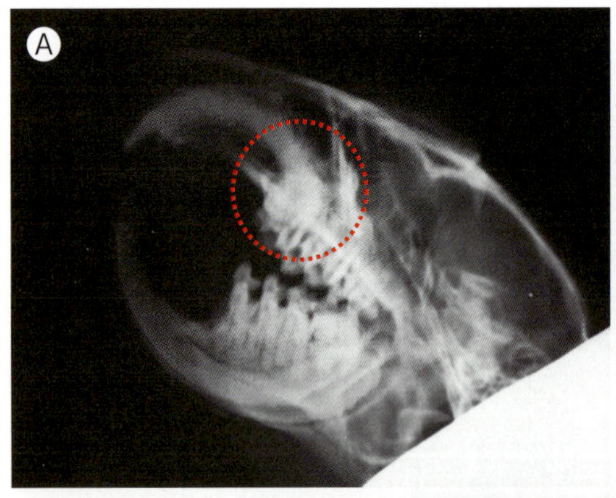

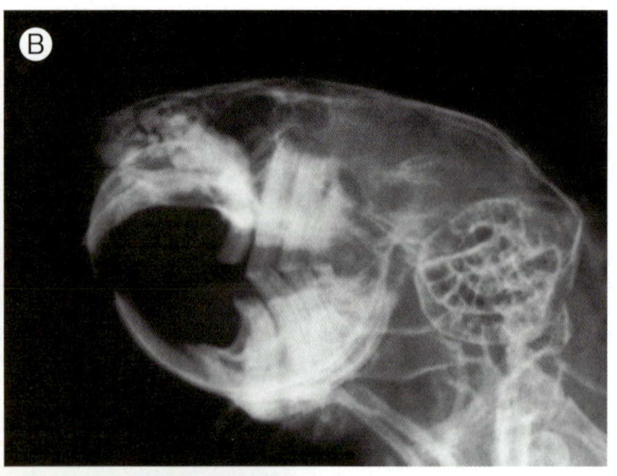

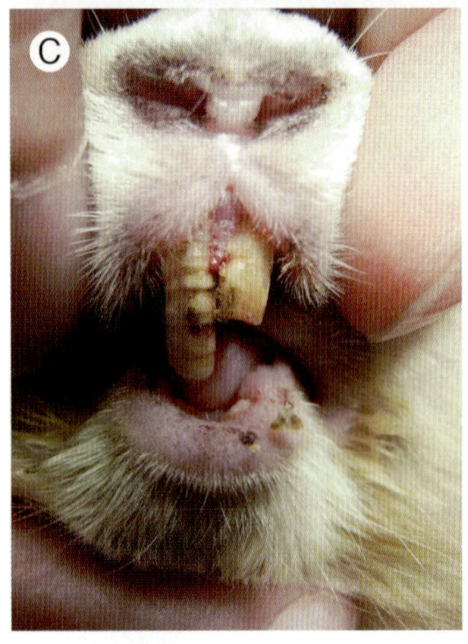

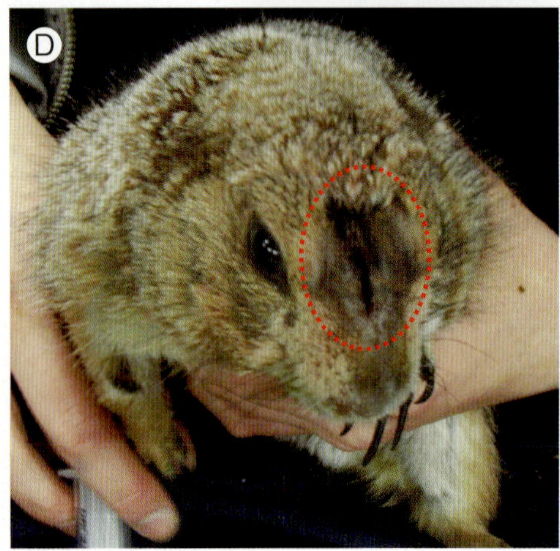

図3-18　仮性歯牙腫(オドントーマ)の症例
A：プレーリードッグ　B：デグー
C：プレーリードッグの切歯
D：プレーリードッグの円鋸後の外観
(A, B)頭部X線検査にて切歯歯根部が骨瘤状に増生している(点線). (B)頭部X線にて鼻腔内に骨陰影が占拠している. (C)肉眼的には横筋の入った切歯がみられる. (D)仮性歯牙腫の治療の一つとして鼻骨切開による円鋸術(点線)を実施した術後の様子(点線)

野生のプレーリードッグではほとんど発生がみられない[6]. デグーの仮性歯牙腫は切歯よりも臼歯が起因することが多く，また本疾患以外にも鼻腔内腫瘍(線維腫など)が発生している[7]こともあるため頭部CT検査で鑑別する.

肺炎

多くのげっ歯類で肺炎を発症することがある. しかし臨床現場では呼吸器疾患の原因を特定することは困難であり，多くの場合は対症療法や支持療法が主体となる. ラットやマウスではウイルス性疾患も多く報告されており，マウスでみられる急性呼吸器感染症はパラミクソウイルス科に属するセンダイウイルスや慢性呼吸器感染症には *Mycoplasma pulmonis* によるものが最も一般的であると報告されている[8]. げっ歯類はこれら病原体の自然宿主である[8].

心疾患

拡張型心筋症(ゴールデンハムスター，プレーリードッグ，ハリネズミ)

中年齢から高齢のゴールデンハムスターによくみられる疾患のひとつに拡張型心筋症がある. 頻呼吸や努力性呼吸，全身性もしくは局所性浮腫などの症状がみられ，X線検査や心臓超音波検査にて診断をする. 臨床症状を呈してから来院するため投薬治療を開始しても予後が悪いことが多い. プレーリードッグやハリネズミにも時折みられる.

神経疾患

斜頸症状(シマリス，ラット，マウス)

頭部が正常な位置で維持することができない前庭症状のひとつである斜頸はシマリスやラットやマウスでもみられることがある. 中耳炎に起因することが多く軽症例は罹患した側の耳を気にしたり頭を振ったりする程度であるが，重症例では捻転斜頸，眼振などの前庭障害が認められる. 顔面神経が障害を受けている場合は顔面神経麻痺やそれに伴う表情筋の弛緩または萎縮もみられることがある. ラットやマウスでは中耳炎，内耳炎の原因菌として *Mycoplasma pulmonis*, *Pasteurella pneumotropica*, *Streptococcus* spp. *Pseudomonas aeruginosa* 等が報告されている[5].

デグー

生物学的分類と特徴

デグーはげっ歯目ヤマアラシ亜目デグー上科デグー科デグー属に属する動物の総称である．デグー属は未だ遺伝学的な分類が明確でない部分も多く，例えば，分類学的にチンチラやモルモットに近いとされているが，近年の研究ではウサギの方がより近縁である可能性も示唆されている[9]．デグーは糖尿病になりやすいため，1950年代に糖尿病研究用としてヨーロッパと北米に輸入された．また，高い社会性を持つため，ヒトの社会的，感情的行動の脳神経学的モデルとなり，社会的絆の欠損による感情行動障害の研究，アルツハイマーや認知症の研究に用いられた．デグーは海外では昔から愛玩動物として愛されているが，日本での愛玩動物としての歴史は浅く，近年飼育頭数が増加して人気のあるエキゾチック動物のひとつになっている．

野生のデグーはチリを中心とした広範囲の亜熱帯気候の半乾燥地帯に生息する．同地域は日中，特に夏は日差しが強く乾燥し気温が40℃まで上がり，冬は降水量が多く気温が0℃まで低下する厳しい環境である[10]．デグーは社会性が非常に高い動物であり，鳴き声やスキンシップ，臭いでコミュニケーションをとる．特に鳴き声は特徴的で15～20種類以上の多彩な鳴き声を持ち，「歌う」ことも知られ，他の成体から鳴き方を学ぶことが知られている．昼行性であり，夜は約20分の短いサイクルで眠る．デグーは冬眠せず，食料が少なくなる冬は巣穴に餌を蓄えて巣穴に籠る．デグーの寿命はげっ歯類の中でも比較的長寿であり，経験的にも10歳のデグーの来院履歴がある．

デグーの毛色は本来，背部は黒灰色混じりの茶褐色，腹部は薄いクリーム色で毛の根元は濃く先端にいく程薄くなるが，愛玩動物としてのデグーでは様々な毛色が知られている．本来の毛色はノーマルやアグーチ，野生色と呼ばれるが，近年ではブルーやパイド，サンド，クリーム，ブラック，ホワイトなどの毛色などが作出されている(**図3-19**)．

図3-19　デグー(続く)
A：アグーチ　B：ブルー　C：パイド　D：サンド(イエロー)
近年では様々な毛色のカラーが作出されバラエティーに富んでいる．

図3-19 (続き)デグー
E：クリーム F：Mホワイト
近年では様々な毛色のカラーが作出されバラエティーに富んでいる.

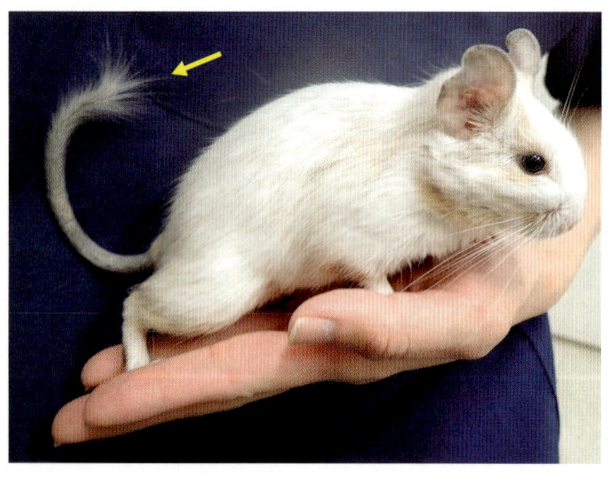

図3-20 デグーの外貌
デグーの洞毛(ヒゲ)は長く，巣穴の中で幅や高さを感知するのに役立っている．また尾先は硬い房毛が広がっている(矢印)ため,「トランペットテイル」と呼ばれる.

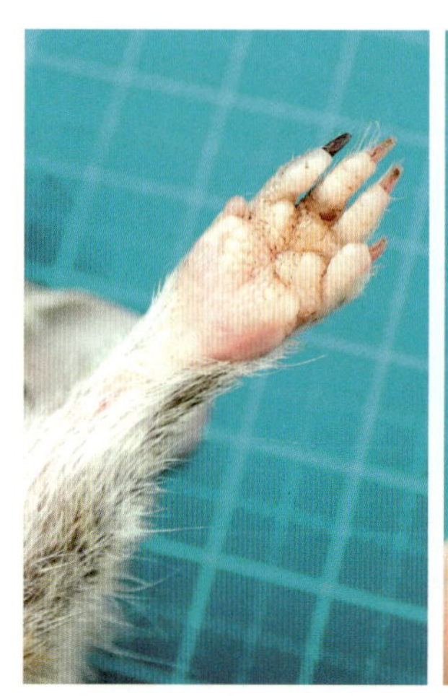

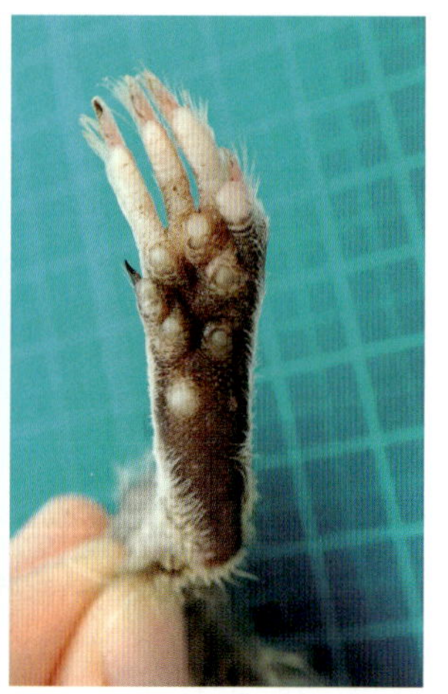

図3-21 デグーの四肢
肉球が突起状になっている.

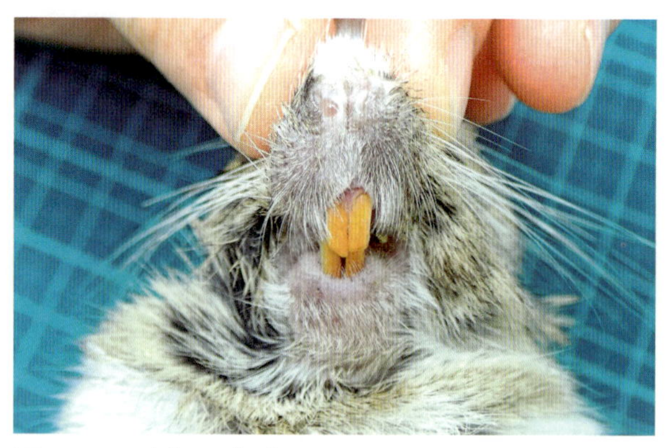

図3-22 デグーの切歯
切歯表層のエナメル質は銅，鉄などの色素がカルシウムとともに取り込まれるため，黄色から橙色である.

解剖生理学的特徴

外皮

被毛は体臭が少なく砂浴びは皮脂の調節や体温維持に必須である．デグーの洞毛(ヒゲ)は長く，巣穴の中で幅や高さを感知するのに役立っている．尾先は硬い房毛が広がっているため,「トランペットテイル」と呼ばれる(**図3-20**)．乳頭は雌雄ともに胸部に3対と鼠径部に1対の計4対(8個)である

四肢は比較的短く，指は前後肢ともに5指で，前肢の第一指の爪は退化しており後肢の爪は櫛のような剛毛が覆っている．四肢には肉球があり，前肢の肉球は突起状に発達し，器用に物を把持し，後肢の肉球はクッション性が高く岩場の生活に適している．また，後肢が発達しており高い跳躍力を有し約50 cmの跳躍が可能であり，岩場を跳び回る強い脚力を持つ(**図3-21**).

消化器

歯式は2(I 1/1 C 0/0 P1/1 M 3/3)の計20本からなり，すべての歯根は開放した常生歯である．切歯の吻側表層のエナメル質は黄色〜橙色である(**図3-22**)．臼歯は歯冠が平らで長冠歯であり，臼歯の咬合面は平らである[11].

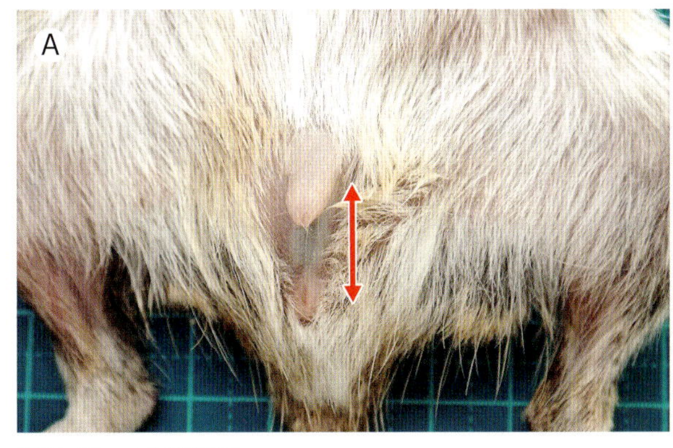

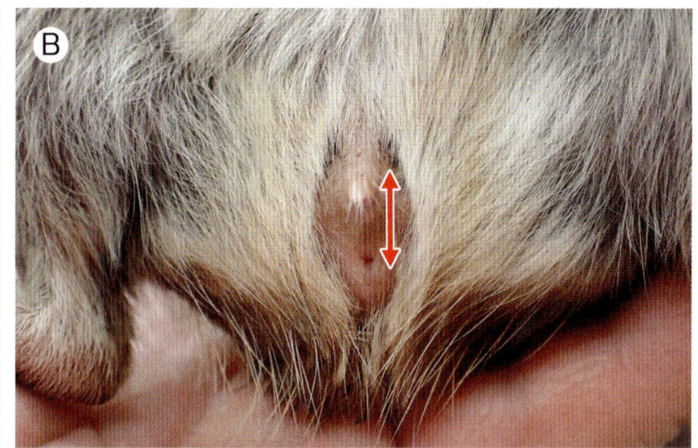

図3-23　雌雄判別
A：雄　B：雌
雄は陰茎と肛門の距離が雌より長く，軟骨性の陰茎骨を持つ．

胃は単胃（腺胃）で大きく，噴門，幽門の付着部分が近接しているため，嘔吐できない[12]．盲腸は大きく発達しており膨隆している一方，結腸はハウストラ（結腸膨隆）がない[12]．デグーは後腸発酵動物であり，盲腸内の腸内微生物によって繊維質の消化，発酵が行われる．また，糞は細長く，硬い弾丸状でサイズは1～3 cmであり黒褐色～黒色である．24時間で作られた糞の38%は食糞され，そのうちの87%は夜に行われる[12]．

肝臓は外側左葉，内側左葉，方形葉，外側右葉，内側右葉，尾状葉の計6葉からなり，左葉と右葉の間に胆囊を持つ．

泌尿器

デグーは半乾燥地帯に生息しており，腎臓による水の利用効率が良く，汗腺を欠くため汗をかかず，鼻腔内での呼吸による水分蒸散を最小限度にし，結腸で高度な水再吸収が行われるため，飲水量が少ない．

生殖器

雄の陰茎と肛門の距離があり雌と比べて2倍長く，軟骨性の陰茎骨を持つ[9]．精囊腺や凝固腺などの副生殖腺が発達している．精囊腺はコイル状で交尾後に形成される膣栓の成分のほとんどが精囊腺から分泌される[13]．明瞭な陰囊を欠き，精巣は鼠径管内に位置し，鼠径輪は開口している．また，尿道口は縦長であり，尿道口の頭側にはスタイルと呼ばれる2本の細いケラチン様の突起を収納した囊があり，勃起時に囊が反転してスタイルが突出する[9]．

雌は，重複子宮で，子宮頸部は2つあり，子宮角が各々の子宮頸部を介して膣に開口する（**図3-23**）．

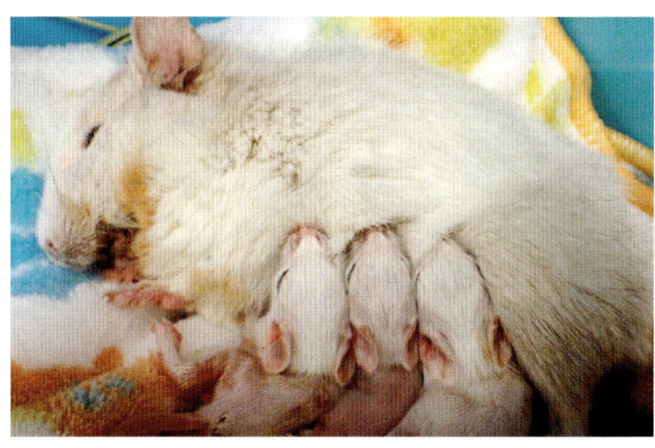

図3-24　生後3日目のデグーの新生仔
デグーは早成性のため新生仔はすでに被毛が生え揃い，3日以内に開眼する．

呼吸器

肺は右肺が前葉，中葉，後葉，副葉，左肺が前葉，中葉，後葉の計7葉である．

繁殖生理

デグーの春機発動は生後6カ月頃であるが，環境や食餌によって変化する．雄は早いと生後10週で繁殖可能であり，雌は生後3カ月で初回発情する[9]．妊娠期間は約90日で，明らかな肉眼的な妊娠徴候は乏しく，妊娠後期である出産の約2～3週間前に腹部膨満や乳首が目立つ程度である[9]．出産の際に営巣せず時間帯は早朝が多い[14]．また，流産は稀で，3～6頭を2～3時間かけて1頭ずつ生む[12, 15]．早成性であり生まれた時点の平均身長は約5 cmで被毛や臼歯も生え揃っており，生後2～3時間で動き回り始め，生後0～3日で眼が開く（**図3-24**）．生

図3-25　デグーの飼育ケージの1例
デグーは立体的な活動をするため，高さのあるケージが望ましい．運動量を確保するため，体格に合った回し車を入れることが多い．

後約1～2週間で固形物を採食し始める[9,12]．生後21～28日より巣穴から出てきて生後6週頃には離乳するが[9]，生後3週間は母乳をしっかり飲ませなければならない．

飼養管理

飼育環境（図3-25）

デグーは寒暖差の激しい地域に生息するため，温度や湿度については室温で良いとされるが[16]，熱中症の危険性があるため，30℃以上は避け直射日光のあたる場所にケージを置かないようにする[9]．日照時間は12～14時間の明期，10～12時間の暗期が好ましい[12]．

デグーは群居性であり，単独飼育も複数飼育も可能だが，社会的なコミュニケーションをとる動物であるため，多頭飼育の方が好ましい[9,16]．繁殖目的ならペアでの飼育が推奨されるが，それ以外では同性で2～4頭が推奨される[9]．雄同士の複数飼育では喧嘩が多いため，幼少期での導入が好ましいが，雌同士の闘争は比較的少ない[9,16]．

ケージのレイアウトはチンチラと同様，デグーは跳躍力が高く立体的な活動もするため，ケージは高さも考慮した十分な運動量を確保できる広さかつスロープやハンモック，止まり木，ステージなど上下に動けるように立体的なレイアウトが必要である．デグーは回し車（直径30 cm前後）を使う個体も多い．デグーは尿量が多く，尿をマーキングに使用し身体や至る所にこすりつける習性があるため，トイレを覚えさせることは難しく，床材や巣材が汚いと呼吸器疾患や皮膚疾患の原因になるため頻繁に交換する．

食餌

デグーの栄養学の詳細は不明であるが，近年ではデグー専用ペレットも多く流通している．またモルモットやチンチラと同様であると考えられており，これらの動物用のペレットも利用できる．デグー特有事項としてデグーは糖代謝が苦手なため，糖質が少ないものを与えないと糖尿病になる可能性があり，糖尿病になると5年以上の生存は厳しいとされる[45]．ヒマワリの種，落花生など脂質やコレステロールが多い食餌は肝リピドーシスやアテローム性動脈硬化症の原因となるため控える[9,13]．

ジリス(プレーリードッグ，ジリス)

「ジリス」とは広義には地上，地下の巣穴のみを行動範囲として暮らすリスの仲間の総称である．ジリスは北米から中米，ユーラシア大陸，アフリカ大陸に様々な種が暮らしている．北米にはプレーリードッグ属，ジリス属，マーモット属が，ユーラシア大陸のシベリアやモンゴルにはマーモット属，アジアにはジリス属のダウリアハタリスが，ヨーロッパにはジリス属のヨーロッパハタリスが生息している[17]．

プレーリードッグ属とジリス属は比較的近縁であるが，プレーリードッグ属はジリス属より体格や歯が大きく，歯冠が高く頭蓋骨が広いという特徴を持つ[18]．日本で最も多く飼われているプレーリードッグはオグロプレーリードッグ(*Cynomys ludovicianu*)であり，ジリスはリチャードソンジリス *Spermophilus richardsonii*)であるため本書ではこれらの種について記載する．

生物学的分類と特徴

プレーリードッグ(**図3-26A**)はげっ歯目リス科プレーリードッグ属の総称であり，オグロプレーリードッグは北アメリカ中央西部に生息している．「プレーリードッグ」とは「草原の犬」という意味であり，太平原を犬のように「キャン」と鳴きながら駆け回る姿が名前の由来である[17]．日本では人獣共通感染症であるペストや野兎病などを媒介する恐れがあるため，「感染症の予防及び感染症の患者に対する医療に関する法律(感染症予防法)」により2003年3月に輸入が禁止され，現在販売されているプレーリードッグは国内繁殖個体のみである．リチャードソンジリス(**図3-26B**)はげっ歯目リス科ジリス属に分類され，プレーリードッグとは異なり輸入制限はない．

野生のプレーリードッグはアメリカ合衆国のテキサス州中央からカナダとの国境を越える辺りにかけて南北に細長く伸びた地域の標高1,300～2,000 mの乾燥した丈の短い草が生える平原に生息しており，半地中棲の動物で2～3カ所の出入り口と複数の小部屋を持つ地下トンネル状の巣穴を掘る．野生のリチャードソンジリスは比較的寒冷なグレートプレーンズと呼ばれる北米中西部の大草原地帯の北部に生息している．両種とも昼行性で体格は雄が大きい[17]．リチャードソンジリスは女系家族で雌は近縁の雌を認識し，友好的な関係を築く[19]．その一方で雌は血縁のない雌と発情期以外の時期の雄に対しては攻撃的である[19, 20]．

プレーリードッグはボディーランゲージや臭い，鳴き声でコミュニケーションをとる．例えば，前肢で身体を支え，後肢による太鼓叩きのような足踏みは低周波の音や振動を発生させることで情報を伝えたり，互いに尾を振ったり毛繕いをしながら鼻や顔をこするkissingはフェロモンの臭いで互いを認識する動作である．また，毛繕いをし合うことで外部寄生虫を除去し，絆を深めていると考えられている．他にもコミュニケーション手段としての鳴き声は約12種類ある．ジリスもボディーランゲージや鳴き声によるコミュニケーションをとる動物であり，侵入者に対して尾を持ち上げて小刻みに振る威嚇行動

図3-26　プレーリードッグ(A)とリチャードソンジリス(B)
外観はよく似ているが，属が異なる．プレーリードック(A)の方が体格が大きく顔もやや細長い．

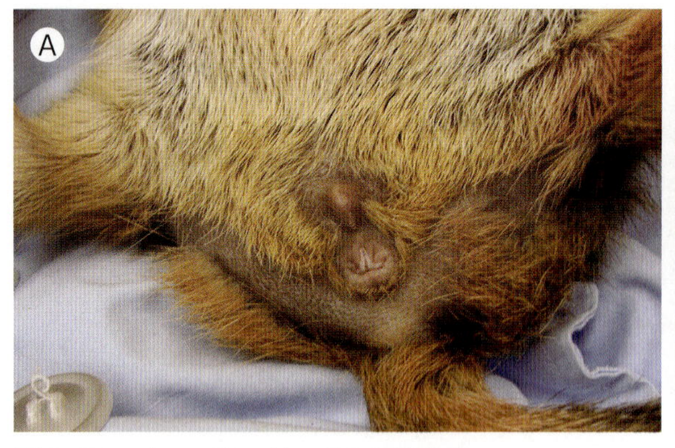

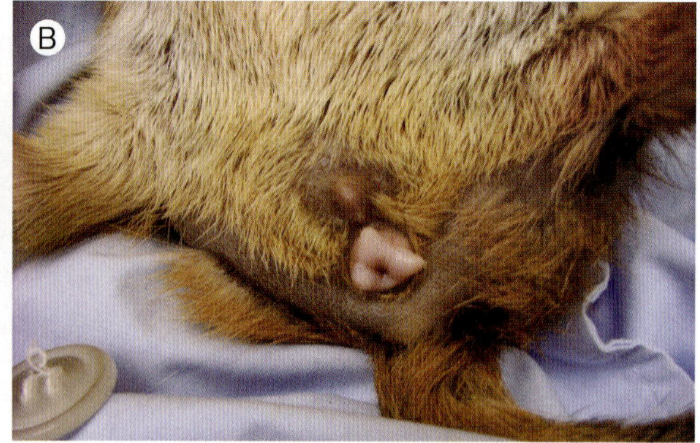

図3-27　プレーリードッグの臭腺乳頭
A：通常時　B：興奮時
プレーリードックには肛門周囲腺である特徴的な臭腺乳頭(三つ組み肛門囊)を持ち，興奮時に突出することが多い．

は特徴的でその尾に対して flicker tail(揺らめく尾)という愛称がついている．

オグロプレーリードッグは冬眠しないが，秋から冬にかけて長期間気温が20.5℃を下回ったり食べ物や水が不足するなど生活環境が厳しくなると休眠状態に入る．飼育下では低温環境に加えて日照時間の減少によって休眠状態になることがある[21]．休眠状態では低体温や心拍数および呼吸数が低下し，外見上では疾患状態との鑑別が困難であり，保温後に改善するまで暫く時間を要する場合もある．リチャードソンジリスは冬眠を行うが，ペットとして飼育されている場合ほとんど冬眠することはない．

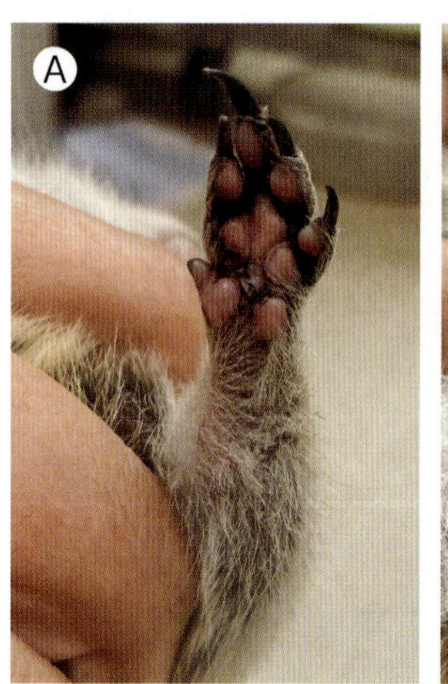

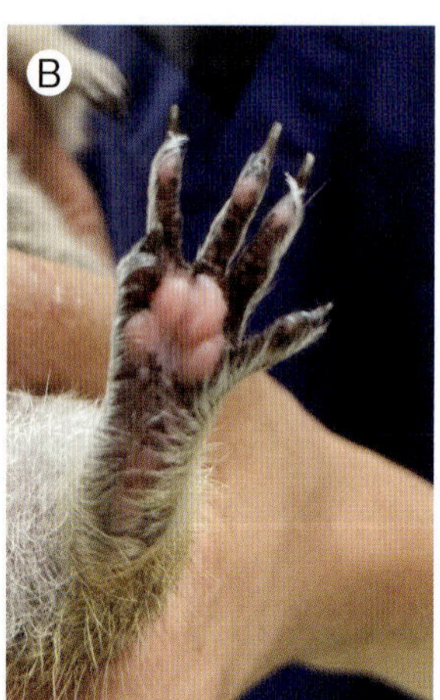

図3-28　リチャードソンジリスの四肢
A：前肢　B：後肢

解剖生理学的特徴

外皮

プレーリードッグは全身が短い被毛に覆われ，尾の先1/3は特徴的な黒い被毛である．換毛期は晩春と初秋の年2回あり，夏毛への換毛は頭から尾に向かって行われ，冬毛への換毛は尾から頭に向かって行われる[22]．プレーリードッグは肛門周囲腺である特徴的な3つの臭腺乳頭(三つ組み肛門囊，trigonal anal sacs)を持ち，興奮時などにしばしば突出する(**図3-27**)．プレーリードッグの乳頭は4対(8個)，リチャードソンジリスの乳頭は5対(10個)である．リチャードソンジリスの解剖学的特徴はプレーリードッグと類似している点が多いが，頬袋を持つのは本種のみである．プレーリードッグは頸の太さが頭の大きさとほぼ同じであり寸胴で筋肉質で，穴を掘るため特に前肢の筋肉が発達し爪や尾が長い．また，両種とも四肢は短く，指は前肢が4本，後肢が5本である(**図3-28**)．リチャードソンジリスはプレーリードッグに似た短い尾と筋肉質な体を持つ．

消化器

両種とも歯式は2(I 1/1 C 0/0 P1/1 M 3/3)の計20本からなり，常生歯は切歯のみである．切歯の前面のエナメル質は銅，鉄などの色素がカルシウムとともに取り込まれるため，黄色～橙色である[19](**図3-29**)．粟粒状の分泌物を出すアポクリン腺が口角にあり，特にプレーリードッグは発達している．リチャードソンジリスの下顎切歯は可動性があり，逆八の字状に大きく開く[17]．また，プレーリードッグと異なり頬袋があり，口角部に1対の臭腺がある．両種の胃は単胃であり，腸は大きな楕円形の盲腸が特徴的で後腸発酵を行う[22]．

肝臓は比較的大きく，外側右葉，外側左葉，内側葉(右小葉および左小葉)，尾状葉の計4葉からなり，左葉と右葉の間に大きな胆囊を持つ[19,21]．

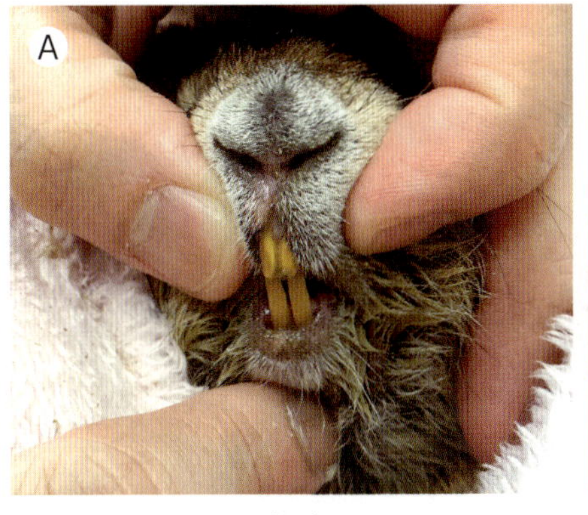

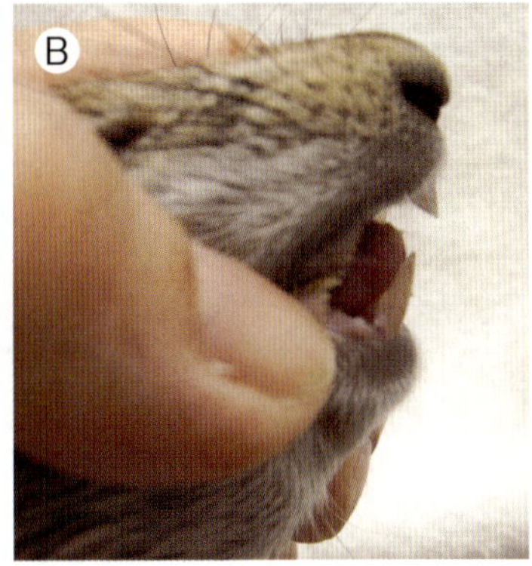

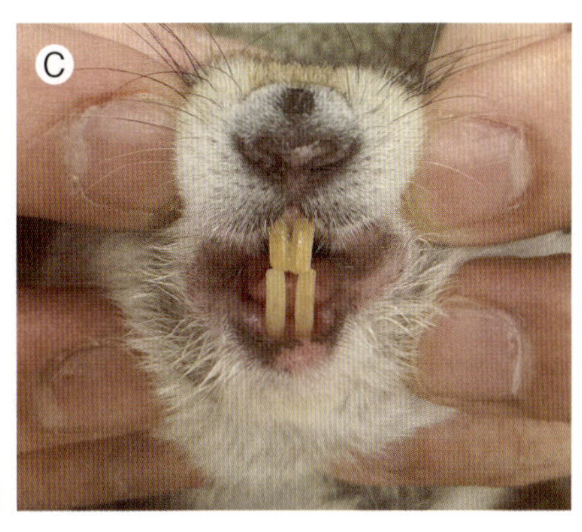

図3-29　ジリスの切歯
A：プレーリードッグ　B, C：リチャードソンジリス
両種とも切歯のみ常生歯であるため伸び続ける．表面のエナメル質に銅，鉄などの色素が取り込まれるため黄色から橙色である．

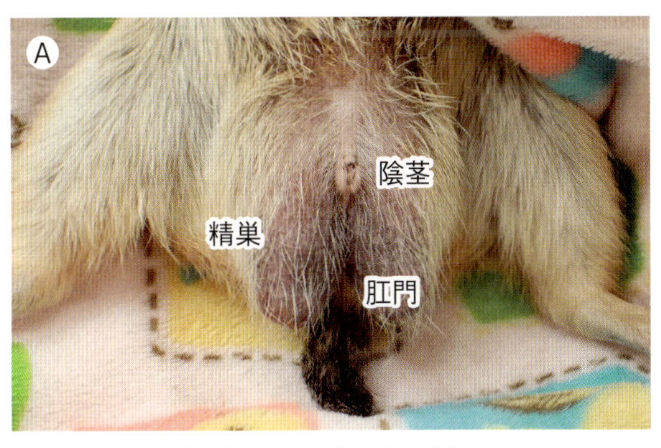

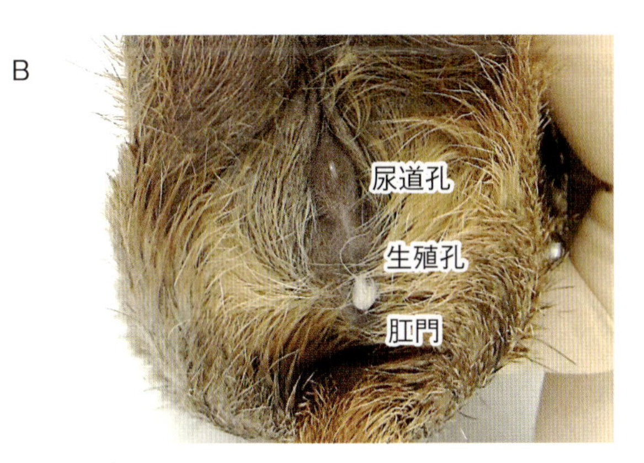

図3-30　雌雄判別（プレーリードッグ）
A：雄　B：雌
(A)発情中の雄は精巣がはっきりとみえ陰嚢はやや色素沈着して黒くなる．(B)雌は尿道孔，生殖孔，肛門とそれぞれ開口部が異なる．

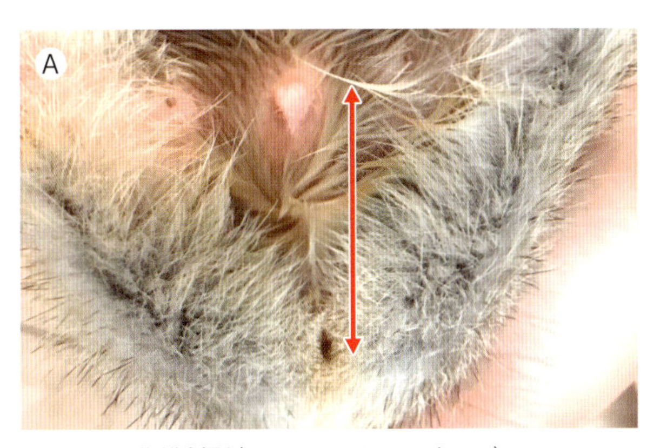

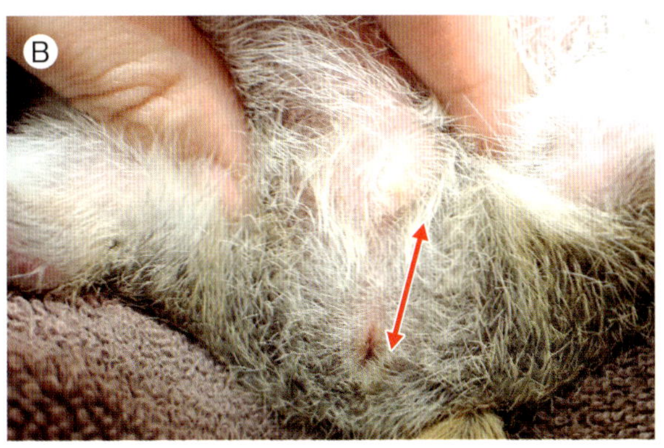

図3-31　雌雄判別（リチャードソンジリス）
A：雄　B：雌
若干わかりにくいが肛門から外陰部までの距離が雌の方が短い．

生殖器

非発情期は外部生殖器が目立たないため，陰茎と肛門の距離で雌雄を判別し，この距離が長い方が雄である．精巣は鼠径管内に位置し，鼠径輪は開口しているため，繁殖期は精巣が下降し陰嚢が明瞭になる．雌は肛門と陰部の距離が近く，子宮は重複子宮である[22]（**図3-30, 31**）．

呼吸器

両種とも肺は右肺が前葉，中葉，後葉，副葉で左葉1葉の計5葉である．

図3-32　飼育環境
A：金網ケージ　B：アクリルケージ
プレーリードックやジリスは二足で立ち上がる時間も長いため，背丈以上の高さは必要ではあるものの，それほど高さは必要ではなく広い床面積を確保するとよい．

繁殖生理

プレーリードッグの発情期は2～3週間続くが，飼育下では発情が数週間以上続くこともある．発情期間中，雌が雄を許容するのは5時間のみである[18]．発情期の雄は性格が攻撃的になり，採食量が減り，交尾に関連した独特な鳴き声を出すことが知られている．リチャードソンジリスの発情期間は2～5週間で，発情は年1回である．プレーリードッグ，リチャードソンジリスともに交尾後数時間に腟栓が形成される．

妊娠期間はプレーリードッグでは28～35日で約30日であり，またリチャードソンジリスの妊娠期間は約23日で，妊娠中は両種とも排他的で攻撃的になるため，取り扱いには注意する．出産は朝に行われることが多く，両種とも出産数は平均3～6頭であり，後分娩発情はない[22]．両種とも飼育下ではストレスや水・栄養不足などの不適切な飼養管理や衰弱している際には子殺しが行われる可能性がある[17,19]．

プレーリードッグ，ジリスともに晩成性であり，プレーリードッグは生まれた時の体重は約16 g，体長は約7 cm，生後14日で産毛が生え始め，生後27日までに生え揃う．生後32～39日頃に耳や眼が開き始めて巣から出てくるようになり，この時期から行動範囲が広がり社会化の時期となる．リチャードソンジリスは生後4日で産毛が生え始め，生後50日で大人の被毛が生え揃う．生後29～30日頃から耳や眼が開き始めて巣から出てくるようになり，この時期から探索が始まり行動範囲が広がる社会化期となる[17,23]．

飼養管理

飼育環境(図3-32)

両種とも飼育下での至適温度は18～24℃，至適湿度は30～70%と報告されている[16,19]．リチャードソンジリスは冬眠させないよう冬季は保温する必要があるが寒暖差を最小限度にすればヒトにとって快適な室温で良い．プレーリードッグは群居性があり，単独飼育も複数飼育も可能である．複数飼育の場合はペア，母親と雌の子，姉妹の組み合わせは比較的上手くいくとされるが，相性が大切で特に雄同士の同居は慎重に行う．一方ジリスの雄は単独行動で雌は血縁関係に基づいて仲良くする動物であり，雌は不可能なわけではないが，原則多頭飼育には向かない．ケージは広い床面積を確保することが大切であり，高さはそれ程必要ではなく，二足で立ち上がる時間も長いため，背丈以上の十分な高さが必要である．プレーリードッグは噛む力が強いため，ステンレス製の丈夫なケージの利用が推奨される(**図3-13A**)．過剰に齧る個体では水槽やアクリルケージを使用することもあるが通気に注意する(**図3-13B**)．床材には様々なものを利用でき，環境エンリッチメントの観点からプレーリードッグが穴を掘れるように深めに乾燥牧草や広葉樹のウッドチップ，土，裁断した新聞などを敷いておき，ケージ内にシェルターを準備するとよい．ジリスも同様のケージで飼育可能である．

食餌

両種ともほぼ完全草食性であり，飼育下ではチモシーなどの乾燥牧草，専用ペレットを中心に野菜などを副食として与える．プレーリードッグの栄養要求量の研究報告はほとんどなく，同じ完全草食獣であるウサギの栄養要求量(粗蛋白質12%，粗脂肪性2%，粗繊維20～25%)を1つの目安にすると良いとするものや粗蛋白質が13%，粗脂肪は少々，粗繊維は少なくとも60%，Ca：P＝1.5～2：1が良いとするものなど文献によって記載が異なる[17, 18]．そのためモルモット用やウサギ用フードなどを利用することもできる．時折,「リス」とついていることから種子類を与えてられていることがある．種子類は野生下ではほとんど食べておらず，飼育下での過給は肥満の原因となる．

ハムスター

生物学的分類と特徴および品種

ハムスターはげっ歯目ネズミ上科ネズミ科キヌゲネズミ亜科に属する動物の総称で5属24種である(図3-33〜43).

本書では以下に愛玩動物として日本で主に飼育されているゴールデンハムスター，ジャンガリアンハムスター，キャンベルハムスター，ロボロフスキーハムスター，チャイニーズハムスターについて述べる.

「ドワーフハムスター」とはヒメキヌゲネズミ属のハムスターの総称であるが，モンゴルキヌゲネズミ属のハムスターも含めることが多い．よって，一般的には「ドワーフハムスター」はジャンガリアンハムスター，キャンベルハムスター，ロボロフスキーハムスター，チャイニーズハムスターを指す.

ハムスターはヨーロッパからアジアの乾燥地帯や半乾燥地帯に生息しており，夜行性で主に明け方，夕方に活動し，好奇心旺盛な動物で1日7〜13時間の活動時間の中で11.5〜21.1 km移動するといわれている[24, 25].

ゴールデンハムスター(シリアンハムスター)

シリア北西部やイスラエル，レバノンに分布し，愛玩動物としてのハムスターの中では最古かつ最大種であり長い歴史を持つ．ゴールデンハムスターは温厚な性格で個体差はあるが滅多に鳴いたり噛んだりせず，愛玩動物に向いているとされる．一般的に雌の方が雄より気が強く，攻撃的で体が大きい．ゴールデンハムスターは野生下では低温(10℃以下)，短日条件，食物・水の欠乏にさらされると冬眠をするが，冬眠中に体力が消耗し，そのまま亡くなる個体もいるため，飼育下の冬眠は推奨されない[24]．ゴールデンハムスターの毛色は本来，背部が茶色で腹部が白色であり，この毛色がノーマルと呼ばれる．ノーマルの他にクリーム(キンクマ)やグレー，ブラック，ホワイト，アルビノなど毛色だけで複数あり，さらに模様や毛質においても複数の種類が知られている(図3-33〜37).

ジャンガリアンハムスター

カザフスタン東部とシベリア南西部のステップに分布し，四肢の足裏の被毛が長く，人に馴れやすい．キャンベルハムスターと交配が可能であり，外観も

ゴールデンハムスター

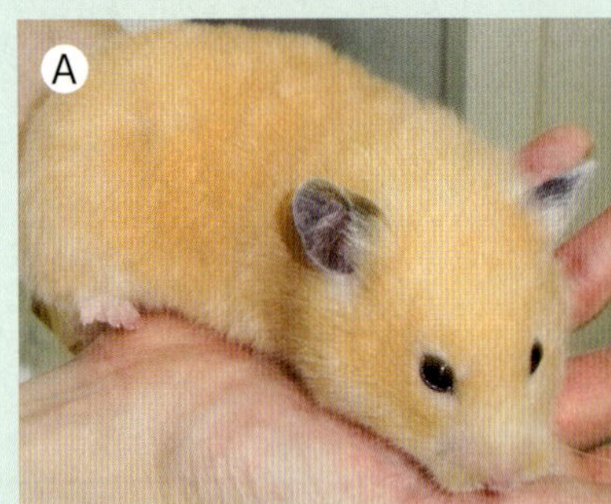

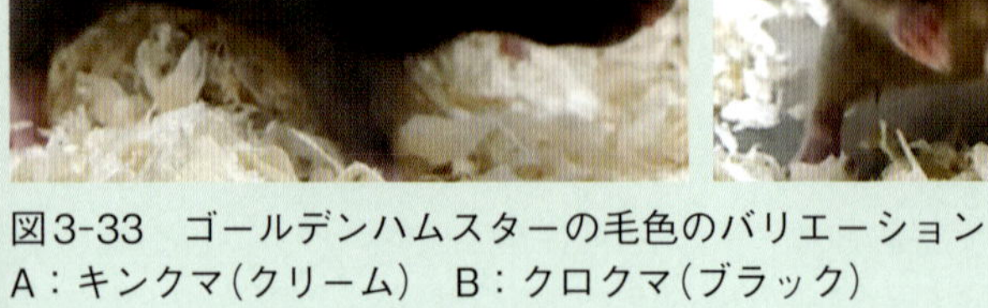

図3-33　ゴールデンハムスターの毛色のバリエーション
A：キンクマ(クリーム)　B：クロクマ(ブラック)
C：セーブル　D：ダヴ
ダヴ(D)は赤眼であり，その他は黒眼である.

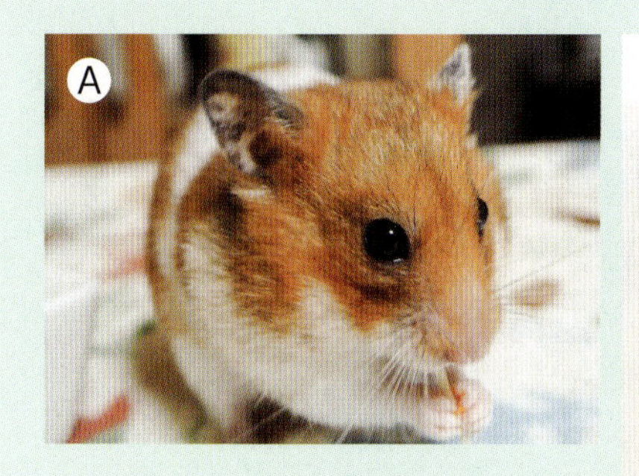
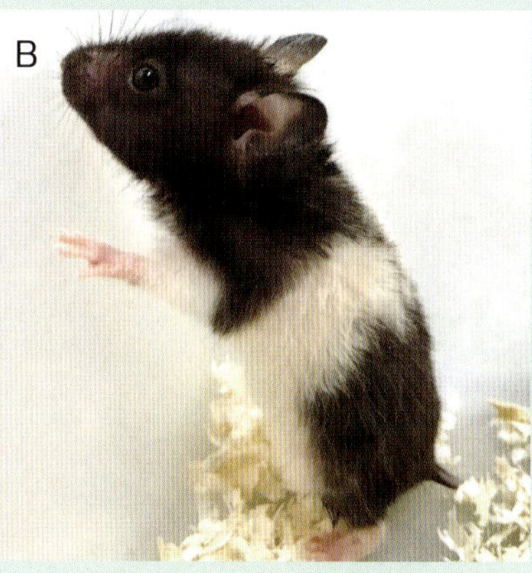

図3-34　バンデッド
A：ノーマルバンデッド
B：ブラックバンデッド
腹巻状に白い毛色が入る．ノーマルバンデッド(A)を「ノーマル」と呼ぶこともある．

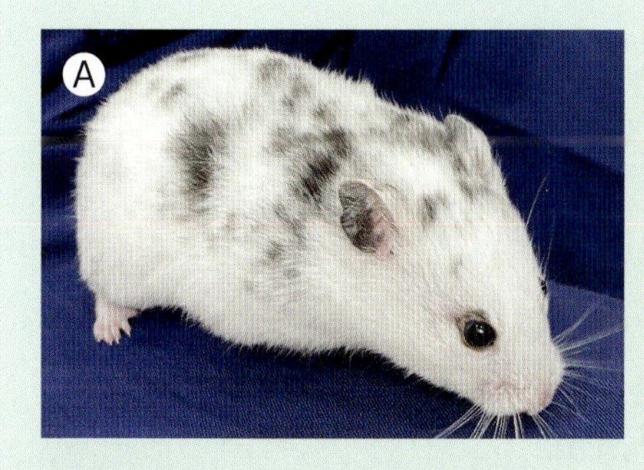

図3-35　ゴールデンハムスターの模様のバリエーション
A：ダルメシアン　B：トリコロール
ダルメシアン(A)はドミナントスポット(白と他の色の斑模様)という毛色のうち白と黒の組み合わせの毛色を指す．トリコロール(B)は白，黒，茶の三毛色であり，雌が多い．

図3-36　ロング(長毛)
テディベアともいわれる．テストステロンの影響を受け長毛になるため，長毛種は雄に多い[14]．また温厚な性格の個体が多い．

図3-37　サテンレックス
サテンは光沢のある毛を持ち，レックスは巻き毛や縮れ毛が特徴的である．

非常によく似ているため，両種が混同されていることも多い．ジャンガリアンハムスターは冬眠をしないが，数日間19℃以下になると体重が減少し体力温存のために1日4～8時間休眠状態になる[26, 27]．ジャンガリアンハムスターの毛色は背部が灰色で腹部が白色，背部正中に黒い線が頭部から臀部にかけて伸びるタイプがノーマルと呼ばれる．愛玩動物としてのジャンガリアンハムスターでは，サファイア，パール，プディング(イエロー)，パイドなど様々な毛色が知られている(**図3-38～40**)．

キャンベルハムスター

ロシア(バイカル湖沿岸東側)やモンゴル，内モンゴル自治区(内蒙古)，中国の新疆ウイグル自治区の半砂漠地帯やステップに分布しており，気が強い個体が多く，ジャンガリアンハムスターより人馴れしにくい．日本ではジャンガリアンハムスターが人気であるが，欧米ではキャンベルハムスターの方が人気である．キャンベルハムスターは複数飼育が可能であり単独飼育で寿命が短くなる可能性も指摘されている[28]．キャンベルハムスターの毛色は本来，背部が赤褐色で腹部が白色であり，背部正中に黒い線が頭部から臀部にかけて伸び，眼が赤い．この毛色はノーマルと呼ばれるが，愛玩動物としてのキャンベルハムスターでは様々な毛色が知られ，ドワーフハムスターの中で最も毛色が多い．アージェント(イ

ジャンガリアンハムスター

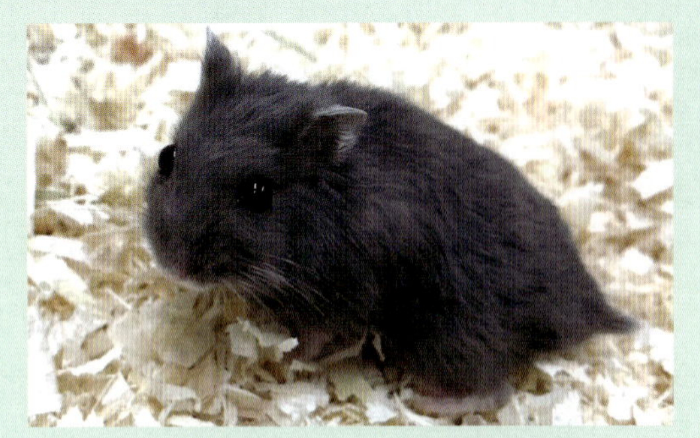

図3-38　ロシアンブルージャンガリアンハムスター
ジャンガリアンハムスターはキャンベルハムスターと交配が可能であり，外観も非常によく似ているため，両種が混同されていることも多い．

図3-39　ジャンガリアンハムスターの外観(毛色：ノーマル)
ノーマルは背部が灰色で腹部が白色，背部正中に黒い線(矢頭)が頭部から臀部にかけて伸びる．

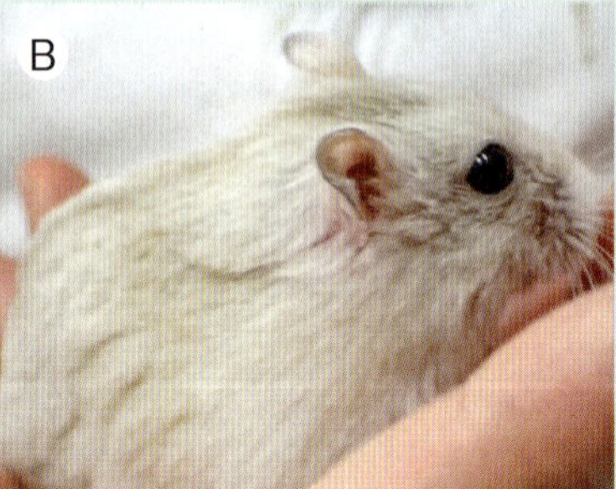

図3-40　ジャンガリアンハムスターの毛色
A：ブルーサファイア　B：プディング　C：パールホワイト

キャンベルハムスター

図3-41　キャンベルハムスターの外観(毛色：イエロー)
外見はジャンガリアンハムスターに似ているが，体型や顔貌に差がある．

エロー)，ホワイト，アルビノ，ブラック，パイドサファイア，パール，プディング(イエロー)，パイドなどが挙げられる(**図3-41**)．

ジャンガリアンハムスターとキャンベルハムスターの違いとしてジャンガリアンハムスターはキャンベルハムスターより少しサイズが小さく，眼が目立ち，わし鼻で背中が湾曲しており弾丸のような体形をしている．また，キャンベルハムスターの方が四肢の足裏の被毛が薄く，背中の線が細長く，耳介が広く尖っており，尾が太く素早い．

ロボロフスキーハムスター

ロシアのツバ自治共和国，カザフスタン東部，モンゴル西部・東部，中国の新疆ウイグル自治区北部に分布している．愛玩動物としては最小のハムスターであり，頭部が大きく，両目の上に眉のような模様があり二頭身の体型である[26]．素早く，臆病で神経質な性格で人馴れしにくいため，触れ合うより鑑賞に向いている[24]．ロボロフスキーハムスターの毛色は本来，背部が茶色で腹部が白色であり眉毛のような白い模様が特徴であり，この毛色はノーマルと呼ばれるが，愛玩動物としてのロボロフスキーハ

ロボロフスキーハムスター

図3-42　ロボロフスキーハムスターの外観(毛色：ノーマル)
ロボロフスキーハムスターは頭部が大きく二頭身の体型である．ノーマルは背部が茶色で腹部が白色であり眉毛のような白い模様(矢頭)が特徴である．

ムスターではホワイトフェイス，パイド，アルビノなど様々な毛色が知られている(**図3-42**).

チャイニーズハムスター

中国北西部や内モンゴル自治区に分布しており，マウスに似た細長い体,長い尾が特徴である.チャイニーズハムスターの毛色は本来，背部が暗茶色で腹部が白色であり，背部正中に黒い線が頭部から臀部にかけて伸びるタイプがノーマルと呼ばれるが，愛玩動物としてのチャイニーズハムスターではシルバー，ホワイト，パイドなどの毛色も知られている(**図3-43**).

解剖生理学的特徴

以下の解剖学的特徴はゴールデンハムスターについて述べたものであり，他のハムスターも同様であるが相違点については別記する．

外皮

ハムスターの被毛は絹状で柔らかく，密に生える[24]．ドワーフハムスターの尾はゴールデンハムスターの尾より長く，特にチャイニーズハムスターが最も長い．また，肩甲骨上に頸部から中腹部に伸びる褐色脂肪があり，副腎，腎門，尿管周囲にも分布し，寒冷期は褐色脂肪の血液供給と重量が増加する[27]．臭腺の位置は，ゴールデンハムスターは両側腰背部に膨隆した暗褐色の斑模様で認め(脇腹腺，香腺 flank gland)(**図3-44**)，ドワーフ

チャイニーズハムスター

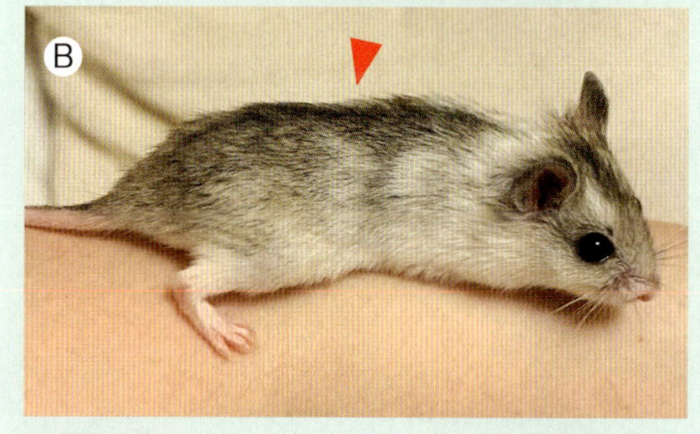

図3-43　チャイニーズハムスターの外観と毛色
A：ノーマル　B：パイド
マウスに似た細長い体，長い尾が特徴である．ノーマル(A)は，背部が暗茶色で腹部が白色であり，背部正中に黒い線が頭部から臀部にかけて伸びる(矢頭)．

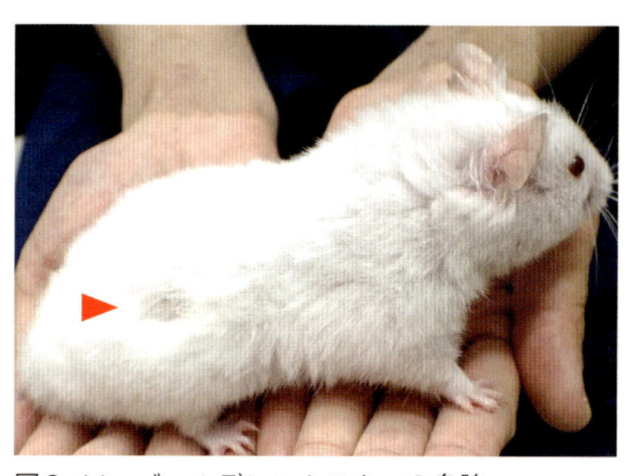

図3-44　ゴールデンハムスターの臭腺
ゴールデンハムスターの臭腺(矢頭)は両側腰背部にあり，膨隆した暗褐色の斑模様である．

ハムスターは左右の口角と腹部正中にある(香腺 ventral scent gland)[24, 28](**図3-45**)．ハムスターの乳腺の数には種差があり，ゴールデンハムスターは7対(胸部3対，腰部2対，鼠径部2対の14個)，チャイニーズハムスターは4対(胸部2対，鼠径部2対の8個)を持つ[28]．前肢の第一指は退化しており前肢の指は4本，後肢の指は5本である[24, 27](**図3-46**)．

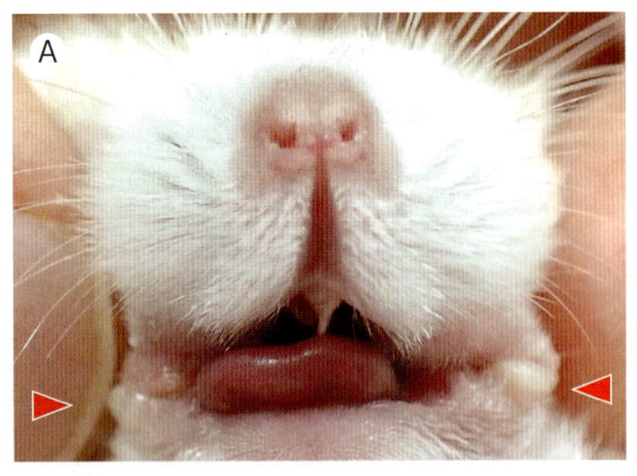

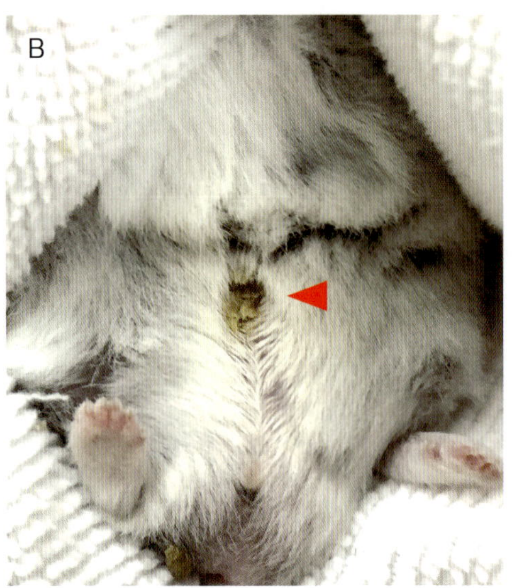

図3-45　ドワーフハムスターの臭腺
A：口　B：腹部
ドワーフハムスターの臭腺(矢頭)は左右の口角と腹部正中にある.

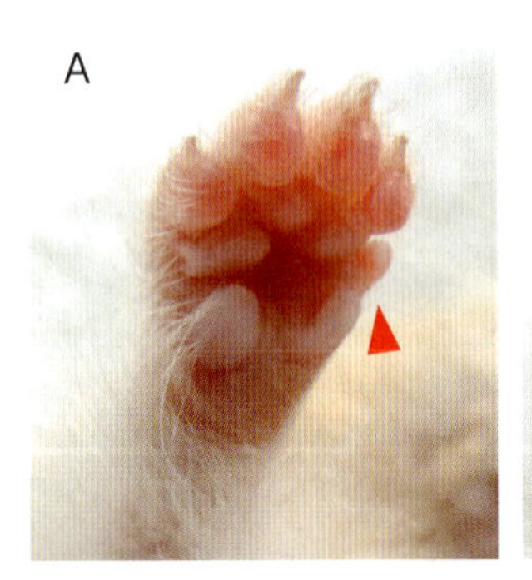

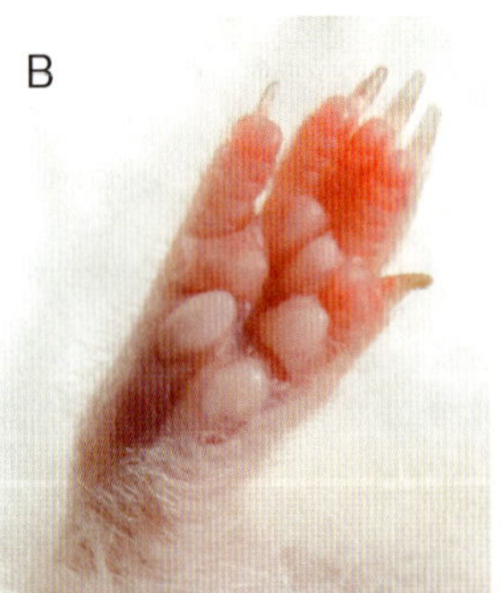

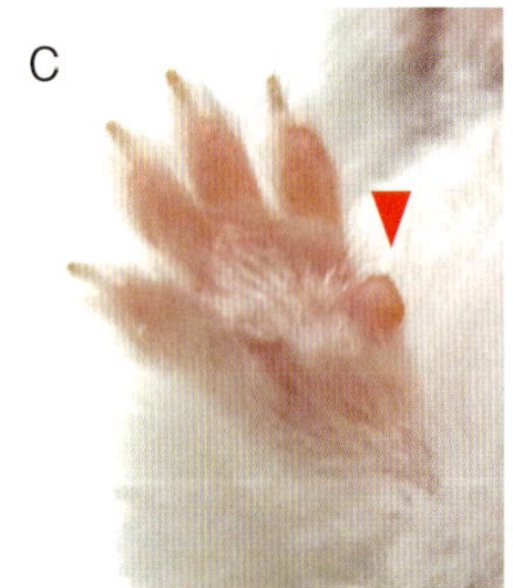

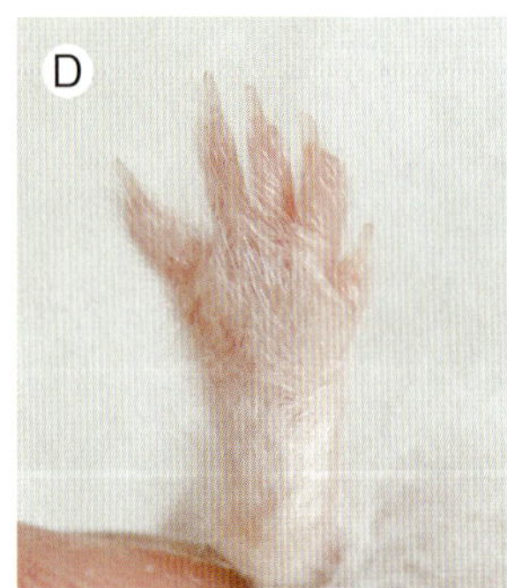

図3-46　ハムスターの四肢
A：ゴールデンハムスターの前肢　B：ゴールデンハムスターの後肢
C：ジャンガリアンハムスターの前肢　D：ジャンガリアンハムスターの後肢
前肢の第1指は退化しており(矢頭)前肢の指は4本, 後肢の指は5本である. ハムスターの四肢は無毛だが, ジャンガリアンハムスターとキャンベルハムスターは足裏にも毛が生えている.

消化器

歯式は2(I 1/1 C 0/0 P 0/0 M 3/3)の計16本であり, 切歯のみが常生歯で切歯の前面のエナメル質は銅, 鉄などの色素がカルシウムとともに取り込まれるため, 黄色く下顎切歯は上顎切歯の3倍の長さである(**図3-47**). 上顎切歯は1週間, 下顎切歯は2.5～3週間で完全に入れ替わる[27]. また, 下顎結合が癒合せず, 下顎切歯に可動性がある[27]. 頬袋は皮膚と咀嚼筋の間に左右に1つずつあり, 餌の輸送や貯蔵に用いる. また危険時に新生仔を隠すこともある[29]. 頬袋は角質化し乾燥した層状の扁平上皮で裏打ちされており, その下は密な膠原性結合線維, 横紋筋線維, 疎性結合線維があるため伸展できる[27, 29](**図3-48**).

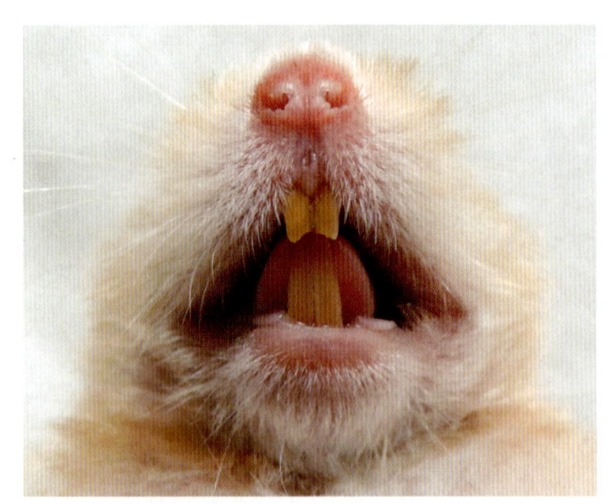

図3-47　ゴールデンハムスターの切歯
切歯のみが常生歯で切歯の前面のエナメル質は銅, 鉄などの色素がカルシウムとともに取り込まれるため, 黄色い. 下顎切歯の方が上顎切歯より長い.

胃は複胃であり, 扁平上皮に裏打ちされた牛の第一胃に似た筋肉層を持ち発酵機能を持つ前胃, 化学的消化機能を持つ後胃(腺胃)を持つ[24, 27, 29]. また括約筋が発達しているため原則嘔吐はできない. 食渣の前胃の滞在時間は1時間と短く, 前胃の発酵の役割は弱く, 勾玉状に発達した大きな盲腸による後腸

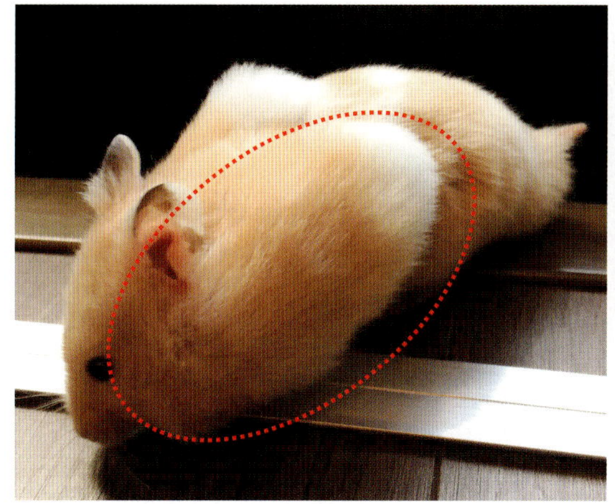
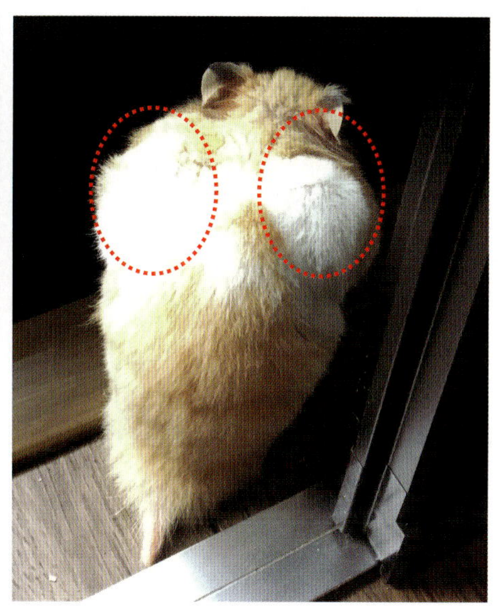

図3-48　ハムスターの頬袋
頬袋(点線)は皮膚と咀嚼筋の間に左右に1つずつあり，かなり伸展する．

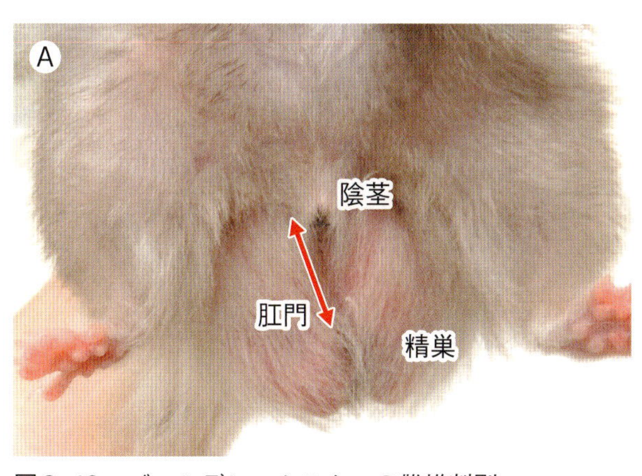

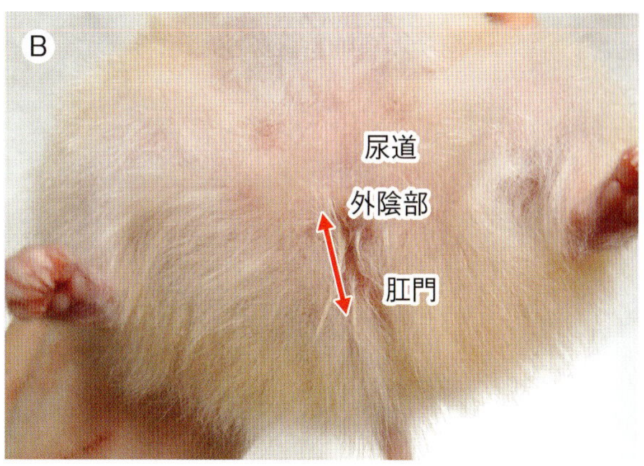

図3-49　ゴールデンハムスターの雌雄判別
A：雄　B：雌
雄に比べて雌は生殖孔(陰茎，外陰部)から肛門までの距離が短い．また雄は精巣がはっきり確認できる．雌は尿道，生殖道，肛門の3つの開口部を持つ．

発酵が主体である[24, 27]．また，糞にはビタミンB，K，蛋白質が含まれ，ハムスターは食糞行動をする．

肝臓は外側左葉，内側左葉，方形葉，外側右葉，内側右葉，尾状葉の計6葉からなり，左葉と右葉の間に胆嚢を持つ．

泌尿生殖器

ハムスターは乾燥した生息環境に適応し，少量の飲水で済むよう非常に濃縮した尿を排泄する[24, 27]．

雄の生殖器は軟骨性の陰茎骨を持ち，精管膨大部，精嚢腺，凝固腺，3葉の前立腺，尿道球腺を持ち副生殖腺が発達し，特に精嚢腺と凝固腺が発達している[24, 27]．精巣は鼠径管内に位置し，鼠径輪は開口しているため，精巣は腹腔内と陰嚢内を容易に移動する[24, 29]．雌は肛門，膣，尿道の3つの開口部を持つ(**図3-49**)．ハムスターの子宮は重複子宮である．

呼吸器

肺は右肺が前葉，中葉，後葉，副葉，左肺は大きな1葉の計5葉である[24, 27]．通常，げっ歯類の肺門に存在する気管支付属リンパ組織はハムスターには存在しない[30]．

感覚器

耳は他のげっ歯類と同様に発達した鼓室胞を持ち，聴覚が優れている[27]．眼は夜行性であるため，聴覚や嗅覚などに比べて視力は劣り，大きな眼窩静脈洞が存在し，実験動物分野ではこの部分が採血に利用される[27]．嗅覚は優れており，ハムスターは鼻甲介が発達しており，ここで鼻粘膜に加湿し，空気の濾過と温度調整を行う．また，外鼻孔に通じる多くの鼻腺を持つ[27]．

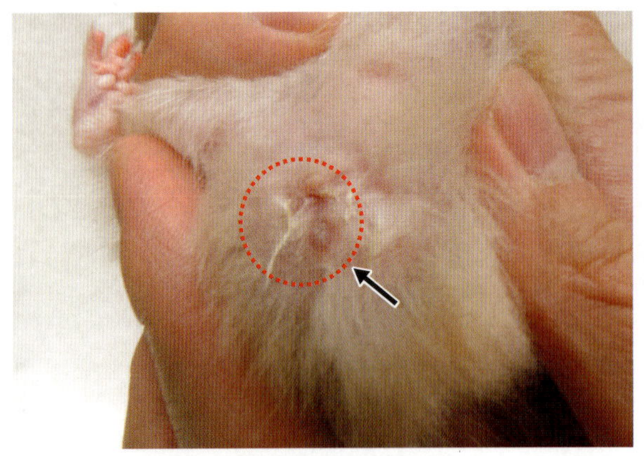

図3-50　雌の外陰部からの分泌物
雌は大量の臭いの強い濃厚で不透明な黄白色粘液を膣開口部(矢印，点線)より分泌

図3-51　飼育環境
金網ケージで金網を齧る個体では，硝子製ケージや水槽などを使う．通気性や温度調整に気をつける必要がある．

繁殖生理

飼育下では冬の繁殖低下を認めるものの温度(22～24℃)と明期の時間(12時間以上)を保てばある程度の繁殖能力を維持でき，周年繁殖が可能とされている[24, 31]．ゴールデンハムスターはペアで生涯連れ添うことは稀で，雌の方が大型で優位であり，雌は12時間の発情期のみ雄を許容し，それ以外は雄を攻撃し，負傷させたり，殺してしまうこともある[28, 32]．発情後約2日で雌は大量の臭いの強い濃厚で不透明な黄白色粘液を膣開口部より分泌するため子宮蓄膿症と間違えないようにする[24, 27, 28](**図3-50**)．また交尾の有無は膣栓で確認する[27]．

ロボロフスキーハムスター，チャイニーズハムスターの繁殖は難しく，特にロボロフスキーハムスターは高蛋白質の食餌が必要となる[24, 28]．出産は夜に行われることが多い[28]．妊娠中のハムスターの雌は神経質で気性が激しく出産前後のストレスで，特に初産では子食い(食殺)することが多いため，取り扱いには注意する．基本的に，分娩後5日間は新生仔に触れず，巣も分娩前1週間から分娩後14日は触らないようにする．栄養不良や低体重，低い環境温度などは子食いの危険性を上げるため，環境を整え餌や水を不足させないようにする[28, 32]．

妊娠期間は，ゴールデンハムスターは16日，ジャンガリアンハムスターは18～19日，チャイニーズハムスターは20日である．雌雄で育子をするジャンガリアンハムスター以外は交尾後の雌からの攻撃から守るために雄を隔離する[28]．ハムスターは晩成性で眼，耳が閉じている未熟な状態で生まれ，体温調節もできない[24]．ハムスターは生後5日で眼が開き，生後5～9日頃に全身を薄い毛が覆い始めると固形物をいじり始め，生後3週間を過ぎたら野菜や果物も少量ずつ試す[24, 28]．生後3～4週間を過ぎると雌が同腹子の雄を攻撃し始めることがあり，また生後6週を過ぎると母子や同腹子間での誤交配の危険性が上がるため雌雄を隔離する[28]．

飼養管理

飼育環境(図3-51)

文献によってハムスターの至適温度の範囲に多少違いはあるが，18～24℃であり，至適湿度は40～60%である[27]．ハムスターは巣材を用いて保温性のある巣を作る．ハムスターに限らず小型げっ歯類では似たような床材を使用することが可能である．代表的なものとしては木製チップ，紙製チップ，コーンチップ，牧草，藁などがある．これらの様々な床材はそれぞれメリットデメリットを理解し使用することが推奨される．

激しい喧嘩や食殺の危険性もあるため，単独飼育が推奨される．例外的に離乳後から同居する個体同士は多頭飼育が可能なこともあるが闘争が生じる危険性がある．ジャンガリアンハムスターは多頭飼育が可能だが，相性次第である．チャイニーズハムスターは同ケージ内の個体に対して攻撃的になる場合が多いため，単独飼育が推奨される．ロボロフスキーハムスターは群での飼育でなく，ペアでの飼育が推奨される．

ケージはプラスチック製ケージが多く使われてい

るが，齧ってしまう個体は通気や温度調整に気をつけながら硝子製ケージや水槽などを使う．ケージ内の運動量が少ないと身体がこわばり，動きたがらなくなる「ケージ麻痺」と呼ばれる状態になるため広いケージが好ましい[28]．例えばゴールデンハムスターは最低でも一頭飼育で床面積が約129 cm^2，繁殖では約968 cm^2，推奨サイズは50.8 cm × 50.8 × 15.24～25.4 cm，60 × 30 × 23 cm である[28, 32]．ハムスターは活動的な動物であるため，回し車やチューブなどの玩具を設置し運動させる．小さ過ぎる回し車は被毛の擦れに繋がり，長毛種の場合は特に絡まりやすいため注意が必要である．また回し車は四肢を傷つける危険性があるため金網製よりプラスチック製が好ましい[28]．ハムスターはケージ隅の1カ所で排尿することが多く，トイレを覚えることもある．

食餌

ハムスターは雑食であり，甘味を好む傾向があり，夜行性のため夕方から夜早めに給餌する[24, 27]．ハムスターは自由採食させると肥満になりやすい．粗蛋白質は16％以上，粗炭水化物は60～65％，粗脂肪は4～7％，可消化エネルギー4.2 kcal／g が目安である[24]．ハムスターにとって蛋白質は大切であり，成長期の個体や妊娠中，授乳中の雌には粗蛋白質24％前後の高蛋白質の食餌が推奨される．逆に蛋白質が欠乏すると皮膚炎になりやすくなる．副食は高蛋白質かつ低脂質なものを選び，固ゆで卵や小動物用のチーズなどは有用である[28]．生野菜の多給は軟便に繋がり，ヒマワリの種のような種子類は高脂質，低カルシウムであるため多給すると肥満と骨粗鬆症になりやすい[28]．また，落花生は高脂肪に加えて高蛋白質なため，多給により被毛の変化や消化不良を起こす危険性がある[28]．ハムスターは乾燥地域に適応しているため飲水量が少ないが，ゴールデンハムスターは採食量が減ると寧ろ多尿になる傾向がある[24]．

ラット，マウス

生物学的分類と特徴

ラット *Rattus norvegicus* はネズミ目ネズミ科ネズミ亜科クマネズミ属に属する動物であり[33]，ドブネズミを指す．また，家畜化されたドブネズミをファンシーラットと呼ぶこともある．愛玩動物としては1900年代からイギリスで飼育されたのが始まりであり，日本では1903年頃より実験動物として利用され始めた[34]．また，先進国では街中でも害獣として野生のラットが問題となっているが，日本は唯一ラットよりクマネズミ *R. rattus* の方が害獣として増えている先進国である．クマネズミは体格がラットの半分程度で耳が大きく尾が長いのが特徴である．ラットは社会性がありリーダー格の個体を中心に順位づけられている．群れの中では雌が率先して働くため，一般的に雌の方が雄より好奇心旺盛だと言われる．

マウス(ハツカネズミ)*Mus musculus* はげっ歯目ネズミ科ネズミ亜科ハツカネズミ属に属する動物であり[33]，別名としてファンシーマウスやカラーマウスと呼ばれることもある[34]．マウスは生息域が広く，西ヨーロッパからアメリカ，アフリカに分布する *M. musculus domesticus*，ユーラシア大陸に分布する *M. musculus musculus*，アジアに分布する *M. musculus castaneus* の3種ある．日本のマウスは *M. musculus musculus* と *M. musculus castaneus* を交雑した *M. musculus molossinus* である[34]．マウスとヒトとの歴史は古く，日本では1700年代後半に，ヨーロッパでは1800年代前半に様々な毛色のマウスが愛玩用として人気が高まり，1800年代に日本とヨーロッパで愛玩用マウスの輸出入が行われ，さらに実験動物用マウスが作出された[34]．マウスは，複数のマウスでコロニーを形成し，優位な雄がコロニーのすべての雌と交尾する権利を持ち，雄は縄張り意識が強い．その一方，雌は雄より温和で従順な個体が多く闘争が少ない上，雄より臭いが少ない．本能的に成熟後は単独行動を好み，他のげっ歯類と比べて行動的で素早い．

ラット，マウスともに夜行性であるが，マウスよりラットの方がその傾向が強く昼間は寝ている．ラットは警戒心が強いが，コミュニケーション能力が高く冒険心，好奇心も強い上にマウスと異なりヒトを認識する賢さを持つため愛玩動物として人気が高い．寿命はラットが2～3.5年であるが，4年近く生きる個体もいる[32]．マウスは野生下での寿命は1年であるが，飼育下では3年近く生きる個体もいる[32]．

ラットの毛色は本来栗色で毛先は黒く，アンダーコートは暗灰色である(ノーマルやアグーチ，野生色と呼ばれる)．愛玩動物としてのラットではアルビノやブラック，ブルー，シャンパンなど毛色だけでも複数あるが，パイド，ヒマラヤン，ハスキー，キャップなどの模様，サテン，スキニーなどの毛質，ダンボやテールレスなどの体格においてもいくつかの種類がある(**図3-52～57**)．

マウスの毛色は本来赤と黄色を帯びた茶色で毛先は黒く，アンダーカラーは濃灰色である．愛玩動物

ラット

図3-52　ブルー
ブルーは青みの強い灰色であり，黒目である．

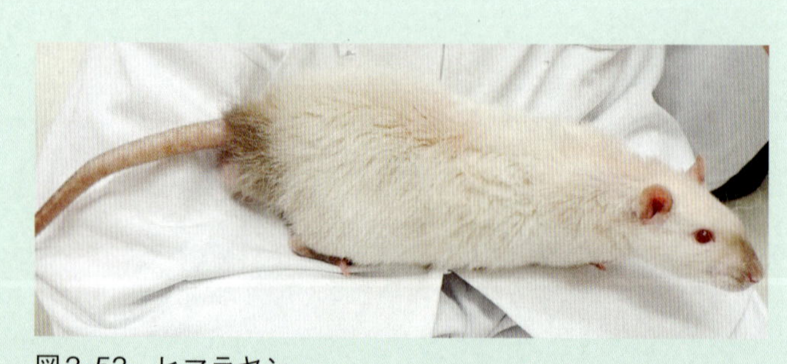

図3-53　ヒマラヤン
若齢ではベージュやグレーなどの毛色だが，成長して換毛を繰り返すことで全身が白くなり，鼻先や尾根部，耳などの身体の末端部が茶色くなる．赤目である．

図3-54　ブルーハスキー
ハスキーは目元から額にかけて八割れ模様の毛色であるが，加齢とともに退色して白い毛が増える．

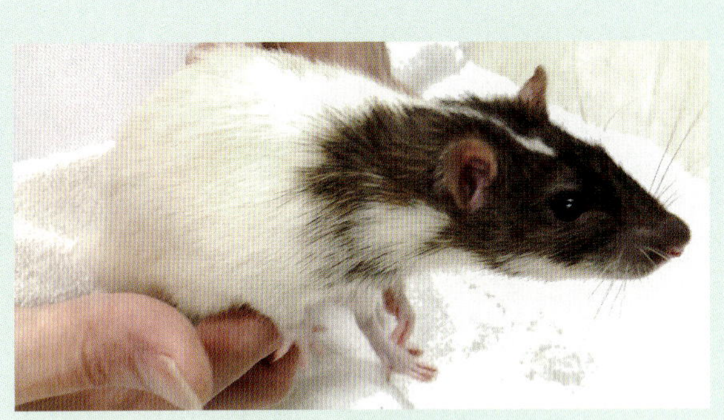

図3-55　ブラウンキャップ
キャップは頭部以外白色の毛色である．

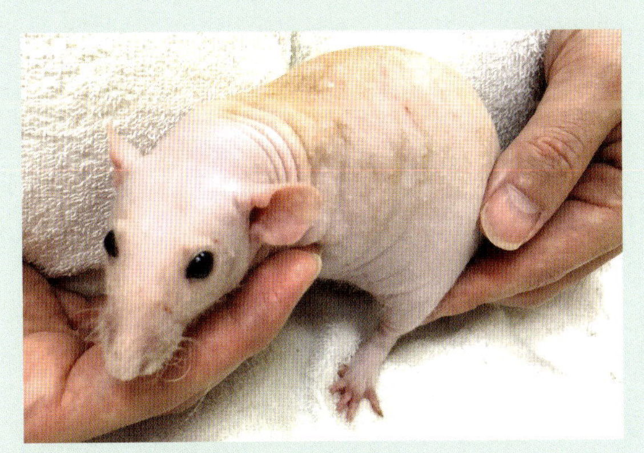

図3-56　スキニー（ヘアレス）
スキニーは被毛がない，または薄い．

図3-57　ダンボ
ダンボは一般的なラットより耳が低い位置にある．

マウス

図3-58　アグーチ（毛質：ロングロゼット）
アグーチはノーマル，野生色，ねずみ色とも呼ばれる．基本色は赤と黄色を帯びた茶色で毛先は黒く，アンダーカラーは濃灰色で黒目である．

図3-59　ブルー（毛質：ロングサテン）
ブルーは青みを帯びた濃灰色である．サテンは艶やかで光沢のある毛並みを持ち，ロング（長毛）は長い被毛と洞毛を持つのが特徴である．

としてのマウスでは様々な毛色が知られている．ノーマル（アグーチ）以外ではアルビノやブラック，ブルー，ブルーアグーチ，シャンパン，イエローなど毛色以外にも，毛質においても一般的な短毛のノーマルやカーリー，ロゼット，サテン，ロングなど多岐にわたる（**図3-58～61**）．

マウス

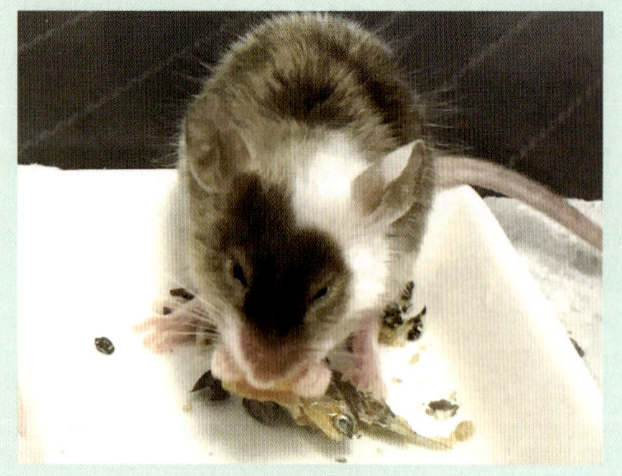

図3-60　パイド
B：アグーチパイド（毛質：ノーマル）
パイドは白い斑柄が入った毛色を指す．

図3-61　カーリー
A：若齢のブルーアグーチ（毛質：ロングサテンカーリー）　B：イエロー（毛質：ロングサテンカーリー）
カーリーは巻き毛を指し，うねりのある被毛や洞毛（B，矢頭）を持つ．被毛のうねりは成長とともに緩くなる．

解剖生理学的特徴

ラット，マウスの解剖学的特徴は似ている点が多いが，異なる点がいくつかある．

外皮

尾の皮膚は鱗状で毛は疎らであり，体温調節とバランス調節を司る[34]．ラットの尾は成長期に高温下で育つと細長く，低温下で育つと太短くなり，強い力が加わると稀に尾抜けする[34, 35]．また，寒冷期に成ラットは頸部の腹部外側から背側に褐色脂肪を蓄えるため寒さに適応できる[36]．乳頭は頸胸部に3対，腹部～鼠径部に3対（マウスは2対，稀に3対）あるが，乳腺組織は肩甲骨から鼠径部尾側にかけて広範囲に広がっている[37]．ラットは体側，マウスは尾の付け根や顔，足の裏，腹部などにある臭腺と尿でマーキングを行い[34]，汗腺の発達は乏しく熱ストレスに弱い．ラットは年を取ると被毛が黄色っぽくなるがこれは生理的な変化である[34]．

体格

ラットは頭胴長と尾長がほぼ同じであるが，マウスと異なり雄の方が大きい．一方マウスは頭胴長と尾長がほぼ同じであり，ラットと異なり雌雄で体格の性差が乏しいのが特徴である．前肢の指は第一指が退化しており4本で後肢の指は5本である[34]（**図3-62**）．

消化器

歯式は2（I 1/1 C 0/0 P 0/0 M 3/3）の計16本であり，常生歯である切歯はノミ型で外側がエナメル質で厚く，内側はゾウゲ質であり，擦り合わせて鋭い咬合面を維持しながら過長を防ぐ．マウスの上顎切歯の歯根はラットより長い[26]．常生歯である切歯はラットでは1年に10～12 cm伸びる[34]．また切歯の前面のエナメル質は鉄，銅などの色素がカルシウムとともに取り込まれるため，黄色～橙色である．

胃は単胃である．消化管全体の長さは体長の9倍で単純な管腔構造をしており，盲腸が大きく食糞を行い，ビタミンBを補給する．

肝臓は外側左葉，内側左葉，外側右葉，内側右葉，尾状葉の計5葉からなり，ラットは胆嚢を持たず（マウスはあり）に胆汁は肝臓から胆管を経て直接総胆管で十二指腸に分泌される[13]．

生殖器

雄は肛門と性器間の距離が雌の2倍であり[32]，陰茎骨と発達した陰嚢を持ち鼠径管は開いている．副生殖腺（精嚢腺，凝固腺，前立腺，包皮腺）を持ち，発達した精嚢腺は左右一対の湾曲した白色葉状の腺

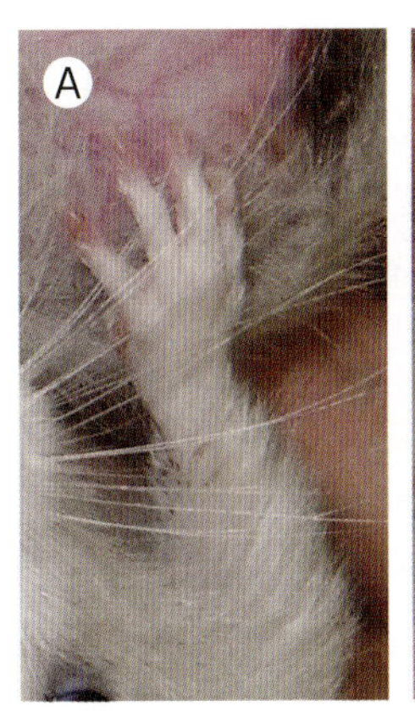

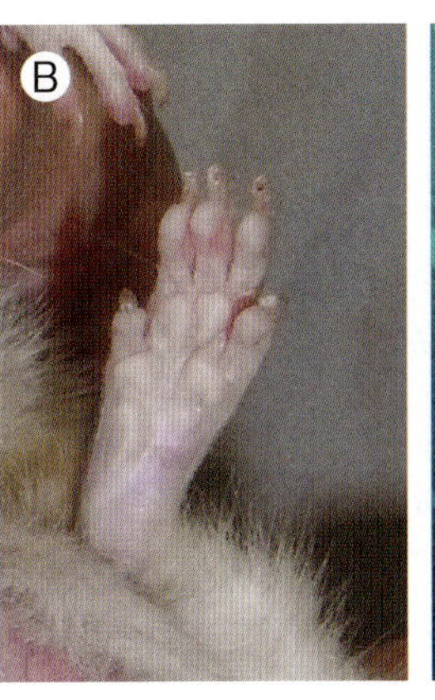

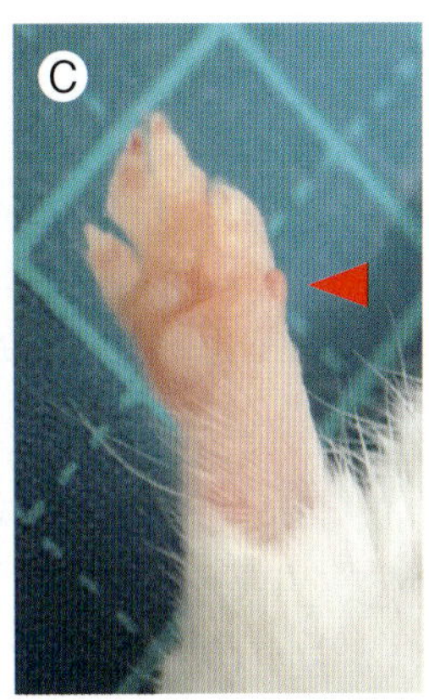

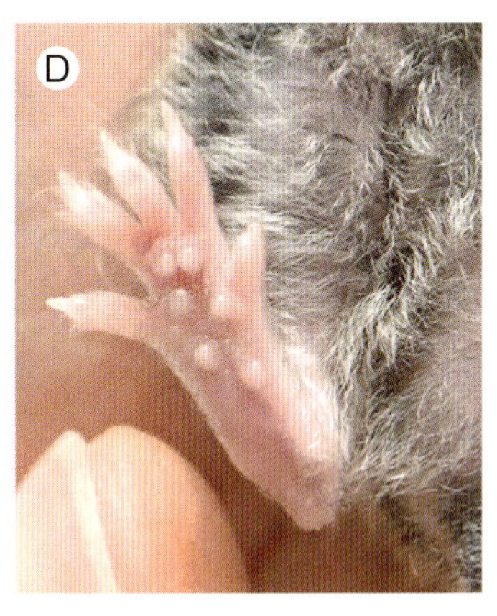

図3-62　ラット・マウスの四肢
A：ラットの前肢(手の甲)　B：ラットの後肢　C：マウスの前肢　D：マウスの後肢
前肢の指は第一指(C，矢頭)が退化しており4本で後肢の指は5本である．

で外縁は鋸歯状であり，その小弯に沿って凝固腺が付着している[32]．

雌は肛門，膣，尿道の3つの別々の開口部を認める[32]．重複子宮であり，雄の包皮腺にあたる陰核腺を持つ．

呼吸器

肺は右肺が前葉，中葉，後葉，副葉，左葉が1葉の計5葉である．

感覚器

耳介は集音器官と体温調節器官を兼ねており[34]，ラットは高周波音(60～80Hz)を聞き取り，この高周波音を使い分けて発することによりラット同士でコミュニケーションをとっている[36]．マウスとラットの涙器は眼球後部の深部にある内眼窩腺，咬筋の基部付近にある外眼窩腺，眼窩深部にあるハーダー腺からなる．ハーダー腺はげっ歯類や有蹄類で顕著に発達した薄い桃白色のややU字状の小葉であり，メラトニンを含む．ハーダー腺は内眼角側に開口しており，フェロモンや脂質，ポルフィリンを，鼻涙管を介して分泌する[38](**図3-63**)．ポルフィリンは蛍光を発し[38]，疼痛や疾患，拘束などのストレスにより分泌が増加する．ラットの涙腺構造には性差があり，雄の腺房の方が大きい[38]．視覚はそれ程発達しておらず，特にアルビノは網膜変性があり視力が低い[36]．またラット，マウスともに優れた嗅覚を持つ[34]．

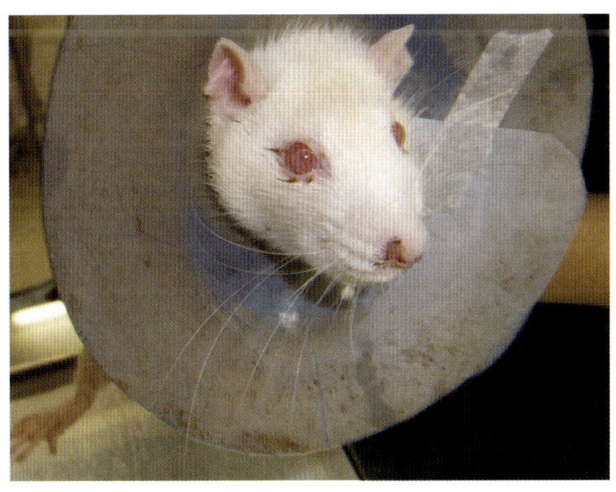

図3-63　ラットのポルフィリン分泌
写真の症例は術後のエリザベスカラーによりセルフグルーミングできず，眼および鼻孔周辺にポルフィリンが付着している．

繁殖生理

繁殖を計画する際には雌雄をペアまたは雄1頭に対して雌2～6頭のハーレムにする．ラットの初回交配は4～4.5カ月齢頃が推奨され，生後3～10カ月が最も繁殖に適しており，生後15カ月で自然と性周期が止まる個体もいる[35]．出産後ラットは10～24時間，マウスは12～28時間で後分娩発情がみられ，雄がいれば交尾が行われる．また，離乳後2～4日で再び発情する[35]．マウスの妊娠期間は約19日，ラットは約21日である．ラットは受精後11～13日間膣垢中に少量の赤褐色分泌物が混ざることで確認でき，妊娠が確実に進行していることを示すため膣垢スワブが妊娠診断に利用される．ラットの雌は出産2～3日前，マウスは出産前に営巣行動がみられ[12]，出産は午前0～4時の間に行われることが多く，1～2時間で終了する[36]．出産後，死産子は食べられる．両種とも晩成性で被毛は生えておらず，眼と耳は閉じた状態で生まれる．生後1週間は体温調整機能が乏しいため同腹子と母親と身を寄せ合って保温するが，ラットは生後10日までには薄く被毛が覆い，切歯が生え始め，眼と耳が開く[36]．マウスは生後約4日で耳が開き，生後7～10日で薄く被毛が生え揃い，生後12～14日で目が開き，固形物を食べ始める[34]．約1カ月で離乳し生後6週以内にすべての歯が生え揃う[34]．

飼養管理

飼育環境

ラットは単独，ペア，多頭飼育のいずれも可能である[12]．また，マウスと異なり多頭飼育でストレスが減るという報告もある[36]．ただし，同腹子同士以外の雄同士の同居は闘争が起こりやすく，その危険性は導入が遅い程高くなるため推奨されないが老齢雌の同居は比較的容易である．一方，マウスでは雄同士では性成熟後に闘争が起こるため複数頭での飼育は推奨できない．

飼育下での温度は15～27℃，湿度は40～70％が良いとされ，通気性が良い方が好ましいが，低湿度によりリングテールや呼吸器疾患の危険性が上がるため，湿度を40％以下にしない[34]．温度は18～22℃，湿度は50％以上が最適であり，30℃以上で熱中症に陥る危険性がある．ラットは四隅に排尿する傾向があるため，トイレを設置するとトイレを覚えることもある．マウスはラットと異なり，マーキングのために複数個所で排尿するため，トイレの場所を覚えにくい．また，マウスはげっ歯類の中でも比較的尿の臭いが強いため徹底した掃除と換気が必要である[39]．

ラットのケージのサイズは1頭につき38.1～50.8 cm ×38.1～50.8 cm ×17.78～25.4 cm，マウスは45×45×23 cm[34]や38.1×30.48～38.1×15.24 cm[40]などが推奨されている．ケージ内には回し車や巣箱を入れてもよい．

食餌

ラット，マウスは雑食性であり[35]，夜行性のため，餌は夕方以降に与える[34]．ラット，マウスの理想的な栄養成分は粗蛋白質は最低16％以上，粗脂肪は4～6％が目安である[33, 35, 36, 39]．ラットにとって蛋白質は重要であり，粗蛋白質24％前後の高蛋白質の食餌を与えると生後4カ月未満の幼少期のラットの成長率が最も良く，高蛋白質の食餌は妊娠中や授乳中の雌にも推奨される[35]．逆に蛋白質が不足すると脱毛，ポルフィリンによる眼周囲の汚れが目立ち，感染症に罹りやすくなる[35]．主食となるペレットはハムスター用も使えるが，実験動物用のものが最良である．

ヒマワリの種や落花生などの種子類は高脂肪，高蛋白質であるため，皮膚のアレルギーなどの原因になり，さらに高カロリーで肥満になりやすくなる．また糖質が高い食餌は嗜好性が高くなるが多給により下痢の原因となることがある[35]．

スナネズミ

生物学的分類と特徴

スナネズミはげっ歯目ネズミ亜目ネズミ科アレチネズミ亜科に属する動物の総称であり[41]（**図3-64**），乾燥地域に適応したげっ歯類の中で最大のグループである[9]．また，18種は絶滅危惧種，4種は絶滅の危機に瀕している[41]．

一般的に飼育されている種はげっ歯目ネズミ亜目ネズミ科アレチネズミ亜科スナネズミ属に属するモンゴルスナネズミ *Meriones unguiculatus* であり，他にアレチネズミ亜科に属するものにはリビアスナネズミ，エジプトスナネズミ，オブトアレチネズミ（一般的にはファットテールジャービル（**図3-65**）と呼ばれる）などがいる[42]．スナネズミは社会性が高く，ペア，または最大3頭の雄と最大7頭の雌と多数の子どもで構成されるコロニーを構成し，コロニーは最大20頭以上になることもある．スナネズミは同じ巣の仲間同士でグルーミングを行い，臭いを「家族の臭い（family sent）」として共有することで結束力を高め，友好的なコロニーを構成する一方，縄張り意識が強く排他的であり，雄が巣を守り，テリトリー境界部にマーキングして闘争を避け，外部からのスナネズミを排除する[43]．足を踏み鳴らす行為（foot stamping）はスナネズミの特徴的な動作であり，テリトリーを守る警告，雄の雌へのアピールなどに用いられる[43]．野生下のスナネズミは気温に応じて活動時間を調整しているため，スナネズミの概日リズムの研究についてはいくつか報告があるがスナネズミを夜行性とするもの，昼行性とするもの，薄暮性とするものなど結果に違いが出ている[43]．またスナネズミは冬眠しない．

毛色は本来，砂漠地帯に紛れるように背部は赤みがかった黄褐色で腹部が白色（ノーマルやアグーチと呼ばれる）をしているが，愛玩動物としてのスナネズミでは様々な毛色が知られている．シナモン，シルバー，ブラック，パイドなどの毛色などが知られている[44]．

解剖生理学的特徴

外皮

被毛は硬めで全身に密生し，尾もすべて毛に覆われており，先端の毛は比較的長く房状で体のバランス保持と体温調節を担う[45]．湿度が高過ぎると被毛の油分が残り粗剛になるため，砂浴びをする[41, 44]．臭腺（皮脂腺）は腹部正中に位置する楕円形の褐色無毛構造物であり，香腺とも呼ばれる（**図3-66**）．臭腺はテストステロン優位のため，雄で顕著であり雌の2倍の大きさがあり，黄色い分泌物を分泌して雄によるテリトリーの境界部へのマーキングに用いる．乳腺は4対（胸部2対，鼠径部2対の8個）持つ．

体格

スナネズミの頭胴長は11～15 cmで尾長は

図3-64　スナネズミ（ジャービル）
アグーチカラーの1種で赤目である．背部は明るい黄褐色である．

図3-65　オブトアレチネズミ（ファットテールジャービル）
太い尾を持つ（矢印）のが特徴で，被毛のない尾には脂肪が入っており，栄養状態を反映している．「マカロニマウス』と呼ばれることもある．

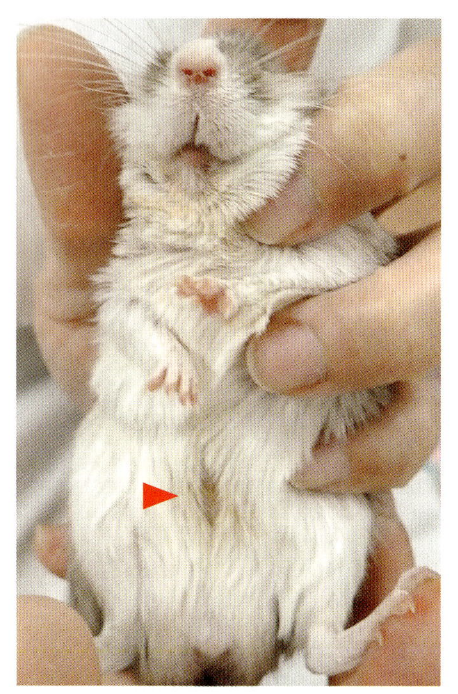

図3-66　スナネズミの臭腺
臭腺(矢頭)は腹部正中に位置する楕円形の褐色無毛構造物であり，テストステロン優位のため，雄で顕著であり雌の2倍の大きさである．

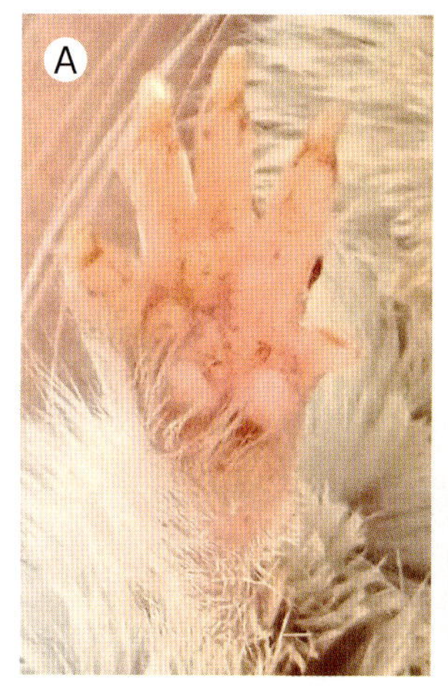

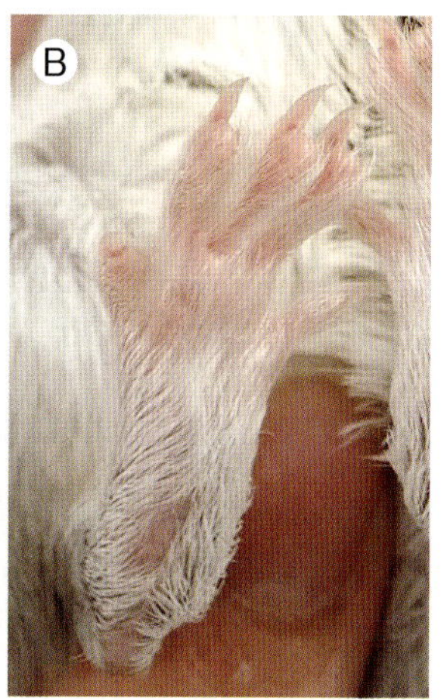

図3-67　スナネズミの四肢
指は前肢(A)が5本，後肢(B)が4本である．

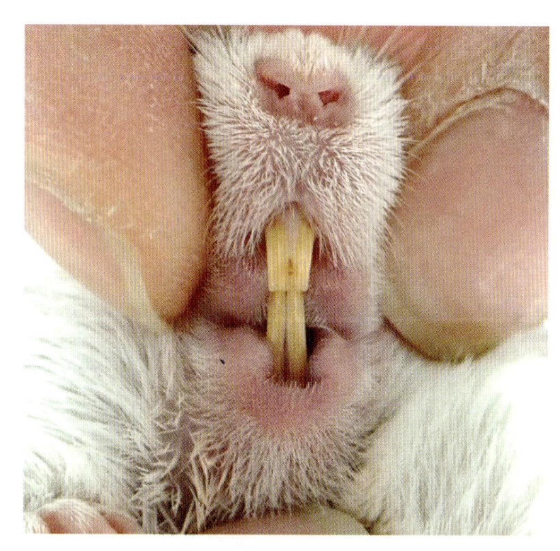

図3-68　スナネズミの歯
切歯のみが常生歯で切歯の前面は黄色い．上顎切歯より下顎切歯の方が長い．

9〜15 cmであり，前肢5本，後肢4本である(図3-67)．尾は体長とほぼ同じ長さかわずかに短い．後肢の筋肉が発達しており跳躍力に優れている[43]．

消化器

歯式は2(I 1/1 C 0/0 P 0/0 M 3/3)の計16本であり，切歯のみが常生歯で切歯の前面のエナメル質は銅，鉄などの色素がカルシウムとともに取り込まれるため，黄色い(図3-68)．上顎切歯の歯根はラットと同様に歯隙の3分の2まで達し，すべての臼歯は真っすぐ並び，咬合面は平らである．ハムスターと同様複胃であり，発酵機能を持つ角質化した扁平上皮が並ぶ前胃，化学的消化機能を持つ後胃(腺胃)で構成される．また，食糞を行う[45]．

泌尿生殖器

乾燥地帯に生息しているため，ほとんどの水分を食餌と新陳代謝から得ている[42, 46]．よって水分を有効活用する必要があり，他のげっ歯類よりヘンネループが長く[45]，少量の臭いの少ない濃縮尿を排泄する．

雄は陰茎と肛門の距離が雌と比べて2倍長く，軟骨性の陰茎骨と黒い陰嚢を持つ[41]．また，陰嚢は生後約4週で明瞭になり始め，雌雄判別が可能になる．

雌はハムスターと同様に肛門，膣，尿道の3つの別々の開口部を持つ[41](図3-69)．

呼吸器

肺は右肺が前葉，中葉，後葉，副葉，左葉が1葉の計5葉14である．

感覚器

耳介は集音器官かつ体温調節器官として重要であり，耳道入口周囲は毛で覆われ，穴掘り時に土が入るのを防いでいる[45]．また，スナネズミは聴覚が優れており，特に音が聞こえる方角を認識する音像定位能が高い．大きな眼が比較的背側に位置し，広い

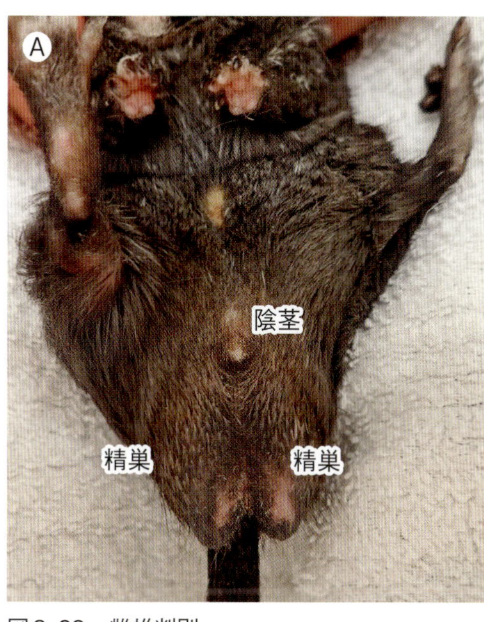

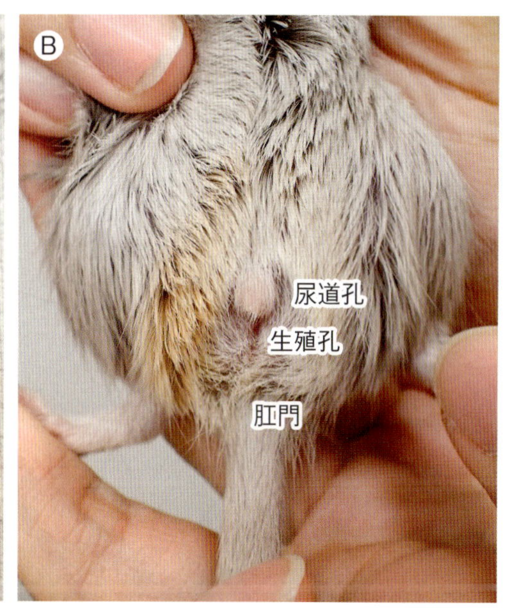

図3-69　雌雄判別
A：雄　B：雌
雄は比較的大きな精巣を持ち，軟骨性の陰茎骨を持つ．雌は尿道孔，生殖孔，肛門の3つの開口部を持つ．

視野を確保して天敵から逃れる[41]．眼球後方に体温調節に関連しているハーダー腺が位置し，眼球を潤す正常分泌液とポルフィリンが分泌され[45]，外眼角から鼻涙管を介して排泄される．寒い時は唾液とハーダー腺から分泌された脂質，ポルフィリンがグルーミングによって混ざり，被毛を覆うことで断熱し，保温性を高める[46]．またスナネズミは優れた嗅覚を持つ[45]．

繁殖生理

ペアリングを性成熟以降に行うと発情期の雌以外は雄と闘争になる危険性が高いため，生後8～10週前の性成熟前に雄の環境に雌を導入して行うのが好ましい．妊娠期間は24～26日で妊娠中のスナネズミは営巣行動を行うため，巣材としてティッシュや綿を入れ，カルシウムと蛋白質が豊富な餌を与える[47]．子食いは低い環境温度，粗食，低体重，乳房炎，無乳症，営巣が不十分の場合に起きる危険が高く，産後1～2週間はストレスをかけないように注意する[47]．飼育下でスナネズミは生涯のペアを形成し，子育てを分担して行うため，雄を雌から離さない．スナネズミは晩成性で毛は生えておらず，眼，耳は閉じている状態で生まれる．生後5日で耳が開き，生後7日までに全身を薄い毛が覆う[44]．また，生後2～3週で眼が開き始めた頃に固形物を食べ始める[44,47]．

飼養管理

飼育環境

乾燥した寒暖差の激しい地域に生息するため，至適温度は15～23℃である．至適湿度に対する要求は厳しく50%以上になると被毛粗剛や体調不良が生じる可能性がある[47]．スナネズミは多頭飼いが好ましく，雌同士は問題ないが，雄同士は若齢時に多頭飼いされるか同腹子でないと難しい[44,47]．ケージは広い硝子製またはプラスチック製ケージが好ましく，2頭で60×25×25 cm～75×40×40 cmサイズのケージで，最低でも1頭飼育で床面積が約232 cm^{2}が好ましい．

回し車や巣箱などを設置するが，排泄物の量が少なく汚れにくい動物のため，通常は巣箱の掃除は不要で巣箱内のフードが腐らないよう取り出すのみでよい[47]．

食餌

野生下では草食傾向の強い雑食[44]であり，野性下ではヒマワリなどの種子，穀物(小麦，トウモロコシ，キビ，オーツ麦，大麦など)，根，葉，茎だけでなく，昆虫，カタツムリ，爬虫類，小型げっ歯類なども食べる．スナネズミの粗蛋白質の要求量は高く(16～22%)，粗脂肪の要求量は低い(4～6%)．特にスナネズミは脂質の影響を受けやすく，高脂血症や肝リピドーシスを起こしやすいのでより気を付けなければならない[44, 47].

主食となるペレットは実験動物用やハムスター用を与える．また，副食として動物性蛋白質(ゆで卵，チーズ，粉ミルクなど)を与えるが既にペレットに蛋白質が含まれている場合には少量に留める．ただし，成長期，妊娠中，授乳中は蛋白質とカルシウムが不足しやすいため，動物性蛋白質はそれらの供給源として有効である．他には新鮮な野菜や果物，種子，穀物を与える．種子や穀物は本来の食性に近く，殻を割る行為はエンリッチメントの観点からも良いが栄養に偏りがあり，与える量に注意しなければならない[44].

シマリス

生物学的分類と特徴

シマリスはげっ歯目リス科シマリス属の動物の総称である[48, 49]．日本での愛玩動物としてのシマリスはほとんどシベリアシマリス *Tamias*（*Eutamius*）*sibericus* の亜種であるチュウゴクシマリス（*T. sibericus albogularis*）である[50]（**図3-70**）．日本にはシベリアシマリスの亜種であるエゾシマリス（*T. sibericus lineatus*）が北海道に固有種として生息しているが，愛玩目的で輸入された外来種であるチュウゴクシマリスが北海道で野生化しており在来種との交雑の危険性が指摘されている[50]．常緑樹や落葉樹などの森林地帯に生息し[48]，生活環境は樹上と地上を行き来するが，主に地上で生活している．昼行性の動物で，素早く地上を走り回り，約70 cmの樹木間でも跳ぶことができる跳躍力を持つ[50]．

シマリス属の最大の特徴は冬眠することである．肝臓で生成されるHP（Hibernation specific Protein: 冬眠特異的蛋白質）が血液脳脊髄液関門である脈絡叢を介して脳脊髄液に運ばれることでHPの血中濃度が減少し，脳脊髄液中の濃度が上昇することにより冬眠が引き起こされる[50]．野生下では秋～初春まで地下巣で冬眠するが，この間眠り続けるわけではなく，2～7日ごとに起きて1日以上かけて巣内の貯蔵した餌を食べて排泄する[50]．このためシマリスは冬眠前に過食し脂肪を溜め込んで太ることはない[51]．飼育下では，積極的に冬眠させる必要はなく，むしろ生存率や寿命は冬眠しない方が長い傾向があり，冬眠中の死亡率が約5%という報告もあるため[50]できるだけ飼育下での冬眠は避けるべきである．また，冬眠は気温が低くなるだけではなく照明や餌など他の要因も発生に関与していると考えられていることから，気温が低い時期に保温していても冬眠状態に陥ることがある[51]．冬眠中は心拍数や呼吸数の低下，酸素消費量の低下，血糖値の低下，脳下垂体や甲状腺，副腎，生殖腺などの機能低下を認め，心拍数は3～6回/分，呼吸数は1～4回/分と肉眼的に辛うじて確認できる程度にまで低下する[50]．また，体温は8～10℃であり，時に2.8℃まで低下することもあるが，冬眠中に食餌のために覚醒する時は体温が37～38℃まで上がる．冬眠中のこれらの変化は病気と間違えやすいため，注意が必要である[50]．

シマリスは野生の習性が強く残る傾向があり，成体から飼育した個体を馴らすことは困難であるが，生後8～16週以前に人に飼われて触られた個体は人に馴れる可能性が高い．

解剖生理学的特徴

外皮

シマリスの特徴的な縞模様は野生下では地表の植物，土壌に同化した保護色となり，春と秋に2回換毛する．乳頭は4対で尾は容易に尾抜けする[51]．顔の周りの洞毛の他に前腕部に腕触毛という長い感覚毛を持ち，その触覚を用いて狭い場所の幅を

図3-70　シマリス
日本で飼育されているシマリスのほとんどはシベリアシマリスの亜種であるチュウゴクシマリスである．

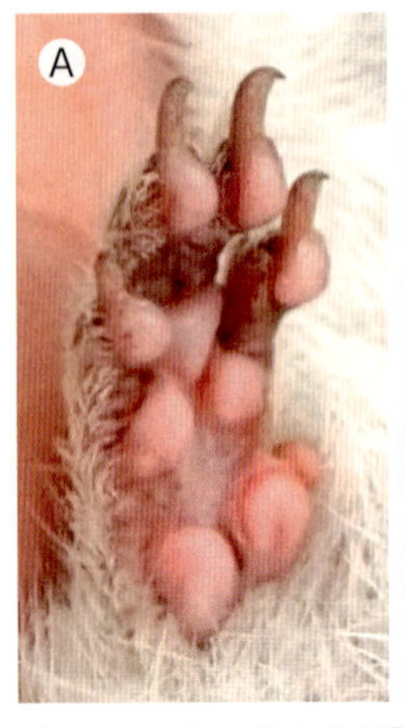

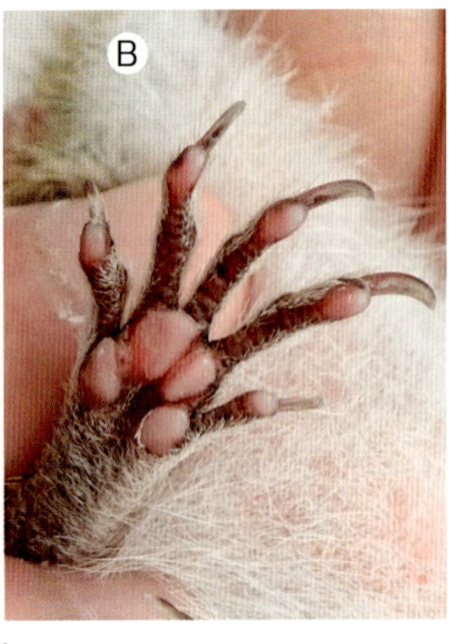

図3-71　シマリスの四肢
A：前肢　B：後肢
前肢は4指で，第1指が退化(矢印)している後肢は5指である．

図3-72　シマリスの歯
切歯は常生歯で生え続ける．切歯前面のエナメル質は銅や鉄などの色素を含み黄色い．

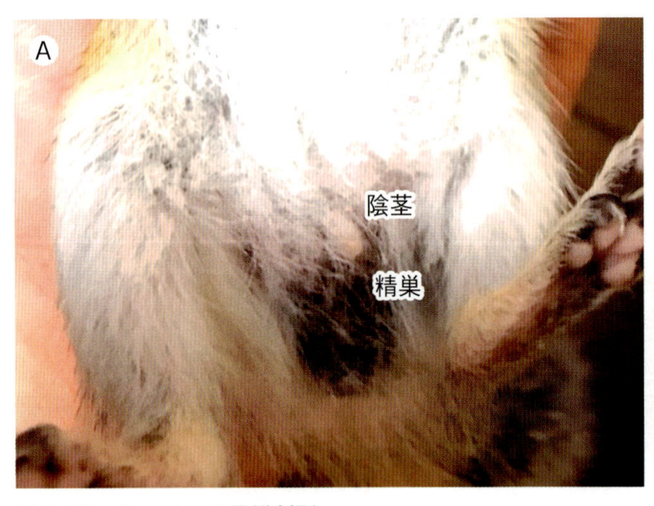

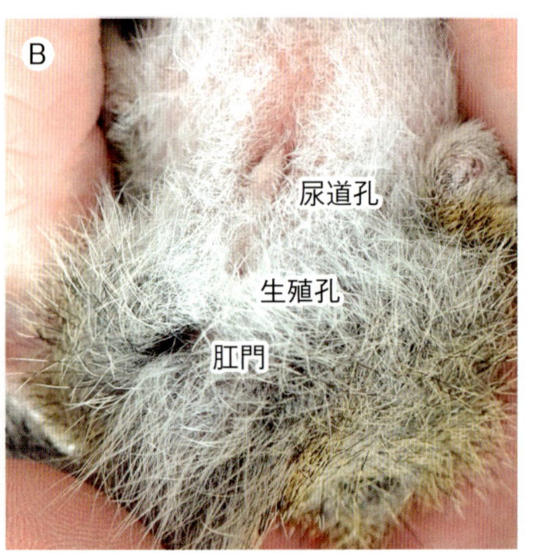

図3-73　シマリスの雌雄判別
A：雄(発情期)　B：雌
雄は生殖孔と肛門の間が雌に比べて狭く，発情期には精巣が腫大し陰嚢が黒化する．

認識している[52]．前肢は4指(第一指が退化)で短く穴掘りに適しており，後肢は5指で発達しており高い跳躍力を持つ．爪は長く，木登りや穴掘りに適している(**図3-71**)．昼行性であるため視覚も優れている[52]．

消化器

歯式は2(I 1/1 C 0/0 P 2/1 M 3/3)の計22本であり，切歯のみが常生歯で切歯の前面のエナメル質は銅，鉄などの色素がカルシウムとともに取り込まれるため黄色である[50](**図3-72**)．胃は単胃で，盲腸は他のげっ歯類と同様に発達して膨隆しており勾玉状である．シマリスは後腸発酵を行い食糞することでビタミンB，ビタミンKを摂取している．

肝臓は外側左葉，内側左葉，方形葉，外側右葉，内側右葉，尾状葉の計6葉からなり胆嚢を持つ．

生殖器

精巣は目立たないが，春になると陰嚢が黒化し精巣が発達し下降するため顕著に膨らみ精子形成を開始する．雌は雄に比べて肛門と生殖孔の距離が短く，発情期になると生殖孔が充血して腫脹する(**図3-73**)．

呼吸器

肺は右肺が前葉，中葉，後葉，副葉，左葉が1葉の計5葉8である．

繁殖生理

シマリスは出生翌年または出生翌々年の4月以降の発情期に性成熟するため，性成熟までの期間が11〜23カ月と出生時期によって大きな差が生じる．繁殖期は4〜9月で発情期の雄は黒化し発達した陰嚢を持ち，攻撃的になる個体やマーキング行動としてケージ外に放尿する個体もいる[50]．一方，雌の発情は外陰部が充血して腫脹し[51]，繁殖期の間平均13〜14日周期で繁殖期が終了または妊娠するまで発情を繰り返す．発情中は頬を膨らませて「キーキー」「ホロホロ」と鳴いたり，しゃっくり様のひくつきや一点凝視などの特徴的な行動，また食欲低下や被毛粗剛などが認められ，体調不良に見える場合がある[50, 51]．発情期の2日目のみ雌は雄を許容し，交尾を行う．妊娠期間は28〜35日，約30日程度で，妊娠中の雌は神経質で雄を攻撃するリスクがあるため，妊娠〜授乳期までは単独での飼育が推奨される．妊娠20日目頃より腹部膨満が認められ，乳頭が目立ってくる[52]．後分娩発情はしない．シマリスは晩成性であり，新生仔の体長は約3 cm，体重は約3 gであり生後3〜5日で耳が立ち，生後25日頃に耳が開く[50]．生後14日まではよく鳴き，生後14日以降に毛が生え始め，生後30日までには目も開き生後35日頃から巣から出てくるようになる．離乳時期は飼育下では生後6〜8週間である．大抵年1回の出産である[50]．

飼養管理

飼育環境（図3-74）

ハムスターやラットなど他のげっ歯類よりも野性味が残る傾向が強いため，飼育下でのストレスによる常同行動や自傷行動が起こることがないような注意が必要である．至適温度は20〜25℃であり，冬季の間は低温で活動性が低下することがあるため保温には注意が必要である[50]．また，代謝性骨疾患の予防のため，時折日光浴をさせることが推奨されている．その際，直射日光や悪天候，外敵などによりシマリスが脅かされないような配慮が必要である[48]．

シマリスは十分な広さと巣箱の数があれば同性同士の同居やペアは可能であるが個体同士の相性も重要であり，闘争のリスクがあるため，単独飼育が最も好ましい．

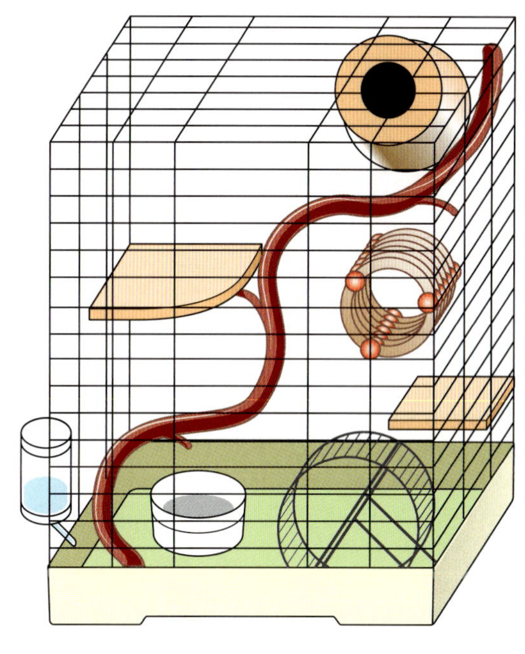

図3-74　飼育ケージ

シマリスは活発で上下運動を行うため，ケージは広い床面積と止まり木やステージなどを利用した立体的なレイアウトが可能な十分な高さも必要である．通気性の良いものが好ましく，他のげっ歯類に比べてかなり広い空間が必要となる．また，必須ではないが回し車を使う個体もおり，ケージ内に設置することができる[50]．回し車を設置する際には，肢や爪を挟んで怪我をすることがないようなものを選ぶ．巣箱は最低でも15 × 20 × 15 cmの大きさのものが1つ必要であり，複数飼育下で巣箱が足りないと喧嘩になるため注意が必要である[51]．巣箱内は細断紙や乾燥牧草などで満たすが，化学繊維は頬袋に詰まるリスクがあるため使用は避ける．シマリスは本能的に餌やちぎった床材を巣内に貯蔵する[48]．巣箱の餌をすべて取り出すとシマリスが頬袋内に過剰に餌を貯蔵し続けることがあるので，すべてを取り出すべきでない[51]．冬眠時期は巣箱の中は触らず翌春まで待つ．

食餌

シマリスは草食傾向の強い雑食であり，野生下では木の実や種子，花，葉，芽，樹液，昆虫，小鳥の卵，時には小鳥の雛も食べる．特にドングリは最も利用され，冬眠時にもよく貯蔵される．

シマリスは昼行性のため，給餌時間は朝が良い[50, 52]．シマリスは草食傾向の強い雑食であり，リス用ペレットやハムスター用ペレットを主食として与え[51]，副食として餌用昆虫，ペット用ミルク，煮干，チーズ，ゆで卵などの動物性蛋白質や種子類，野菜や果物を与える[50, 52]．

種子類は脂肪分が多くカルシウムが少なく，嗜好性は高いが多給により代謝性骨疾患や肥満の原因となるため，少量のみ与える．他にも小麦や小麦胚芽はビタミンEを豊富に含むため，適量与えることで繁殖力向上に繋がる．

参考文献

1. Brown C., Donnelly T.M. (2012): Disease problems of small rodents. In: Ferrets, Rabbits, and Rodents Clinical Medicine and Surgery. 3rd ed. (Quesenberry, K.E. and Carpenter, J.W. eds.) W.B. Saunders, Philadelphia. pp.354-372
2. Johnson-Delaney C.A. Other small mammals. In: BSAVA Manual of Exotic Pets. 4th edn. Eds: M. A. Meredith and S. Redrobe. British Small Animal Veterinary Association
3. Jekl V, Hauptman K, Knotek Z. (2011): Diseases in pet degus: a retrospective study in 300 animals. J Small Anim Pract., 5: 107-112
4. Longley L. (2009) Rodents: dermatoses. In: BSAVA Manual of Rodents and ferrets. 2nd edn. Eds: M. Keeble and M.A. Meredith. BSAVA, Gloucester, UK. pp107-122
5. Reavill D. (2014): Pathology of the Exotic Companion Mammal Gastrointestinal System. In：The veterinary clinics of North America：EXOTIC ANIMAL PRACTICE (17)2, Gastroenterology (Ritzman, K.T. eds), ELSEVIER, pp.145-164
6. Thas I., Wagner R.A., Thas O. (2019): Clinical diseases in pet black-tailed prairie dogs(Cynomys ludovicianus): a retrospective study in 206 animals. J Small Anim Pract: 60, 153-160.
7. Nakata M., Miwa Y., Wu C.C. et al. (2022): Spontaneous intranasal tumours in degus (*Octodon degus*): 20 cases (2007-2020), J Small ANim Pract. 63: 829-833/
8. Quesenberry K.E., Carpenter J.W. (2011) : Ferrets, Rabbits, and Rodents Clinical Medicine and Surgery 3rd Edition, 354-372, Elsevier
9. Richardson V. (2003): DISEASES OF SMALL DOMESTIC RODENTS Second Edition, 75-886, Blackwell Publishing
10. 霍野晋吉，横須賀誠 (2019)：カラーアトラスエキゾチックアニマル 哺乳類編 増補改訂―種類・生態・飼育・疾病―，244-262，緑書房
11. Jekl V. (2009): Rodents: dentistry In BSAVA Manual of Rodents and Ferrets (A. Meredith, E. Keeble), 86-95, British Small Animal Veterinary Association
12. Delaney J.C. (2010): Guinea pigs, chinchillas. degus In BSAVA Manual of Exotic Pets Fifth edition (Anna Meredith, Cathy Johnson Delaney), 28-62, British Small Animal Veterinary Association
13. Ardiles A., Ewer J., Acosta L.M. et al. (2013): Octodon degus (Molina 1782): A Model in Comparative Biology and Biomedicine, Cold Spring Harb Protoc., 312–318
14. Keeble E. (2009): Rodents: biology and husbandry In BSAVA Manual of Rodents and Ferrets (Emma Keeble, Anna Meredith), 1-17, British Small Animal Veterinary Association
15. 斎藤 聡 (2014)：エキゾチックアニマルのケア―生物観，飼育，疾患から看護まで―，75-84，インターズー
16. Delaney J.C (2005): BSAVA エキゾチックペットマニュアル　第四版 (Anna Meredith, Sharon Redrobe)，橋崎文隆，深瀬 徹，山口剛士，和田新平　訳，133-134，学窓社
17. 大野瑞絵 (2010)：ザ・プレーリードッグ＆ジリス：食事・住まい・接し方・医学がわかる（ペット・ガイド・シリーズ），14-145，誠文堂新光社
18. Eshar D. (2010): Behavior of Exotic Pets (Valarie V. Tynes), 148-154, WILEY-BLACKWELL
19. 霍野晋吉，横須賀 誠 (2019)：カラーアトラスエキゾチックアニマル 哺乳類編 増補改訂版 ―種類・生態・飼育・疾病―，120-145，緑書房
20. Sinclair K. (2011): A Quick Reference Guide to Unique Pet Species, 218-221, Zoological Education Network
21. P. A. Grace P., Mcshane J., Pitt H. (1988): Gross anatomy of the liver, biliary tree, and pancreas in the black-tailed prairie dog (*Cynomys ludovicianus*), Laboratory Animals, 22, 326-329
22. Eshar D., Gardhouse S. (2020): Prairie dog In Ferrets, Rabbits, and Rodents Clinical Medicine and Surgery 4th Edition (James Carpenter), 334-344, ELSEVIER
23. Michener G.R. (1983): Spring emergence schedules and vernal behavior of Richardson's ground squirrels: why do males emerge from hibernation before females? Behav Ecol Sociobiol 14:29-38
24. 霍野晋吉，横須賀 誠 (2019)：カラーアトラスエキゾチックアニマル 哺乳類編 増補改訂版 ―種類・生態・飼育・疾病―，34-75，緑書房
25. Sayer I., Smith S. (2010): Mice, rats, hamsters and gerbils In BSAVA Manual of Exotic Pets Fifth edition (A. Meredith, S. Redrobe), 1-27, British Small Animal Veterinary Association
26. Jekl V. (2009): Rodents：dentistry In BSAVA Manual of Rodents and Ferrets (A. Meredith, E. Keeble), 86-95, British Small Animal Veterinary Association
27. O'Malley B. (2005): Clinical Anatomy and Physiology of Exotic Species: Structure and function of mammals, birds, reptiles and amphibians, 227-236, ELSEVIER SAUNDERS
28. Richardson V.C.G. (2003): DISEASES OF SMALL DOMESTIC RODENTS Second Edition, 133-155, Blackwell Publishing
29. Scheibler E., Wollnik F. (2013): Oestrus cycle of the Desert hamster (Phodopus roborovskii, Satunin, 1903), Laboratory Animals 47(4) 301–311
30. Kling A.M. (2011): The veterinary clinics of North America: EXOTIC ANIMAL PRACTICE Vol.14-2 The Exotic Animal Respiratory System (Susan E. Orosz, Cathy A. Johnson), 294-296, ELSEVIER

31. 斎藤久美子(2000)：ハムスター学入門, 19-66, インターズー
32. Hillyer E., Quesenberry K. (1996): The veterinary clinics of North America Vol.24-1 エキゾチックペットの医学Ⅱ, 増井光子, 田邉興記, 田邉和子 訳, 67-70, 学窓社
33. Keeble E. (2009): Rodents：biology and husbandry In BSAVA Manual of Rodents and Ferrets (A. Meredith, E. Keeble), 1-17, British Small Animal Veterinary Association
34. 大野瑞絵 (2009)：ザ・ネズミ―マウス・ラット・スナネズミ(ペット・ガイド・シリーズ), 36-167 誠文堂新光社
35. Richardson C.V. (2003): DISEASES OF SMALL DOMESTIC RODENTS Second Edition, 211-226, Blackwell Publishing
36. O'Malley B. (2005): Clinical Anatomy and Physiology of Exotic Species: Structure and function of mammals, birds, reptiles and amphibians, 209-226, ELSEVIER SAUNDERS
37. Orcutt J.C. (2003)：エキゾチックアニマル臨床シリーズ Vol.3　身体検査と予防医学, 三輪恭嗣　訳, 112-120, インターズー
38. Millichamp J.N. (2004): エキゾチックアニマル臨床シリーズ Vol.9　眼科学, 髙橋和明　訳, 88-95, インターズー
39. Richardson C.V. (2003): DISEASES OF SMALL DOMESTIC RODENTS Second Edition. 177-192, Blackwell Publishing
40. Mitchell M., Tully Jr N.T. (2008): Manual of Exotic Pet Practice, 326-328, SAUNDERS
41. Mitchell M., Tully Jr. N.T. (2008): Manual of Exotic Pet Practice, 406-411, SAUNDERS ELSEVIER
42. Keeble E. (2005): BSAVA エキゾチックペットマニュアル 第四版 (Anna Meredith, Sharon Redrobe), 橋崎文隆, 深瀬徹, 山口剛士, 和田新平 訳, 39-134, 学窓社
43. Parker, D.A., Tynes, V.T. (2010): Behavior of Exotic Pets (Valarie V. Tynes), 117-123, WILEY-BLACKWELL
44. 大野 瑞絵 (2009)：ザ・ネズミ―マウス・ラット・スナネズミ(ペット・ガイド・シリーズ), 38-167, 誠文堂新光社
45. Miwa, Y., Mayer, J. (2020): Hamsters and Gerbils in Ferrets, Rabbits, and Rodents: Clinical Medicine and Surgery, 4th Edition (Katherine Quesenberry, Christoph Mans, Connie Orcutt et al.), 368-384, ELSEVIER
46. Delaney, J.C., Keeble, E., Jekl, V. et al. (2009): BSAVA Manual of Rodents and Ferrets (Emma Keeble, Anna Meredith), 3-150, British Small Animal Veterinary Association
47. Richardson, C.V. (2003): DISEASES OF SMALL DOMESTIC RODENTS Second Edition, 91-113, Blackwell Publishing
48. Delaney J.C. (2010): Chipmunks and prairie dogs In BSAVA Manual of Exotic Pets Fifth edition(Anna Meredith, Cathy Johnson Delaney), 63-75, British Small Animal Veterinary Association
49. Piaggio A., Spicer G. (2001): Molecular Phylogeny of the Chipmunks Inferred from Mitochondrial Cytochrome b and Cytochrome Oxidase II Gene Sequences, Molecular Phylogenetics and Evolution Vol. 20, No.3, September, 335-350
50. 霍野晋吉, 横須賀 誠 (2019)：カラーアトラスエキゾチックアニマル 哺乳類編 増補改訂版 ―種類・生態・飼育・疾病―, 98-109, 緑書房
51. Richardson C.G.V. (2003): DISEASES OF SMALL DOMESTIC RODENTS Second Edition, 55-63, Blackwell Publishing
52. 大野瑞絵 (2005)：ザ・リス―最新の飼育エサ・住まい・接し方・医学がすべてわかる ペット・ガイド・シリーズ―, 40-138, 誠文堂新光社

フェレット

生物学的分類と特徴

フェレット(*Mustela putorius furo*)は，食肉目イタチ科に分類され，人に飼育され始めた歴史は古く2000年以上前であると推測されている．現在，野生下で生息するフェレットはおらず，ヨーロッパケナガイタチ(*Mustela putorius*)が最も近縁の種であると考えられている．古くはウサギの狩りやげっ歯類などの駆除を目的とした使役目的で飼育されており，その後は毛皮や実験動物としての使用を目的として飼育されてきた歴史がある．その後，アメリカでは1970年代の中頃から愛玩動物としての飼育頭数が急増し，1990年に入り，我が国でも愛玩動物としての飼育頭数が徐々に増加し，2000年前後には一時的なブームにより飼育頭数が急増した．以前の勢いはないものの現在でもまとまった数のフェレットが海外から日本に輸入されている．

フェレットは若齢時には咬み癖がある個体が多く，肛門嚢は除去されていても皮脂腺からの分泌物により独特の臭いが残ること，捕食動物であるため同居している他の小型動物に対する十分な注意が必要であること，詮索好きで好奇心旺盛なため室内での事故が多いこと，高齢になるにつれて様々な疾病に罹患することなどを覚えておかなければならない．我が国における，フェレットの寿命は7～8歳であると思われるが，ごく稀に10歳を超えるフェレットもいる．またフェレットの毛色はセーブル，アルビノ，シナモン，シルバー，シルバーミット，ブレイズ，ホワイトファーブラックアイなど様々なものがある(**図3-1**)．毛色や被毛の長さや量は季節や年齢に応じて変化することもあり，顔の毛色パターンが変わることもある[1]．通常，フェレットの被毛は夏に短く，冬に長くなり，春に明るい色になり秋に暗くなる[1]．

我が国のフェレットの多くはマーシャルファームやパスバレーファームなど北米の繁殖施設(ファーム)から輸入されている．これらのファームの特徴として，生後5～6週時に性腺(精巣および卵巣)と

図3-1　様々なカラーのフェレット
A：シルバーミット　B：シナモン　C：スターリングシルバー
D：ブレイズ　E：セーブル　F：ホワイトファーブラックアイ

Path Valley Farm
Health Certificate
★★★★★

I hereby certify that this Path Valley Farm Pet Ferret has not been exposed to and is clinically free of all contagious and infectious diseases at time of shipment.

This Pet Ferret has been neutered, descented, and vaccinated against canine distemper.

Amy L. Hinton, DVM

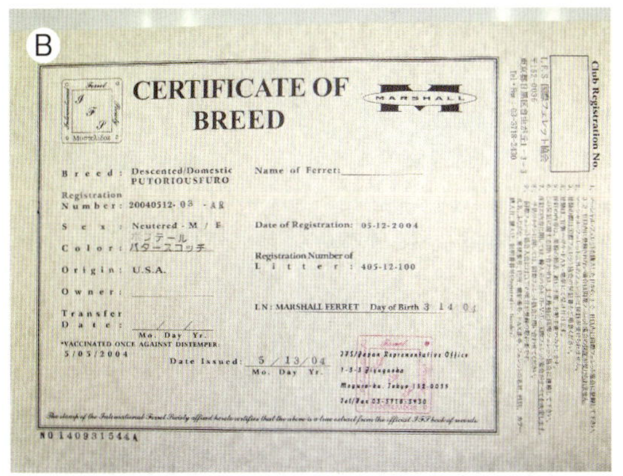

CERTIFICATE OF BREED

MARSHALL

Breed: Descented/Domestic PUTORIOUSFURO

Registration Number: 20040512-03 -AR

Sex: Neutered - M / F

Color: ボブテール バタースコッチ

Origin: U.S.A.

Owner:

Transfer Date: / / Mo. Day Yr.

*VACCINATED ONCE AGAINST DISTEMPER: 5/05/2004

Name of Ferret:

Date of Registration: 05-12-2004

Registration Number of Litter: 405-12-100

LN: MARSHALL FERRET Day of Birth 3 14 04

Date Issued: 5 / 13 / 04 Mo. Day Yr.

IFS/Japan Representative Office
1-3-3 Jiyugaoka
Meguro-ku, Tokyo 152-0035
Tel/Fax 03-3718-3430

Club Registration No.

I.F.S. 国際フェレット協会

NO1409315444

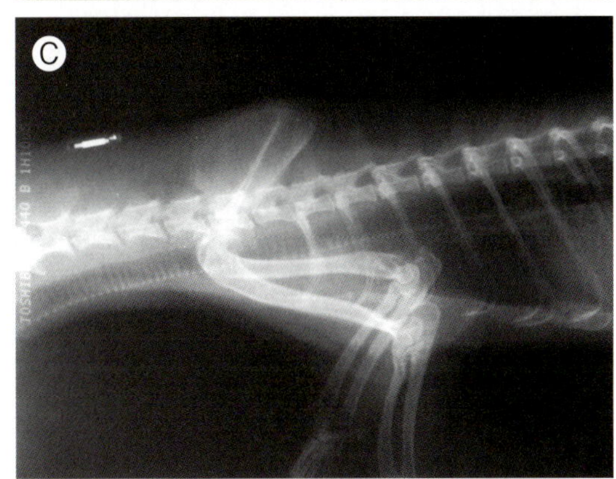

図3-2　各ファームの証明書，マイクロチップ
A：パスバレーファームの証明書　B：マーシャルファームの証明書　C：マーシャルファームの個体に入っているマイクロチップ

肛門嚢の切除を実施してから輸入されて，ペットショップなどの販売店へ引き渡している点が挙げられる[2]．また，ファームによってはマイクロチップや入れ墨などにより自社で繁殖した個体であることを示しているところもあり，多くは避妊，去勢と肛門嚢の切除や初回ワクチンの接種を実施したという証明書を添付して販売している(**図3-2**)．海外のファームはここ10年で一部変化しており，以前あったファームがなくなったり，輸入で入ってこなくなったりしているため，今後も同様のことが予想される．近年ではごく一部ではあるものの国内繁殖したフェレットも出回っている．

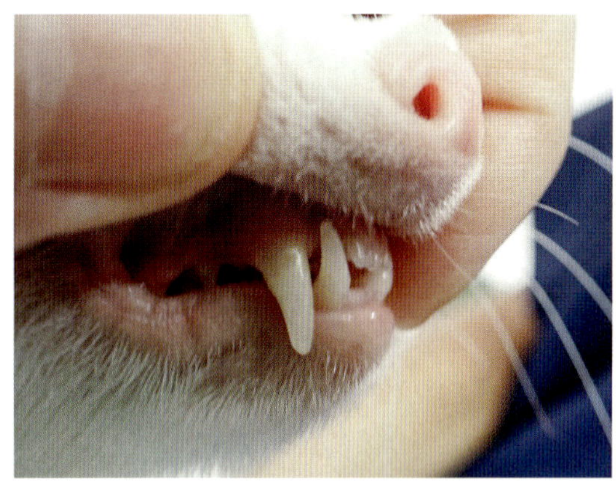

図3-3　フェレットの歯
フェレットは生後6～7週齢時以降で乳歯から永久歯に置き換わる．

フェレットは雌よりも雄の体格が大きく，ファームにより多少の体格差はあるものの体重は700 g～1.5 kg程度である．

解剖生理学的特徴

外皮

被毛は密なアンダーコートと粗く長い被毛を持ち断熱性に優れた構造をしている[1]．皮膚は厚く，特に頸部から肩にかけての背側部の皮膚や筋肉は厚い．非常に活発な皮脂腺を持ちフェレット特有の臭いは，肛門嚢腺の臭いではなく皮脂腺からの分泌物による強力な麝香臭が原因となっている．フェレットは汗腺を欠くため暑さには弱い．

消化器

歯式は2(I 3/3 C 1/1 P3/2 M1/2)の計34本である(**図3-3**)．乳歯は生後3～4週目に萌出し，永久歯は6～7週齢時に萌出し始め，約10週齢時にはすべて永久歯に置き換わる[3]．胃は単胃で小腸は比較的短くこのため食物の消化管通過時間は3～4時間程度と短い[4]．盲腸と虫垂を欠き，大腸は長さ約10 cmで結腸，直腸，肛門からなる[4]．

肝臓は比較的大きく外側左葉，内側左葉，方形葉，外側右葉，内側右葉，尾状葉の6葉からなる．胆嚢は方形葉と内側右葉間の窩部に存在する．胆嚢管は中心および左右の肝管と結合し総胆管となり十二指腸へ開口する[4]．膵臓はV字型を呈し，右葉と左葉に分かれ右葉と左葉は胃の幽門部付近で十二指腸間膜に包まれた臍体部で結合している[4].

生殖器

雌雄判別は包皮(陰茎)と外陰部の位置が異なるため容易である．日本や北米の愛玩用フェレットのほとんどすべてが生後数週間の段階でファームと呼ばれる繁殖施設で肛門嚢とともに性腺切除手術を受けているため，愛玩用フェレットのほとんどすべてが性腺はなく，雄では陰嚢もみられない．雄はJ字型の陰茎骨を有し，尿道の開口部は腹部正中の臍の近くで包皮内に開口している．雌の外陰部は肛門に近接してスリット状に存在している．

呼吸器

気管はC字型の硝子様軟骨からなり，喉頭から気管分岐部までの距離が長い．肺は，右側は前葉，中葉，後葉，副葉の4葉，左側は前葉，後葉の2葉の合計6葉からなる[5].

筋骨格

頸椎7個，胸椎15個，腰椎が5個(6〜7の場合もあり)，仙椎3個，尾椎18個である[6]．犬猫に比べて四肢が短く身体に柔軟性があり，四肢にはそれぞれ5本の指と爪を持ち，爪は猫のように引っ込めることができないため定期的に爪を切る必要がある．

繁殖生理

フェレットは前述した通り国内に輸入されてくる個体はほとんど性腺除去を実施されてくるので自宅で繁殖させることはほぼない．そのため動物病院には繁殖のトラブルで来院することは少ない．

飼養管理

飼育環境(図3-4)

海外では屋外で飼育されていることもあるが国内ではほとんどのフェレットが室内飼育されている．使用するケージはできる限り大きなものが良いと思われ，限られたスペースを有効に利用するため2階建てや3階建てのケージも利用できる．ケージ内にはトイレと寝床となるハンモックやタオルやフリースなどで潜り込める物を入れておく．陶器の皿や飲

図3-4　飼育環境
フェレットは寝床としてハンモックを入れることが多い．

水ボトルなど餌容れや水容れはひっくり返されないようなものを使用する．フェレットはケージの隅で排泄する傾向があり，ケージの隅に設置するタイプのトイレが市販されている．トイレ内には，ペットシーツや猫用のトイレ砂などを用いることができるが，稀にそれらの砂を食べてしまうフェレットもいるためその個体に適したものを使用する．フェレットは複数頭で飼育することも可能であり，通常はひどい喧嘩がみられることはなく，実際に複数のフェレットを飼育している飼い主も多い．フェレットに最適な温度は15〜21℃であり汗腺を持たないため30℃を超える場合には注意が必要である．経験上暑さには弱いものの，急激な温度変化がなければ厳密な温度や湿度の管理は必要なく，ヒトが快適な温度や湿度であればフェレットも快適であると考えている．

食餌

フェレットは完全な肉食動物であり，消化管は短く盲腸と回盲弁を持たず，腸内細菌叢も単純であり[7]，消化吸収効率が悪く炭水化物や食物繊維の消化吸収などには適していない[6,8]．炭水化物や食物繊維の少ない高脂肪で良質の動物性蛋白質を主体とした食餌が推奨されている．粗蛋白が30〜35%，脂肪分が15〜20%のものを与え，成長期の幼獣は粗蛋白35%と脂肪20%，授乳期の雌は20%の脂肪と普段の倍のカロリーが必要であると報告されている[6]．海外ではラットやマウスなどを

そのまま与えることが良いとされ餌として与えられていることもあるが，国内では様々な種類のペレット状のフェレットフードが市販されているため，マウスやラットを与える飼い主は少ない．植物性蛋白質が主体となっている食餌を与え続けた場合には成長期や妊娠期などに感染性もしくは代謝性疾患に罹患しやすくなること[8]や尿石症[9]の原因となることが報告されている．

フェレットの嗜好性は4カ月齢前に形成されると報告[6]されており，実際，新しいフードをなかなか受け入れないフェレットも多い．また，メーカーの方針によりフードの製造が中止されたり原材料が変更されたりすることもある．このため，若齢時にいくつかの異なるフードに慣らしておくとよい．フェレットでは食物の消化管通過時間が短く，代謝率も高いため，食餌の与え方はいつでも自由に食べられるようにしておく[7]．通常，このような与え方でも，適切な内容の食餌が与えられていればフェレットが肥満になることはない．

フェレットはレーズンやバナナなど甘いフルーツなどを好んで食べる傾向があり，フェレットのおやつとして市販されている．これらのおやつは本来の食性とは異なるものであるが嗜好性が高いため，与えすぎてしまいフェレットの健康を害する原因となることもある[8]．また，犬用のガムなども注意して与えないと消化管の通過障害などの原因となることもある．

診療時

来院時の注意点

また，通院時に呼吸状態の悪い個体や夏場の暑い時期にケージ内で暴れすぎて熱中症になり，診察時に流涎や呼吸困難がみられることもある．このような症例は診察台の上で腹這いになり，開口呼吸がみられることもあり，状態を落ち着かせてから身体検査へと進むべきである．一方，インスリノーマに罹患したフェレットや高齢のフェレットでは，キャリー内で暴れていないにもかかわらず，診察台の上で腹這いになって周囲への興味を示さないこともある．インスリノーマに罹患した症例がうつろな眼をして口元に泡などの流涎を疑う所見があればすでに低血糖症状が出ている可能性があるのでその場での対応が必要となる．

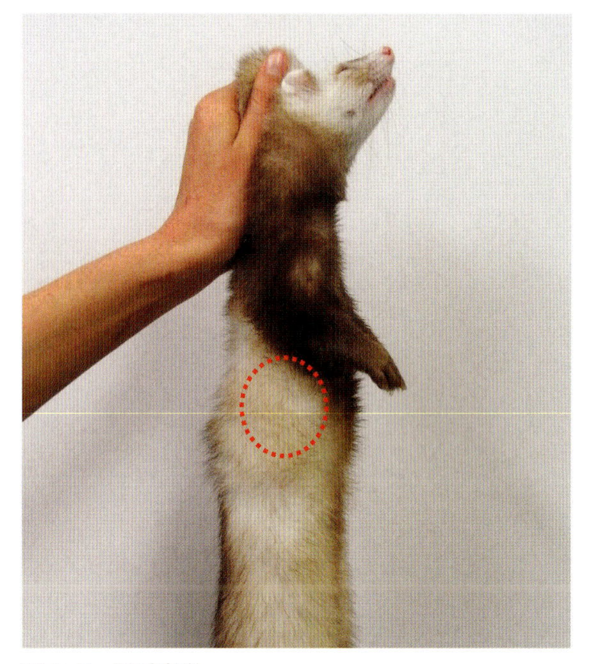

図3-5　聴診部位
フェレットの心臓(点線)は第6～8肋間に存在するため，犬猫に比べてやや尾側方向にある．

問診，視診，聴診

フェレットは肉食動物であり，ウサギやモルモットなどの草食動物に比べて周囲環境の変化にストレスを感じるよりも興味を持って探索を始める動物である．また，小鳥やウサギ，チンチラのように不適切な取り扱いがすぐに骨折や死など重篤な状態につながる可能性は低いので比較的扱いやすい．問診は犬や猫と同様に飼育環境や食餌内容など問診票をもとに簡潔に確認し，ジステンパーワクチンの最終接種日やフィラリア薬を飲んでいるか確認する．基本的な問診方法は他種と変わらない．フェレットの聴診は，心臓が犬や猫に比べてより尾側に位置しており(**図3-5**)，心拍数(200～300回/分)も早い．また，フェレットでは洞性不整脈がしばしば健常個体でも聴取できる．

体温測定を行う場合には，多くのフェレットは直腸での体温測定に対し激しく抵抗する．このため，体温測定が必要な場合には，フェレットの性格に応じて身体検査前もしくは身体検査後に体温を測定する(**図3-6**)．性格がおとなしく，痛みや不快感を伴わない身体検査に抵抗しない場合には最後に体温測定を行う方が興奮させる前に必要な検査を短時間で済ませることができる．一方，好奇心旺盛で身体検査時に興奮したり，激しく抵抗したりする場合には身体検査前に体温の測定を行う方が正確な体温を測定できる．

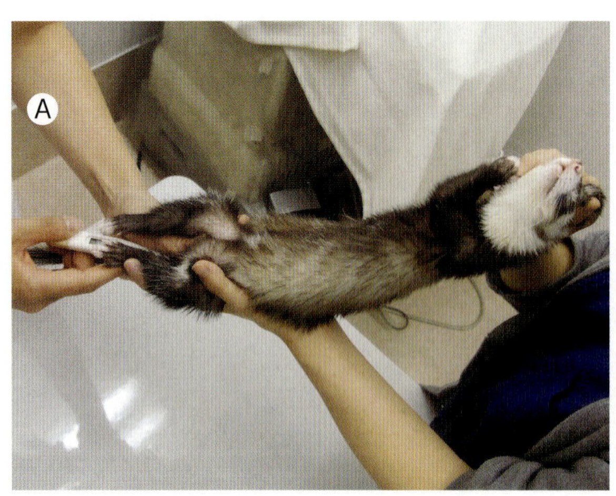

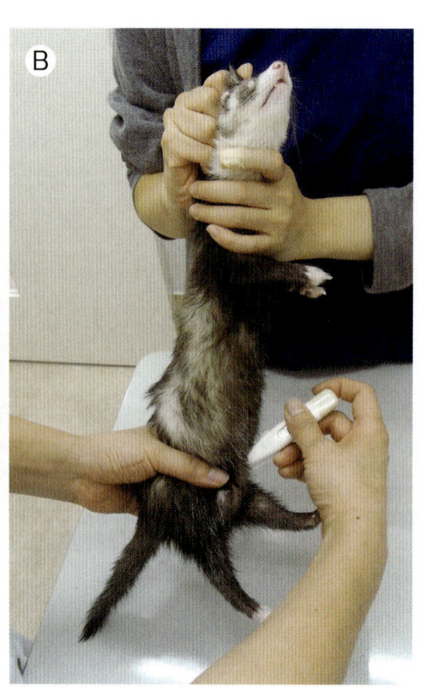

図3-6　体温測定
A：直腸からの体温測定　B：鼠径部での体温測定
直腸からの体温測定で激しく抵抗を示す症例では無理せず鼠径部で測定し，おおよその体温を把握する．

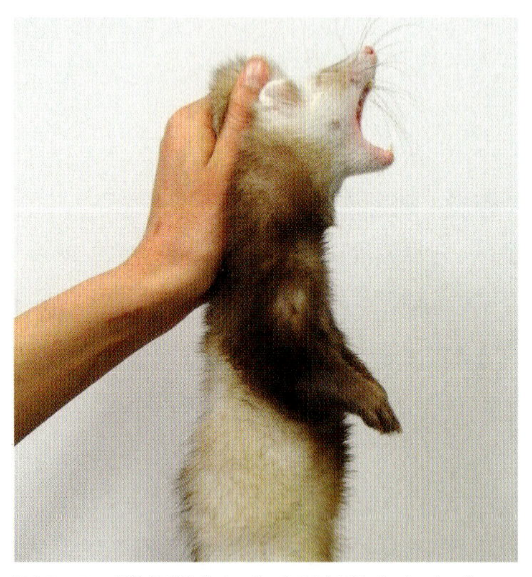

図3-7　頸部保定による反射的なあくび
頸部背側の皮膚を掴みぶら下げると反射であくびする．

保定法

フェレットの保定は比較的容易であるが，痛みを伴わない通常の身体検査時には腋窩部を片手で支えるようにしてフェレットをぶら下げるように持つと大人しく全身の触診や聴診などを行うことができる．また腹部触診など多少のストレスをかける場合には頸部の皮膚を掴みぶら下げるように保定する．多くのフェレットがこの保定法によりあくびをするため(**図3-7**)，口腔内の検査を同時に実施できる．飼い主がフェレットの保定として頸部皮膚を掴む方法を知っていることが多いが，この持ち方に抵抗を示す飼い主がいるため，この保定を行う際には一言飼い主に伝えてから行うのが望ましい．特に3～4カ月齢までの幼若なフェレットは咬み癖があることが多く，1歳以上でも飼い主以外の人には非常に攻撃的なフェレットもごく稀にいる．また犬や猫と異なりフェレットは威嚇することなく突然咬みついてくるため注意が必要である．

多くのフェレットはニュートリカル® やフェレットバイト® などチューブ状の甘いペーストを非常に好む．この性質を利用して，痛みや不快感を伴う処置を行う際にはこれらを鼻先に近づけ少量舐めさせることでフェレットの気を引くことができる(**図3-8B**)．

検査時，採血は撓側皮静脈，外側伏在静脈，頸静脈や前大静脈(胸腔内頸静脈)，腹側尾動脈などが利用できる．前大静脈採血は熟練した技術が必要となる(**図3-8A**)．採血部位は必要な血液量，フェレットの取り扱いに慣れた助手の有無，フェレットの性格などによって選択する．通常，フェレットは鎮静や麻酔をかけることなく採血できる(**図3-8**)．X線検査については基本的には頸部背側皮膚を掴み保定するが，手足を拘束したり牽引するとかえって抵抗が大きくなる可能性があるため極力手足の先は触らない方がよいことが多い．

注意すべき状態

他の動物と同様，呼吸状態の悪い症例では無理な検査は負担をかけるため酸素テントで休ませてから実施する．

また採血時，肝疾患や全身状態が悪化している症

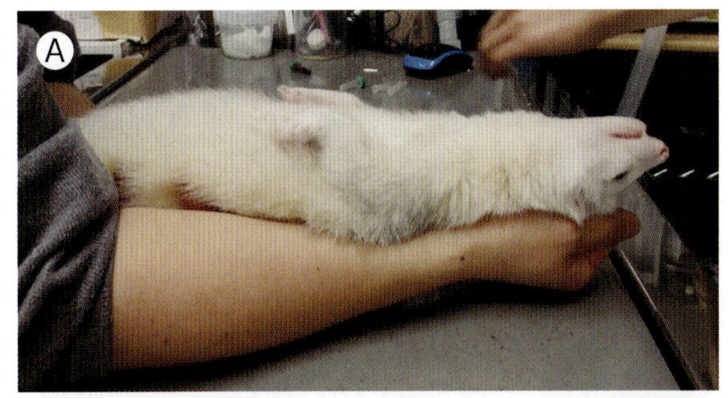

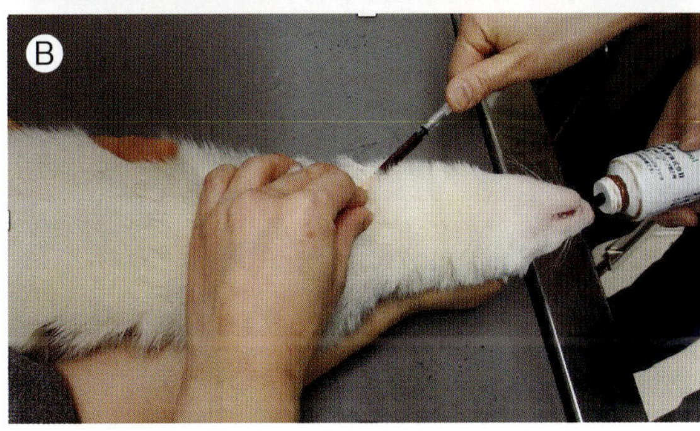

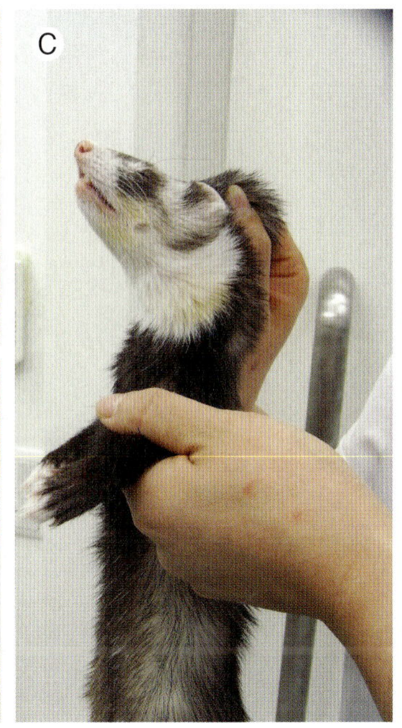

図3-8　採血時の保定
A, B：前大静脈からの採血時
C：橈側皮静脈からの採血時
(A, B)頸部背側の皮膚を掴み仰向けにする．腕に乗せるようにして腰を支え下と平行に保ち維持する．(B)採血，X線撮影などの検査や皮下点滴などの処置に対して抵抗する際にチューブペーストを舐めさせたり匂いを嗅がせることにより抵抗を減らすことができる．(C)頸部背側の皮膚を掴み宙にぶら下げる．前肢が短く駆血しづらいが，肘が抜けないように抑える．

例では止血異常がみられる可能性があるため，前大静脈からの採血はさけた方がよい．

来院時の注意点にも記載したが，インスリノーマを罹患している症例では，院内で待ち時間が長く絶食の状態が長くなると低血糖発作を起こす可能性があるため，必要に応じて院内でフードを与えるなどを検討する．

薬剤投与

フェレットは経口投与，皮下投与，筋肉内投与，静脈内投与が可能である．経口投与ではシリンジで強制的に投与することも可能だが，通常フェレットバイト®やニュートリカル®，ダックスープなど嗜好性の高いペーストもしくは液体状のものに薬剤を混ぜて与えるとストレスなく投与することができる．

輸液(補液)

輸液療法(静脈内留置)を実施する際，フェレットで静脈内留置に利用できる部位は犬猫と同様で多くの場合は前肢の橈側皮静脈を用いる．多くの場合，静脈点滴中にカテーテルを気にする個体は少なくないため，カラーの装着や点滴チューブの保護は不要である．しかし，異物摂取歴のある個体やチューブを気にする個体では必要に応じてカラーの装着を考慮する．輸液剤の選択や輸液量は犬猫と同様にフェレットの状態や臨床検査の結果に基づき決定する．

フェレットでは犬猫同様に静脈経路の確保を行えるため，骨髄内留置を行う必要はほとんどない．

輸血療法は，フェレットでは明確な血液型が確認されておらず，クロスマッチを行わなくても輸血による副反応が問題となることはほとんどないと報告[10]されており，筆者らの病院でもこれまで輸血による副反応と思われる症状はみられていない．1回で安全に採血できる量は他の動物と同様，全血液量の10%以下であるとされており通常，筆者らの病院では1.0～1.5 kgの供血用個体からクエン酸ナトリウムやACD(acid-citrate-dextrose)などの抗凝固剤を入れて5～10 mL程度の採血を行っている．

尿カテーテル

中高齢フェレットで副腎疾患による雄の前立腺腫大，尿結石による排尿困難や尿閉が時折みられ，尿カテーテルの留置が必要になることもある．フェレットの雄にはJ型をした特徴的な陰茎骨があり尿道開口部もわかりにくいため犬猫に比べ尿カテーテル留置は困難である．そのため尿カテーテル留置を行う際にはほとんどの場合鎮静や麻酔が必要となる．尿カテーテルを設置した後はペットシーツ使って排尿の管理を行う．詳細はエキゾチック臨床『Vol.2 フェレットの診療』をご参照頂きたい．一方雌フェレットで尿カテーテルの留置が必要となることはほとんどない．

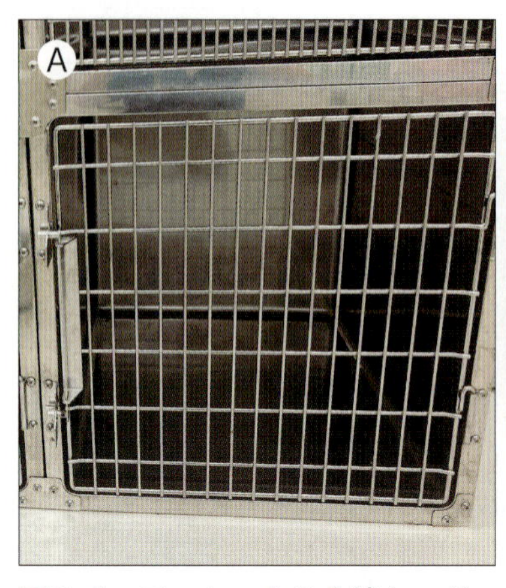

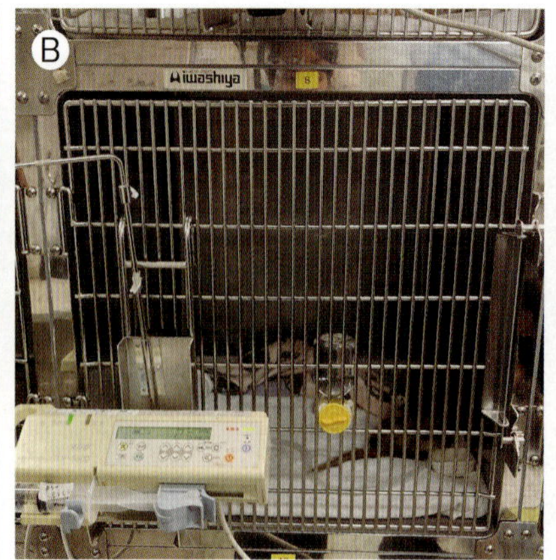

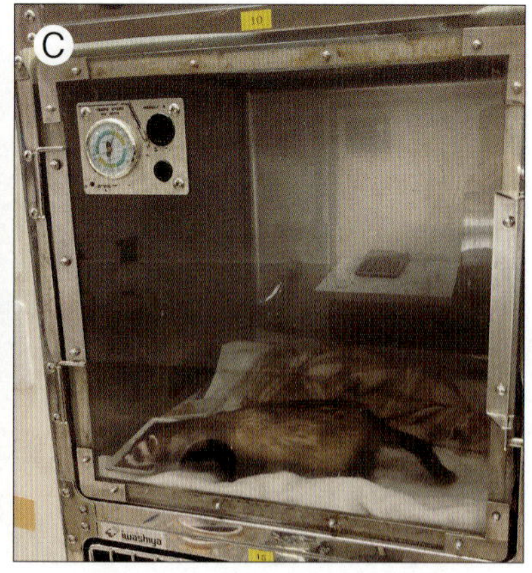

図3-9　フェレットの入院ケージ
A：通常の入院ケージ　B：バーの間隔を短くした入院ケージ　C：ネブライザー用の扉

入院管理

フェレットの入院には温度管理や衛生管理などは犬猫と同様に実施でき，一般的な犬猫用のステンレスケージを利用することができるが(**図3-9A**)，この際最も注意が必要な点は犬用のケージの前面のバーの間隔ではバーの隙間から脱走してしまう可能性がある．このため，本院ではオーダーメイドでバーの間隔を短くすることで対応しているが(**図3-9B**)，犬猫用のケージをフェレットに転用する際には逃走に十分に注意しなければならない．また，フェレット用に市販されているケージや大型のアクリル水槽などを入院ケージとして利用することも可能である．さらに，入院ケージの扉をネブライザー用の扉にすることで逃走のリスクは少なくなるが，大型水槽やネブライザー用扉での管理では温度管理が難しくなるので注意が必要である(**図3-9C**)．ウサギやモルモットなどでは犬猫の鳴き声や存在が大きなストレスとなるが，好奇心旺盛な肉食動物であるフェレットでは，ストレスへの配慮は犬猫と同様に行えば良いと考えている．

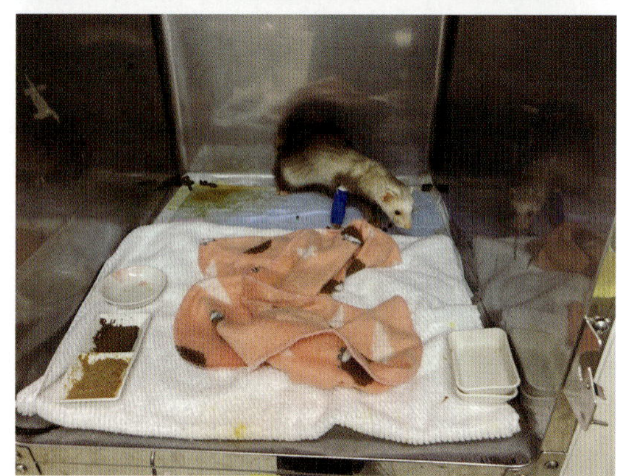

図3-10　フェレットの入院の様子
端にペットシーツを敷き，体全体が潜り込めるようにブランケットを1枚いれておく．

フェレットは比較的きれい好きな動物であり，状態が悪くても排泄場所と寝床を分けようとする傾向がある．このため，ケージの大きさは少なくとも寝床と排泄場所を確保できる広さが必要である．フェレットは排便排尿をケージの隅で行うことが多く，入院ケージの隅にトイレやペットシーツを用意することで入院管理が容易になる．また，ケージ内には潜り込めるようなタオルや布などを入れることでフェレットを落ち着かせることができる(**図3-10**)．多くのフェレットが飲水ボトルから飲水することを覚えているが，状態の悪い症例や飲水ボトルから飲水しない症例には容器内に入れた水を用意する．フェレットによっては水を入れた容器や餌入れを前足で引きずったり掻き回したりすることがあり，このような場合にはケージ内の衛生状態を保つために容器を重量のある陶器製のものにするなど状況に応じた工夫をしなければならない．

フェレットは新しい食餌を受け入れるまでに時間がかかることが多く，できれば入院時には家庭で与えていたフードを持参してもらうか，いくつかの種類のフードを病院側が用意しておく必要がある．

食欲の落ちたフェレットにはヒルズのa/d缶®や缶詰のキャットフード，ダックスープ(下記参照)などのウエットタイプやお粥状の食餌を与えることができる．これらのフードはドライタイプのものより嗜好性が高いものの，乾燥重量で比較すると同じカロリーを摂取する場合にはより多くのフードを摂取しなければならない．少量ずつ頻回に採食するフェレット，特に若齢のフェレットではエネルギー要求量を満たす十分な量を摂取できない可能性が示唆されている[8]．このため特別な理由がない限りはドライフードを使用することが推奨される．インスリノーマ(疾患の項を参照)の症例では，症例の状態に応じて3〜4時間おきの頻回給餌や強制的な給餌が必要となることもある．

note **ダックスープ**

1990年代初めころ，フェレットの飼い主が下痢などの疾病により食欲が低下したフェレットに与えるため，お粥状の食餌を考え出し，それがダックスープ(Duck Soup)と呼ばれるようになった[8](**図3-11**)．ダックスープは，フェレット用のドライフードを基本とし，ドライフードを挽いて粉状にしたものに水や液体状の栄養食(当院ではアイソカル®を使用)を加えてお粥状にし，さらにキャットフードやベビーフード，高カロリー補助食などを添加し作成する．決まったレシピがあるというよりはそれぞれの病院や家庭で準備できるもので作成する．a/d缶®，アイソカル®，小動物用ミルクなどもフェレットの嗜好性は高くそのままでもダックスープの原料としても利用できる．さらに，ニュートリカル®やFerretone®なども食餌の嗜好性を高めるために利用できる．本院のダックスープの作り方と与え方を**手技1, 2**に示す．

図3-11　ダックスープ

検査方法

糞便検査

採便方法は，自然排便時以外に保定時に抵抗し糞便を撒き散らすこともある．特に直腸温を測定するために体温計を直腸内に挿入すると抵抗しながら排便することが多い．検査項目は直接検査と浮遊検査を実施しており，必要に応じて塗抹検査を実施している．フェレットでは様々な程度の下痢や軟便などがしばしばみられ，原因としてはいくつかの疾患が知られている．糞便の状態から推測される疾患も報告されているが，糞便検査のみでは原因を特定できないことも多い．フェレットコロナウイルス感染症や抗酸菌症は外注検査として民間の検査会社で糞便から検査が可能である．

尿検査

フェレットの尿検査は犬猫と同様に実施できる．採尿方法は自然排尿や圧迫排尿，膀胱穿刺など犬猫と同様の方法で実施できる．一方，犬猫に比べるとカテーテルの挿入は大抵麻酔が必要となるため，カテーテルを介した採尿は外来で実施することは少ない．フェレットは排尿排便をケージや室内の隅で行うため，排尿させたい個所以外の隅に物を置き残った隅に裏返したペットシーツを置くなどすれば容易に採尿できる．正常なフェレットの尿は犬猫と同様であり，黄色みがかっているが透明で浮遊物や沈殿物はみられない[11]．完全な肉食動物であるフェレットの尿pHは酸性である．

血液検査

健康なフェレットの全血液量は，体重750 gの雌で約40 mL，体重1 kgの雄で約60 mLとされ，健常なフェレットでは，総血液量の10%まで安全に採血することができる．激しく抵抗する個体の場合は鎮静や麻酔が必要となることもある．測定結果の解釈は

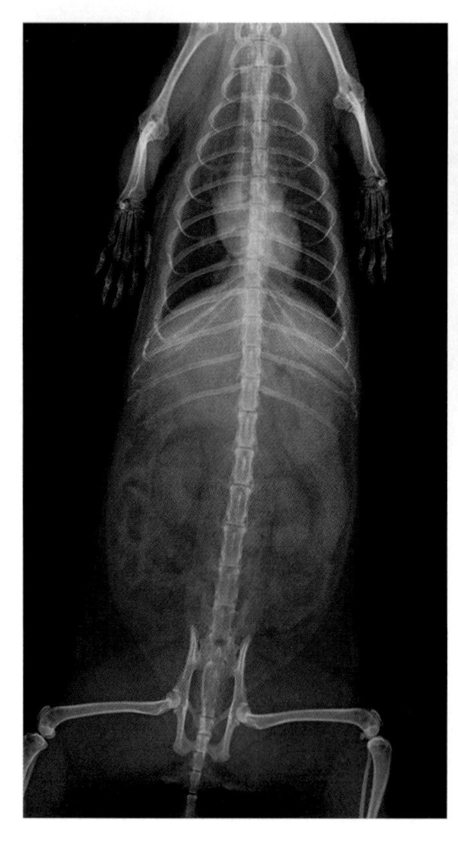

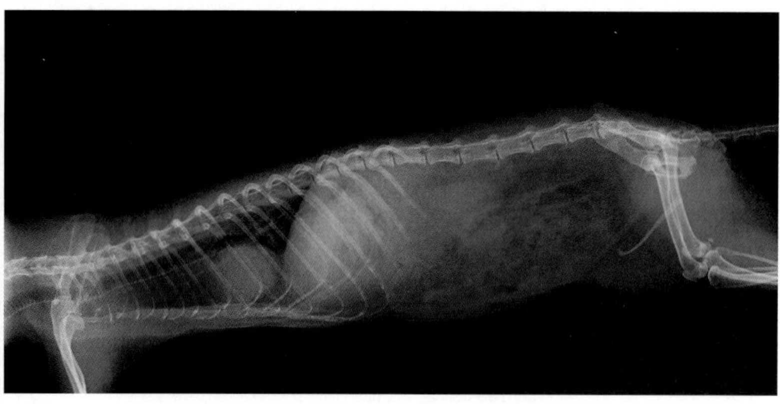

図3-12　正常なフェレット(オス)のX線検査所見
フェレットの胸腔は犬や猫に比べて全身に対しての比率が大きくなている．また，腹腔も頭尾側方向へ長い．

基本的に犬や猫と同様であるが，いくつかの点でフェレットに特徴的な点があり注意が必要である．全血球算定(CBC)においてフェレットのPCVは犬に比べて高く通常40～55%程度であり，報告[12]によっては61%まで正常としているものもある．また，フェレットの総白血球数は犬に比べて低く，通常は3,000～8,000/μL程度である．フェレットの白血球は犬猫と同様に好中球，好酸球，好塩基球などの顆粒球とリンパ球，単球などの単核球から構成されている．

血液生化学検査

フェレットの生化学検査の参照値は報告されており，測定結果は後述するいくつかの点を除き犬や猫と同様に解釈することができる．フェレットの腎機能評価は基本的に犬猫と同様に実施できるが，Creの評価は異なる点がある．Creの正常値は0.5 mg/dL以下であると報告されているが，多くの場合，0.2～0.3 mg/dL程度であり，BUNの上昇がみられてもCre値は上昇しにくいとされている[13]．慢性腎疾患では血清リン値の上昇が認められるため，血清リン値の測定も腎疾患の評価には有効である．肝酵素値の評価も犬猫と同様であるが，フェレットではALT(～289U/L)やAST(～248U/L)の正常範囲が広く比較的高値でも参照値範囲内[12]とされている点に注意が必要である．フェレットでもステロイド剤の長期間の投与によりALPを中心とした肝酵素値の上昇がみられる．

画像検査

X線検査(図3-12)

最低2方向から撮影し，骨格から軟部組織もしくは周辺から中心，中心から周辺へと一定の規則に沿って異常な所見がないか確認していく．フェレットの胸腔は犬や猫に比べ体の大きさに対する胸腔の占める比率が高いことが特徴である．大きな胸腔は頭尾側方向に長く伸び，犬猫に比べ心臓もより尾側に位置(第六から第八肋骨間)している． 腹腔内の脂肪は腰椎下部に蓄積しやすく肥満したフェレットでは同部の脂肪のため，腹腔内臓器が下部へ変位していることもある．

造影X線検査

犬猫同様造影X線検査を実施できる．消化管造影は，陽性造影剤として硫酸バリウム(30～60% w/v)もしくはヨウ素系造影剤のイオヘキソールなどを用いて経口投与する．投与時の注意点も犬猫と同様であるが，フェレットでは特に誤嚥させないような注意が必要であり，少量ずつ確実に嚥下しているのを確認しながら投与する．また陰性造影や陽性および陰性造影を組み合わせた二重造影を行うこともできる．排泄性尿路造影，逆行性膀胱造影や脊髄造影も犬猫と同様の方法で実施でき，実施方法やその正常所見も報告[14]されている．

超音波検査

超音波検査の基本は犬猫と同様である．フェレットの超音波検査は通常，無麻酔で実施できるが検査時に激しく抵抗する場合には採血時と同様にフェレット用のチューブペーストなどで気を引くこともできる．

心臓超音波検査

先天性心疾患，犬糸状虫症，心筋症，弁疾患などの心疾患がフェレットでは報告[15]されている．心臓の超音波検査を行う際には通常，鎮静や麻酔は必要ないが，詳細な検査や長時間の検査を行う際には麻酔や鎮静剤の使用を考慮する．

腹部超音波検査

犬や猫と同様に腹部全体をスクリーニング検査する際には臓器自体の形態や隣接した臓器とのデンシティーの違いなどの評価を行う．フェレットでは副腎疾患を疑う症例が多いため，副腎の評価を実施することが多い．フェレットの副腎は左右腎臓の頭側部に位置し，右側の副腎は後大静脈に接している．副腎の超音波検査はこれらの器官を目印にして腹側もしくは背側からプローブをあてて実施する．

予防医学

フェレットはエキゾチック動物の中でも犬や猫と同様に予防医学が確立されている動物である．現在，我が国でフェレットに推奨されている予防としては犬ジステンパーとフィラリア症の2つが挙げられ，アメリカでは狂犬病の予防接種も推奨されている．

犬ジステンパー

フェレットに感染するジステンパーウイルスは犬に感染するものと同種のウイルスであり，呼吸器，皮膚，消化器や中枢神経系に症状がみられる急性の感染性疾患である[16]．一度感染すると致死率はフェレットの場合ほぼ100％であり，他のフェレットや犬への感染源となるためワクチン接種による予防が重要である．ワクチンは6～8週齢時に初回を接種し，その後は3～4週間間隔で接種し，最終接種日を14週齢以上にすることが推奨されている[3,17]．その後は毎年1回のワクチン接種を行う．成獣でこれまでワクチン接種をしていなかった個体や接種履歴が不明な個体には3週間間隔で2回の接種を行い，その後は毎年1回の接種を行うことが推奨されている[17]．

一般的に国内でフェレット用に認可されたジステンパーワクチンがないため，個々の獣医師の判断により飼い主にインフォームドコンセントを行った上で，犬用のワクチンを効能外(認可外)使用し接種しているのが現実である．犬用ワクチンをフェレットに使用する際には培養に犬もしくはフェレットの細胞を使用していないもので，混合されている他のワクチンが少ないものを選択すべきである．特に，培養に犬の細胞を利用したワクチンではワクチン接種によりジステンパーが発症することが報告[16]されており，フェレットに使用してはならない．ワクチン接種によりみられる副反応として，顔面の腫脹，粘膜面の発赤や嘔吐，下痢，毛の立毛などが報告[18]されており，経験的にもワクチン接種による副反応を複数例確認しているため，飼い主へインフォームしておくことが必要である．また，フェレットでもワクチン関連性肉腫の発生が報告[19]されている．

ワクチン接種による副反応がみられた場合には，抗ヒスタミン薬やステロイド剤などを投与し，必要な対症療法を実施する[12]．一度，副反応がみられた症例では次年度からのワクチン接種を行うかどうか飼い主と相談し，接種する場合には接種の15分以上前にジフェンヒドラミンを投与する[12]か，接種するワクチンの種類を変えることを考慮する．

当院では，ワクチン接種後30分は待合室にて異常がみられないかどうか観察してもらい，異常がみられなければ翌日まではできるだけ興奮させたりしないようにして，何か異常がみられればすぐに連絡するように指導している．

フィラリア症

フェレットのフィラリア症は稀な疾患であるが，実験的もしくは自然発生的な感染例が報告されており，我が国でもその発生が確認されている[20～22]．フェレットのフィラリア症は犬と同様犬糸状虫

(*Dirofilaria immitis*)が原因となり，その生活史も犬でみられるものと同様である[23]．しかし，犬で本症の診断に用いられている各種成虫抗原検出キットや末梢血中のミクロフィラリアの検出などは，フェレットでは感受性が低くその有用性は限られている[23]．また犬に比べ体格が小柄なフェレットでは少数寄生でも重篤な状態に陥りやすく，治療も困難であるため予防が重要である．

予防はフィラリア症のみられる地域では12～16週齢時から始めるべきであり，6カ月齢以上でこれまで予防を行っていなかったフェレットは，予防を開始する前に抗原検査を行うこともある．ただし上記の通り，検査の有用性は限られている．予防薬は，ミルベマイシン，カルドメックチュアブル，モキシデック錠などが主に利用されている[24]．

狂犬病

アメリカではフェレットに対する狂犬病の予防接種が推奨されており，州によっては義務化されている[12]．しかし国内では狂犬病ワクチンは義務化されていない．国内への輸入時に義務化されている初回の接種以降は継続的に接種することは稀である．

飼い主へのインフォーム，指導

フェレットはフィラリア症やジステンパー感染症など予防医学が確立している疾患があり，飼い主の意識も高いことが多い．このため，飼い主が定期的に動物病院へ来院する率が高くなることからよくみられる病気についてやその臨床症状などをインフォームし定期健診の重要性を理解してもらうとよい．当院では3歳までは年に1～2回の健診を4歳以上には年に2回程度の血液検査とX線検査を含んだ健診を推奨している．

フェレットの飼い主は多頭飼育していることが多い．多頭飼育時の注意点は，新しいフェレットを導入する際，以前からいた個体で下痢や食欲不振がみられることがあるため(「お迎え症候群」と呼ばれることが多い)注意が必要である．また多頭飼育では，それぞれの個体の採食量や排便，排尿の状態を確認しにくいという点にも注意が必要である．さらに，高齢のフェレットや疾患に罹患したフェレットは1日のうちのほとんどを寝て過ごす．一方，若齢のフェレットは非常に活発で遊び好きのため，年齢の離れたフェレットを同居させる場合にはどちらかのストレスになっていないかを十分に観察する必要がある．

主な疾患

フェレットの疾病に関する特徴として特定の腫瘍の発生率が非常に高いことが挙げられる．それらはインスリノーマ，副腎腫瘍，リンパ腫であるが，一時期に比べるとフェレットのリンパ腫の発生はそれ以外の2つの疾患に比べると減っている．一方で，コロナウイルス感染症や播種性特発性筋膜炎など新しい疾患が報告され，いまだ原因や治療方法が明確になっていない疾患もある．フェレットの疾患の詳細については既刊本『Vol.5 フェレットの腫瘍性疾患，Vol.8 フェレットの三大腫瘍，Vol.11 フェレットの疾病と治療』に記載しているのでそちらを参照して頂きたい．

インスリノーマ

インスリノーマは腫瘍化した膵臓の膵島細胞から過剰なインスリンが分泌され，低血糖を引き起こす腫瘍性疾患である．インスリノーマはフェレットの腫瘍性疾患の中で最も発生率が高く，臨床現場でもよく遭遇する疾患である．流涎，悪心のため前肢で口を掻く，口をくちゃくちゃさせる，錯乱，痙攣，うつろな眼，後肢ふらつき，運動失調，虚脱など多様な臨床症状を呈する(**図3-13**)．また，高齢になるとフェレットは睡眠時熟睡し，活動性が低下し睡眠時間が長くなる傾向がある．低血糖による活動性の低下や昏睡をこのような生理的変化と勘違いしている飼い主もいるため注意が必要である．

重度の低血糖に陥ったフェレットでは全身性の痙攣発作がみられることがある．さらに低血糖発作時には奇声を上げたり，呼吸促迫がみられることもある．治療は食餌管理，投薬による内科的治療，外科的治療に大別され，これらの治療法を単独もしくは組み合わせて行う．

飼い主へのインフォーム

食餌管理は最も重要であり，インスリノーマと診断(もしくは仮診断)した時点から開始し，内科的治療や外科的治療を選択した際にもこれらの治療と同時に食餌管理を実施する．インスリノーマに罹患したフェレットの食餌は良質な動物性蛋白質と脂肪を

図3-13　インスリノーマの臨床症状
(A)眼の焦点が合わず流涎がみられる．(B)虚脱し四肢の力が入らない状態

多く含む食餌を中心に与える．良質のフェレットフードやキャットフードなどを利用し，罹患したフェレットがこれらの食餌を，1日を通して定期的にしっかりと食べていることを飼い主に確認してもらう．特に高齢のフェレットや低血糖で意識レベルの低下したフェレットでは睡眠時間が長く，食餌を取っていない時間が長くなることがある．もし，罹患フェレットが数時間以上，寝たままで食餌を取っていない場合には4～6時間おきに飼い主が給餌をするように指示する．罹患フェレットに給餌をする際にドライフードをふやかしたりすることで嗜好性を高めることができることがある．一方で，ふやかしたフードを嫌う個体もいることから症例の嗜好性を把握し，定期的にしっかりと食べさせることが重要である．

食餌を与える際には精製糖を多く含む犬や猫の半生タイプの食餌は避ける．さらにインスリノーマに罹患したフェレットは，長期的なプレドニゾロンの投与や頻回の給餌により，肥満傾向になっていくことが多い．肥満は心臓や様々な臓器に負担がかかるため，食餌を与える際には1日分のトータル量を考慮し何回かに分けて給餌した方が良いと思われる．

また，おやつについてフェレットにピーナッツバター，コーンシロップ，フェレットバイトなどの糖類を多く含むおやつを与えている飼い主が多い．インスリノーマは低血糖状態であり血糖値を上げるため糖類を与えようとする飼い主もいる．しかし，糖類を摂取することで血糖値が急激に上昇し，リバウンドによるインスリンの放出が促進され急激な低血糖を引き起こす可能性がある．このため，インスリノーマに罹患したフェレットにこれらのおやつ類を与えることはできる限り避けるように飼い主に指導しなければならない．

入院管理と看護

インスリノーマが進行し低血糖による発作を起こした場合には緊急対応が必要となる．来院時には，まず採血したあと静脈カテーテルを設置する．静脈内へ糖を注入し血糖値を上げるのと同時に抗けいれん薬を投与して発作のコントロールをする．中には重積発作を起こし入院管理が必要になる症例がいる．発作のコントロールと同時に食餌が取れるようになったら頻回給餌を行う必要がある．嗜好性が高く食べやすい流動食を中心に与えながらドライペレットなども自食で食べられるようにしていく．重積発作を起こした後のフェレットは自力で起立することが困難で自分で身体を支えられないこともあるので，入院中は流動食を鼻先から詰まらせないように身体を保持して給餌する．

副腎疾患

フェレットでは副腎疾患の発生率が非常に高く，左右対称性の脱毛や雌の外陰部腫大，雄の前立腺腫大など本疾患に特徴的な臨床症状(**図3-14**)を主訴に来院するフェレットは多い．フェレットの副腎疾患の病態は犬と異なり，コルチゾールではなく数種類の性ホルモンが上昇して様々な臨床症状が発現する．北米や日本での発生率は高い一方で，ヨーロッパではフェレットの副腎疾患やインスリノーマを含む内分泌系腫瘍の発生率が北米ほど高くないことが報告[25]され，地域による発生率の差が示唆されている．またフェレットで本疾患の発生率が非常に高い

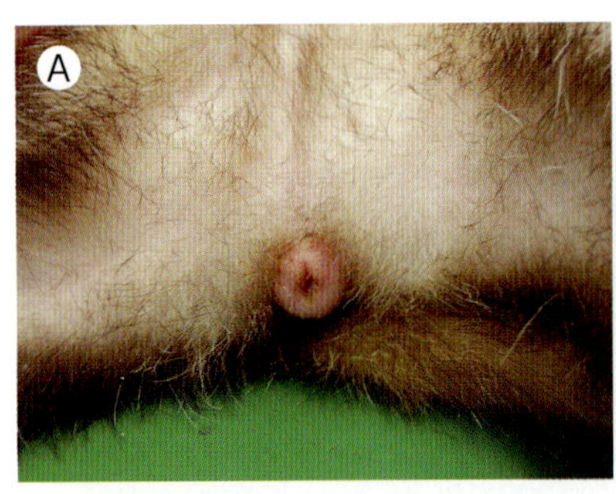

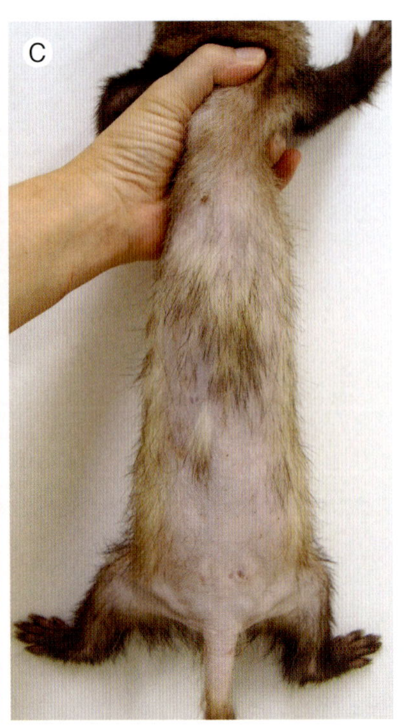

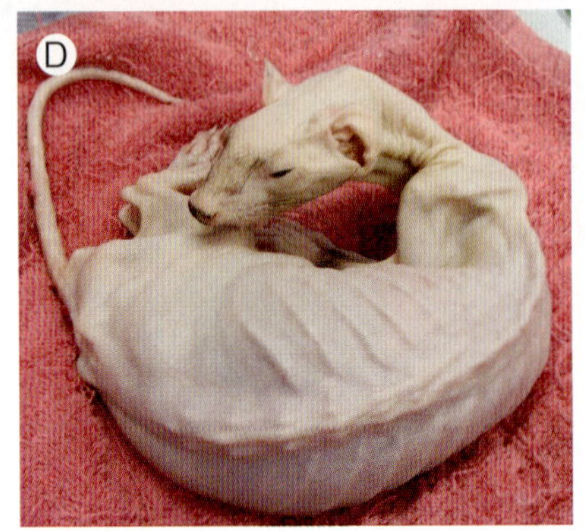

図3-14　フェレットの副腎疾患の臨床症状
A：避妊雌の外陰部の腫大
B：排尿困難(雄)
C：左右対称性の脱毛，瘙痒
D：進行した全身性脱毛

ことの原因はいまだ明確にされていない．

診断は超音波検査で罹患した副腎が腫大していることを確認する．しかし腫大していなくても副腎疾患を除外できるわけではない．その他には性ホルモン値(エストラジオール，17α-ヒドロキシプロゲステロン，アンドロステネジオン，硫酸デヒドロエピアンドロステネジオン(DHEAS))の測定を実施することがあるが，偽陰性(副腎疾患なのにホルモン値が正常値であること)となることもある．典型的な臨床症状に加えて超音波検査所見を基に仮診断した上で試験開腹を実施する．そして切除した副腎を病理学的に診断することで確定診断する．

副腎疾患の治療は主に臨床症状を抑えることを目的に行う内科的治療と根治的な治療を目的に罹患副腎を摘出する外科的治療に分けられる．内科的な治療として主にGnRHアナログ製剤(酢酸リュープロレリン)が用いられている．本剤は投与後一過性に性腺刺激作用がみられるものの，その後は，フィードバック作用によりLH-RHの働きを抑制することで性ホルモンの分泌を低下させる薬剤であり，ヒトでは主に前立腺癌，子宮内膜症，子宮筋腫の治療に用いられている[26]．その他には皮下に埋め込み式のGnRHアナログ製剤(酢酸デスロレリン)があるが国内では入手できない．またフェレットの副腎疾患治療薬としてメラトニンを用いた研究がいくつか報告されており，持続放出型インプラントや経口薬として投与したところ臨床症状が軽減された例が確認されている[27~29]．

飼い主へのインフォーム

副腎疾患の治療には，現時点では根治的な治療が可能である外科的治療が第一選択肢として推奨されている．一方，内科的治療はいくつかの薬剤が試みられているが，その効果や予後および副作用，病理学的診断と予後との関係についての詳細な報告は限られている．現在用いられている内科的治療は過剰に分泌されるホルモンやその働きを抑制し臨床症状を抑えるもので罹患副腎に対する直接的な効果は期待でない．そのため，あくまで対症療法であることを飼い主にしっかりインフォームする必要がある．本疾患は癌であっても他臓器への転移は稀で外科的治療により罹患副腎を摘出することで根治的な治療が可能である．一方で，右側副腎は後大静脈に密接しており手術時のリスクが高く，内科療法の方が予後は良好であることが確認されている[30]こと，雄の排尿障害や強い瘙痒以外は外観上の問題が主な臨床症状であることなどを考慮し，症例の年齢や全身状態，併発疾患などを慎重に評価したうえで治療方針を決めることが重要である．

入院管理と看護

副腎疾患で入院が必要となるほとんどの例は，外科的治療で開腹した症例と副腎疾患に関連した雄の前立腺肥大による尿路閉塞がみられる症例である．尿路閉塞が続くと半日以内には急性腎不全となることから緊急の対応が必要となる．尿路閉塞で来院した症例は早急に尿カテーテルを設置し，血液検査で腎臓障害の程度を確認した上で静脈点滴による腎不全の治療を実施する．尿カテーテルを設置すると自宅での管理が困難となるため入院での排尿の管理を行うことが多い．

参考文献

1. Powers L.V., Brown S.A. (2012): Basic Anatomy, Physiology, and Husbandary. In: Ferrets, Rabbits, and Rodents: Clinical Medicine and Surgery, 3rd ed. (Quesenberry K.E. and Carpenter J.W. eds.), 1-12, W.B. Saunders
2. Lewington J.H. Classification, history and current status of ferrets. In. Ferret Husbandry, Medicine and Surgery. 2nd ed. 3-14
3. Lewington J.H. (2007): External features and anatomy profile. In. Ferret Husbandry, Medicine and Surgery; 15-3
4. Powers L., V. Brown S.A. (2012): Basic Anatomy, Physiology, and Husbandary. In：Ferrets, Rabbits, and Rodents: Clinical Medicine and Surgery, 3rd ed.(Quesenberry K.E., Carpenter J.W. eds.), 1-12, W.B. Saunders
5. Lewington J. (2005): Fereet. In. Clinical Anatomy and Physiology of Exotic Species. 237-261. (O'Malley B. ed.) ELSEVIER SAUNDERS
6. Brown S.A. (2003): Basic Anatomy, Physiology, and Husbandry. In Quesenberry K.E., Carpenter JW(eds): Ferret, Rabbits, and Rodents: Clinical Medicine and Surgery 2ed., 2-12, W.B. Saunders
7. Kiefer K.M., Johnson D. (2005): Ferret Pet Care. In. The Exotic Guidebook. Exotic companion animal procedures, Zoological Education Network
8. 鈴木哲也，渡辺晋，松井由紀 訳(2003)：フェレットの栄養学 In: The Veterinary Cinics of North America エキゾチックアニマル臨床シリーズ Vol. 2 飼養と栄養，111-134，インターズー
9. 内藤晴道(2008)：フェレットの尿石症 Veterinary Medicine Exotic Companions; (6) 18-24
10. Manning D.D., Bell J.A. (1990): Lack of detectable blood groups in domestic ferrets: implications for transfusion. J Am Vet Med Assoc; 197:84-86
11. 田川雅代 訳(2003)：フェレットの臨床病理学および試料採取．In エキゾチックアニマル臨床シリーズ Vol.4 臨床病理学と試料採取；16-25. インターズー
12. Quesenberry K.E., Orcutt C. Basic Approach to Veterinary Care. In Quesenberry K.E., Carpenter JW (eds): Ferret, Rabbits, and Rodents: Clinical Medicine and Surgery 2ed., 13-24, W.B. Saunders
13. Hoefer H.L. (2000): Rabbit and Ferret Renal Disease Diagnosis. In Fudge, A.M.(eds): Laboratory Medicine Avian and Exotic Pets; 311-318
14. Silverman.s. and Tell L.A(2006) 訳：三輪恭嗣. げっ歯類・ウサギ・フェレットのX線アトラス解剖図とポジショニング. 学窓社
15. Morrisey J.K., Kraus M. (2012): Cardiovascular and Other Diseases. In Quesenberry K.E., Carpenter J.W. (eds): Ferret, Rabbits, and Rodents: Clinical Medicine and Surgery 3rd. W.B. Saunders; 62-77
16. 斉藤久美子，三輪恭嗣監 訳(2007)：小動物臨床のための5分間コンサルト ウサギとフェレットの診断・治療ガイド，313-314，インターズー
17. The American ferret association Inc.HP：http://www.ferret.org/
18. 戸崎和成，戸崎啓子，倉本悦子(2008)：フェレットの犬ジステンパーワクチン接種後の抗体調査．Veterinary Medicine in Exotic Companions; 6:17-21
19. Murray J. (1998): Vaccine injection — site sarcoma in a ferret. J Am Vet Med Assoc: 213; 955(letter)
20. Sasai H., Kato K., Sasaki T. et al. (2000): Echocardiographic diagnosis of dirofilariasis in a ferret. J Small Anim Pract; 41: 172-174
21. 内藤晴道(2008)：フェレットの フィラリア症の2例．Veterinary Medicine in Exotic Companions.; 6: 26-29
22. 古橋秀成(2008)：外科的に犬糸状虫を摘出したフェレットの一例．Veterinary Medicine in Exotic Companions; 8 6: 30-35
23. 三輪恭嗣(2008)：フェレットのフィラリア症予防(総論)，Veterinary Medicine in Exotic Companions; 6:22-25
24. 岡哲郎(2008)：フェレットのジステンパーワクチンと寄生虫予防・治療薬の現状，Veterinary Medicine in Exotic Companions; 6: 48-51
25. Rosenthal K.L., Wyre N.R. (2012): Endocrine Diseases. In Quesenberry K.E., Carpenter J.W. (eds): Ferret, Rabbits, and Rodents: Clinical Medicine and Surgery 3rd. Philadelphia, W.B. Saunders; 86-102
26. Plosker G.L., Brogden R.N., (1994): Leuproreline. A review of its pharmacology and therapeutic use in prostatic cancer, endometriosis, and other sex hormone related disorders. Drug;48: 930-967
27. Ramer J.C., Benson K.G., Morrisey J.K., et al. (2006): Paul-Murphy J. Effects of melatonin administration on the clinical course of adrenocortical disease in domestic ferrets. J Am Vet Med Assoc;229: 1743-1748
28. Murray J. (2005): Melatonin implants: an option for use in the treatment of adrenal disease in ferrets. Exot Mammal Med Surg;3: 1-6.
29. Johnson-Delaney C.A. (2005): Melatonin study with four intact adult male ferrets and two female ferrets with adrenal disease. Exot Mammal Med Surg 2005;3: 7-9
30. 三輪恭嗣，佐々木伸雄(2011)：フェレットの副腎疾患に関する外科手術及び酢酸リュープロレリン投与の効果．日本中医師会雑誌．2011. 64(7). 554-558

◉手技1　ダックスープの作り方

材料

Ⓐアイソカルプラス®1本(200 mL)
Ⓑふやかしたフェレット用ドライフード100 g
　(ドライの状態で50 gくらい/複数を混ぜても可)
○水 200 mL(ふやかすための水とは別に準備)

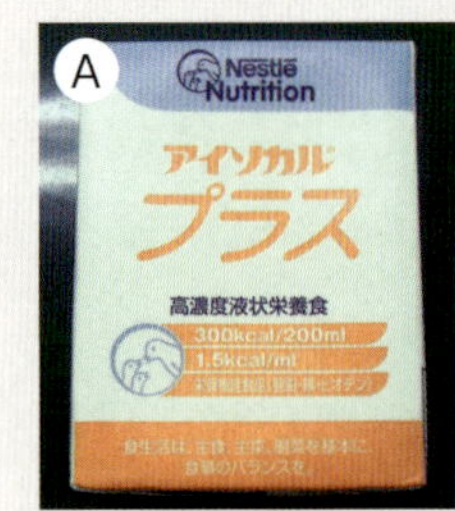

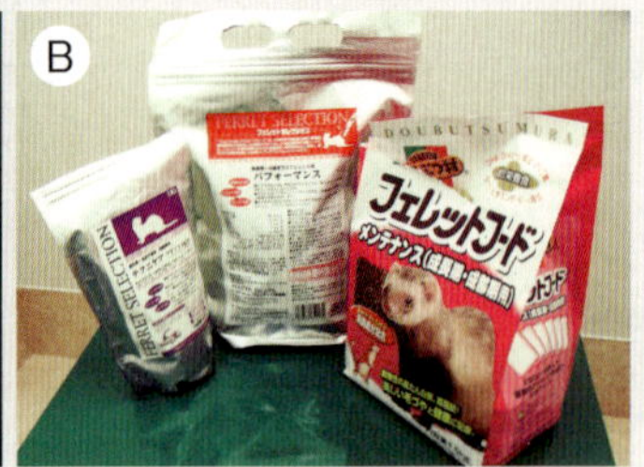

器具

Ⓐミルサーまたはミキサー(なければスリ鉢とスリコギでも可)
Ⓑ製氷器
Ⓒ計量カップ
Ⓓキッチン用量り

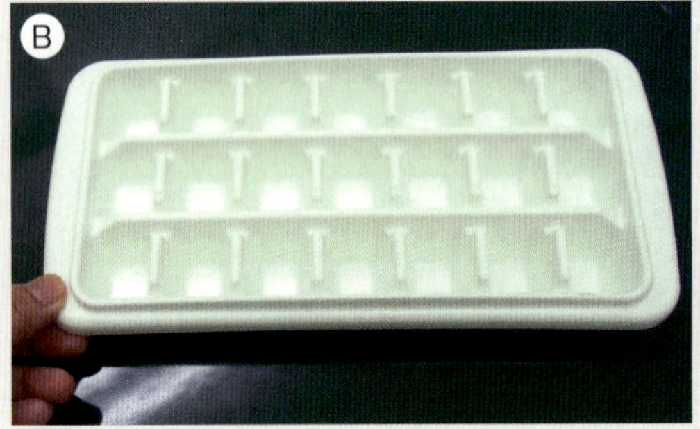

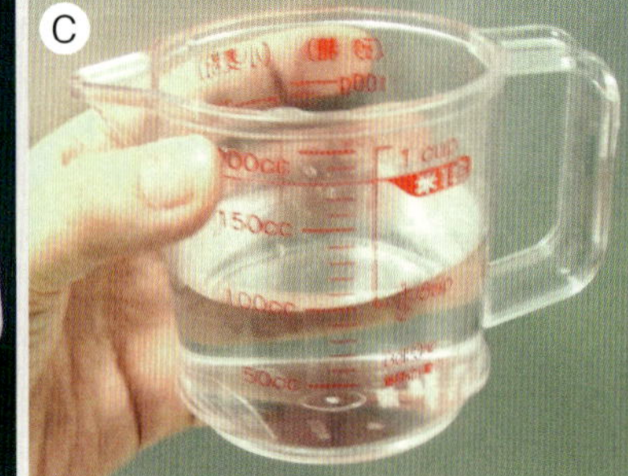

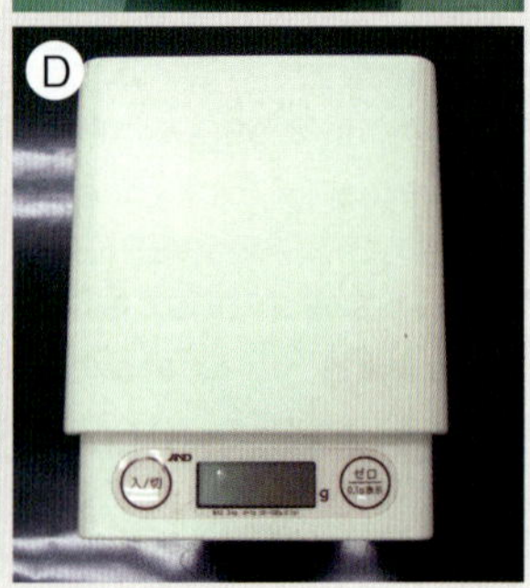

作り方

①ドライフードを乾いたままミルサーまたはミキサーで，できるだけ細かく砕く．かたまりを嫌がることが多いため，この段階でできるだけ細かく砕いておくことがポイント．ミキサーがない場合には，お湯でふやかしてから，スリコギなどですりつぶしてもよい．

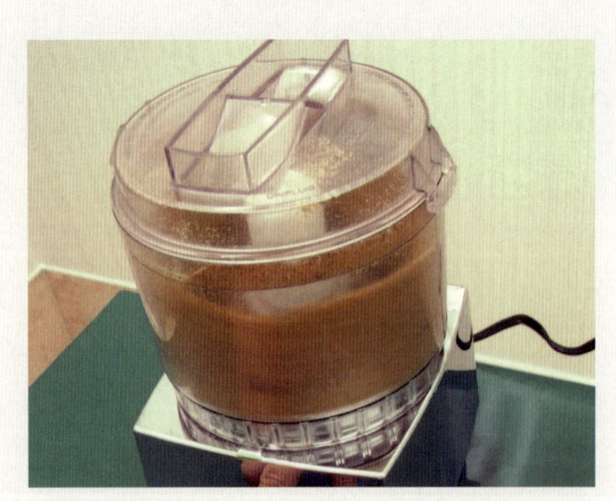

②乾いた状態で砕いた場合は，お団子が作れるくらいのかたさまで，水またはお湯でふやかす．

③ふやかしたフードを100 g量る（注意：乾燥重量で100 gではない）.

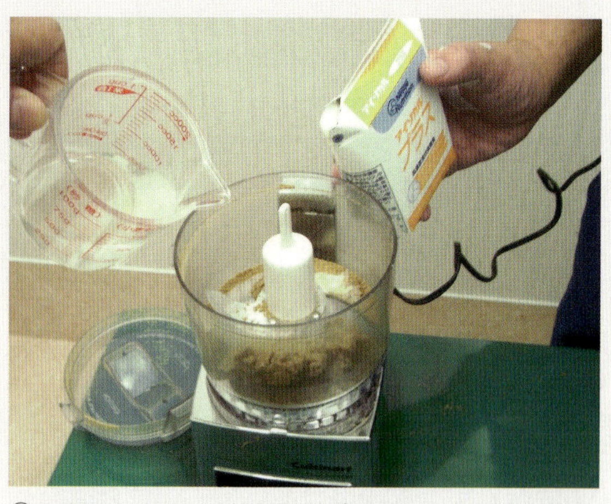

④ふやかしたフード100 g，水200 mL，アイソカルプラス®1パックをすべてミキサーに入れて混ぜ合わせる.

⑤この分量で，約500 mLのダックスープができる.

⑥できあがったダックスープは，冷凍で3～4週間は保存可能．一食分，約20 mLずつ製氷器に流し込んで冷凍しておくと使用時に便利である．アイソカルプラス®は開封すると日持ちがしないため，作成したダックスープはできるだけ早く冷凍保存する.

◎手技2　ダックスープの与え方

①冷凍していたダックスープを製氷器から取り出し容器に入れる.

②電子レンジで約30秒解凍する.

③人肌くらいの温かさに温めて与える．熱すぎないように注意が必要である.

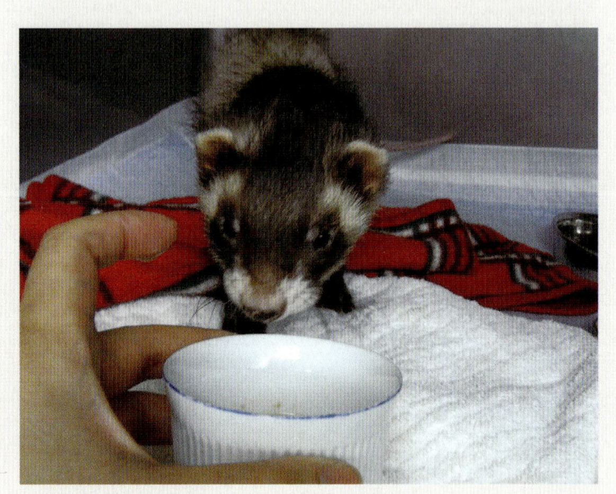

④そのまま口先までもっていき与える.

⑤食べない場合にはスプーンで口元までもっていくか指につけて舐めさせる，もしくはシリンジを用いて少量口の中に流し込むことで食べ始めることもある.

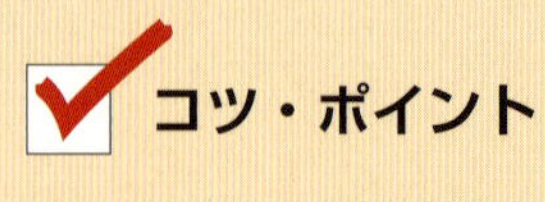

コツ・ポイント

かたまりを嫌がるフェレットが多いので，最初にミキサーでできる限り細かく砕いておくことがポイントである.

ハリネズミ

生物学的分類と特徴

ハリネズミは以前，モグラなどとともに食虫目に分類されていたが，分類が見直され現在ではハリネズミ目に分類されている．ハリネズミはいくつかの種に分かれ，アフリカ，ヨーロッパ，ユーラシア大陸に生息している．本来，日本には生息していないが，後述するように国内の一部の地域では帰化したハリネズミが外来動物として問題となっている．過去には日本でも2～3種のハリネズミが愛玩目的で販売されていたが，現在，一般的に愛玩動物として飼育されている種はアフリカに生息するヨツユビハリネズミ(*Atelerix albiventris*)1種であり，アフリカンヘッジホッグ，ピグミーヘッジホッグなどとも呼ばれている．本書では，特に断りがなければヨツユビハリネズミをハリネズミとして記載する．ハリネズミはカラーのバリエーションがありソルト＆ペッパーと呼ばれるスタンダードなカラー以外にもアルビノ，パイド，シナモンなど様々なカラーバリエーションの個体が市販されている．(**図3-1**)

ハリネズミの体温は他の動物に比べて低く，ヨーロッパやアジアに生息するハリネズミは冬眠することが知られており，アフリカに生息するハリネズミは環境によっては夏眠することが知られている．

ハリネズミでみられる特徴的な行動としてアンティング(アノイティング)がある．これは何か特定の臭いを嗅いだりした際に口をモグモグさせ，口から泡を吐き出し，それを体に塗りつける行動(**図3-2**)で生後間もない幼若な個体でもみられる行動である．この行動が引き起こされる原因や目的は明らかにされていない．

ハリネズミと法律

中央アフリカ西部のエチオピアのサバンナ地帯が生息地であるヨツユビハリネズミは日本では越冬できないと考えられており，特定外来生物には指定されておらず，販売や飼育することができる．これに対し，外来生物として問題となっている中国やヨーロッパが生息地であるマンシュウハリネズミやナミハリネズミは日本でも越冬することができ，神奈川県や静岡県での定着が確認されている．そのため，外来生物法によって特定外来生物に指定されており，飼育や譲渡，販売が禁止されているため愛玩動物として飼育することはできない．

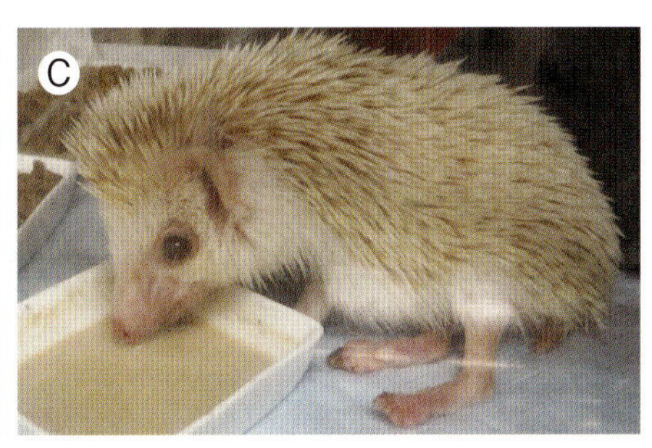

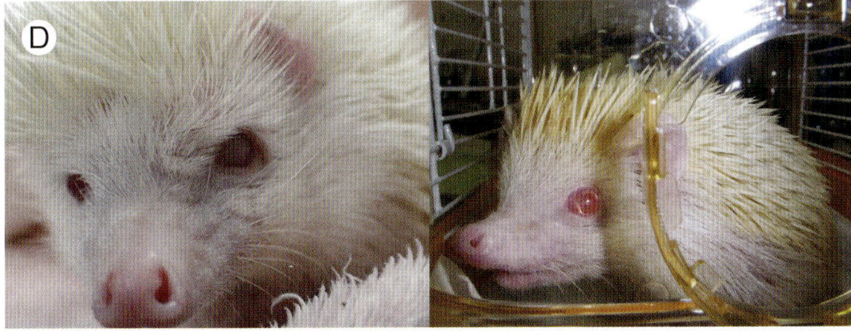

図3-1　ハリネズミのカラーバリエーション
A：スタンダード(ソルト＆ペッパー)　B：シナモン　C：アプリコット　D：アルビノ
(A)白い針に黒いバンドがある．白一色の針は全体の5%未満．鼻，眼は黒色．(B)白一色の針は全体の5%未満．針にシナモンブラウンのバンドがある．鼻はピンクと茶色の中間で，眼は黒色(C)シナモンより薄いオレンジ色のバンドがあり，鼻はピンク，眼は赤い．(D)色素がなく全体的に白い針で，鼻はピンク，眼は赤い．

図3-2　ハリネズミのアンティングもしくはアノイティング
何か特定の臭いを嗅いだ際に口から泡を吐き出し，体に塗りつける行動がみられることがある．

解剖生理学的特徴

外皮

針の下の筋肉は頭部，臀部，皮下部，輪筋に分けられ，頭部と臀部の筋肉を動かすことで針を前後に倒し頭部や臀部を守ることができる．さらに，皮下の筋肉を動かすことで背中の皮膚が広がり，体の周縁部に沿って縦に走る輪筋を動かすことで巾着袋の紐を占めるように頭部や四肢を体の中に収納して体を丸めることができる．背側部が数千本の針で覆われているが，腹部や顔，四肢，尾には針がなくやわらかい毛がまばらに生えている．針で覆われた背側部の皮膚には被毛や皮脂腺は存在しない[1]．ハリネズミの背側を覆う針は毛が変化したもので，多くは毛周期の休止期にあり皮膚に固着し健常な針は容易に抜くことはできない．最大18カ月程度で個別に抜け落ち生え変わる．ヨツユビハリネズミでは頭頂部の真ん中に針のない部分がある．顔の周囲や腹側部，肢には針は生えておらず，これらの部位には汗腺や皮脂腺が分布している[1]．ヨツユビハリネズミの前肢の指は5本であるが，後肢は4本の指しかなく名前の由来となっている(**図3-3**)．また3対の乳腺を持つ．

消化器

歯式は2(I 3/2 C 1/1 P 3/2　M 3/3)の計36本で切歯は前方に突出気味に萌出し，それぞれの歯の間隔や硬口蓋が広く昆虫などを食するのに適切な構造をしている[1](**図3-4**)．単胃で盲腸を持たず，消化管の通過時間は比較的長く12～16時間とされており，嘔吐することもできる．ハリネズミの糞便は黄褐色から黒褐色で通常でも形はあるがやや柔らかい．

肝臓は6葉に分かれ，右葉が大きく胆嚢も比較的大きい．

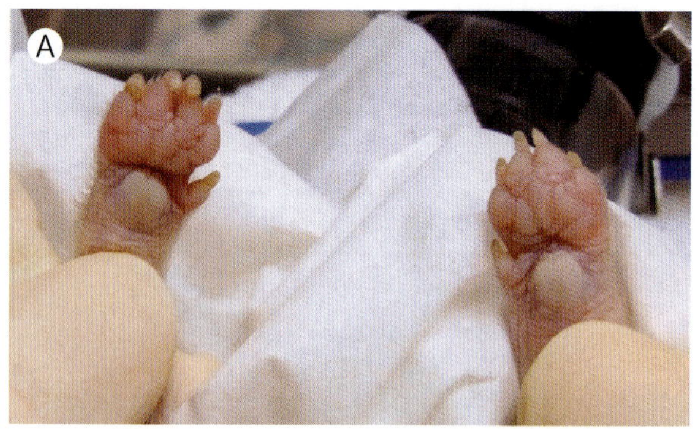

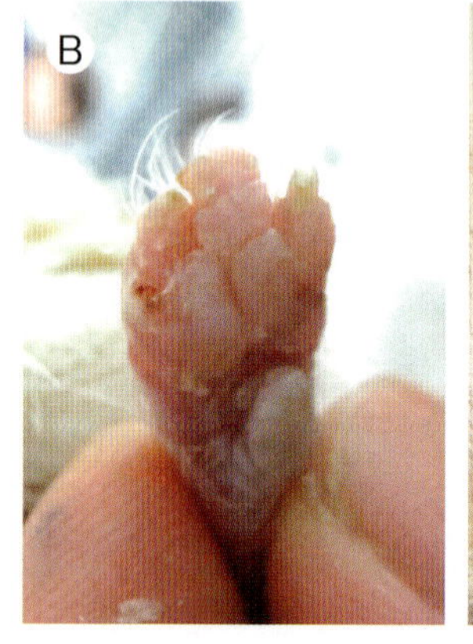

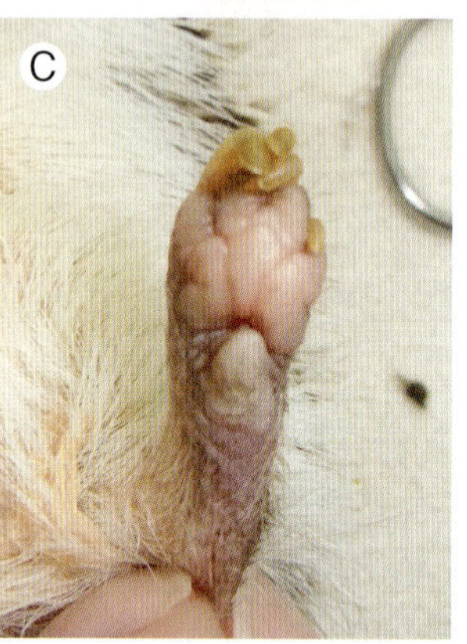

図3-3　ハリネズミの四肢
A：前肢　B：後肢　C：後肢(巻き爪)
前肢は5本の指があるが，後肢は4本の指からなりヨツユビハリネズミの名前の由来にもなっている．

泌尿器

犬や猫と大きく異ならず左右の腎臓と尿管・膀胱，尿道からなる．ハリネズミの尿は無色～黄色で混濁はしていない．

生殖器

雄の尿道開口部は雌よりも明らかに頭側にあり，雌の尿道開口部は肛門の近くにあることで容易に雌雄判別できる(**図3-5A**)．雄の陰茎は先端部がT字型の特徴的な形をし，その中央に尿道が開口している(**図3-5B**)．ハリネズミは明らかな陰嚢は持たず，精巣は通常，腹腔内の傍肛門陥凹(para-anal recess)に位置しているが下腹部を軽く押すと体腔外からも精巣の膨隆を確認できる．雄は，前立腺，精嚢腺，尿道球腺やカウパー腺様の構造物など発達した副生殖器を持つ[1]．

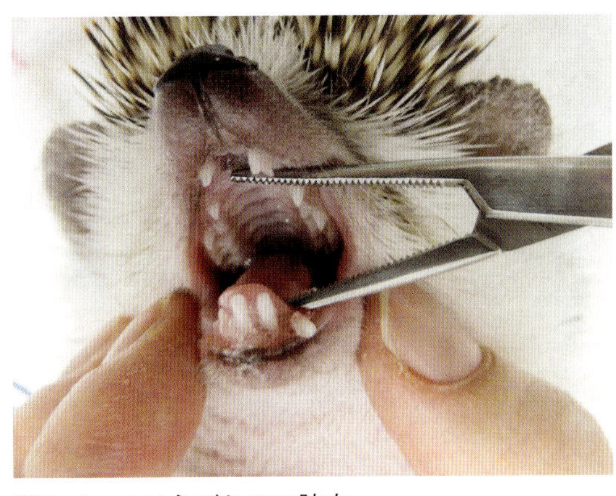
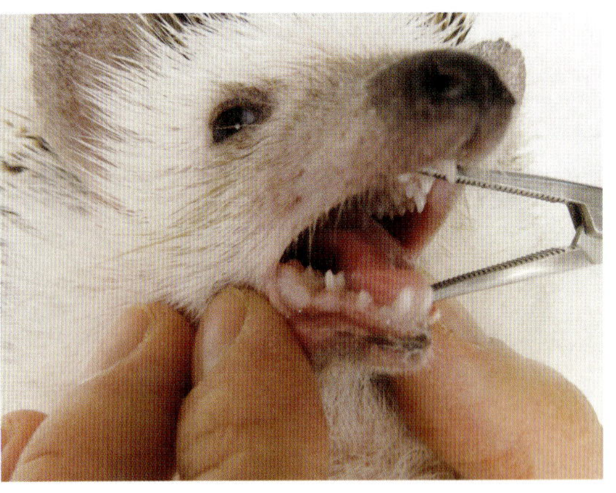

図3-4　ハリネズミの口腔内
ハリネズミの下顎切歯は前方に突出気味であり，昆虫採食に適している．ハリネズミの歯肉疾患(膿瘍，炎症)の発生は多いため，正常所見を知っておくとよい．

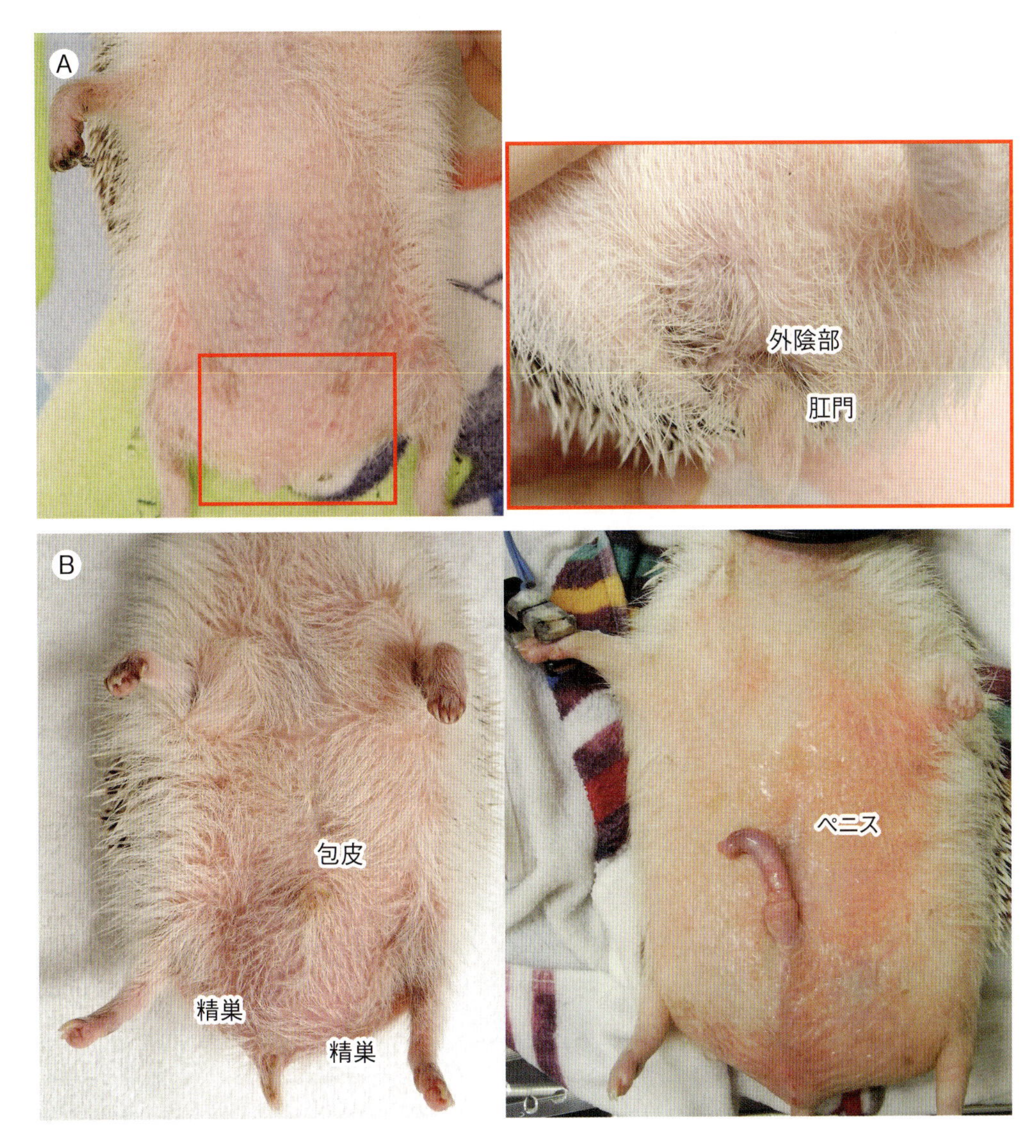

図3-5　ハリネズミの雌雄判別
A：雌　B：雄
雄の尿道開口部(包皮)は雌よりも明らかに頭側に存在しているため，雌雄判別は容易である．

雌の生殖器は左右一対の卵巣と子宮および左右の子宮が開口する膣からなる．左右の子宮角は羊の角状に強く湾曲している．ハリネズミの子宮には子宮体部がなく，左右の子宮角は子宮頸部を超える位置

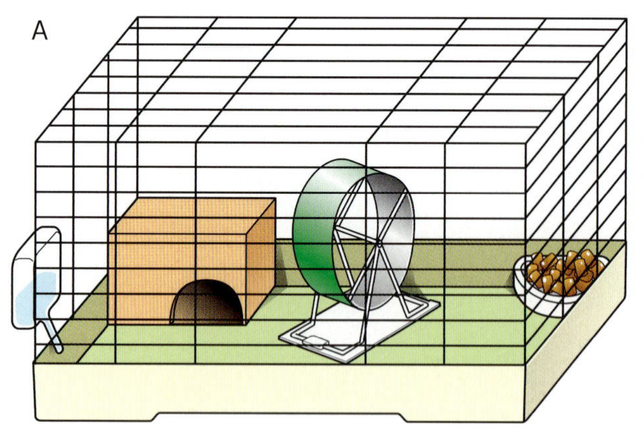

図3-6 飼育環境
(A)ハリネズミは立体的な活動はほとんどしないため，広さは必要であるが高さは必要としない．(B)ハリネズミの飼い主は手作りでこだわりの飼育ケージを作製している人も多い．

まで別々に連絡している．膣は比較的長く，膣の両側に雄のカウパー腺様構造と相同性の扇形をした腺が存在する[1]．

感覚器

ハリネズミは夜行性のため聴覚や嗅覚は発達しているが，視覚はさほど発達していない．ハリネズミの眼窩は浅く，また色の識別もできていないと考えられている．

繁殖生理

ハリネズミは多発情の動物であり，飼育下では年間を通して繁殖する．ヨツユビハリネズミの発情周期は3～17日の発情周期とそれに続く1～5日の発情静止期であると考えられている[1]．妊娠期間は34～37日であるが，着床遅延等により妊娠期間が40日程度になることもある[1]．妊娠した雌は腹部の膨満や体重の増加，乳頭の腫大などがみられる．平均的な産子数は3～4頭であるが，1頭から8頭程度と産子数には幅がある．ハリネズミでもカニバリズム(子食い)がみられるため，育児中も雄とは隔離し飼い主も子供や母親への接触は必要最小限にすべきである．ハリネズミの新生仔は晩成性で眼や耳は閉じており，針は皮膚の下に埋もれた状態で生まれてくる．出生後，数時間で針は膨張し，皮膚の水和状態が低下することで針が皮膚から突出する．通常，5～6週齢で離乳する．

飼養管理

飼育環境(図3-6)

ハリネズミは本来，繁殖期や子育て期を除くと雌雄とも単独で生活し，昼の間は穴の中や物陰で寝て夜間に餌を探し数kmにわたる広範囲を動き回る夜行性動物である．ハリネズミは立体的な活動は苦手でケージが狭いと排泄物の上を歩き回るため飼育ケージはできるだけ平面を大きくとり，十分に運動できる空間を準備し，高さは必要ない．十分な広さが確保できない場合にはケージ外での運動やケージ内に回し車を入れることで運動できる環境を準備する．その他，巣箱など昼間に隠れられる場所を用意する．

食餌

現在複数のハリネズミ用のフードが市販されているが，野生下でハリネズミが何を食べているかなどの情報の多くはナミハリネズミ(ハリネズミ属)のものであり，愛玩動物として飼育されているヨツユビハリネズミの情報は限られている．さらに，野生下で食べている昆虫などの無脊椎動物の栄養成分などは詳細に確認されておらず，ハリネズミの栄養要求なども詳細に検討されていない．ハリネズミは肉食動物よりも繊維質をより必要としているといわれているが，これは昆虫の外骨格に繊維質が多く含まれていることに起因している[1]．このため，ハリネズミ専用フードやドックフード，キャットフードなどの総合栄養食を主食として中心に様々なものを与えるように指導している．主食の他に

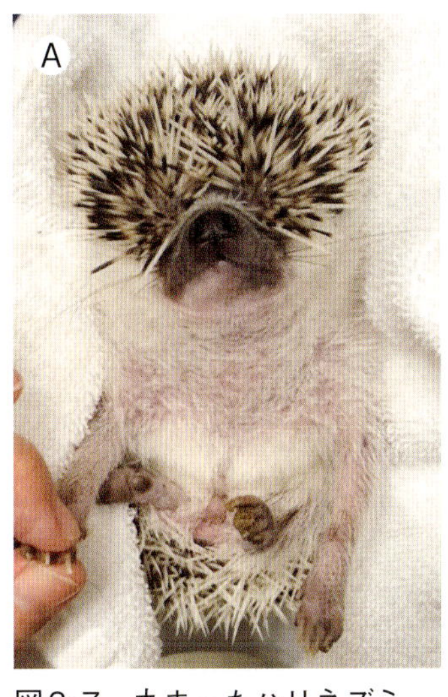

図3-7　丸まったハリネズミ
A：少し丸まっている状態　B：顔以外は丸まってしまっている状態　C：完全に丸まってしまっている状態
いったん強く丸まってしまうと診察中全く顔や四肢が見えなくなり，視診ができなくなる．

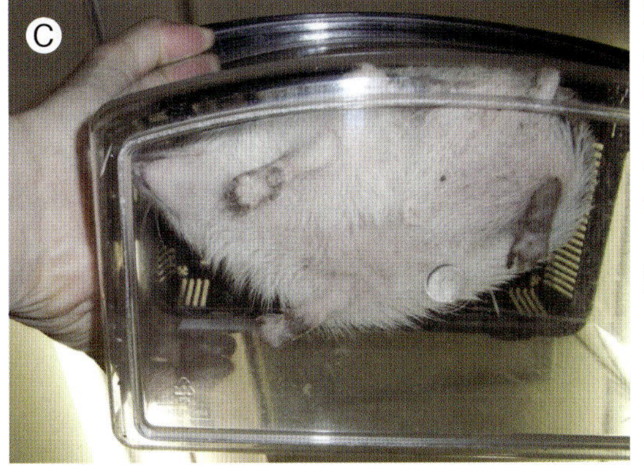

図3-8　身体検査
A：おとなしい個体の腹部触診
B：プラスチックケース内に入れての視診
C：体重測定
ハリネズミは触れると丸まってみえなくなる個体でもプラスチックケース内にいれると触らなければ丸まらない個体もいるため先に視診を行う．

は犬や猫用の缶詰，卵，低脂肪カッテージチーズなどが投与でき，活餌としてミルワーム，コオロギ，ミミズとさらに少量の野菜(繊維質)も与えるとよいとされている．

診療時

来院時の注意点と問診

来院時には普段と異なる環境に対して過敏になるハリネズミも多く，丸まったり威嚇音を鳴らすこともあり，いきなり触診をするとそれ以降丸くなってしまい外貌が全く評価できなくなることがある(**図3-7**)．そのため来院したハリネズミは体重の測定を兼ねて飼い主に透明なプラケースに入れてもらう．この際にハリネズミの性格や飼い主がハリネズミを扱いなれているかなどを観察することができる(**図3-8**)．体重測定後にプラケース内で上部から背側部，プラケースを持ち上げ下から顔や腹部，足裏や爪の視診

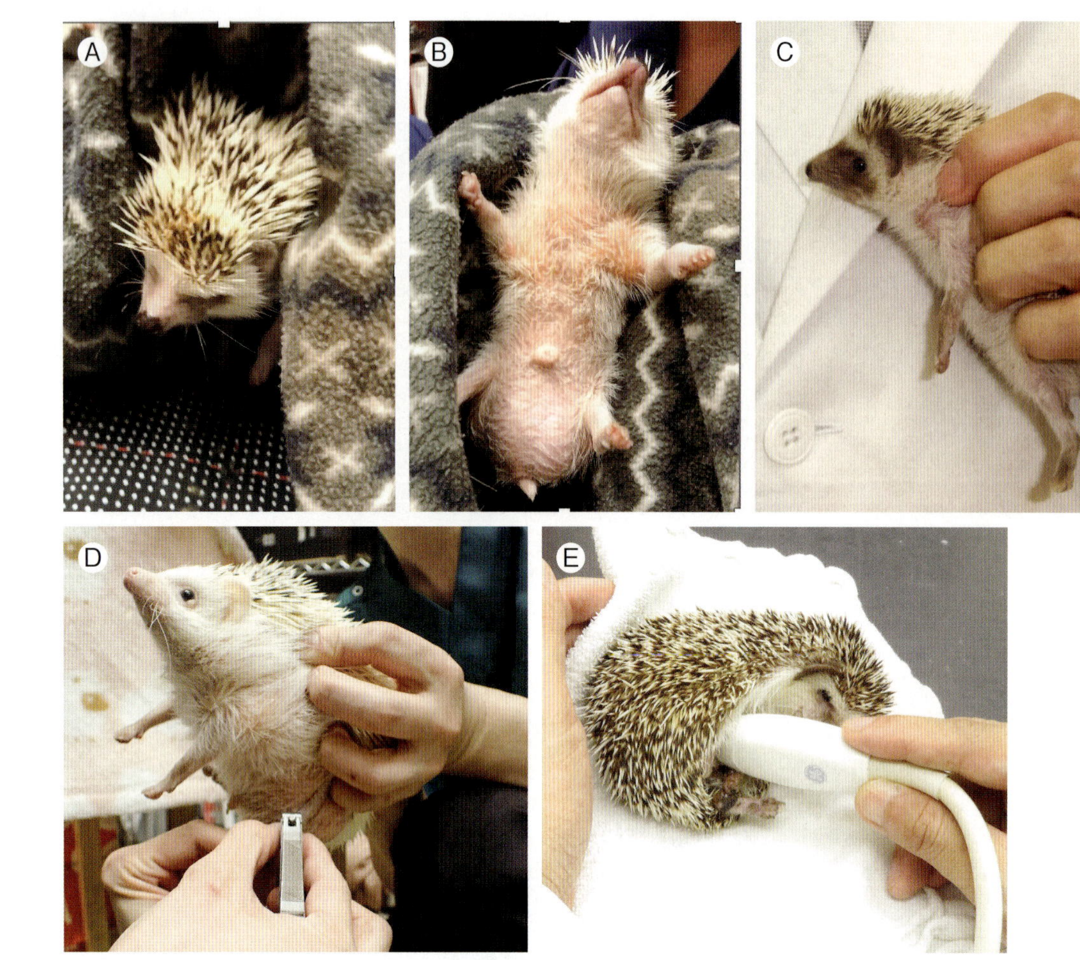

図3-9　ハリネズミの保定
(A, B)タオルで背側皮膚を覆うように掴み仰臥位にする．(C, D)おとなしい個体であれば脇の針が生えていない部分を軽く掴むようにして持ち上げることができる．激しく抵抗するようであれば中止する．(E)腹部超音波検査中の保定．落ちないようにタオル越しで背中を支えてプローブをやや丸まった腹部のところへ押し当てるとある程度の評価は可能である．しかし，より正確に評価するのであれば麻酔下で実施するのが望ましい．

を行う．プラケースを少し傾けると肢を踏ん張らせて丸まりを防ぐことで観察しやるくなる．プラケースで観察時に糞便や尿を排泄することや，鱗屑や脱針がみられることがあり，必要に応じてこれらのサンプルを用いて検査を実施することができる．

よくなれたハリネズミは驚かせないように下から救い上げるように持つことで触診することができる．

触診時は通常厚手の皮手袋などは必要なく，興奮した個体や警戒心の強い個体はタオルなどを用いることでより安全に取り扱うことができ，慣れた個体では素手で取り扱うことができる(**図3-9**)．

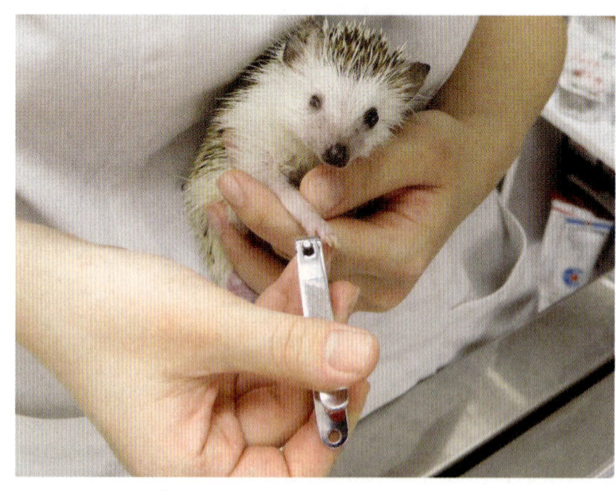

図3-10　爪切り
おとなしい個体では仰臥位にして爪切りできるが保定すると丸まってしまう個体では網の上に乗せて，網の間から足を保持して爪切りする．

保定法

人によく慣れているハリネズミの腹側や四肢をみるための保定は，針の生えている境界部分の脇腹腹側を人差し指から小指にかけて持ち，親指で寝ている針の上を押し付けるようにして掴む．針を立てている場合にはタオルを挟んで持ち上げるとよい．丸まってしまうと無理に開かせることは難しいので一度平らな場所に置き4本足で起立し直して再度保定

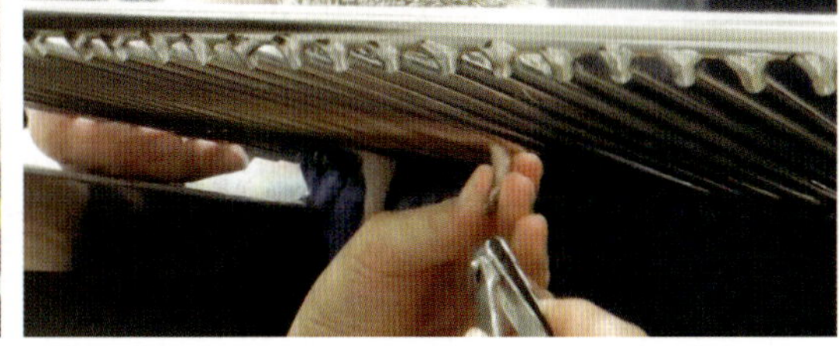

図3-11　ハリネズミの爪切り
①網や簀子を不安定にならないように固定し，ハリネズミを載せる．
②ハリネズミが急に動きだしたり，転がって落下しないようにプラケースをかぶせる．
③歩き始めたハリネズミが格子の隙間から踏み外した肢を素早く用手にて保持する
④保持した肢の爪を切る．この際，肢を牽引しすぎると嫌がり抵抗が強くなったり，肢を痛めたりする可能性があるため，無理な力をかけずに実施する．
⑤同様の作業を四肢で繰り返す．爪切りとして人用(前写真)や工具用ペンチ(右写真)などが利用できる．出血がみられるた際には Quick stop® などを用いて止血する．

するとよい．顔や口腔内周囲のみ確認したい場合には，丸まった状態でも背側をタオルで包み込むようにして仰臥位にして背中を少し刺激すると開いたタイミングで顔周囲のみが露出するため綿棒など用いて口腔内視診を行う．

処置方法

無麻酔での爪切り

野生下のハリネズミは餌を探し回り長距離を移動するため自然に爪が摩耗していると思われる．一方，飼育下のハリネズミでは運動不足や柔らかい床材のためしばしば爪の過長がみられる．また，糞便が過長した爪にこびりついたり，過長し湾曲した爪が肉球に刺さるなどの問題がみられることもある．ハリネズミの爪は犬猫と同様に途中まで神経と血管が入り込んでおり，深爪により出血がみられる．よく慣れたハリネズミでは自宅でもヒト用や猫用の爪切り，ペンチなどを用いて爪を切ることができる(**図3-10**)．この際は一度にすべて切ろうとせず，無理せず切れる範囲で時間をかけて行うことでストレスを最小限にし，飼い主への警戒心が強まることを予防できる．病院内などハリネズミが警戒し，限られた時間で爪切りを行う際には網や簀子状のものを用いて爪切りを行う(**図3-11**)．また，非常に警

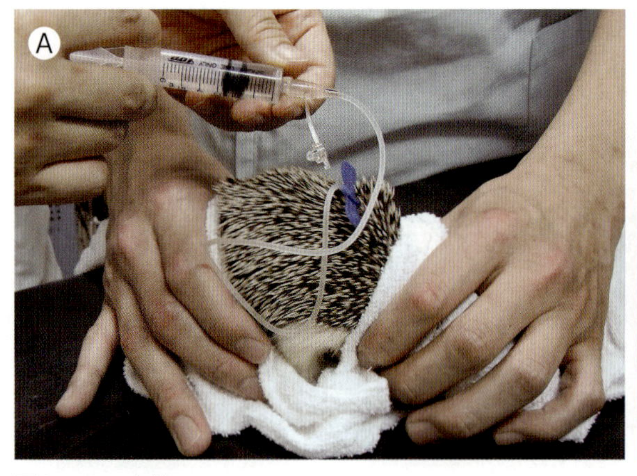

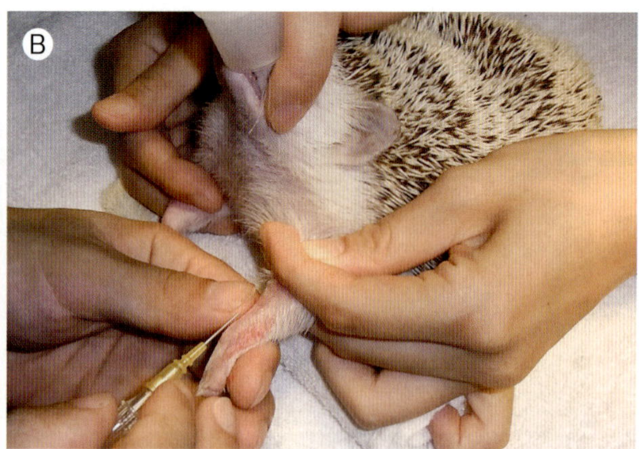

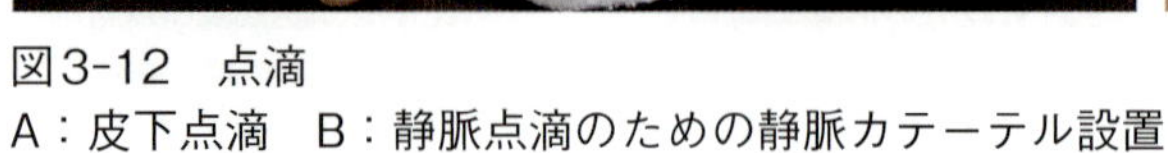

図3-12　点滴
A：皮下点滴　B：静脈点滴のための静脈カテーテル設置

戒心の強い個体や時間のかかる個体では麻酔下で爪切りを実施することもある．

鎮静・麻酔

飼育下のハリネズミで比較的慣れている個体では聴診や腹部の触診，口腔内検査，超音波検査，爪切り，抜糸などは意識下で実施できることがある．一方で詳細な触診や口腔内検査，正確なポジショニングでのX線検査や採血などはほとんどの症例で鎮静や麻酔が必要となる．ハリネズミは比較的嘔吐しやすい動物であるため，20分以上の麻酔を行う際には4～6時間以上の麻酔前の絶食を行うことが推奨されている[1]．前投与薬として麻酔導入前にミタゾラムなどを投与することが推奨されている[2]．侵襲性の少ない検査や処置時には，当院ではイソフルレン単独でボックス導入後，マスクで維持することが多い．

気管チューブの挿管はハリネズミでも実施可能で1.0～1.5 mm径のカフなしの気管チューブや栄養カテーテルを加工したものを気管チューブとして利用できる[2]．しかし，内径が細く空気抵抗や唾液などによる閉塞のトラブルが生じる可能性もあり，筆者らはルーチンでの気管チューブ挿管は実施していない．

輸液（補液），静脈点滴

ハリネズミの皮下補液は背中の針の間から針を刺入する．ハリネズミは丸くなるための背側の筋肉が発達しており皮下組織スペースは少ない．そのため皮下に入らず筋肉に針を刺入してしまう可能性があり，この際強い抵抗を示すため注意が必要である（**図3-12A**）．また，ハリネズミでも留置針を静脈内に留置することができる（**図3-12B**）．極度に衰弱した症例や肢の麻痺がみられる症例以外は基本的に麻酔や鎮静が必要となり，覚醒後も留置針を維持することは困難である．このため筆者らは15分以上かかる全身麻酔を行う際には原則，静脈内留置を留置し麻酔導入から覚醒直前まで静脈内輸液を実施している．覚醒直後は興奮し丸まってしまう症例がほとんどであり，興奮による血圧上昇の影響もあり，留置針の抜去や止血が困難となるためこの時間を考慮して麻酔を覚醒させる必要がある．

入院管理

入院スペースが狭い空間だと準備した食餌や便を踏み荒らしてしまう可能性があり身体が汚れてしまうため，当院ではやや大きめのプラスチックケージや犬猫と同様の入院ケージを使用する．自宅では紙や木製チップなどを床材に使用していることが多いが，糞便や尿の状態を把握しづらくなるためペットシーツや白いタオルなどを用いるようにしている．また全身が隠れる程度の小屋を入れて環境ストレスを軽減させる必要がある（**図3-13**）．

食欲不振で入院している症例では嗜好性の高い様々なフードを与えてみる．ハリネズミ専用フード以外にも犬，猫，フェレット専用フードを与えてみるとよい．厳密にはフェレットフードは脂質の含有量が多く継続して与えると肥満や脂肪肝になりやすくなる[3]可能性がある．このため，食欲が正常化した場合には以前の食餌に戻すとよい．ミルワームなどの活き餌を普段から食べていない個体では受けつ

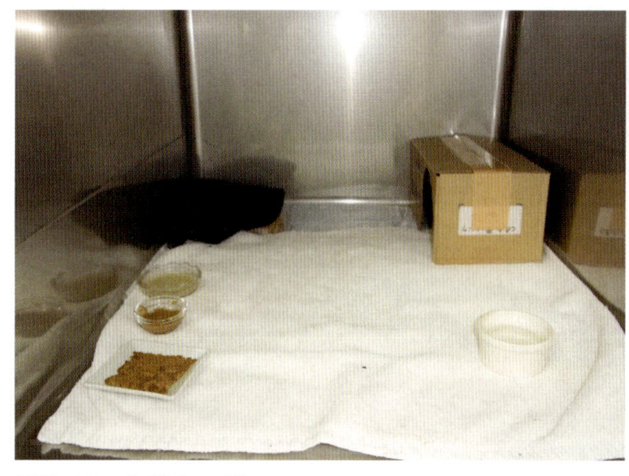
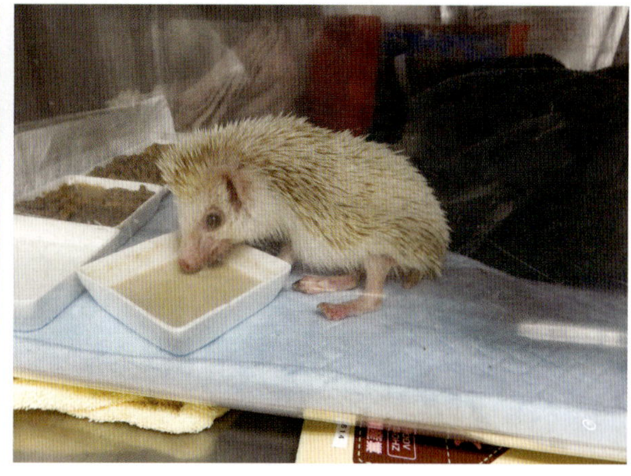

図3-13　入院ケージ

けない可能性もあるが，与えてみるのも一つである．しかしすべて揃えるのは大変であり，食餌の好みは個体差もあるため可能な限り飼い主に持参してもらうよう伝えている．

検査方法

糞便検査

ハリネズミでは時折，軟便や下痢，便秘，緑色便などがみられる．また，緑色便は胆汁の色が変化する前に便中に交じっているものと思われ，様々なストレスや蠕動運動の亢進などが原因と考えられているが，その原因や臨床的意義は明確にされていない．当院では，糞便検査は直接，浮遊，塗抹検査を実施しており，糞便検査は犬猫と同様に行うことができる．サルモネラなどが疑われる際には糞便の培養検査を実施する．

尿検査

ハリネズミの尿検査は犬猫と同様に実施し，特記事項はない．

血液検査

通常採血時には鎮静や麻酔が必要となり，またハリネズミの体格から採血できる血液量にも限度がある．しかし犬猫同様に評価でき鑑別診断や機能障害の評価，予後や治療に対する反応の評価など様々な情報を得ることができる．採取する血管は橈側皮静脈，外側伏在静脈，頸静脈などから採血が可能であるが筆者らは前大静脈から採血することが多い．前大静脈からの採血はフェレットと同様の手技である．しかし，胸腔内の血管であり針を刺入した際にフェレットに比べて心臓への距離が近いため，注意が必要である．

画像検査

X線検査は犬猫同様，最低2方向からの撮影を行う．ハリネズミは丸まってしまうことから無麻酔下で手足を伸ばした撮影が困難であることが多い．正確なポジショニングのためには鎮静や麻酔が必要となるが，大まかな骨格の異常や腹腔内腫瘤，心臓，肺の評価は無麻酔で実施することが可能である．また，四肢の不全麻痺など丸まることができない症例では意識下でも比較的正確にポジショニングしてX線を撮影することが可能である．超音波検査は，腹腔内や胸腔内腫瘤，心臓の評価に利用できる．近年CT検査を実施できる施設が増え，ハリネズミでもCT検査で様々な評価が行われている[4]．

飼い主へのインフォーム，指導

ハリネズミは，上記の通り来院時に丸まってしまう個体もいるため，無麻酔下での視診が不十分な場合がある．自宅では丸まらずスキンシップを取れる個体も多いため特に腹側や顔まわりの異常については自宅で写真や動画を撮っておいてもらうとスムーズに診察できる旨を伝えておくとよい．また同様の理由で身体検査を含めた臨床検査は犬猫以上に無麻酔下での検査は困難であることを予めインフォームしておくと麻酔の必要性を理解してもらうことができる．

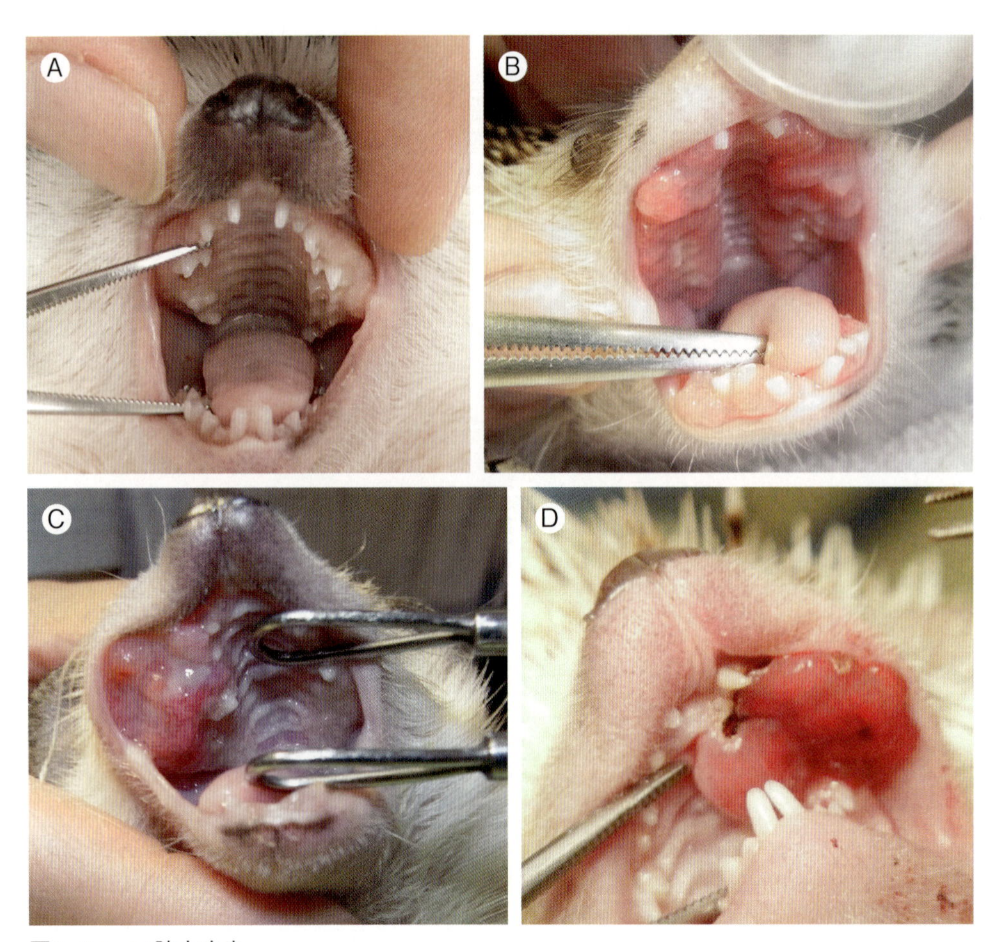

図3-14　口腔内疾患
A, B：歯肉炎　C, D：歯肉に発生した腫瘍
ハリネズミは歯肉炎の発生が多く重度の歯肉増生伴うこともある．また扁平上皮癌などの歯肉腫瘍の発生も多い．

主な疾患

ハリネズミではダニの寄生や真菌症などの皮膚疾患が非常に多い．また腫瘍性疾患の発生率も高く，口腔内扁平上皮癌や子宮の腫瘍などが多くみられる．この他にも歯肉炎などの口腔内疾患や原因を特定できない眼球突出を伴う眼球炎，ハリネズミふらつき症候群（Whobbly Hedgehog Syndrome: WHS）と総称される神経疾患がハリネズミでしばしばみられる疾患である．

皮膚疾患（ヒゼンダニ，真菌症）

ダニの感染はハリネズミではよく遭遇する疾患であり，ショップやブリーダーなどの集団飼育下にいたハリネズミによく発生するため比較的若齢で問題となることが多い．飼育下のハリネズミに寄生するダニは主に *Caparinia tripilis* [1,5,6]である．症状は背中の針と針の間に鱗屑がみられ後ろ足で頻繁に掻く動作がみられることが多い．また真菌感染症は，主に問題となるのは白癬菌（*Trichophyton* spp.）であり，時折，小胞子菌（*Microsporum* spp.）なども原因となる[7]．これらダニと真菌症が併発していることも多く，皮膚の状態が悪化すると皮膚の発赤や腫脹などがみられることもある．皮膚の過角化や黒褐色の痂皮様物を確認できることもある．

治療はダニに対しては駆虫薬，真菌症に対しては抗真菌薬の投与を行い，同時に床材や巣箱など治療中はできる限り頻繁に交換し，基本的に使い捨てにするなどケージ内の衛生環境を改善する．白癬菌については人獣共通感染症であり，実際にハリネズミから飼い主が感染した例も報告されていることからも診断した症例では治療を実施することが推奨される[8]．飼い主へのインフォーム，チンチラの項を参照されたい．

飼い主へのインフォーム

チンチラの項を参照されたい．

子宮疾患（子宮腫瘍）

子宮疾患の発生は多い．ハリネズミの子宮疾患の多くは腫瘍で中～高齢（3歳以上）で発生率が高い傾向があり，子宮内膜の過形成，腺癌，腺腫，間質腫瘍などが診断されている[9]．症状は血尿や陰部からの出血がみられることが多い．治療は罹患した子宮・卵巣の摘出を行う．出血量が大量になると貧血で全身状態が悪化し死に至ることもあるため，早急に対応することが推奨される．

歯肉炎・口腔内腫瘍（図3-14）

中齢～高齢の個体では歯肉の膨隆や歯石の付着，歯肉炎などがみられることが多く，ハリネズミでみられる歯肉炎は歯肉部に発生した腫瘍のように顕著な増殖性病変としてみられることが多い．歯肉炎の場合は局所的な増生ではなく，左右や上下の歯肉部に複数の病変がみられることで腫瘍性疾患との鑑別が可能である．しかし，歯肉炎が後に扁平上皮癌などに腫瘍化する可能性もあるため必要に応じて複数回の病理組織学的検査を実施すべきである．さらにハリネズミは腫瘍性疾患の発生率が高く，口腔内腫瘍の発生率も非常に高い．口腔内腫瘍は主に中～高齢（3歳齢以上）でみられ，扁平上皮癌，線維腫性エプーリス，悪性黒色腫，扁平上皮乳頭腫，骨肉腫などの様々な種類の腫瘍の発生が確認されている．

ハリネズミふらつき症候群（図3-15）

ハリネズミではふらつきや跛行，後躯の不全麻痺や麻痺，四肢麻痺など様々な神経疾患症状がしばしばみられる[1]．なかでもハリネズミ特有の疾患としてハリネズミふらつき症候群（Wobbly hedgehog syndrome: WHS）がよく知られている[1, 10]．WHSの原因としていくつかの可能性が報告（遺伝性，マウス肺炎ウイルス〈PVM〉など[10～12]）されているが，

図3-15　ハリネズミの後躯不全麻痺の症例
臨床経過からWHSが疑われる．しかしWHSの確定診断は死後の剖検（脳など）で行うため生前診断が難しい．

いまだWHSの原因は特定されておらず，ハリネズミでふらつきから始まる進行性の不全麻痺や麻痺症状がみられるものを総称してWHSと呼んでいることが多い．

飼い主へのインフォーム

ふらつき，後躯不全麻痺の進行は個体差があり，緩徐なことが多い．次第に動けなくなってくるため，飼育環境を状態に合わせて変更したりする必要がある．給餌場所まで歩いていけなくなったり，起立して食べられなくなることもあるため，シリンジやスプーンで口元にもっていったりするなど給餌が必要となることがある．

自宅での介護について，この先麻痺が進行した時にインフォームしておくことで飼い主の対応がスムーズになる．

また不全麻痺した後肢を自咬してしまうこともあるので，注意が必要である．

参考文献

1. Ivey E., Carpenter J.W. (2012): African Hedgehogs. In: Ferrets, Rabbits, and Rodents Clinical Medicine and Surgery. 3rd ed. (Quesenberry, K.E. and Carpenter, J.W. ed.), Saunders;411-427
2. Jhonson D. (2010): African pygmy hedgehogs. In. BSAVA Manual of Exotic Pets 5th ed. Meredith A. and Jhonson-Delaney C eds. 139-147, British small animal veterinary association
3. Raymond J.T., White M.R. (1999): Necropsy and histopathologic findings in 14 African hedgehogs(*Atelerix albiventris*): a retrospective study. J. Zoo. Wildl Med. 30:273-277
4. Lennox A.M., Miwa Y. (2016): Anatomy and disorders of the oral cavity of miscellaneous exotic companion mammals. Vet Clin Exot Anim 19: 929-945
5. Fehr M., Koestlinger S. (2013): Ectoparasites in small exotic mammals. In. Vet Clinic North America: Exotic Animal Practice. 611-657, W.B. Saunders

6. 田中祥菜, 三輪恭嗣, 浅川満彦 (2016): 都内の愛玩用ヨツユビハリネズミ Atelerix albiventris より検出された *Caparinia* 属ダニ類 (キュウセンダニ科 *Psoroptidae*)JVM. 69(6)443
7. Takahashi Y., Haritani K., Sano A., et al. (2002): An isolate of Arthroderma benhamiae with Trichophyton mentagrophytes var. erinacei anamorph isolated from a four-toed hedgehog (*Atelerix albiventris*) in Japan. Nihon Ishinkin Gakkai Zasshi;43(4): 249-255
8. 小方宗次 監訳 (2008): 第21章ハリネズミの皮膚疾患と治療. エキゾチックペットの皮膚疾患 , 246-256, 文英堂出版
9. Powers L.V. (2002): Subcutnaeous implantable catheter for fluid administration in an African pygmy hedgehog. Exotic DVM. 4(5);16-17
10. Graesser D., Spraker T.R., Dressen P. et al. (2006). Wobbly hedgehog syndrome in African pygmy hedgehogs (*Atelerix* spp.). J. Exot Pet Med. 15;59-65
11. Garner M.M., Kiupel M., Munoz J.F. (2010). Brain tumors in african hedgehogs (*Atelerix albiventris*). In: Proceeding of the 2010 Association of Avian Veterinarians (AAV) Annual Conference and Expo with the Association Exotic Mammal Veterinarians (AEMV). E Bergman, eds. Association of Avian Veterinarians Publications
12. Madarame H., Ogihara K., Kimura M., et al. (2014): Detection of a pneumonia virus of mice (PVM) in an African hedgehog (*Atelerix arbiventris*) with suspected wobbly hedgehog syndrome (WHS). Vet Microbiol. 17;173: 136-40

フクロモモンガ

生物学的分類と特徴

フクロモモンガ(*Petaurus breviceps*)はフクロモモンガ科フクロモモンガ属に属する有袋類である．げっ歯目のモモンガとは外貌は似ているものの，食性や習性，解剖学的特徴など様々な点で全く異なる動物種である．

野生のフクロモモンガはオーストラリアやパプアニューギニア，インドネシアなどの熱帯や亜熱帯の森林に分布し，近縁種として絶滅危惧種であるフクロモモンガダマシ(*Gymnobelideus leadbeateri*)などがいる．フクロモモンガの亜種は少なくとも7種がいることが確認されている[1]．フクロモモンガは有袋類(無胎盤類)であり，犬猫など一般的な動物(有胎盤類)とは様々な面で異なった特徴を持つ．また，有袋類は有胎盤類に比べると代謝率や体温調節能が低いなど生理学的にも異なる面を持つ．

野生下のフクロモモンガは通常，1頭の雄に複数頭の雌とその子供で構成される5～10頭程度の小さな群れを作り個々の個体が臭いや様々な鳴き声でコミュニケーションを取りながら比較的高度な社会性を持ち生活している．げっ歯目のモモンガやムササビと同様，左右の前後肢の間に発達した飛膜を持ち，これを利用して木々の間を滑空することができる．フクロモモンガは最大で50 m程度滑空できると報告されている[1]．またフクロモモンガは本来夜行性であり，日中はほとんどの時間を巣内で寝ている[2]．

解剖生理学的特徴

体格

体長は16～21 cm，尾の長さは16.5～21 cmであり，雄(体重100～160 g)は雌(体重80～130 g)よりも体格が大きい[1]．

外皮

飛膜は，前肢の手根部から後肢の足根部にかけて左右対称性に体側面に位置し，手のひらや足裏，耳介部や鼻鏡部以外は柔らかい被毛で覆われている．野生下のフクロモモンガの毛色は灰褐色で体の中心部に額から尾根部まで続く1本の黒色縞が入っているが，近年では様々な毛色の個体が紹介されてきている(**図3-1**)．指は特徴的であり，前肢後肢ともに5本の指を持つが後肢の指はヒトやサル類と同様に第1指(親指)は残りの4指と対置して物を掴みやすくなっており，第2指と第3指は癒合し合指した状態になっている(**図3-2**)．この合指した第2指と3指をグルーミング時には櫛のように使うことが確認されている．爪も特徴的であり，後肢の第1指の爪は小さくヒトと同じような平爪であるのに対し，残りの四指は犬猫と同様の爪をしている．

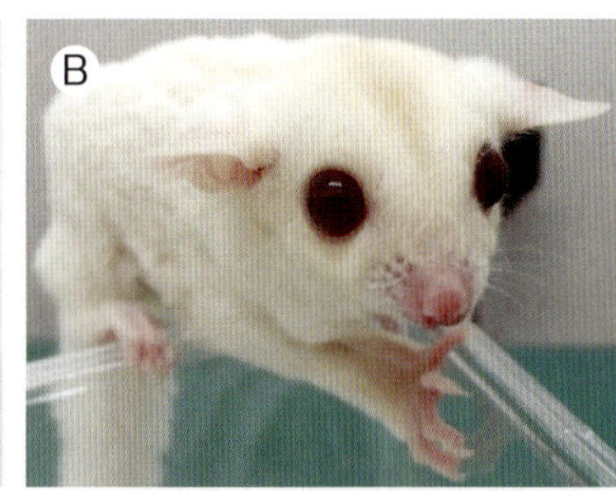

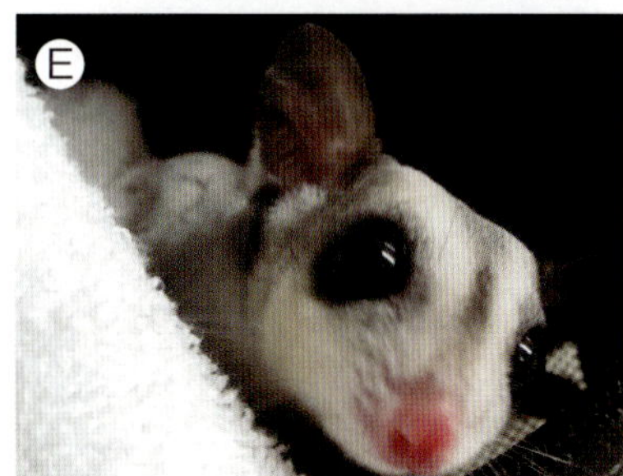

図3-1　フクロモモンガのカラーバリエーション
近年，フクロモモンガはノーマルカラー(A)からアルビノ(B)やリューシスティック(C)，クリミノ，ホワイトフェイス(D)，モザイク(E)など様々なカラーが固定化されてきている．

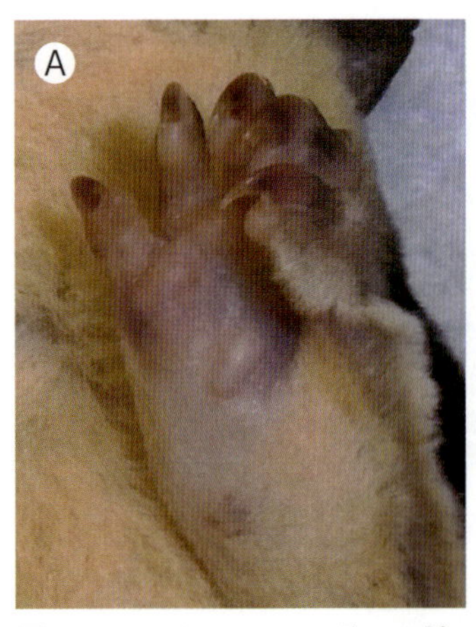

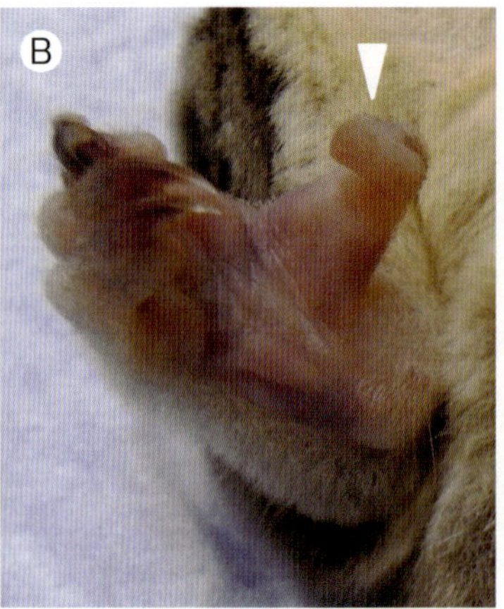

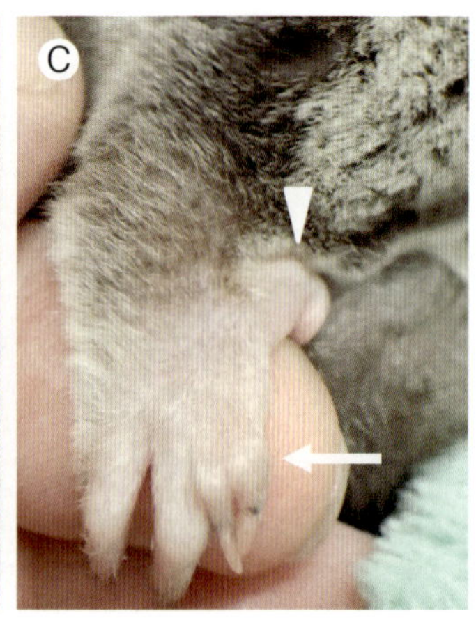

図3-2　フクロモモンガの四肢
A：前肢外観(内側)，B：後肢外観(内側)，C：後肢外観(外側)
フクロモモンガの指は特徴的であり，前肢後肢ともに5本の指を持つが後肢の指はヒトやサル類と同様に第1指(親指；B, C：矢頭)は残りの4指と対置して物を掴みやすくなっており，第2指と第3指は癒合し合指した状態(C：矢印)になっている．また，後肢の第1肢の爪は平爪(図B：矢頭)になっている．

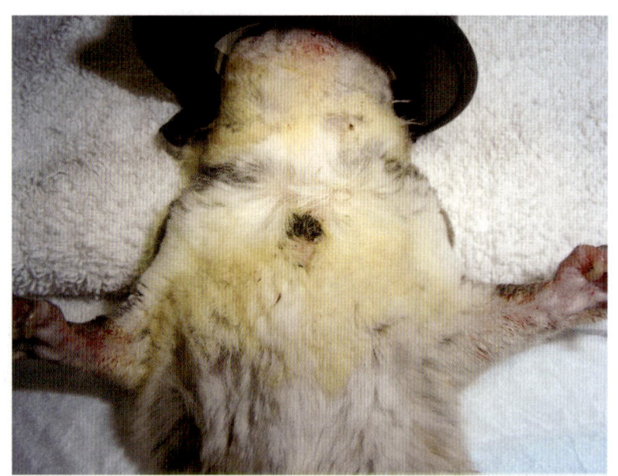

図3-3　臭腺
雄では頭頂部と胸部腹側に分泌腺がある．

フクロモモンガは雄では頭頂部と胸部に臭腺を持ち[1](**図3-3**)，臭腺は年齢とともに顕著に発達し，臭腺の周囲は脱毛し分泌物の付着により被毛の黄染やべたつきがみられることもある．雌では育児嚢の中に臭腺を持つ．また，雌雄とも総排泄腔近部に臭腺を持つ(**図3-4**)．総排泄腔(cloaca)とは，消化器，泌尿器および生殖器のすべてが体外に出る前に1つの腔に連絡している腔のことを指す(**図3-4, 5**)．これは犬猫などの有胎盤類とは異なる有袋類の特徴であり，鳥類や爬虫類でも同様の解剖学的特徴を持つ[3~5]．

消化器

歯式は2(I 3/2, C1/0, P3/3, M4/4)で計40本の歯を持つ．フクロモモンガの下顎切歯は上顎に比べ顕著に長く(**図3-6**)前方に突出していて切歯，臼歯ともに永久歯のため伸長しない[6]．舌は細く可動域が広い．

胃は単胃で盲腸を持つ．盲腸は細長く大きくはないものの摂取した樹脂，樹液や果物などの植物質の複合多糖類を微生物学的に発酵(後腸発酵)し，エネルギーに変換している．フクロモモンガはウサギなどの完全草食性の後腸発酵動物よりも盲腸発酵に頼る消化の割合は低い．しかし，このような後腸発酵を消化の一部として利用していることを考慮するとフクロモモンガに用いる抗生物質選択時にはウサギやモルモットなどと同様の注意が必要であると考えられる[7]．

肝臓は複数の葉からなり，胆嚢を有している[7]．

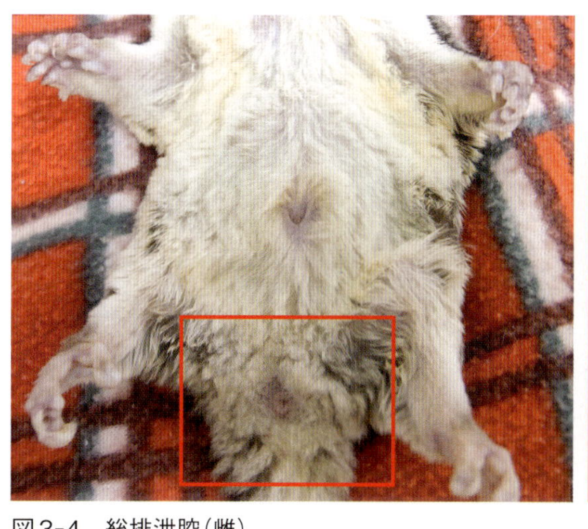
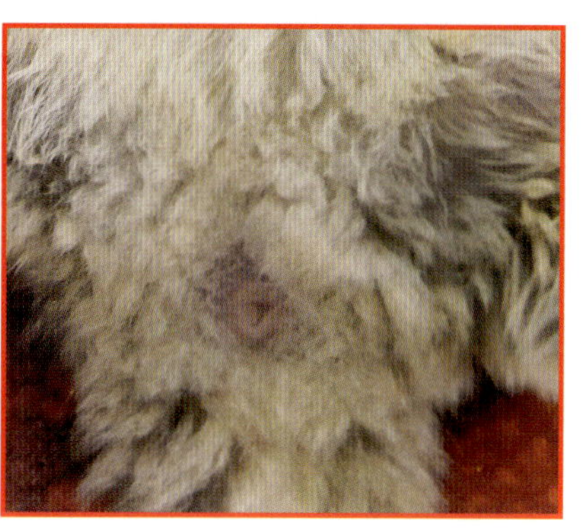

図3-4　総排泄腔（雌）
総排泄腔（cloaca）とは，消化器，泌尿器および生殖器のすべてが体外に出る前に1つの腔に連絡している腔のことを指す．

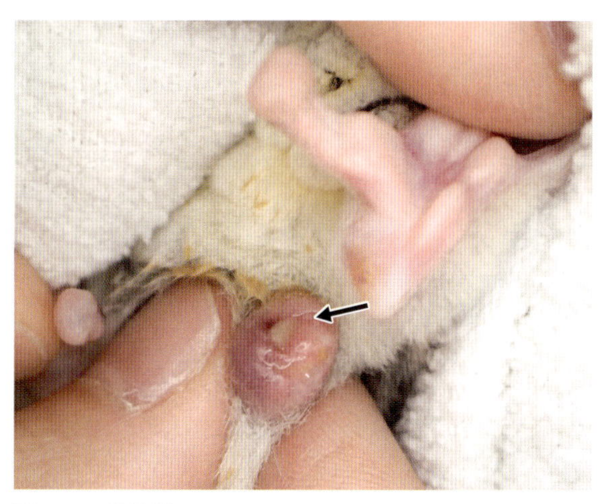

図3-5　肛門腺
写真は肛門腺貯留があり（矢印），総排泄腔がやや腫れている．

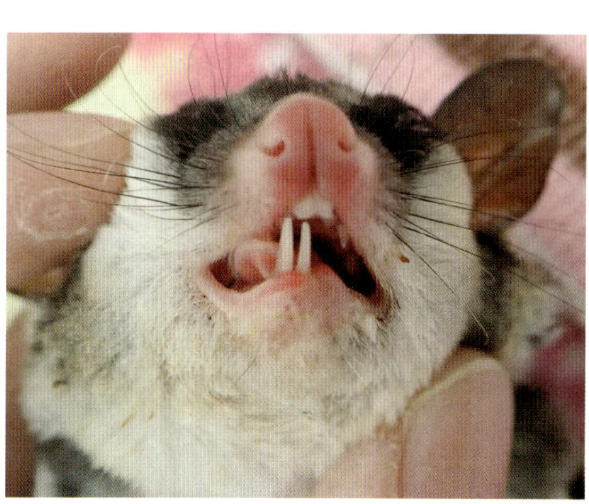

図3-6　フクロモモンガの歯
下顎切歯は上顎切歯と異なり，長くやや前方へ突出しており昆虫採食や木の皮を剥いだりするのに役立つ．

泌尿生殖器

雄の陰茎の先端はY字状に分岐した形状をし，この分岐部の根本に尿道が開口し排尿する（**図3-7**）．通常，排尿時には陰茎は総排泄腔内に納まったままで総排泄孔を介して排尿される[7]．

左右一対の精巣は下垂した陰嚢内に収められており[7]，陰嚢は腹部皮膚より下垂し，総排泄孔より頭側に位置している．フクロモモンガは雌雄ともに三対の傍総排泄腔腺（paracloacal gland）を持ち，雄でより発達している．また，雄は副生殖腺として発達した前立腺と直腸背側に二対の尿道球腺（Cowper腺）を持つ．

フクロモモンガは有袋類であり育児嚢を持ち（**図3-8**），発達した胎盤を持つ哺乳類（有胎盤類）とは大きく異なる生殖器の特徴を持つ．育児嚢は腹側中央に位置し，内部に2対，合計4つの乳頭を持つ．雌の生殖器は左右2つの卵巣，卵管および独立した2本の子宮と以下に述べる特徴的な膣からなる．有胎盤類では左右2本の子宮は融合しているが，有袋類では左右の子宮は融合せず．2本の子宮は中隔で分離された膣盲嚢（vaginal cul-de-sac）につながり，再び左右2本の側膣に分かれる．フクロモモンガでは側膣は他の有袋類と比較し長く，左右の側膣は尿生殖洞に開口し，同部位に尿道も開口する．分娩時には膣盲嚢から尿生殖洞へ胎仔が通る産道が形成される．この産道はカンガルー類，オポッサム類，フクロミツスイ（*Tarsipes rostratus*）では一度目の分娩後に上皮化され，中央膣として残るが，フクロモモンガを含むほとんどの他の有袋類では産道は分娩後に消失し，分娩ごとに再形成される[3]．尿生

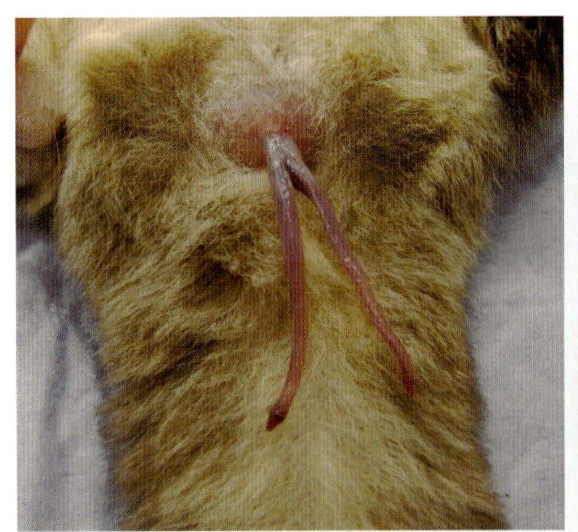

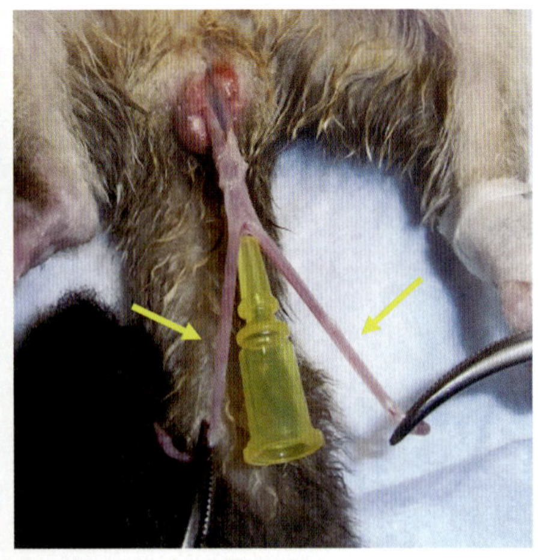

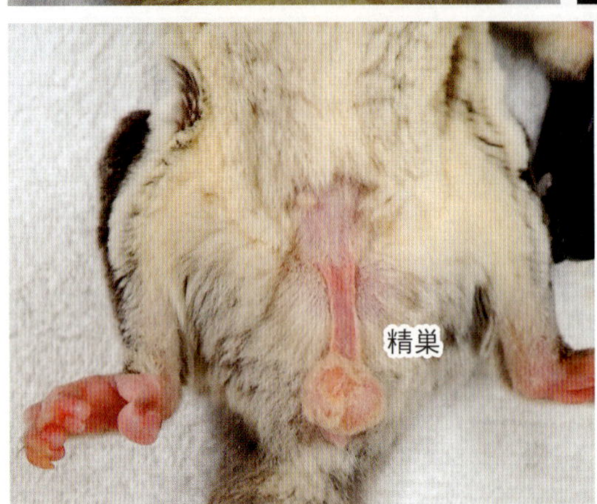

図3-7　雄性生殖器
陰茎はＹ字の構造をしており，先端から精液が出る．このＹ字の分岐部は尿道口になっている．精巣は総排泄孔より頭側に存在する下垂した陰嚢内に収められている．

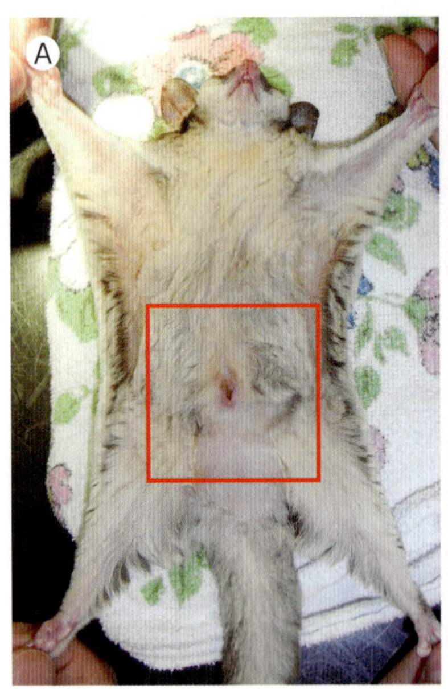

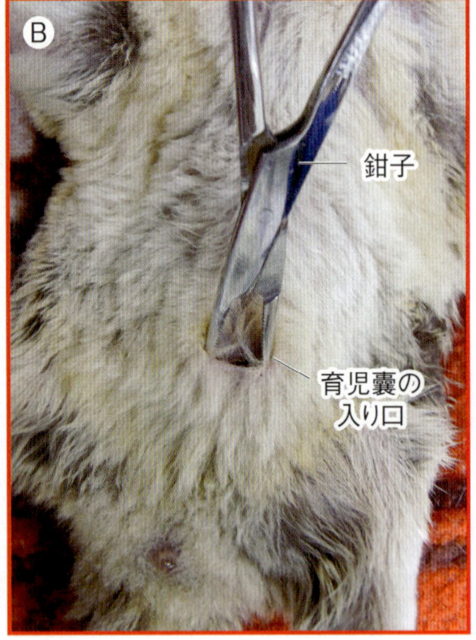

図3-8　フクロモモンガの雌の育児嚢
A：全体像
B：入口を鉗子で広げた様子
雌の腹部中央付近に育児嚢の入口がみえる．内部に2対，合計4つの乳頭を持つ．

殖洞はさらに総排泄腔へとつながる．

呼吸器

肺は，右4葉，左が2葉からなる[8]．

循環器

循環器の構造は，フクロモモンガを含む有袋類は，形態学的に有胎盤類と比べて異なる点がいくつかあり，心臓は比較的大きく，右心室は横断面からみると左心室を囲むように三日月型をしている．右房室弁が単尖弁であり，右心房は，心房を分割するように前部にある心耳の付属肢と後部にある上行大動脈へ二股に分岐しているなどの特徴を持つ[9,10]．

繁殖生理

飼育下では年中繁殖が可能であるためフクロモモンガの繁殖は比較的容易に行える．フクロモモンガの雌雄は約1年で性成熟(雄12～15カ月齢，雌8～12カ月齢[12]する．有袋類(無胎盤類)のため妊娠期間は16日と短く，多くの場合2仔で時折1仔である．新生仔は体重0.19 g，体長5 mmで生まれてくる．新生仔の眼や耳は閉じているが，前肢は比較的発達しており，その前肢を用いて母親の総排泄孔から育児嚢内へ移動し，育児嚢内に4つある乳頭の一つを口にくわえる．新生仔は顎に筋力がなく，乳頭は新生仔にくわえられることで腫脹し，自動的に授乳が行われる[12]．このため，乳頭に吸い付いた新生仔は基本的に乳頭から離れられないため，育児嚢内を無理に確認して乳頭から新生仔を外してはいけない．

育児嚢内へ入った時期は確認できないことが多いが，数週間経つと腹部に膨らみがみられるようになる．その後成長に伴い，新生仔の動きが膨らみの動きとして確認でき，袋からはみ出した新生仔の尾や四肢などを確認できるようになる．通常は2カ月齢頃に育児嚢から出てくるようになる．この時期の仔は育児嚢内に頭を突っ込み，授乳を継続しているが徐々に親と同じものを食べるようになる．

飼養管理

飼育環境(図3-9)

フクロモモンガは夜行性の動物であり，立体的な活動をする活動的な樹上性の動物である．これらの点を考慮し，ケージは高さのあるできるだけ大きなものを準備する．近年ではフクロモモンガ用に様々なケージが市販されている．ケージ内には寝床や隠れ家となる巣箱や寝袋などを設置する．複数頭同居している際にはこれらの寝床や隠れ家もある程度大きさのあるものを利用し，複数個所設置することが望ましい．巣箱を用いる場合には必要に応じて巣箱内にキッチンペーパーを裂いたものなどを巣材として入れる．ケージ内には休憩時の足場となるようにコーナーステージや止まり木などを用いてフクロモモンガが立体的な活動をできる場をできるだけ広くとれるように工夫する．

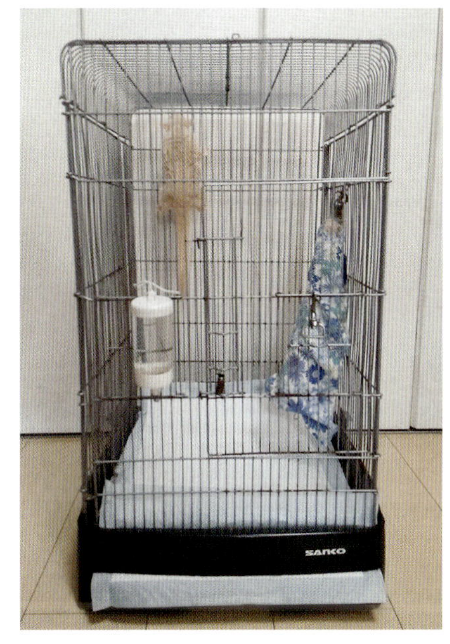

図3-9　飼育環境
フクロモモンガは高さのあるケージを必要とする．中に流木などの木を入れると環境エンリッチメントにもつながる．

野生下では一頭の雄を中心に複数頭の雌や子供で小さな群れを作り，様々な鳴き声や臭いによるコミュニケーションを取りながら生活する社会性のある動物であるため単独飼育をする際には飼い主が群れの一員として十分なコミュニケーションを取る時間を継続して確保しなければならず，時間が取れない場合には複数頭飼育することが推奨される．実際，単独飼育によるストレスが原因で自傷行為がみられることが報告されている[1]．フクロモモンガは本来，滑空なども行う活動的な動物であり，食餌内容や運動不足による肥満がみられることもある(図3-10)．このため，できるだけ大きなケージを利用するとともに，安全性を確保した室内でケージから出し，定期的に運動させることができれば理想的である．

食餌

野生下では樹液や樹脂，花粉，花の蜜，果物などの植物質のものと昆虫や鳥の卵や小動物などの動物質のものを食べる雑食動物である．犬猫に比べフクロモモンガに必要な栄養成分等の検討は十分されていないが，フクロモモンガには様々な果物や野菜などの植物質の食餌とコオロギやミールワーム，ピンクマウスや煮干しなどの動物質の食餌を与えることが推奨されている．餌として昆虫類を与える際はフクロモモンガに与える前に昆虫類に栄養価の高い

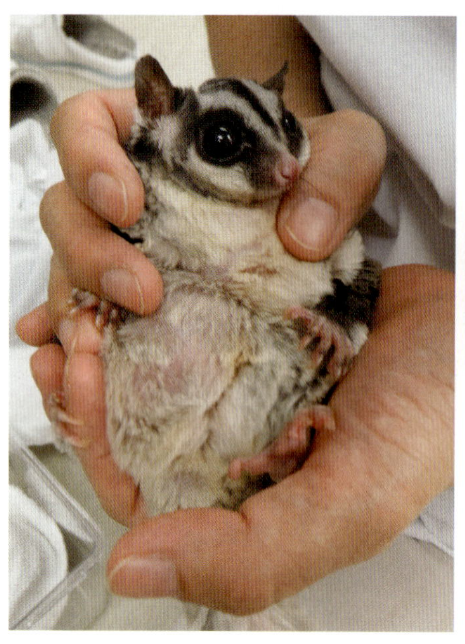

図3-10　肥満症
偏食傾向の強いフクロモモンガでは糖質の多い食餌に偏ると肥満傾向になりやすい.

餌を与えること(gut loading), カルシウムや総合ビタミン剤などを与える直前に昆虫に振りかける(dusting)ことで栄養価を高める必要がある. 愛玩動物としての人気が定着してきた近年では飼育書やフクロモモンガ専用のフードなどが市販され飼養管理は向上しており栄養性疾患の発生率は低下してきている.

フクロモモンガは様々なものを与えても好きなものしか食べず偏食になり, 肥満や栄養失調になりやすい傾向がある. また, 果物の果汁や果肉, 昆虫類の中身だけを吸い出すように食べ, 皮や外骨格を食べ残すこともある. このような個体にはフクロモモンガ用のフードやドックフード, キャットフードなどの総合栄養食を主体に与えることで栄養学的な問題を回避することができる. また, 花の蜜や柔らかい果物を主食とするローリー, ローリーキート(ヒインコ類)と呼ばれる鳥類用のフード(ローリーネクター®)もフクロモモンガの食餌の一つとして与えることができる(**図3-11**). その他, Leadbeater's mixtureと呼ばれる動物園で与えられていたフードのレシピも報告[11]されており, ミキサーなどを用いて自家製の半液体状のフードを作成することで選り好みなく様々なものを摂取させることもできる. このような方法でも改善できない偏食が重度の個体では好きな食べ物の中に総合ビタミン剤(ネクトンS®など)やミネラル剤(ネクトンMSA®など), フクロモモンガ専用の総合補助剤(ネクトンシュガーグライダー®)などを混ぜ合わせることで必要な栄養成分を摂取させる. 総合ビタミン剤やミネラル剤は小動物や鳥類, 爬虫類用として様々なものが市販されている.

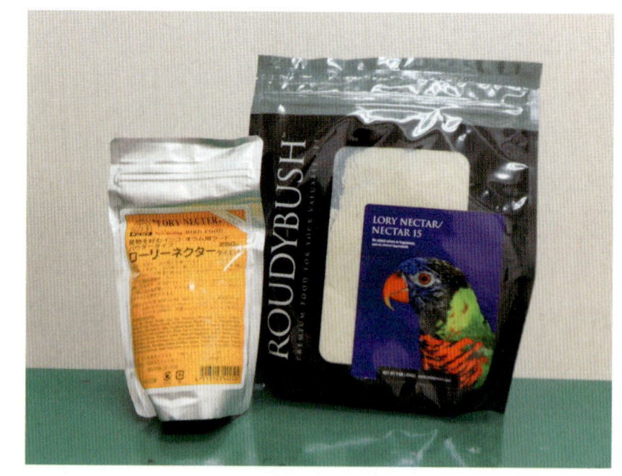

図3-11　ローリーネクター®
花の蜜や柔らかい果物を主食とするローリー, ローリーキート(ヒインコ類)と呼ばれる鳥類用のフードはフクロモモンガに使用することができる.

フクロモモンガは本来夜行性のため食餌, 特に腐敗しやすい果物や野菜などは夕方から夜にかけて給餌し, 食べ残しは翌朝撤去する. 有袋類の多くは母乳中に含まれるラクトースの比率が非常に低く, ラクトースに対する耐性が低いため牛乳やヤギミルクなどラクトースを多く含む乳製品を与えると下痢をすることが知られている. 有袋類であるフクロモモンガも同様の傾向があると思われるが, ワラビーやカンガルーなどに比べるとヤギミルクなどに対する耐性は高いとされている[12].

推奨されている食餌内容について**表3-1**に示した.

表3-1　報告にあるフクロモモンガの食餌(参考文献12より引用・改変)

1日の食餌
• リンゴ，ブドウやマンゴ，ニンジン，サツマイモ，ゆで卵の卵黄部，食虫目用のフードもしくは野生のネコ科動物のフード＋餌用昆虫(ミールワーム：6～12匹程度) ※餌用昆虫は給餌前に栄養状態を良くするか，ビタミン/ミネラルパウダーをふりかける ※果物の代わりにおやつにローリー(ヒインコなど果実食の鳥のこと)用のフードを利用できる ※動物が好きなものだけ選んで食べられないように上記の餌をよく混ぜる
1頭分の食餌(シカゴ動物園)
• リンゴ，ニンジン，サツマイモ，バナナ：それぞれ小さじ1杯 • サラダ菜：小さじ1杯 • 固ゆで卵の黄身：1/2 • 高品質の野生のネコ科動物用フード(ZuPreemやMazuri社製) • ミールワーム：12匹
2頭分の食餌(タロンガ動物園/オーストラリア)
• リンゴ：3g • バナナ/トウモロコシ：3g • ドッグフード：1.5g • ハエの蛹：小さじ1杯 • ブドウ/キーウィ：3g • Leadbeater's mix：小さじ2杯 • 皮付きのオレンジ：4g • 洋ナシ：2g • メロン/ロックメロン/パパイア：2g • サツマイモ：3g • 週1回鶏肉や餌用昆虫
Leadbeater's mixtureと市販のフードを用いた食餌
• Leadbeater's mixture 50%　• 食虫目もしくは雑食性動物用フード50% ※餌はすべて細かく刻んで混ぜ合わせ好きなものだけ選り好みして食べるのを防ぐ ※刻んだ果物や肉類，花粉，餌用昆虫などをおやつ(食餌全体量の5%以内)として加えても可

診療時

来院時の注意点と問診，身体検査

フクロモモンガは不適切な飼育管理に関連した疾患が多い．また手作りの食餌のみを与えている飼い主もいるため，問診内容として詳細な食餌内容，同居動物の有無と構成，飼育温度，ケージ外での運動の有無やその時間，飼育環境の変化などの飼養管理に関する内容について詳細に聴取する．

身体検査時にはフクロモモンガはプラケースやポーチ，小さな鳥かごなどに入れられて来院することが多い．タオルやポーチ内などに潜り込んでいる症例を引っ張り出す際には爪を引っ掛けないように注意する(**図3-12**)．普段おとなしく威嚇することがない個体でも院内で保定すると興奮して鳴くことも多い．飼い主に対しては普段の環境ではないことと院内に来て威嚇音で鳴くことはよくみられるであることを伝えておくとよい．

図3-12　ポーチの中に入ったフクロモモンガ
来院時，キャリーの中にポーチを入れている飼い主が多く，この中から引っ張り出す際には爪を引っ掛けないよう注意する．

体重測定を行う際にはプラスチックケースなどに移動させて行うことが多い．その際，全身の視診を行う(**図3-13**)．栄養性疾患のある症例では地面を這いつくばるような動きをすることがある．このような症例は骨が脆くなっている可能性があるため取

図3-13　視診
動物を透明なプラケースなどに入れて体全体の視診と体重測定を行う．より詳細な口腔内や総排泄腔部などの視診や触診は保定後に実施する．

り扱いに十分注意する必要がある．身体検査は聴診したのち顔周囲，眼，全体の皮膚の様子，雌であれば育児嚢，総排泄腔部周囲などの触診を注意深くかつ素早く行う．

保定法（図3-14）

フクロモモンガの保定はタオルやブランケットを用いて行うことが多い．小型げっ歯類と同様に頭頸部を把持し，体幹部を支えるようにして保定する．タオルなどを用いることで万一咬まれた際や鋭い爪によるひっかき傷による保定者の傷害を軽減できるとともに，人の手に対する恐怖心をフクロモモンガが持たないようにすることができる．フクロモモンガは小型げっ歯類に比べて爪が鋭利なため，タオルに引っかけたまま保定すると，フクロモモンガがタオル内で抵抗した際に爪を損傷させるリスクがるため注意する．

処置方法

爪切り

野生下で木々の間を滑空し，着地地点の木の幹などにしがみつくために本来，フクロモモンガの爪の先は鋭くとがっている．通常，飼育下でフクロモモンガの爪を切る必要はなく，飼い主が遊ぶ際に腕などに爪が当たり痛いために爪先を切ることがある．

ほつれた糸などが爪に引っかかる場合には，爪の過長よりも四肢の虚弱や骨密度の低下などにより，爪が引っかかっても自分で外すことができなくなっていることが多い．そのような症例では爪の過長があるかどうかを確認し，明らかな過長がない場合には栄養学的な問題の有無の確認をするとよい．また短めに爪を切ってしまうことで落下事故につながるリスクもあるため，フクロモモンガでは爪を切る目的を確認したうえで爪を切るべきであると考えている．

鎮静・麻酔

フクロモモンガは無理な保定などを行わなければ攻撃的ではないものの，俊敏に動きまわり，無理な保定を行うとジージーという威嚇音を出し，激しく抵抗し咬んでくることが多い．詳細な検査や疼痛を伴う処置，採血や正確なポジショニングでのX線撮影などを実施する際には鎮静や麻酔が必要となる．

当院では，短時間の検査や手術時の麻酔などを実施するほとんどの症例でイソフルレン単独の麻酔を用いている．イソフルレンを用いる際，小さめのプラケース内に入れて吸入麻酔による導入を行い，その後，マスクにて維持しECG，SpO_2や目視による呼吸の確認などでモニターを行う．気管チューブの挿管はフクロモモンガでも実施可能で1.0～1.5 mm径のカフなしの気管チューブや栄養カテーテルを加工したものを気管チューブとして利用できる．しかし，内径が細く空気抵抗や唾液などによる閉塞のトラブルが生じる可能性が高く，筆者らは気管チューブの挿管は実施していない．

輸液（補液）

フクロモモンガでは体格や性格から静脈内輸液は実施が困難であり，筆者らはほとんど全例で皮下補

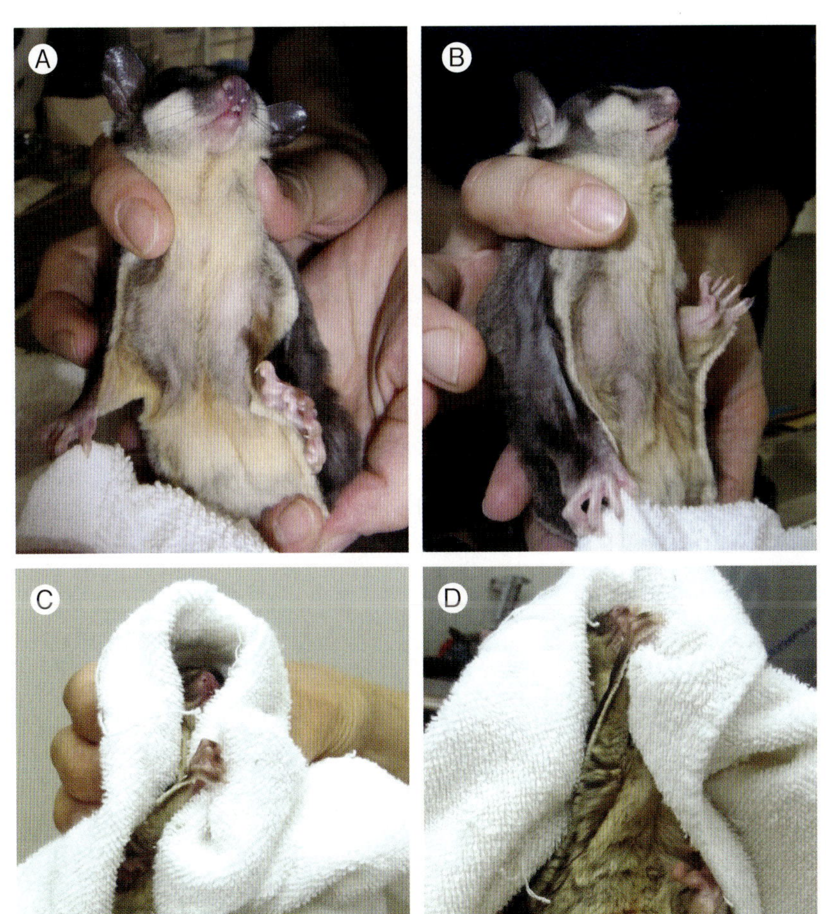

図3-14　保定
詳細な触診や視診が必要な際には，頭頸部を把持し，体幹部を支えるようにして保定(A, B)する．実際には保定時に薄手のタオルなどを用いることで咬まれた際や鋭い爪による引っかき傷による保定者の傷害を軽減でき，ヒトの手に対する恐怖心を動物が持たないようにすることができる(C, D)．

液を行っている．重篤な症例で静脈内輸液が必要な場合には代わりに骨髄内輸液が実施できる．

エリザベスカラー

フクロモモンガは自傷防止などのためにエリザベスカラーを装着することが多い．犬猫で市販されているエリザベスカラーはサイズ的に装着は困難であるためX線フィルムやクリアファイルを用いて小型げっ歯類と同様にエリザベスカラーを作成する．肥満個体ではエリザベスカラーをつけても顔の大きさよりも頸部が太いため容易に抜けてしまう．また激しく抵抗する症例でも首から抜けてしまうことがあるため，頸部1周を首輪のように布テープを貼りその上にエリザベスカラーを装着し，さらにその上から固定するように布テープを重ねるようにして貼ると，首に固定され外されにくくなる．それでも外れてしまう症例では頸部と胴の両方に同様のテープを貼り，テープで胴輪を作成するようにしてエリザベスカラーを固定させる(「プレーリードッグ」の項も参照)．尚，布テープは軽く水に濡らすと剥がすのが容易であるテープを使用し，粘着性の高いテープは用いないようにする．最終的に布テープの上に紙製のテープなどを重ねて張り付けておくことで布テープに爪が引っかかることを防止している．同時に爪は切っておいた方がよい．カラーの装着は慣れた保定者がいれば通常無麻酔で実施できる(**図3-15**)．長期間の装着が必要になる症例もいるが，その際にはエリザベスカラーによる被毛や皮膚の擦過傷，炎症反応が起こる可能性があるため定期的にテープを含めたエリザベスカラーの再装着を繰り返す必要がある．しかしカラー自体は動物に対するストレスが強くなるため様々な配慮(「入院管理」の項も参照)が必要である．

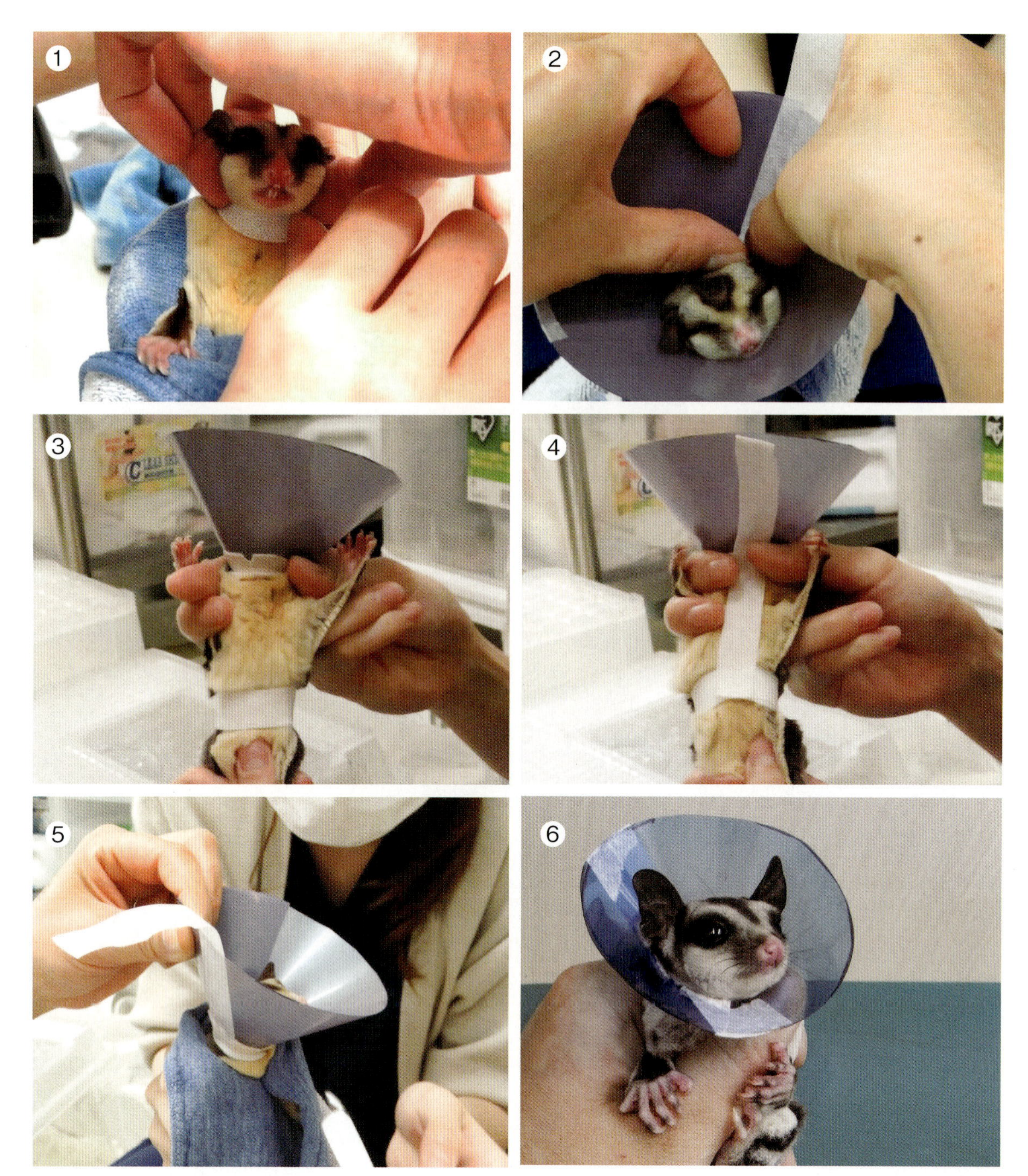

図3-15　エリザベスカラーの装着
①頸の周りにテープを巻く．
②カラーを巻いたテープの上に重ねて装着する．
③脇下の腹部にテープを巻く．
④腹側，背側に腹部のテープとカラーを繋ぐ縦のテープを貼る．
⑤⑥縦に貼ったテープと固定するため最初に巻いた頸の周りと脇下の腹部のテープの上から再度テープを巻いて終了

入院管理

ホテルなどで預かる場合には本来の飼育ケージを利用した方がストレスを軽減できる．しかし，疾患などにより入院させる際には，排泄物の確認，日々の処置時の捕獲が必要となるため当院では特大サイズのプラスチックケースなどに入れて入院管理している（図3-16）．食欲が低下している症例では嗜好性を考慮し様々な餌を準備する．プラスチックケース内にはペットシーツやタオルを敷き，潜り込めるような巣箱やポーチ，タオルなどを置いておく．エリザベスカラーを装着している症例では巣箱やポーチは避けた方がよい．また前肢を使って食餌をすることができなくなるため皿にいつも

図3-16　入院管理
大きめのプラスチックケースに入れ，小さめの皿に様々な食餌内容のものを入れておく．術後でエリザベスカラーをしている症例ではポーチなどは入れず，爪が引っかからないフリース生地のタオルを入れておくとよい．

通りの食餌を置いても食べられない可能性が高い．また本来の身動きが取れず流動食などの液状のものを置いておくと，こぼして身体を汚す可能性もあるため置きっぱなしにはせず比較的乾いたものを入れる．また，果物野菜などは細かく刻んで入れるなど工夫するとよい．看護として食餌を手で口元に持っていき食べさせることやミルクなどの流動食などシリンジなどで与えるなど食餌の補助をしてあげる必要がある．

検査方法

糞便検査

糞便検査も犬猫と同様に行うことができ，フクロモモンガの糞便検査では時折，原虫やコクシジウムが検出されることがあるが，飼育下のフクロモモンガでその他の消化管内寄生虫が問題となることは稀である．当院では，フクロモモンガの糞便検査は直接，浮遊検査を実施している．

尿検査

フクロモモンガは犬猫と異なり，尿道は消化管や生殖器とともに総排泄腔内に開口しており，単一の総排泄孔を介して体外へ排泄される．このため自然排尿した尿は総排泄腔内を通過しており，無菌状態ではないことを考慮して尿検査を実施すべきである．フクロモモンガの尿検査は犬猫と同様に実施できる．正常な尿は無色透明から黄色透明であり，濁った尿は外部からの混雑もしくは異常所見である．

血液検査

ハリネズミと同様に，通常採血時には鎮静や麻酔が必要となり，またフクロモモンガの体格から採血できる血液量にも限度がある．しかし犬猫同様に評価できるため必要に応じて積極的に実施していくべきであると考えている．採血部位は，全身麻酔下において前大静脈から採血することが多い．

画像検査

X線検査，超音波検査，CT検査などの検査はフクロモモンガでも実施することができる．詳細な検査は麻酔下で実施すべきであり基本的にはハリネズミと同様である．

飼い主へのインフォーム，指導

フクロモモンガは偏食個体が多いとされており様々な食餌の中から選り好みをして特定の餌しか口にしないことも多い．特に若齢時に接していない食餌は成長したあとには食べないことが多い．そのため若齢時から様々なタイプの食餌を試しておくよう伝えている．また肥満になりやすい傾向があるため偏食個体に限らず糖質が多くなりすぎないよう全体のバランスを考慮した食餌内容にするとよい．同ケージ内に同居動物がいる場合には一方が偏って過食していないか確認するように指導している．

自咬症の発生が高く(後述)，その要因のひとつとしてフクロモモンガは本来，複数頭で生活する社会性のある動物であり，単独飼育で飼い主とも十分なコミュニケーションが取れない場合には精神的なストレスの可能性が報告されている．特に単独飼育の雄で多い印象がある．飼い主がケージから出さなくなることや接しなくなるなどの急な環境の変化をなるべく起こさないようインフォームしておくとよい．

主な疾患

自咬症(図3-17)

自咬症はフクロモモンガで最もよくみられる皮膚疾患[7]であり，軽度の場合は舐め壊しによる皮膚炎がみられる程度であるが，ほとんどの場合は自咬し皮膚の裂開や筋肉の断裂などの重度な軟部組織の損傷を伴う．自咬は体の様々な部位でみられるが，主

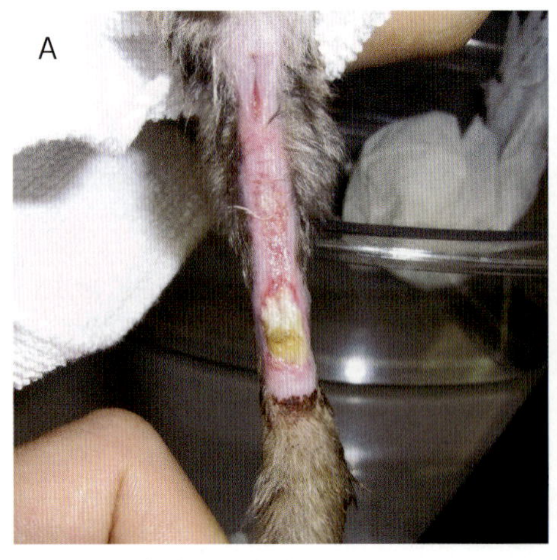

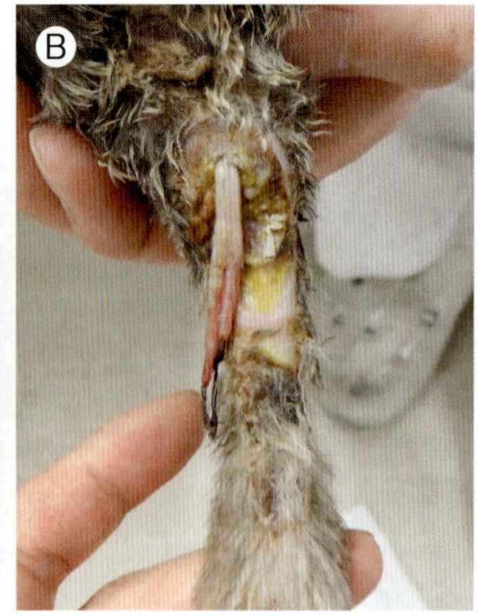

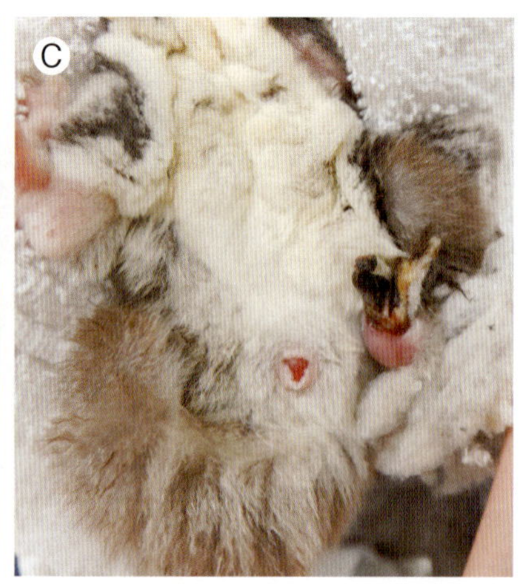

図3-17　自咬症の症状
A：尾の自咬　B：総排泄腔周囲の自咬　C：後肢の自咬
全身様々な部位を自咬するが，尾(A)や総排泄腔周囲(B)が多い．いずれにしても自咬部位は組織が壊死し白くなったり黒くミイラ化する．

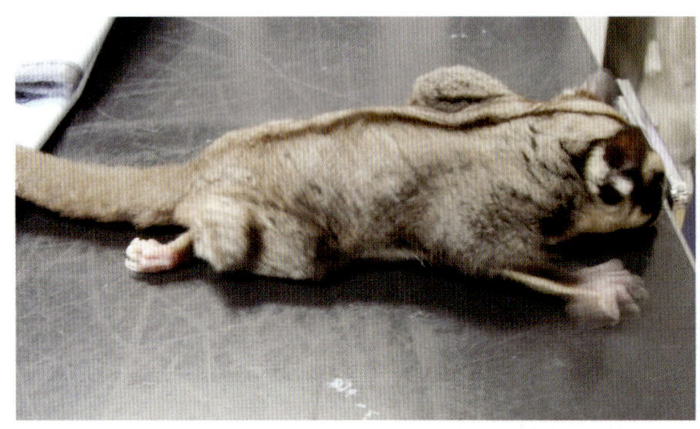
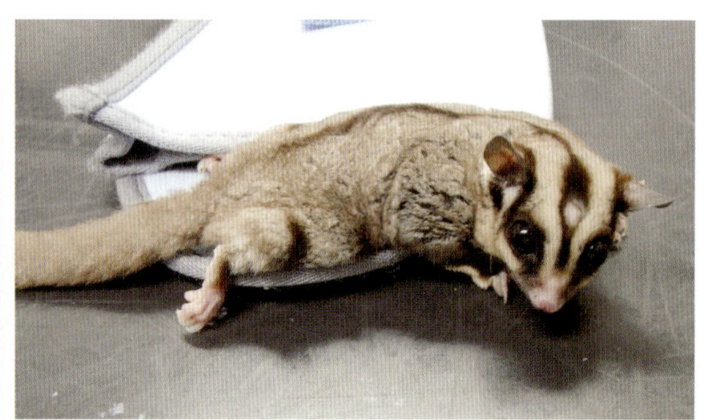

図3-18　代謝性骨疾患(MBD)のフクロモモンガ
栄養性疾患のある症例では地面を這いつくばるような動きをすることがある．このような症例は骨が脆くなっているおり容易に骨折する可能性があるため取り扱いに十分注意する必要がある．

な部位は陰部や胸部などであり，陰部は陰茎脱や肛門嚢の腫大，総排泄腔の炎症などが原因となっていることが多い．胸部は臭腺が存在する部位であり，特に雄では臭腺が顕著に発達し，臭腺のつまりや炎症などが自傷の原因となっている可能性が考えられる．また，精神的なストレスが自傷行為の一因となっている可能性も報告されている．ジージーという大きな鳴き声を上げながら切歯により皮膚や総排泄腔，陰茎などを自咬することが多い．

栄養性疾患(代謝性骨疾患)(図3-18)

フクロモモンガの飼い主による飼養管理の改善により，近年は栄養性疾患の発生率は低下しているものの，フクロモモンガでは代謝性骨疾患，栄養失調，肥満など栄養に関連した疾患が依然として時折みられる．代謝性骨疾患は骨細胞の代謝異常により骨の形成，構造，質および機能に悪影響を及ぼす疾患の総称で，骨異栄養症と呼ばれることもある．成長板が閉鎖するまでの成長期において発症するものをくる病と呼び，成長期を終えてから発症するものを骨軟化症と呼ぶ．一般的には栄養性，内分泌性および中毒性の原因が挙げられるが[13]，フクロモモンガでは栄養の不均衡，特に低カルシウム，低ビタミンDおよび高リンの食餌が原因であるとされている[13]．本来，夜行性であるフクロモモンガは，ビタミンD_3の摂取を日光(特にUVB)に浴びて合成するよりも食餌からの摂取に頼っているため，栄養の不均衡により代謝性骨疾患が起こりやすいと考えられる[13]．代謝性骨疾患と診断した場合は低カルシウム血症にもなっている可能性が高いと考えて治療する．

1. Ness R.D. Johnson-Delaney C.A. (2012): Sugar Gliders. In: Ferrets, Rabbits, and Rodents Clinical Medicine and Surgery. 3rd ed. (Quesenberry, K.E. and Carpenter, J.W. ed.), 393-410, Saunders
2. Johnson-Delaney C. (2010): Marsupials. In. BASAVA Manual of Exotic Pets 5th ed. Meredith A. and Jhonson-Delaney C eds, 103-126, British small animal veterinary association
3 Johnson-Delaney, C.A. (2002): Reproductive medicine of companion marsupials. Vet Clin North Am Exot Anim Prac, 5; 537-553
4. MacPherson, C. (1997): Sugar Gliders (A Complete Pet Owner's Manual), Barron's
5. Carboni D., Tully T.N. (2009): Marsupials. In Manual of Exotic Pet Practice, 299-325, Elsevier
6. Lennox A.M., Miwa, Y. (2016): Anatomy and disorders of the oral cavity of companion mammals. Vet Clin North Am Exotic Anim Pract. 19: 929-945
7. Ivey E., Carpenter J.W. (2012): Sugar Gliders. In Ferrets, Rabbits, and Rodents: Clinical Medicine and Surgery, 3rd ed. (Quesenberry, K.E. and Carpenter, J.W. ed.), 393-410, Saunders
8. 霍野晋吉 , 横須賀誠 (2021). ハリネズミ，フクロモモンガ . カラーアトラスエキゾチックアニマル哺乳類編 ―種類，生態，飼育，疾病― , 248-291, 緑書房
9. Heatley J. (2009): Cardiovascular anatomy, physiology, and disease of rodents and small exotic mammals. Vet Clin North Am Exot Anim Pract. 12: 99-113
10. Dawson T.J., Webster K.N., Mifsud B. et al. (2003): Functional capacities of marsupial hearts: size and mitochondrial parameters indicate higher aerobic capabilities than generally seen in placental mammals. J. Com Physiol. 173: 583-590
11. 三輪恭嗣 (2008): モモンガの食餌管理 , VEC.6;(2): 62-66
12. Wightman C. (2016): Sugar Gliders (A Complete Pet Owner's Manual), Barron's
13. McFadden M. (2015): Musculoskeletal System. In: Current Therapy in Exotic Pet Practice, Elsevier

その他の動物

前述した動物以外で来院件数は稀ではあるが，その中でも比較的来院するエキゾチック動物について記載する．これらの動物はペットとしての歴史が浅く，さらに野生に近い動物種でもあり，人に慣れにくい，飼養管理に関する情報が不十分，環境エンリッチメントの確保の不足など様々な問題点があるため，安易に飼育すべき種ではない．また疾患や獣医学的情報についてもまだ十分な知見が蓄積されていない．しかし，一般的なペットショップ等にもこれらの動物が並ぶことが増えている現状がある．

フェネック

フェネック（*Vulpes zerda*，**図3-1**）の流通数自体は多くなく個体価格も高額であることから飼育数や来院数は限られている．フェネックは棲息分布が広範囲であるため，すぐ絶滅の危機はないとされている．しかし，ペット用や展示用の捕獲・地域開発による棲息地の開拓などの影響が懸念されて1976年にチュニジアの個体群がワシントン条約附属書Ⅲに掲載，その後1985年には種として附属書Ⅱに掲載されている．現在のところ日本での飼育に特に制限はない．

生物学的分類と特徴

フェネックは食肉目イヌ科キツネ属に分類される．野生下ではアルジェリア，エジプト，スーダン，モロッコ，リビアなどの砂漠地帯に広範囲に棲息するキツネの仲間である[1]．家族で群れを成して生活し，夜行性ではあるものの午前中に日光浴を行うこともある．砂地に巣穴を掘って日中は暑さを避けるため巣穴の中で生活し，日が暮れてから活動する．寿命は10～12歳程度である[2]．野生下では肉食性で小型げっ歯類，鳥類やその卵，爬虫類，昆虫，果実，葉や根を食べている[3]．砂漠で棲息しているため飲水量は少なく，主に植物から水分を摂取している．体長は36～41 cm，体重は1～1.5 kg程度である．跳躍力に優れており，特徴的な大きな耳介は砂漠地域で生活するために放熱するのに役立つ．また聴力にも優れており砂地に潜んでいる獲物を探し出すのに役立っているとされている．

解剖生理学的特徴

フェネックの皮膚は柔らかく被毛で厚く覆われている．3対の乳頭を持ち，肛門には1対の肛門腺を有している．足裏まで被毛で覆われており砂漠の熱い砂の上を走行することができ，指間にも分泌腺を持つ．また雄では尾の背側に黒斑がありキツネ特有の臭いを出すスミレ腺を持ちこれを利用してマーキングする．大きな耳介と大きな鼓室胞も有しているため聴力に優れている．

歯式は犬と同様であり2(I 3/3，C 1/1，PM 4/4，M 2/3)の計42本で，臼歯が尖状のため昆虫を

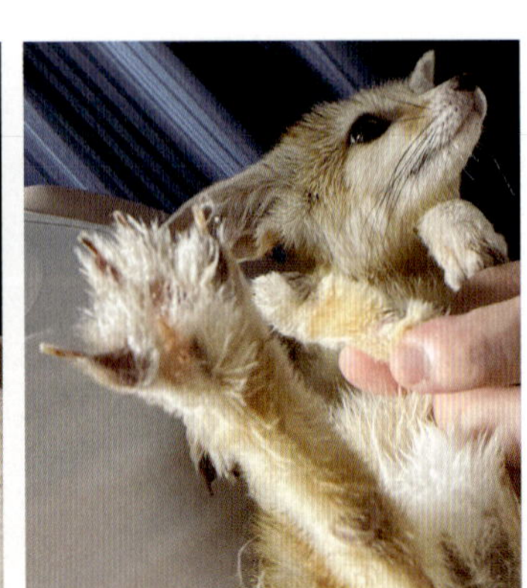

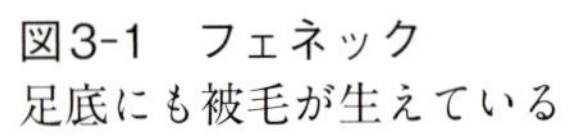

図3-1　フェネック
足底にも被毛が生えている

容易に食することができる[4]．消化管は犬と類似しており単胃と短めの小腸，大腸を有し盲腸は痕跡的に小さくなっている[5]．

気温が上昇すると肢の血管と血管の豊富な耳介の血管を拡張させて体熱を放散する．体温が上昇すると通常は発汗による放熱を行うが，フェネックでは水分の損失を防ぐため体温が40.9℃になるまで発汗を防ぐことができることが知られている[4]．

フェネックは基本的に代謝率が低く，摂取カロリーが少なくても生存が可能であり，尿を極限まで濃縮することができる．

繁殖生理

妊娠期間は50～53日で産仔数は1～6頭で通常2～3頭である．年1回の繁殖を行う．生後12～14日程度で開眼し，離乳は生後1～3カ月程度で，性成熟は生後6～9カ月で迎える．雌のフェネックは繁殖中には神経質で攻撃的となる[3]．

飼養管理

飼育環境

一般的に犬の飼育と同様に，ケージと家の中での放し飼いを併用して飼育することが多い．フェネックはアフリカの砂漠地帯で昼は気温が高く陽射しが強く，夜間には気温が下がるような地域に棲息している．このため，ある程度の寒暖差には比較的耐性があるとされている．しかし，気温が32℃を超えると体調不良となり食欲低下にもつながるとされている[2]ことから犬や猫と同様20～25℃程度に保つとよい．

食餌

飼育下でのフェネックの栄養学は確立されておらず専用ペットフードは販売されていない．基本的には雑食性であり，近縁のホッキョクギツネや犬猫のデータを流用し[3]，ドッグフードやキャットフード，コオロギやミルワーム等の昆虫，小松菜やリンゴなどの野菜や果物を与える．飼育下では肥満になりやすいため，主食のドッグフードやキャットフードを過剰に与えないようにする．また，生き餌のコオロギなどを与えることは狩猟本能を刺激するためエンリッチメントとしても有効である[3]．

診療時

基本的には小型犬と同様の取り扱いが可能である．臆病な個体が多く，急に診察台の上から飛び降りる可能性もあるため，診察台では保定している手を離さないようにし，場合によっては床で診察するとよい．

検査方法

血液検査の採血は犬と同様，伏在静脈，頸静脈，橈骨皮静脈から採血することができる．その他の臨床検査も犬と同様に実施することができる．通常では無麻酔にて血液検査やX線検査を実施できるが必要に応じて鎮静や麻酔下での実施を検討する．

飼い主へのインフォーム，指導

フェネックは一般的に社交性があり，基本的な社会単位は雄と雌，その子供である[3]が，仲間との結びつきが強く1頭で飼育している際には飼い主との結びつきが強くなるとされている[2]．そのため番での飼育を検討することや飼い主が仲間として社会性，社交性を満たす必要がある．

またフェネックは夕方から夜にかけて活動的になり，様々な大きな鳴き声で鳴くこともある[2]．鳴き声に対するしつけは困難なため，防音等の対策が必要である．

イヌ科に分類されるフェネックは犬と同様の感染症に罹患するリスクがあり，イヌジステンパー，イヌアデノウイルス，イヌパルボウイルスの感染予防が推奨される．しかし，61日齢の若齢フェネックが，混合ワクチンの投与後11日で眼脂や鼻水，痙攣がみられたのち死亡し，ワクチン由来のイヌジステンパーウイルスとイヌアデノウイルス2型が検出された例が報告[6]されている．このため飼い主にはインフォームド・コンセントをした上での接種を検討する．またフェネックで認可されているワクチンはないため，認可外での使用であることもインフォームする必要がある．

イヌ糸状虫(*Dirofilaria immitis*)にも罹患する可能性があるため毎月の予防薬の投与が推奨されるが，散歩に出かけるようであればノミやマダニ予防もできるスポットタイプの投与を検討するなど犬と同様の提案をする．

主な疾患

フェネックの疾患に関する情報は少なく，飼育下での疾患の発生傾向をまとめた報告はない．動物園での医療記録による疾患は，外傷やアトピー性皮膚炎などによる皮膚疾患，腫瘍性疾患，心疾患，感染症などが報告[7]されている．腫瘍性疾患の中では特に肝細胞癌の発生が多いとしている．またキツネの尿路結石症をまとめた別の報告[8]では，提出された尿路結石の半分以上はフェネック（*Vulpes zerda*）とアカギツネ（*Vulpes vulpes*）から採取されていた．摘出した尿路結石はストラバイトとシスチン結石が最も一般的であったとしている．

ミーアキャット

近年ミーアキャットの来院件数が増えておりペットショップでも見かけることが増えている．ミーアキャットは幼獣から飼育するとよく慣れ，ハーネスやリードをつけて散歩することもできるため，犬のような感覚で飼育することができる．しかしミーアキャットは本来気性が荒く，飼い主によく懐いているようにみえても突然噛むこともあり，また家族以外の他人に対しては攻撃的になることもあるため，飼育の難易度は比較的高い．

生物学的分類と特徴

ミーアキャット(*Suricata suricatta*)(**図3-2**)は，食肉目マングース科スリカータ属に分類される．以前はジャコウネコ，ジェネットなどのジャコウネコ科の亜科に分類されていた．スリカータ属はミーアキャットのみで構成され，ミーアキャットは別名スリカータとも呼ばれる．主な原産地は南アフリカ(アンゴラ南西部，ナミビア南部，西部，ボツワナ南西部，南アフリカ共和国の北部，西部)であり，野生下では乾燥し石の多い開けた平野に住んでいる．平均15～30頭くらいの大きなコロニーを形成して生活している．地面に穴を掘って巣を作り，午前中は外に出て活動し，日の入りと共に巣に帰って休む生活をしている[9]．昼行性であり，太陽に向かって直立し体を温める習性がある．群れを作って集団生活をしているため仲間同士で，穴の入り口のところで見張り役や子守役などを役割を分担しながら高い社会性と協調性を備えているとされ，このような行動はセンチネル行動と呼ばれている[10]．ミーアキャットの平均寿命は12～14歳，体長25～31 cm程度，平均体重680～900 gと記載があるが，当院に来院するミーアキャットでは1 kgを超える個体も比較的多い．体温36.3～38.8℃である[9]．

解剖生理学的特徴

ミーアキャットは遠視のため，目の前にある食べ物を見逃してしまうことがある．また穴を掘る時に耳を閉じる能力を有している．食べ物を見つける時は嗅覚に頼ることが多い．皮膚は短い被毛を持ち背側の茶色と黄褐色の斑点が特徴となっている．尾の先端は黒い被毛になっている．ミーアキャットの目の周りは濃い茶色もしくは黒の帯があり，太陽の眩しさを軽減していると考えられている．ミーアキャットの爪はすべて穴を掘るため，収納不可能で鋭く湾曲している(**図3-3**)．雄には肛門横に1対の肛門腺がある．また，雄の精巣は陰嚢内に収納されており陰茎の尾側に存在する(**図3-4**)．乳頭は左右6対合計12個存在する．

歯式は2(I 3/3, C 1/1, P 3/3, M 2/2)で計36本あり，鋭い犬歯を持つ[9](**図3-5**)．

図3-2　ミーアキャット
幼獣から飼育するとよく慣れる．病院へはハーネスをつけて来院する飼い主も多い．

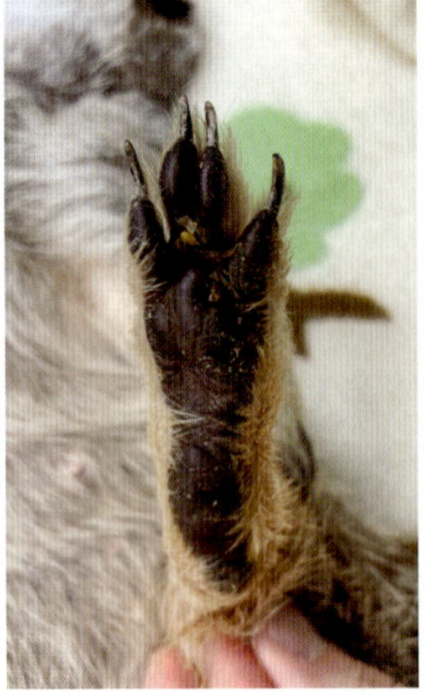

図3-3　ミーアキャットの四肢
足底は肉球（蹠球）があり，被毛は生えていない．鋭く長い鉤爪をしている．

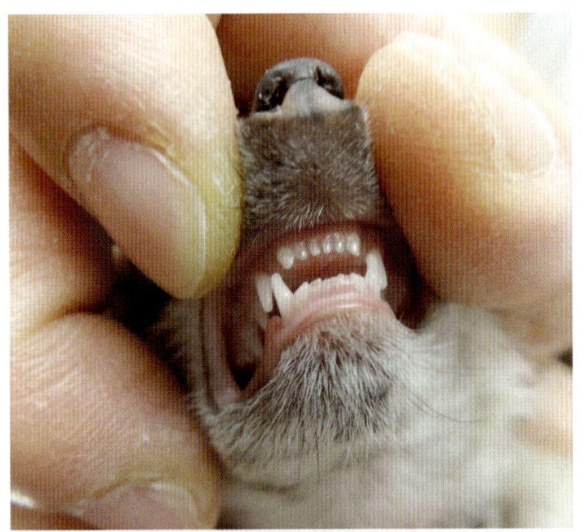
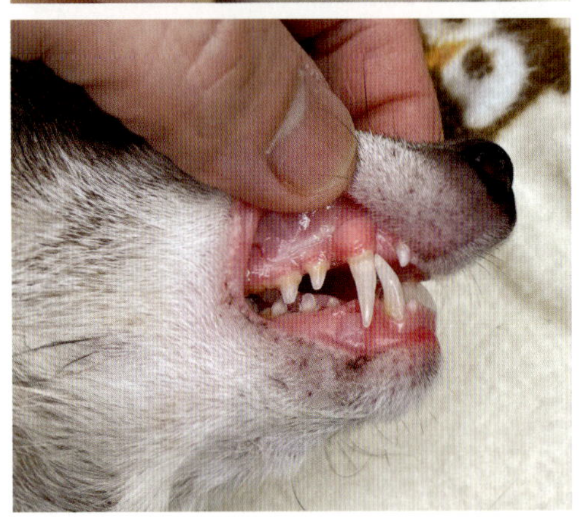

図3-5　ミーアキャットの歯
肉食性のため，鋭い犬歯を持っている．

繁殖生理

性成熟は1～2歳齢で，発情周期は1年を通してあるため年間を通して繁殖可能である．妊娠期間は70～77日で，通常2～5頭（平均4頭）の産仔数である．新生仔の体重は25～36gで開眼するのは10～14日，7～9週齢で離乳する．

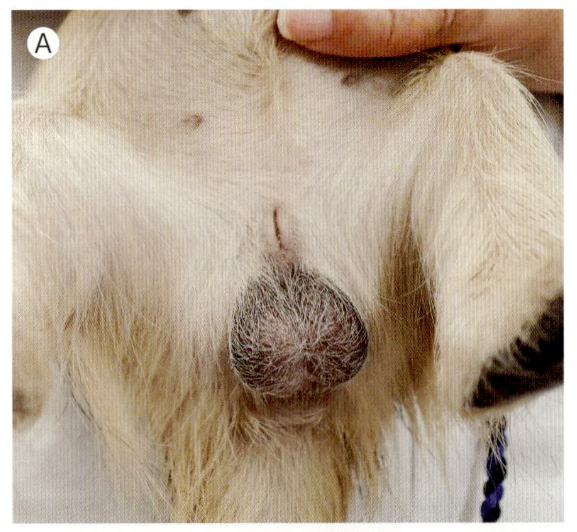
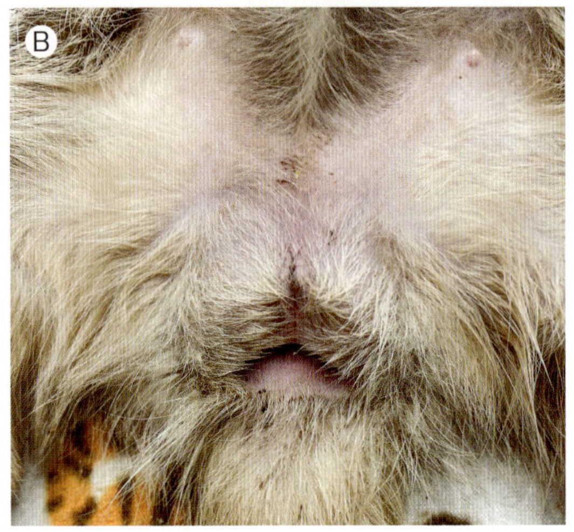

図3-4　ミーアキャットの雌雄判別
A：雄　B：雌
雄は陰嚢内の精巣が明瞭であるため，比較的雌雄判別が容易である．

飼養管理

飼育環境

以前はジャコウネコ科に分類されていたため，同科の収容最小面積を参考にすると，ミーアキャットサイズの中型のジェネットやジャコウネコで単独飼育では3.72 m^2，追加個体数あたり1.86 m^2が必要で高さは1.83 m必要とされている[11]．他の報告ではペアのミーアキャットには少なくとも8 m^2が必要とされている．これらの報告は，動物園での飼育のため一般家庭ではこの広さの確保は難しいかもしれない．

実際の飼育ケージは犬やフェレット用ケージを使用することが多い．ケージの中にはハンモックや寝袋などの寝具を入れてやるとよい．ただしケージの中だけでは運動量が足りず，肥満やストレスの原因にもなり得ることから屋内で遊ばせる．ミーアキャットを外へ散歩に連れて行く際は，ハーネスや首輪の装着の練習をした上で，外の音などの環境にも慣れさせるなど，しっかり準備をしてから行い，逃走させないよう十分注意する必要がある．

ミーアキャットは社交性があり群れで生活していることから複数飼育が可能である．むしろ複数の家族(世帯)と群れを作るなど社会性が重要とされているため単独で飼育した場合にはストレスを感じる可能性がある．

ミーアキャットは暖かい環境に棲息しているため，寒さに弱く室温は25～28℃に設定しておくとよい．またミーアキャットは野生下では体を暖めるために日光浴させる習慣があるため，日当たりのいい窓辺につれていってやったり，定期的に日光浴のため屋外へ連れていくか，気温が下がる時には保温ランプを使用して身体を暖めてやることもある．

食餌

ミーアキャットの飼育下での食餌として確立されたものはないが，85％が昆虫と小型の脊椎動物で，残りは果物，ゆで卵，フェレットフードなどを与えるとよいとされている[12]．例としてミルワームやコオロギなどと，マウスもしくは鳥の雛，リンゴやブドウ，梨などの果物，市販のフェレットフード，ビタミンミネラルなどのサプリメントで，ゆで卵は週1～2回程度与える．実際，飼育下では常に上記のような内容を準備するのは大変なため，ドッグフードやキャットフード，フェレットフードなどを組み合わせて与えることができる．野生下での食餌を考慮するとハリネズミフードや食虫目用のフードの方がより好ましいかもしれない．これらのフードに野菜や果物を追加して与える．

診療時

ミーアキャットは家族以外の人には攻撃的になることもあるため，性格をよく見極めてから診察を行う．厚手のブランケットなどを使って保定するが，攻撃的な個体については飼い主に抱っこしてもらった状態で聴診や触診をすることがある．しかし，臨床検査や点滴などのストレスがかかる処置については，飼い主の安全性が確保できないため推奨しない．保定方法は慣れている個体であれば脇と下半身を保持して保定するが，頭が自由に動かせると噛まれる可能性があるため，頸部背側の皮膚を掴んで保定することもできる．しかし保定にストレスがかかる処置を実施する際には，鎮静や麻酔下で実施した方が，麻酔リスクはあるものの病院スタッフおよび動物に対して安全である．

検査方法

採血法は犬や猫と同様に，頸静脈，橈側皮静脈，大腿静脈，外側伏在静脈などから行う．またX線検査や超音波検査などの画像検査も犬猫と同様に実施できる．

飼い主へのインフォーム，指導

ミーアキャットはイヌジステンパーへの感受性があるため[13]ワクチン接種が推奨される．しかしフェレット，フェネックなどと同様，犬用に認可されたワクチンを使用するのが現状のため，抗体の産生や副反応についてはまだ不明な点も多い．また犬用ワクチンを使用することから認可外での投与についてのインフォームドコンセントが必要である．その他の予防医療として犬糸状虫症(フィラリア)に罹患する可能性もあるため定期的な処方が推奨されている．

主な疾患

ミーアキャットの疾患に関する情報は，フェネックと同様少なく短報での症例報告がほとんどである．これまでには剖検した8例の死因に関する報告[14]では外傷，消化管内異物，寄生虫性肺炎，全身性動脈硬化症，コレステロール肉芽腫，肺腺腫，脊椎症などがある．このほかには感染症(日本脳炎，マイコバクテリウム，トリパノソーマなどのウイルス，細菌，寄生虫疾患[15～17])の報告がある．経験的にはミーアキャットで心疾患，特に拡張型心筋症と診断する症例が時折いる．

参考文献

1. 中川志郎 監訳 (2007): 野生動物の医学 , 文永堂出版
2. Lariviere S., Vulpes zerda. (2002): Mammalian Species, Issue 714, 26: 1-5
3. Dempsey J.L., Hanna S.J., Asa C.S., et al. (2009): Nutrition and behavior of fennec foxes (*Vulpes zerda*). Veterinary Clinics of North America: Exotic Animal Practice. 12(2). 299-312
4. Johnson D.H. What you need to know about fennec foxes. ABVP2023 proceeding
5. Stevens C.E., Hume I.D. (1995): The mammalian gastrointestinal tract. In: Comparative physiology of the vertebrate digestive system, 57-60 Cambridge University Press
6. Tamukai K., Minami S., Kurihara R., et al. (2020): Molecular evidence for vaccine-induced canine distemper virus and canine adenovirus 2 coinfection in a fennec fox. J Vet Diagn Invest. 32(4), 598-603
7. Figueroa R, Oliveira RD, Sykes JM. (2023)A 40 year (1980-2019) retrospective review of morbidity and mortality of fennec foxes (*Vulpes zerda*) at the Bronx and prospect park zoos. J Zoo Wildl Med.54(2), 252-261
8. Waite LA, Hahn AM, Sturgeon GL, Lulich J. (2022) Urolithiasis in foxes: assessment of 65 urolith submission assessment of 65 urolith submission to the Minnesota Urolith Center from 1981-2021. J Zoo Wildl Med. 53(3), 578-582
9. Moria J. van Staaden (1994): *Suricata suricata*, Mammalian Species Issue 483, 2: 1-8
10. Steiniger S., Andrew J.S. Hunter (2012): A scaled line-based kernel density estimator for the retrieval of utilization distributions and home ranges from GPS movement tracks. Ecological Informatics Volume 13: 1-8
11. 中川志郎 監訳 (2007): アライグマ科とジャコウネコ科 , 野生動物の医学 , 文永堂出版
12. Keeble E., Heggie H. (2012): Mammals biology and husbandry. In: BSAVA Manual of Exotic Pet and Wildlife Nursing pp.34-57
13. Coke R.L., Backues K.A., Hoover J.P. et al. (2005): Serologic responses after vaccination of fennec foxes (*Vulpes zerda*) and meerkats (*Suricata suricatta*) with a live, canarypox-vectored canine distemper virus vaccine. J. Zoo. Wildl. Med. 36(2), 326-330.
14. Martí-García B, Priestnall, SL, Suárez-Bonnet, A. (2023). Pathology and causes of death in captive meerkats (*Suricata suricatta*). Vet Q. 43(1), 1-9
15. Palgrave CJ, Benato L, Eatwell K, Laurenson IF, et al. (2012). Mycobacterium microti infection in two meerkats (*Suricata suricatta*). J Comp Pathol. 146(2-3), 278-282
16. Valdés-Soto M, Burgdorf-Moisuk A, Raines J. (2023). Trypanosoma cruzi infection in three slender-tailed meerkats (*Suricata suricatta*). J Zoo Wildl Med. 54(2), 394-400
17. Chutchai Piewbang C, Wardhani SW, Chaiyasak S. (2022). Japanese encephalitis virus infection in meerkats (*Suricata suricatta*). Zoonoses Public Health. 69(1), 55-60

サル類

サルは第2章でも記載したように感染症法やワシントン条約(CITES)の関連により現在では国内繁殖した個体のみが飼育可能である．サルの詳細な飼育数は不明であるが，以前に比べると来院する件数は大きく変わらず，種が変わってきたように感じている．実際10年くらい前はスローロリス，コモンマーモセット，リスザルなどがよく来院していたが，現在ではショウガラゴの来院数が多い．霊長目は，類人猿(オランウータン，チンパンジー，ゴリラ，テナガザルの4類)以外に真猿類，原猿類に分類される．原猿類は霊長目原猿亜目に属する総称として分類されている(キツネザル，ロリス，メガネザルの仲間)．現在は霊長目を曲鼻亜目と直鼻亜目の2つにわける分類もされた．曲鼻亜目としてキツネザルとロリスの仲間が分類され，直鼻亜目として真猿類と類人猿に加え，メガネザルが真猿類に近いことが明らかになったためメガネザルの仲間が分類された(**表3-1**)．

真猿類には新世界ザルに分類される主に南米大陸に棲息する広鼻猿類と，旧世界ザルに分類されるアフリカやアジアに棲息する狭鼻猿類がいる．広鼻猿類は左右の鼻の穴の間隔が広く嗅覚が鋭いのが特徴であり，狭鼻猿類は鼻の穴の感覚が狭く穴が下方または前方に向いているのが特徴である．

原猿類にはロリス科やガラゴ科，キツネザル科，メガネザル科などが含まれ，愛玩動物としてはスローロリス，ショウガラゴなどがいる．新世界ザルにはマーモセット科のコモンマーモセットやタマリン，オマキザル科のリスザル，フサオマキザルなどが挙げられる．旧世界ザルにはオナガザル科が含まれるが，動物愛護管理法の特定動物にあたるため愛玩として飼育されることはほとんどない．

ヒトに近い動物であるサルを飼育するということは，人獣共通感染症の感染リスクの可能性を考慮する必要がある．そのため飼育開始時には糞便検査，血液検査，ウイルス検査，ツベルクリン検査(**図3-1**)などの検疫を実施することを推奨する．糞便検査の項目は通常の糞便検査に加えて，赤痢菌，サルモネラ菌，病原性大腸菌，ビブリオ菌，赤痢アメーバー，�虫などの評価を行う．ウイルス検査については麻疹ウイルス，水痘ウイルス，単純ヘルペス(Bウイルス)などがある．また，ヒト単純ヘルペス(HSV)

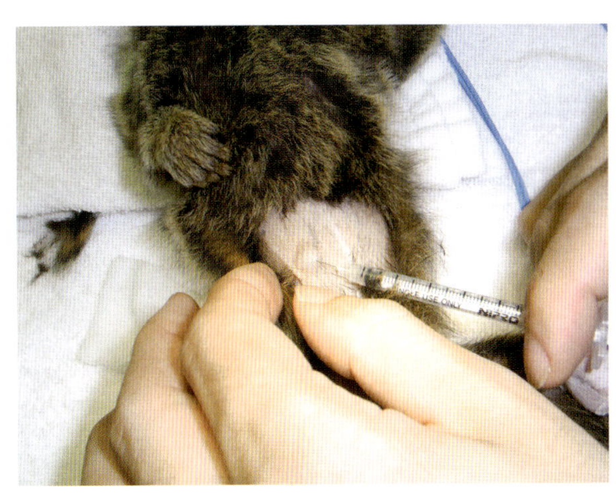

図3-1　ツベルクリン検査(コモンマーモセット)
ツベルクリン液を腹側皮膚に皮下注射する．現在動物用ツベルクリン液は製造終了している．

表3-1　霊長目の分類

<table>
<tr><td rowspan="5">霊長目</td><td rowspan="2">原猿類</td><td>曲鼻亜目</td><td colspan="2">・ロリスの仲間
・ツネザルの仲間</td></tr>
<tr><td rowspan="4">直鼻亜目</td><td colspan="2">・メガネザル</td></tr>
<tr><td rowspan="2">新猿類</td><td>新世界猿
(広鼻猿類)</td><td>・コモンマーモセット
・タマリン
・リスザル
・フサオマキザル</td></tr>
<tr><td>旧世界猿
(狭鼻猿類)</td><td>・オナガザル科
(カニクイザル，ニホンザルなど)</td></tr>
<tr><td>類人猿</td><td>・オランウータン
・チンパンジー
・ゴリラ
・テナガザル</td><td></td></tr>
</table>

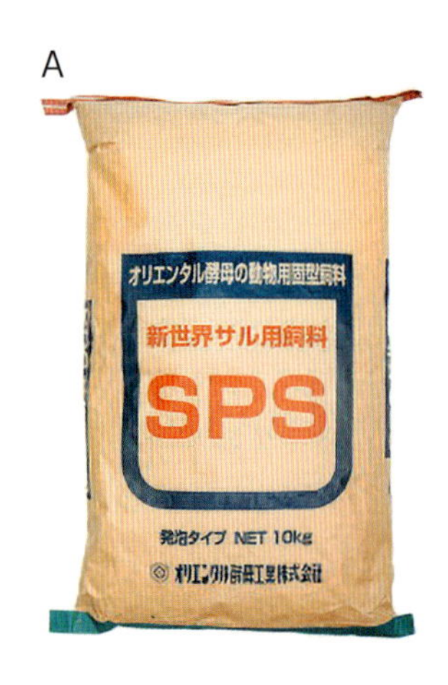

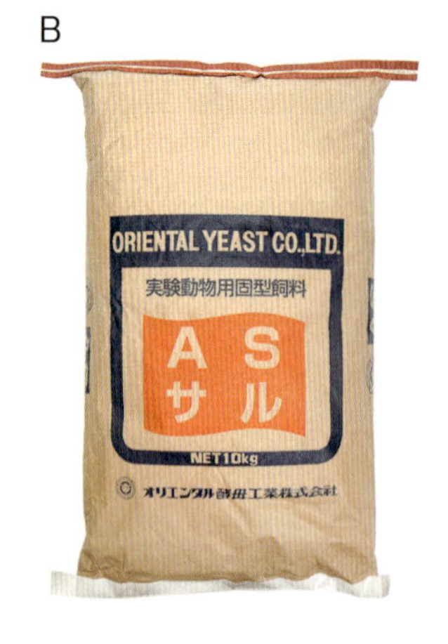

図3-2　モンキーフード
A：新世界ザル用　B：旧世界ザル用　C：新世界ザル用　D：マーモセット用
サル専用フード(モンキーフード)の販売は限られており，実験動物用や海外製の商品がほとんどである．

は，ヒトでの感染は口腔内粘膜などに水泡性または潰瘍性の病変を形成し，その後は神経節に潜伏感染し無症状となる．一方，愛玩サルでは特にコモンマーモセットなどに感染した場合には痙攣発作や呼吸困難，神経症状などを呈し急変して死の転機を辿る可能性があるウイルス感染である[1]．これらの検査を必要に応じて実施するとよい．

サルが咬むという行動は意思表示の一つで，躾をすることで完全に抑えられるものではない．また発情に伴う行動は慣れた飼い主でも手に負えないこともある．

サル類の特徴

原猿類は真猿類に比べて知能が低く小型のサルが多く，基礎代謝も低い．夜行性のサルが多く暗いところでも物をみるため，眼球が大きく顔の正面に並んでいる特徴がみられる．原猿類は双角子宮を持ち乳頭は2対みられる．

真猿類，特に新世界ザルは原猿類より樹上生活に適した特徴がみられ，眼は前方を向いており立体視がより可能となっている．また，一部の猿(マーモセット)以外はすべて平爪で対向指を持っているため，物をしっかり掴むことができる．また，マーモセット以外の真猿類は単一子宮で，乳頭も1対のみである．

サルの飼育では食餌の準備に比較的手間がかかる．サルの種類によっては嗜好性の問題から選り好みや偏食する個体もいる．飼い主は栄養の不均衡よりも食べないことの方が不安に思うため，好物ばかりを与えてしまうことがある．実際サルの種類によっては肥満が問題となることや，糖尿病を発症することもある．偏食傾向にならないためにも幼少期から様々な種類の食餌を与え，果物やおやつなどの嗜好性の高いものは極力控えるなどの工夫も必要である．一般的なモンキーフードは新世界ザル用と旧世界ザル用，共通用，マーモセット用などが販売されている．新世界ザル用は粗タンパクが20%以上，旧世界ザル用は15%程度が理想とされている[2]．新世界ザル用やマーモセット用のペレットではビタミンCが必ず入っていることとカルシウム代謝に必要なビタミンD_3が強化して配合されている．しかし，これらのフードは栄養学的バランスは取れているが嗜好性の問題から食べない個体も多い(**図3-2**)．

サル類の診療時

サルを診察する際には個体の性格や年齢にもよるが，咬まれる可能性を常に意識しておく必要がある．スローロリスは通常は緩慢な動きをしており，鎮静や麻酔をかけずに身体検査を実施できることもある．しかし，必要に迫られた時には俊敏に動くことも可能であり，飼い主以外には攻撃的な個体もいる．このため，このような個体には検査や処置は基本的に鎮静や麻酔下にて実施するべきである．無麻酔下で実施する場合にはやや厚手のブランケットやタオルでロリスを包み，咬まれないように注意しながら身体検査を実施する．保定している間は，包んでいるタオルに前後肢を掴ませる（握らせる）と安定する．原猿類は樹上で生活している種も多く，何か物に捕まっていないと不安になることが多い．攻撃的な個体の身体検査，顔まわりや痛みを伴うような検査や処置については鎮静や麻酔を考慮する．ロリスは，後述するように毒腺をもち，分泌液を唾液と合わせることによって毒素となる．人が咬まれた際にはこの毒素によりアナフィラキシーショックを起こすことがある．また，ショウガラゴも攻撃的もしくは極端に臆病な個体でなければ無麻酔下で身体検査を実施できるが，ロリスと同様に取り扱う．いずれにしても，保定をするだけでも猿にとってはストレスがかかっているため無理はせず，鎮静・麻酔下での身体検査を検討するとよい．一方，コモンマーモセットは動きが俊敏で，飼い主以外に攻撃的になることがあるため，無麻酔下での身体検査は比較的難しいことも多い．問診や視診にてある程度の全身状態や疾患を予測した上で臨床検査を検討し，鎮静麻酔下での検査や処置を予め想定しておくことが重要である．

サル類の検査方法

血液検査は，橈側皮静脈，外側伏在静脈，内股静脈から採血するが，ロリスは四肢が筋肉質であり太くて短いため血管が怒張しづらい．一方でショウガラゴやコモンマーモセットは体重も少なく血管も細いため充分な採血量がとれないこともあるので，検査項目の優先事項を考慮する．採血は28～30 Gのインスリン専用シリンジで採血することが多い．細いインスリン用シリンジで採血しても，少量ずつゆっくりしか血液が採取できないこともあるため，この際に採血中に血液が凝固しないように，シリンジにあらかじめごく少量のヘパリンを通しておくとよい．X線検査や超音波検査などの画像検査も基本的には犬や猫と同様である．麻酔はイソフルランによる導入，維持を行うことが多い．

サル類の飼い主へのインフォーム，指導

スローロリスやショウガラゴを含めた原猿類の予防医学はほぼ確立されていないが，海外の施設では狂犬病ウイルスワクチンと破傷風トキソイドを定期的に接種しているところもあり，効果は認められて

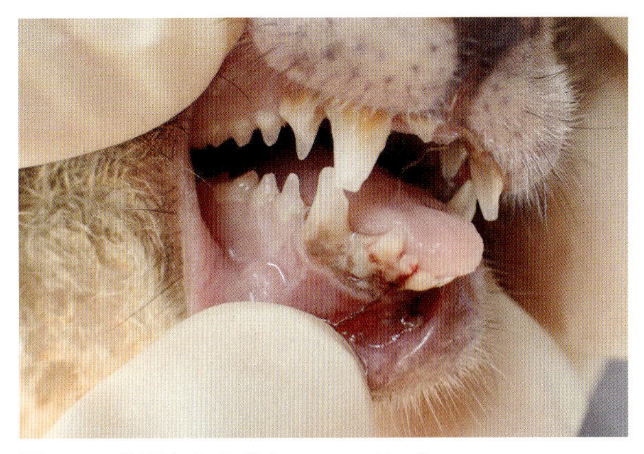
図3-3　歯石と歯肉炎（スローロリス）

いるものの，大きな副作用は報告されていない[3]．一方で国内では定期的に推奨しているワクチンや予防薬はない．サル類の疾患には様々なものが報告されているが，比較的どのサル種でも歯牙疾患が多くみられる（**図3-3**）．果物やトリーツなどの多給，柔らかい食餌を与え続けることで歯石が付着し，齲歯となることがある．齲蝕が進行すると神経が露出して口腔内に疼痛がみられ最終的には抜歯が必要となることもある．また歯石の付着した部位から口腔内細菌により歯肉炎を起こし歯槽膿漏や歯根膿瘍へと繋がり，歯根部周囲が腫れてくることがある（**図3-4**）．食餌内容の見直しや簡易的な歯垢除去などを進める他，定期的なスケーリングなども提案しておく．

サル類の主な疾患

サルの疾患は前述の通り，ヒトに比較的近縁であるため感染症は人獣共通感染症の可能性を考慮する必要がある．一方で，愛玩動物として飼育されているサルでは栄養学的な問題や，飼育環境に関わる問題によるストレスが起因している場合もある[4]．

サルは上述の通り食餌内容の影響で歯周病や齲歯になりやすく，これらの疾患は原猿類と真猿類ともにみられる．

毛引きや自咬症は，運動不足やコミュニケーション不足によるストレス，紫外線不足，ビタミンやミネラル不足などにより引き起こされる．自咬症が悪化すると皮下や筋肉が露出し壊死がみられることもある．

卵巣子宮疾患は内分泌の不均衡により子宮内膜過形成や卵巣嚢腫，また中～高齢時には子宮腫瘍など

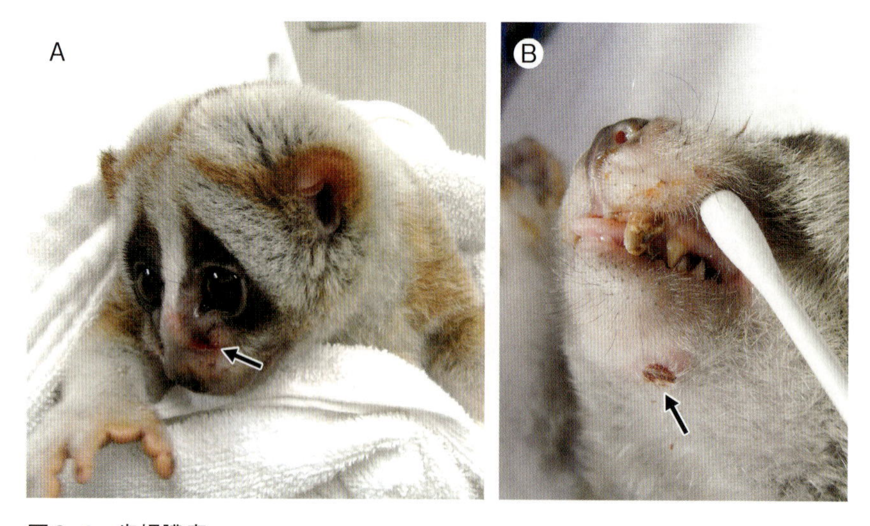

図3-4　歯根膿瘍
上顎歯根(A)や下顎歯根(B)に膿瘍ができ腫れている．B は排膿後に皮膚が痂皮を形成している．

の発生もみられる．

消化器疾患では，細菌(サルモネラ，赤痢菌，カンピロバクターなど)や寄生虫(蟯虫，糞線虫，赤痢アメーバーなど)により腸炎を引き起こし下痢や軟便，悪化すると血便がみられることがある．この他には異物摂取，消化管腫瘍(リンパ腫や腺癌)が起こることもある．

スローロリス

生物学的分類と特徴

スローロリス(*Nycticebus coucang*)(**図3-5**)は，霊長目ロリス科スローロリス属に分類される．野生ではバングラディッシュからベトナム，マレーシア，スマトラ島，ジャワ島，ボルネオ島に分布する[5]．ピグミースローロリス(*Nycticebus pygmaeus*)は同じスローロリス属に分類されスローロリスよりもやや小型である．野生ではインドシナ半島東部に棲息している[5]．原猿類は他の哺乳類よりもより原始的な特徴を持ち，ロリスは夜行性で樹上生活を送っている．一般的に常緑樹林に生活しており熱帯雨林にいることが多い[6]．野生下では樹液，花蜜，果物，昆虫，小鳥等を食べている．スローロリスの体長は26.5～38.0 cmで体重は230～610 g程度で[4]，寿命は約20年である．毛色は全体的に茶褐色から灰色を帯びており，眼の周囲は黒色の輪で囲まれており，眼の間から鼻梁部は白い．また頭頂部付近から背中，臀部にまで黒っぽい線が走行している．ピグミースローロリスは体長21.0～29.0 cmで体重370～460 g程度である[4]．寿命はスローロリスと同様，約20年である．スローロリスによく似ているが毛色は赤から橙が強い．

解剖生理学的特徴

原猿類は他の霊長類に比べて基礎代謝率が低い．スローロリスはゆっくりした動作とよく発達した嗅覚が特徴的であり，前肢と後肢はほぼ同じ長さで手首と足首の関節がよく動き手足の握力は強く長時間樹上で過ごすことができる．爪は基本平爪をしているが，後肢の第2指は鉤爪が残っている(**図3-6**)．

下顎切歯は櫛歯になっているため昆虫食に適応しており，歯式は2(I 3/3, C 1/1, P 3/3, M 2/2)で計36本ある[3]．またこの櫛歯で毛繕いなどのセルフグルーミングを行う．舌の裏には下舌と言われるような小さな舌構造物があるが役割は不明である(**図3-7**)．

生殖器は双角子宮を持ち上皮絨毛胎盤である．乳腺は2対存在する．ロリス類には上腕部内側に存在する分泌腺からでる分泌物を舐めて唾液と混ぜたものが毒となるため，これを体や仔に塗りつけて外敵から身を守るとされる．

繁殖生理

スローロリスの性成熟は雄で7～20カ月，雌で17～21カ月齢[4]で迎える．妊娠期間は約191日[4]で産仔数は1～2頭である．離乳はおおよそ5～7カ月齢である．

図3-5　スローロリス
スローロリスは原猿類に分類され，夜行性で野生下では樹上生活を送っている．名前の通りスロー(緩慢)なゆっくりとした動作をしているが，身の危険を感じると俊敏に動くこともできる．

図3-6　スローロリスの爪(後肢)
爪は基本平爪をしているが，後肢の第2指は鉤爪が残っている．

ピグミースローロリスの性成熟は雄で17～20カ月齢，雌で9カ月齢で迎える．妊娠期間は約188日で産仔数はスローロリスと同様1～2頭である[4]．

飼養管理

飼育環境

飼育ケージの詳細な推奨サイズの記載は見当たらないが，樹上生活を送るロリスには太めの止まり木となる樹木や枝を入れておく必要がある．そのためにはある程度高さのあるケージが必要となり，大型鳥類用の飼育ケージなどを使用することができる．

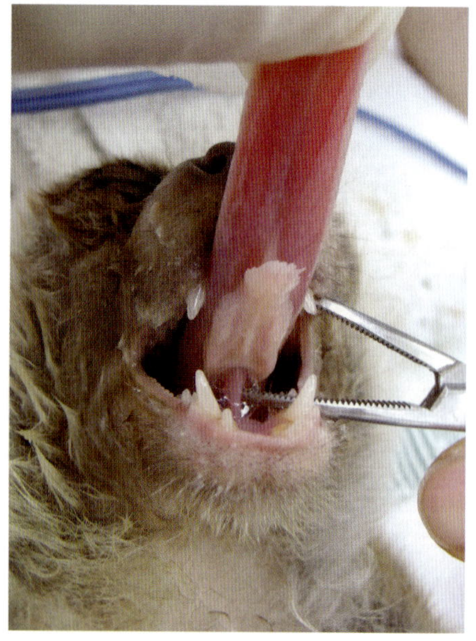

図3-7　スローロリスの下舌
舌の裏に小さな舌(2枚舌)の構造を持つ．

夜行性であるため，日中は身体が隠れるくらいの小屋や寝袋，毛布などがあるとよい．

食餌

一般的に飼育下の食餌はモンキーフード(**図3-2参照**)，昆虫，野菜や果物，卵やササミなどの動物性蛋白質などを与える．原猿類には食虫動物用のペレット(フクロモモンガ用，ハリネズミ用など)も補助的に与えることができる．

ショウガラゴ

生物学的分類と特徴

ショウガラゴ（*Galago senegalensis*）（**図3-8**）は原猿類である霊長目ガラゴ科ショウガラゴ属に分類される．ガラゴ科はサハラ砂漠以南のアフリカのほとんどの地域に棲息しており，ショウガラゴはセネガルからスーダン，エチオピア，ケニア，タンザニアに分布している[7]．大きな目や可愛らしい鳴き声をするためブッシュベイビーとも呼ばれている．野生下では夜行性で日中は木の穴の中に巣を作って生活しており，夜間になると採食のため行動をはじめ，昆虫，小動物，果実．樹脂などを食している[7]．ショウガラゴは基本的には単独行動をしている．雄は成熟すると雌親の縄張りから外れ，別々の縄張りを維持し，通常はエリア内のすべての雌と交尾を行うとされ，縄張りを巡って他の雄と争うこともある．不適切な飼育環境（運動不十分，飼い主とのコミュニケーション不足など）では，問題行動（例えば吐き戻しと食べ返し，自傷行為，食糞など）がみられることが懸念されている[7]．被毛は密な羊毛状で通常シルバーグレーから茶色をしている．雄は手足に自身の尿を付着させ，縄張りのマーキングをする．

解剖生理学的特徴

体長は13～20 cm程度，体重は150～300 g程度でガラゴ科の中でも小さい．四肢は5本の指があり，よく発達しているが対向指ではない．後肢第2指のみがグルーミング用にやや湾曲した鉤爪状をしている．夜行性で枝の間を俊敏に飛び回るため，タペタムにより光を増幅させて暗闇での視野を確保している．

ショウガラゴは前肢よりも後肢が長く，非常に強靭な筋肉を持つため跳躍力が強い．尚，同じガラゴ科のオオガラゴはジャンプした際に後肢で着地する一方で，ショウガラゴは前肢から着地するのは特徴である．

歯式は2(I 2/2, C 2/2, P 3/3, M 3/3)の計36本ある．昆虫を食べたりするため，下顎の歯は，切歯と犬歯で櫛状に構成されている．この構造はロリス類でも同様であり，原猿類の特徴でもある[3]．

繁殖生理

妊娠期間は120～140日程度であり，1回で2仔を出産することが多く，年に1～2回程度繁殖が可

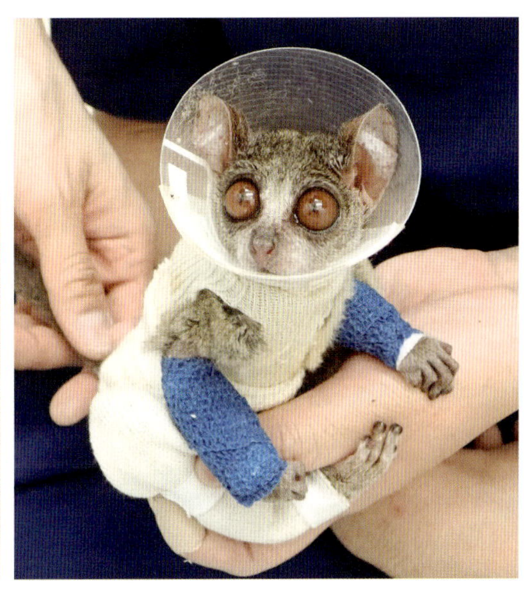

図3-8　ショウガラゴ
ショウガラゴは原猿類に分類され，夜行性である．長い後肢を持ち強靭な筋肉を持つため跳躍力が強く，2～3mほど飛び上がることができる．

能である．離乳は生後10～11週齢程度である．

飼養管理

飼育環境

推奨されているケージの最小サイズは1.5×1.5×2.1 mで[7]，止まり木を用意（1頭につき2本以上）し，寝具（巣，ハンモック等）を入れ，運動量を確保するためケージ以外にもロープや鎖などを設置すると良い．雄同士は喧嘩する可能性があるため，一緒に飼育するのは避けるべきである．至適温度は18～26℃で通常24℃程度に維持するとよい．

食餌

食餌は市販されているモンキーフード，ミルワーム，コオロギ，ピンクマウス，野菜や果物，サル用のビスケットなどを与える．卵やササミなどの動物性蛋白質やその他の様々な種類の野菜果物を選択することでバリエーションを増やすことにより飽きさせない食餌が必要である．

コモンマーモセット

生物学的分類と特徴

コモンマーモセット(*Callithrix jacchus*)(**図3-9**)は，オマキザル科マーモセット属に分類される．主にブラジル北東部の熱帯雨林地域の中南米を起源として棲息している．樹上性で8～10頭の群で生活し昼行性である．平均寿命は11～12年とするものや平均15年とするものがある[5]. 体長は，雄15.8～20.7 cm，雌17.3～19.8 cm，体重は雄350 g以下，雌300 g以下程度である．コモンマーモセットは実験動物としても重要視されている．ペットや実験動物の目的で多量に捕獲されたことにより野生下の個体数が減少し，2006年にワシントン条約附属書Ⅱに掲載されている．毛色は灰褐色で尾は黒色と灰色の縞模様を呈している．耳にある白色の房毛が特徴的であり，頭部は全体的に黒色であるが顔面のみやや黄色をしている．昼行性であり，臆病で警戒心が強い．野生下では果物，昆虫，小鳥，爬虫類，両生類，小型げっ歯類，鳥の卵，花蜜，花，樹脂・樹液(gum)などを食べる[8]. 鳴き声は様々で甲高い声で鳴き警戒や攻撃性を示す．

解剖生理学的特徴

マーモセットは脳の発達が高度で立体視が可能であるとされている．尾は体長よりも長いが，枝などに巻きつけることはせず，平衡感覚を取るのに役立つのみである．指の数は前肢後肢ともに5本ずつで後肢の親指は平爪であるが，それ以外はすべて鉤爪である(**図3-10**)．この指は新世界ザルの中では例外的であり，対向指ではない．臭腺は，肛門付近，生殖器付近，恥骨および胸骨，口唇部周囲に存在し，臭腺からの分泌物をマーキングとして様々な部位に擦りつける[9]. 臭腺の臭いはマーモセット独特の体臭として認識できる．

歯は永久歯で2(I 2/2, C 1/1, P 3/3, M 2/2)の計32本ある[10](**図3-11**)．下顎切歯は細長く，犬歯と同様の歯冠の長さを持つため長い櫛状になった櫛歯を持ち，野生下で餌を食べる時に切歯を使って木に穴を開け，樹脂や樹液(gum)などを摂取する．

繁殖生理

性成熟は雄で16カ月，雌は12カ月で雌の初回繁殖は20カ月齢である[5]. 周年繁殖が可能であり発情周期は16～30日で，妊娠期間は148日である[5].
1回の産仔数は1～4頭で平均2頭を産む．新生仔の体重は35～40 gで離乳時期は出産から2～4カ月である．基本的には一夫一妻制であり，他の霊長類では珍しく雄と共同して子育てをするとされる[9].

図3-9　コモンマーモセット
新世界ザルに分類され，樹上性，昼行性のサルである．コモンマーモセットは新世界ザルの中でも例外で対向指ではなく，さらに櫛歯を持つ．

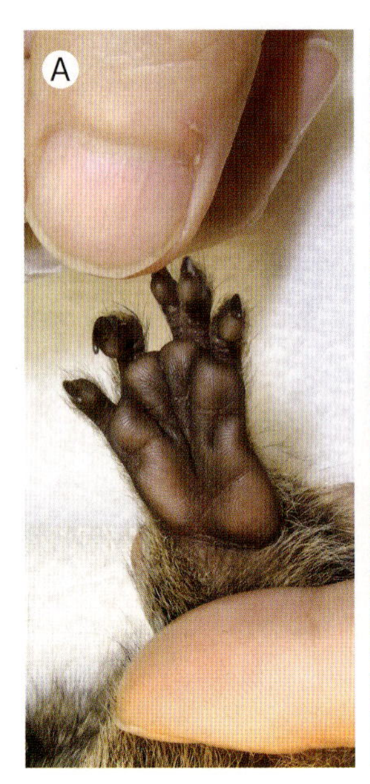

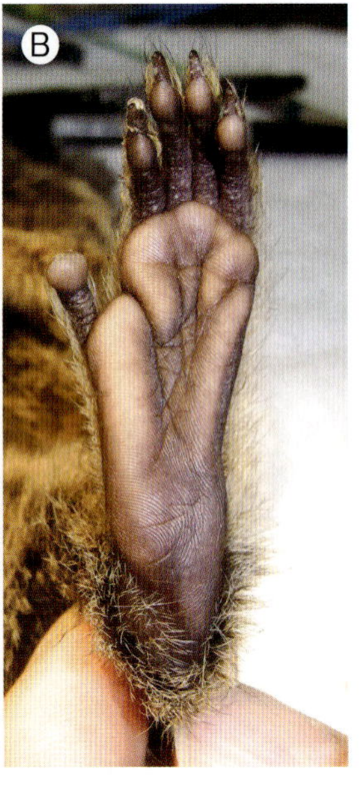

図3-10　コモンマーモセットの四肢
A：前肢　B：後肢
四肢とも5本の指を持ち，親指のみ平爪で，それ以外は鉤爪となっている．

図3-11　コモンマーモセットの歯
下顎切歯は細長く櫛状になっており，野生下ではこの切歯を使って木に穴を空け，樹脂や樹液(gum)を摂取する．

飼養管理

飼育環境

一般的にケージで飼育し，ある程度の高さが求められるため大型鳥類用のケージサイズが推奨される．推奨の床面積は高さ75 cm，単独飼いなら0.252～0.270 m^2，ペア飼いだと0.3～0.36 m^2必要であり，最低でも90 cm幅のサイズを用意すると良い．ケージ内には止まり木となるやや太さのある木を入れ，ステップ，小屋やハンモックなどを入れると良い．基本的に樹上生活をしている動物であるためケージ内でも室内でも立体的な空間を作ることが環境エンリッチメントに繋がる．熱帯地域に棲息しているため暑さには強いが寒さに対しては弱いため，至適温度は23～28℃[3]である．また昼行性であり，カルシウム代謝や骨形成のため短時間でも日光浴をさせる必要があり，困難な場合には紫外線ライトを使用する必要がある．

食餌

食餌は主に雑食性であり飼育下では体重の20%を1日2回に分けて給餌する．例としてコモンマーモセット用もしくは新世界ザル用のペレット，リンゴ，梨，バナナなどの果物，トマト，ニンジン，さつまいもなどの野菜，チーズ，ゆで卵，ミルワームやコオロギなどの生き餌，ビタミンD_3のサプリメント(250～400 IU／日)などを給餌する．新猿類は原猿類とは異なり，人と同様にビタミンCの体内合成が不可能であるため食餌中に含む必要がある．専用ペレットは通常ビタミンCが配合されているものの，ビタミンCは酸化しやすく，ペレットの袋を開けっぱなしにしておくなど適切に保存・保管されていない場合には，ペレット内のビタミンCは劣化している可能性もある．そのため新鮮な野菜や果物から摂取させるとよい．

参考文献

1. Imura K., Chambers J.K., Uchida K., et al. (2014). Herpes simplex virus type 1 infection in two pet marmosets in Japan. J Vet Med Sci. 76(12), 1667-1670
2. Johnson D.K., Russell R.J., Stunkard J.A. (1981): A Guide to Diagnosis Treatment and Husbandry of Non primates. Edwardsville KS. Veterinary Medicine
3. 中川志郎 監訳 (2007): 原猿亜目，野生動物の医学5th ed, 文永堂出版
4. Jhnson-Delaney C.A., (1994). Primates. Vet Clin North Am Small Anim Pract. 24(1), 121-156
5. Rowe N. (1996): The Pictorial Guide to the living primates. 1st ed. Pogonias Press
6. Sussman R.W. (1999): Primate ecology and social structure, vol 1, Lorises, lemurs, and tarsiers, Needham Heights, Pearson Custom Publishing

7. Zimmerman D. (2011): Bushbaby (Galago sp.) Pet Care. In: A Quick Reference Guide to Unique Pet Species. W.B. Saunders
8. Johnson-Delaney C. (2004): The Veterinary Clinics of North America. In: Small Animal Practice. (Quesenberry K., Hillter E.V. eds.) Exotic Pet Medicine 24(1)
9. Stevenson M.F., Rylands A.B. (1998): The marmosets, genus Callithrix. In: Ecology and behavior of neotropical primates. World Wildlife Fund. Washington DC. pp131-222
10. Buchanan-Smith H.M. (2010): Marmosets and tamarius. In: The UFAW handbook on The Care and Management of Laboratory and Other Research Animal. 8th ed. (Hubrecht R., Kirwood J., eds), p543-563, Wiley-Blackwell

索引

あ

か

さ

た

な

エキゾチック動物の飼養管理と看護
［小型哺乳類編］

定価（本体15,000円＋税）

2024年9月24日 第1刷発行

監修　三輪恭嗣
発行者　山口勝士
発行所　株式会社 学窓社
〒113-0024
東京都文京区西片2-16-28
TEL：03(3818)8701
FAX：03(3818)8704
e-mail：info@gakusosha.co.jp
http://www.gakusosha.com
印刷所　シナノパブリッシングプレス

ISBN 978-4-87362-768-7